편입 수학은 한아름

진도별 문제풀이 수업

한아름
익힘책

한아름 익힘책

진도별 문제풀이 수업

초 판 1쇄 2021년 05월 24일
초 판 2쇄 2022년 03월 15일

지은이 한아름
펴낸이 류종렬

펴낸곳 미다스북스
총괄실장 명상완
책임편집 이다경
책임진행 김가영 신은서 임종익 박유진

등록 2001년 3월 21일 제2001-000040호
주소 서울시 마포구 양화로 133 서교타워 711호
전화 02) 322-7802~3
팩스 02) 6007-1845
블로그 http://blog.naver.com/midasbooks
전자주소 midasbooks@hanmail.net
페이스북 https://www.facebook.com/midasbooks425
인스타그램 https://www.instagram.com/midasbooks

© 한아름, 미다스북스 2021, Printed in Korea.

ISBN 978-89-6637-910-1 13410

값 35,000원

한아름 선생님은···

법대를 졸업하고 수학 선생님을 하겠다는 목표로 수학과에 편입하였습니다.
우연한 기회에 편입수학 강의를 시작하게 되었고 인생의 터닝포인트가 되었습니다.

편입은 결코 쉬운 길이 아닙니다. 수험생은 먼저 용기를 내야 합니다. 그리고 묵묵히 공부하며 합격이라는 결과를 얻기까지
외로운 자신과의 싸움을 해야 합니다. 저 또한 그 편입 과정의 어려움을 알기에 용기 있게 도전하는 학생들에게 조금이나마
힘이 되어주고 싶습니다. 그 길을 가는 데 제가 도움이 될 수 있다면 저 또한 고마움과 보람을 느낄 것입니다.

무엇보다도, 이 책은 그와 같은 마음을 바탕으로 그동안의 연구들을 정리하여 담은 것입니다. 자신의 인생을 개척하고자 결정한
여러분께 틀림없이 도움이 될 수 있을 것이라고 생각합니다.

그동안의 강의 생활에서 매 순간 최선을 다했고 두려움을 피하지 않았으며 기회가 왔을 때 물러서지 않고 도전했습니다. 앞으로
도 초심을 잃지 않고 1타라는 무거운 책임감 아래 더 열심히 노력하겠습니다. 믿고 함께 한다면 합격이라는 목표뿐만 아니라
인생의 새로운 목표들도 이룰 수 있을 것입니다.

여러분의 도전을 응원합니다!!

▶ 김영편입학원 kimyoung.co.kr
▶ 김영편입 강남단과전문관 02-553-8711
▶ 유튜브 "편입수학은 한아름"
▶ 네이버 "아름매스"

김영편입학원

유튜브〈편입수학은 한아름〉

차례

SUBJECT 03 선형대수

SUBJECT 04 공학수학

Areum Math

_____년 ____월 ____일,

나 _____은(는) 한아름 교수님과 함께

열정과 끈기를 가지고 꿈을 이루는 날까지 최선을 다하겠습니다.

다짐 1, _____

다짐 2, _____

다짐 3, _____

할 수 있는 일을 해낸다면,
우리 자신이 가장 놀라게 될 것이다.
- 토마스 에디슨(Thomas A. Edison)

미적분과
급수

01 지수 & 로그 함수

1. 지수함수 $f(x) = e^x + 2$와 $g(x) = e^{2x}$의 교점의 x좌표 값을 a라고 하자. 이때 e^a의 값을 구하시오.

① 1 ② 2 ③ 3 ④ 4 ⑤ 5

2. 다음 중 지수함수 $f(x) = e^x$에 대한 설명으로 옳지 않은 것을 고르시오.

① $f(x) \cdot f(y) = f(x+y)$

② $\{f(x)\}^n = f(nx)$

③ $\dfrac{1}{f(x)} = f(-x)$

④ $y = f(x)$의 치역은 $\{y \mid y \in \mathbb{R}\}$이다.

⑤ $y = f(x)$는 증가함수이다.

3. 두 함수 $f(x) = e^{3x}$, $g(x) = \ln\sqrt{x}$에 대해 $(f \circ g)(x) = (g \circ f)(x)$를 만족하는 x의 값을 구하시오.

① $\dfrac{3}{2}$ ② $\dfrac{7}{4}$ ③ 2 ④ $\dfrac{9}{4}$ ⑤ $\dfrac{5}{2}$

4. 다음 중 로그함수 $f(x) = \ln x$에 대한 설명으로 옳지 않은 것을 고르시오. (단, x, $y > 0$)

① $f(x) + f(y) = f(xy)$

② $nf(x) = \{f(x)\}^n$

③ $x^{f(y)} = y^{f(x)}$

④ $y = f(x)$의 점근선은 y축이다.

⑤ $y = f(x)$의 정의역은 $\{x \mid x > 0\}$, 치역은 $\{y \mid y \in \mathbb{R}\}$이다.

5. 정의역이 $\{x \mid 0 \le x \le 3\}$인 함수 $y = e^{-|x-1|+1}$의 치역은?

① $\left\{y \mid \dfrac{1}{e^2} \le y \le 1\right\}$ ② $\left\{y \mid \dfrac{1}{e} \le y \le e\right\}$

③ $\{y \mid 0 < y \le 2\}$ ④ $\{y \mid 1 \le y \le 2\}$

6. 로그부등식 $\ln x + \ln(x-4) < \ln 5$을 만족하는 x에 대해
$$\sqrt[3]{(x-2)^3} + \sqrt[5]{(x-3)^5} + \sqrt[7]{(x-4)^7} + \sqrt[4]{(x-5)^4} + \sqrt[6]{(x-6)^6} + \sqrt[8]{(x-7)^8}$$ 의 값을 구하시오.

① 6   ② 7   ③ 8   ④ 9   ⑤ 10

7. 다음 중 우함수가 아닌 것은?

① $f(x) = x^2|x|$ ② $f(x) = \dfrac{1}{9+4x^2}$

③ $f(x) = \ln|x| + x^2$ ④ $f(x) = \dfrac{1}{2}(e^x - e^{-x})$

8. 다음 보기 중 기함수의 개수를 고르시오

(가) $f(x) = x^2|x|\sin x$

(나) $f(x) = \dfrac{\ln|x|}{9+4x^2}$

(다) $f(x) = \ln|x| + x^2$

(라) $f(x) = \dfrac{1}{3}(e^x - e^{-x})$

① 1 ② 2 ③ 3 ④ 4

9. $\tan\theta + \cot\theta = 6$일 때 $\sec^2\theta + \csc^2\theta$의 값을 구하면?

① 21 ② 94 ③ 18 ④ 36

10. 다음 식을 간단히 하여라.

(1) $\pi < \theta < \dfrac{3}{2}\pi$ 일 때, $\sqrt{\sin^2\theta} + \sqrt{\cos^2\theta} + \sqrt{\tan^2\theta}$

(2) $\dfrac{\pi}{2} < \theta < \pi$ 일 때, $\sqrt{\sin^2\theta} + \sqrt{(\tan\theta - \sin\theta)^2}$

(3) $\dfrac{3}{2}\pi < \theta < 2\pi$ 일 때,

$\sqrt{\sin^2\left(\theta + \dfrac{\pi}{2}\right)} + \sqrt[3]{\cos^3\left(\theta + \dfrac{3}{2}\pi\right)} + \sqrt[4]{\sin^4(\theta + \pi)}$

11. 다음 식을 간단히 하여라.

(1) $(\sin\theta - \cos\theta)^2 + (\sin\theta + \cos\theta)^2$

(2) $\tan^2\theta\cos^2\theta + \dfrac{\sin^2\theta}{\tan^2\theta}$

(3) $\left(1 + \tan\theta + \dfrac{1}{\cos\theta}\right)\left(1 + \dfrac{1}{\tan\theta} - \dfrac{1}{\sin\theta}\right)$

12. 이차방정식 $2x^2 - 5x + 1 = 0$의 두 근이 $\tan\alpha$, $\tan\beta$일 때, $\tan(\alpha+\beta)$의 값을 구하여라.

① 5 ② 10 ③ 12 ④ 15

13. 함수 $y = |2\cos x - 1| + 1$의 최댓값을 M, 최솟값을 m이라 할 때, $M^2 + m^2$의 값은?

① 14 ② 15 ③ 16 ④ 17

14. $f(x) = \sin^2 x + 4\sin x\cos x + 3\cos^2 x$의 최댓값을 M, 최솟값을 m이라 할 때, $M+m$의 값은?

① 4 ② 5 ③ 6 ④ 7

15. $\sin^{-1}\left(\sin\left(\dfrac{7\pi}{3}\right)\right)$ 의 값은?

① $\dfrac{\pi}{3}$ ② π ③ $\dfrac{5\pi}{3}$ ④ $\dfrac{7\pi}{3}$

17. $\tan\left(\cos^{-1}\dfrac{1}{5}\right)$ 의 값은?

① $\dfrac{2\sqrt{6}}{5}$ ② $\dfrac{5}{2\sqrt{6}}$ ③ $\dfrac{1}{2\sqrt{6}}$ ④ $2\sqrt{6}$

16. $\sin^{-1}\left(\sin\dfrac{6\pi}{7}\right)$ 의 값은?

① $-\dfrac{\pi}{7}$ ② 0 ③ $\dfrac{\pi}{7}$ ④ $\dfrac{2}{7}\pi$

한국산업기술대

18. $\cot^{-1}(\tan 1)$ 의 값은?

① $\dfrac{\pi}{2}-1$ ② $\dfrac{\pi}{2}$ ③ 1 ④ $\dfrac{\pi}{4}+1$

19. $\sec\left(\tan^{-1}\dfrac{3x}{2}\right)$ 와 같은 것은? (단, $x > 0$)

① $\dfrac{\sqrt{9x^2-4}}{2}$ ② $\dfrac{\sqrt{4+9x^2}}{2}$

③ $\dfrac{\sqrt{3x^2-4}}{4}$ ④ $\dfrac{\sqrt{3x^2+4}}{4}$

20. 방정식 $\sin^2\left(\dfrac{\cos^{-1}x}{2}\right)=\dfrac{1}{5}$ 의 해는?

① $\dfrac{1}{5}$ ② $\dfrac{2}{5}$ ③ $\dfrac{3}{5}$ ④ $\dfrac{4}{5}$

한성대

21. $\sin\left(\tan^{-1}\left(\dfrac{x}{2}\right)\right)$ 의 값은?

① $\dfrac{x}{\sqrt{x^2+4}}$ ② $\dfrac{2}{\sqrt{x^2+4}}$

③ $\dfrac{\sqrt{x^2+4}}{x}$ ④ $\dfrac{\sqrt{x^2+4}}{2}$

아주대

22. $0 \le x \le 1$인 범위에서 $\cos\left(\sin^{-1}\left(-\sqrt{1-x}\right)\right)$를 간단히 하면?

① $\sqrt{x}$ ② $-\sqrt{x}$ ③ $\sqrt{1-x}$

④ $-\sqrt{1-x}$ ⑤ $-\dfrac{\sqrt{x}}{2}$

23. 함수 $f(x)$가 실수 $0 < x < \pi$에 대해 $f(\cot x) = x$를 만족할 때, $f\left(\dfrac{1}{3}\right) + f(1) + f(3)$의 값은?

① $\dfrac{1}{2}\pi$ ② $\dfrac{2}{3}\pi$ ③ $\dfrac{3}{4}\pi$

④ $\dfrac{4}{5}\pi$ ⑤ $\dfrac{5}{6}\pi$

24. $0 < x < \dfrac{\pi}{2}$에서 정의된 두 함수 $f(x) = \sin x$, $g(x) = \cos x$의 역함수를 각각 f^{-1}, g^{-1}라 정의하자. 이때 $f\left(f^{-1}\left(\dfrac{1}{3}\right) + g^{-1}\left(\dfrac{3}{4}\right)\right)$의 값은?

① $\dfrac{2\sqrt{14}-3}{12}$ ② $\dfrac{2\sqrt{14}+3}{12}$

③ $\dfrac{6\sqrt{2}-\sqrt{7}}{12}$ ④ $\dfrac{6\sqrt{2}+\sqrt{7}}{12}$

25. $\theta = \cos^{-1}\left(\dfrac{3}{5}\right) - \cos^{-1}\left(-\dfrac{2}{\sqrt{13}}\right)$에 대해 $\tan\theta$의 값은?

① $-\dfrac{1}{6}$ ② $\dfrac{1}{6}$ ③ $\dfrac{17}{6}$ ④ $-\dfrac{17}{6}$

26. $\tan^{-1}\alpha + \tan^{-1}\beta = \tan^{-1}(f(\alpha,\beta))$일 때 $f(1,2)$의 값은?

① -5 ② -4 ③ -3 ④ -2 ⑤ -1

27. 모든 실수 x에서 정의된 함수 $f(x) = \arccos(\cos x)$에 대해 $f(x+\pi)$를 구하면? (단, $\arccos 1 = 0$)

① $\pi - f(x)$ ② $\pi - x$ ③ $\pi + f(x)$

④ $-x$ ⑤ $\pi + x$

28. $\displaystyle\lim_{x \to \infty} \tan^{-1} x + \lim_{x \to -\infty} \tanh x$ 의 값은?

   ① $\dfrac{\pi}{2}+1$ ② $-\dfrac{\pi}{2}$ ③ $\dfrac{\pi}{2}-1$ ④ $\dfrac{\pi}{2}$

30. $\ln(\cosh x + \sinh x) + \ln(\cosh x - \sinh x)$의 값을 구하시오.

   ① 0   ② 1   ③ -1 ④ 2

세종대

29. $\cosh(\ln 2)$의 값을 구하면?

   ① $\dfrac{1}{4}$ ② $\dfrac{1}{2}$ ③ $\dfrac{3}{4}$ ④ 1   ⑤ $\dfrac{5}{4}$

31. 함수 $f(x) = \ln(x + \sqrt{x^2+1})$의 역함수를 $f^{-1}(x)$라 할 때, $f^{-1}(\ln 2)$의 값은?

   ① $\dfrac{3}{4}$ ② $\dfrac{e}{2}$ ③ $\dfrac{e}{3}$ ④ $\dfrac{e}{4}$

32. $\cosh\left(\sinh^{-1}(1)\right)$ 의 값을 구하면?

① $\sqrt{2}$　　② 1　　③ e　　④ $\sqrt{e}$

33. $x=\dfrac{1}{2}$ 일 때 $\sinh^{-1}x+\tanh^{-1}x$ 을 계산하시오.

① $\ln\left(\dfrac{\sqrt{3}+\sqrt{15}}{2}\right)$　　② $\ln\left(\dfrac{\sqrt{3}-\sqrt{15}}{2}\right)$

③ $\ln\left(\dfrac{\sqrt{3}+\sqrt{15}}{4}\right)$　　④ $\ln\left(\dfrac{\sqrt{3}+\sqrt{15}}{4}\right)$

34. 다음 설명 중 옳지 않은 것을 모두 구하시오.

① $-1 \leq x \leq 1$ 인 x에 대해
$\cos(\sin^{-1}x) = \sqrt{1-x^2}$ 이다.

② $\sinh^{-1}\dfrac{1}{\sqrt{2}}$ 의 값은 $-\ln\sqrt{2}$ 이다.

③ $-1 \leq x \leq 1$인 x에 대해 $\sin^{-1}x = \dfrac{\pi}{2}-\cos^{-1}x$이다.

④ $x \neq 0$인 x에 대해 $\cot^{-1}x = \tan^{-1}\dfrac{1}{x}$ 이다.

05 극좌표 & 극곡선

한양대 - 에리카

35. 극좌표로 주어진 두 점 $P\left(1, \dfrac{\pi}{3}\right)$와 $Q\left(\sqrt{2}, \dfrac{\pi}{6}\right)$ 사이의 거리는?

① $\sqrt{3-\sqrt{6}}$ ② $\sqrt{3-\sqrt{3}}$

③ $\sqrt{3+\sqrt{3}}$ ④ $\sqrt{3+\sqrt{6}}$

36. 극좌표로 주어진 두 곡선 $r = 1+\sin\theta$, $r = 1-\cos\theta$의 원점이 아닌 두 교점 사이의 거리를 구하면?

① 1   ② 2   ③ 3   ④ 4

광운대

37. 구간 $0 < \theta \leq \pi$ 에서 극좌표로 정의된 두 곡선 $r = 2\sin\theta$ 와 $r = 1+\cos2\theta$ 의 교점의 개수는?

① 1   ② 3   ③ 4   ④ 6   ⑤ 8

38. 다음 중 극방정식을 직교방정식으로 옳게 나타낸 것은?

① $r = \tan\theta \rightarrow (x^2 + y^2)x = y^2$

② $r = 3\sec\theta \rightarrow \dfrac{x}{\sqrt{x^2 + y^2}} = 3$

③ $r = 2\sin\theta \rightarrow \sqrt{x^2 + y^2} = 2y$

④ $r = \dfrac{1}{\cos\theta + 1} \rightarrow 2x = 1 - y^2$

홍익대

39. 다음 극방정식 $r = \dfrac{a}{3 + \cos\theta}$ 이 정의하는 곡선의 장축의 길이가 9인 타원이다. 이때 양수 a의 값을 구하면?

① 1   ② 6   ③ 9   ④ 12

가천대

40. 극곡선 $r = \sin\theta + \cos\theta$ 으로 둘러싸인 영역의 넓이는?

① $\dfrac{\pi}{2}$ ② π ③ $\dfrac{3\pi}{2}$ ④ 2π

가톨릭대

41. 수열 $\{a_n\}$이 $a_1 = 4$, $a_{n+1} = 5a_n + 4$ $(n = 1, 2, \cdots)$를 만족할 때, a_{2019}의 값은?

① $5^{2018} - 1$ ② $5^{2018} + 1$

③ $5^{2019} - 1$ ④ $5^{2019} + 1$

광운대

42. 점화식 $a_1 = 6$, $a_{n+1} = \dfrac{1}{a_n - 3} + 3$으로 정의된 수열 $\{a_n\}$의 극한값은?

① 1 ② 2 ③ 3 ④ 4 ⑤ 없다.

이화여대

43. 다음과 같이 정의된 수열 x_n의 극한값 $\displaystyle\lim_{n\to\infty} x_n$을 구하시오.

$$x_{n+1} = x_n + \frac{x_n - x_n^3}{3x_n^2 - 1}, \; n = 0, 1, 2, \cdots, \; x_0 = \frac{\sqrt{5}}{5}$$

① -1 ② 0

③ 1 ④ 존재하지 않는다. ⑤ $\sqrt{3}$

44. $x \to 0$일 때의 극한값이 존재하는 함수인 것만을 보기에서 있는 대로 고른 것은? (단, $[x]$는 x보다 크지 않은 최대의 정수이다.)

ㄱ. $f(x) = \tan x \sin \dfrac{1}{x}$

ㄴ. $g(x) = x \sin \dfrac{1}{x}$

ㄷ. $h(x) = [x^2]$

① ㄱ ② ㄱ, ㄴ ③ ㄴ, ㄷ ④ ㄱ, ㄴ, ㄷ

45. $\displaystyle\lim_{x \to n}\frac{[x]^2+x}{2[x]}$ 의 값이 존재할 때 정수 n의 값을 구하여라.
(단, $[x]$는 x보다 크지 않은 최대 정수를 나타낸다.)

    ① 0   ② 1   ③ 2   ④ 3

46. 구간 $\left(-\dfrac{1}{2}, \dfrac{1}{2}\right)$ 에서 정의된 함수

$$f(x)=\begin{cases} \dfrac{x^2+2x}{\sqrt{1+2x}-\sqrt{1-2x}} & (x \neq 0) \\ a & (x=0) \end{cases}$$

가 $x=0$ 에서 연속일 때 상수 a의 값을 구하여라.

    ① 1   ② 2   ③ 3   ④ 4

47. 함수 $f(x)=\begin{cases} \dfrac{\sqrt{x^2+4}+a}{x^2} & (x \neq 0) \\ b & (x=0) \end{cases}$ 가 모든 실수 x에
대해 연속이 되도록 상수 a, b의 값을 정할 때 ab의 값을
구하여라.

    ① $\dfrac{1}{2}$ ② $-\dfrac{1}{2}$ ③ -1 ④ 1

국민대

48. 연속함수에 대한 다음 설명 중 옳은 것을 모두 고르면?

> ㄱ. 함수 $f(x)=\dfrac{\ln x+e^x}{x^2-1}$ 는 구간 $(-\infty, -1)$과
>
> $(1, \infty)$ 에서 연속이다.
>
> ㄴ. 방정식 $4x^3-6x^2+3x-2=0$의 해는 1과 2사이
>
>   에 존재한다.
>
> ㄷ. 함수 $f(x)=\ln(1+\cos x)$는 $x=(2n-1)\pi$에
>
>   서 불연속이다. (단, n은 정수이다.)
>
> ㄹ. 합성함수 $f \circ g$가 a에서 연속이기 위해서는 반드시
>
> g가 a에서 연속이고 f가 $g(a)$에서 연속이어야 한다.

    ① ㄱ, ㄴ   ② ㄱ, ㄷ   ③ ㄴ, ㄷ   ④ ㄷ, ㄹ

숙명여대

49. 곡선 $y = \cosh x$ 위의 점들 중 접선의 기울기가 1인 점을 구하시오.

① $(\ln\sqrt{2}, 1)$ ② $(\ln(1+\sqrt{2}), \sqrt{2})$

③ $(\ln(1+\sqrt{3}), \sqrt{3})$ ④ $(\ln 3, 2)$

⑤ $(\ln(1+\sqrt{5}), \sqrt{5})$

가톨릭대

51. 양의 실수 x에 대해 함수 $F(x)$, $f(x)$는 다음 세 조건을 만족한다. 이때 $f\left(\dfrac{\pi}{4}\right)$의 값은?

$$F'(x) = f(x)$$
$$F(x) = xf(x) + x\sin x + \cos x$$
$$f\left(\frac{\pi}{2}\right) = -1$$

① $-\dfrac{\sqrt{3}}{2}$ ② $-\dfrac{\sqrt{2}}{2}$ ③ $\dfrac{\sqrt{2}}{2}$ ④ $\dfrac{\sqrt{3}}{2}$

가천대

50. 함수 $f(x) = \sinh x$에 대해 $f(a) = \dfrac{12}{5}$일 때, $f'(a)$의 값은?

① $-\dfrac{5}{12}$ ② $\dfrac{5}{12}$ ③ $-\dfrac{13}{5}$ ④ $\dfrac{13}{5}$

가천대

52. $f(x) = |x| + 2019$ 이고 $g(x) = \dfrac{1}{1 + xf(x)}$ 일 때, 도함수 $g'(0)$ 의 값은?

① 0

② 2019

③ −2019

④ 도함수가 존재하지 않는다.

한성대

53. 다음 함수의 미분값의 크기가 올바르게 표현된 것은?
(단, $\ln(x)$ 는 자연로그함수)

$f_1(x) = \dfrac{x+1}{x-2}$	$f'_1(1) = \dfrac{d}{dx}f_1(1)$
$f_2(x) = x\ln(3x)$	$f'_2(e) = \dfrac{d}{dx}f_2(e)$
$f_3(x) = e^x\ln(x)$	$f'_3(1) = \dfrac{d}{dx}f_3(1)$
$f_4(x) = \sin^{-1}(x)$	$f'_4(0) = \dfrac{d}{dx}f_4(0)$

① $f'_1(1) < f'_2(e) < f'_3(1) < f'_4(0)$

② $f'_1(1) < f'_3(1) < f'_2(e) < f'_4(0)$

③ $f'_1(1) < f'_4(0) < f'_3(1) < f'_2(e)$

④ $f'_4(0) < f'_3(1) < f'_2(e) < f'_1(1)$

08 합성함수 미분

인하대

54. 다음 서술 중 옳은 것을 모두 고른 것은?

> ㄱ. $\sinh^2 x - \cosh^2 x = 1$
>
> ㄴ. $\dfrac{d}{dx} \sinh x = \cosh x$
>
> ㄷ. $\dfrac{d}{dx} \sinh^{-1} x = \dfrac{1}{\sqrt{x^2+1}}$

① ㄱ ② ㄴ ③ ㄷ

④ ㄴ, ㄷ ⑤ ㄱ, ㄴ, ㄷ

단국대

56. 곡선 $y = \tan\left(\dfrac{\pi x^2}{4}\right)$ 위의 점 $(1, 1)$에서의 접선의 y절편은?

① $-\pi-1$ ② $-\pi$ ③ $-\pi+1$ ④ $-\pi+2$

가톨릭대

55. 함수 $y = \ln(x^2-2x+1)$ 위의 점 $(2, 0)$에서 접선의 방정식이 $y = ax+b$일 때, $a-b$의 값은?

① 5 ② 6 ③ 7 ④ 8

57. $y = e^{2x^2+3x+1}$, $x = \sin(t)$ 일 때, $t = 0$에서 $\dfrac{dy}{dt}$ 의 값은?

① 1　　　② $2e$　　　③ $3e$　　　④ $4e$

58. f는 실수 전체에서 정의된 미분가능한 함수이다. 함수 f에 대한 다음 표의 값을 이용하여 $(f \circ f \circ f)'(0)$의 값을 구하면?

a	-2	-1	0	1	2	4
$f(a)$	4	0	1	-1	1	0
$f'(a)$	3	2	-3	1	4	2

① -8　　② -6　　③ -4　　④ 2　　⑤ 8

가톨릭대

59. 함수 $f(x) = 2x^2 - 6x + 3$ 에 대해 방정식 $f(x) = 0$의

두 근을 α, β라 할 때, $\dfrac{\displaystyle\int_{\alpha}^{\beta} x f(x) dx}{\displaystyle\int_{\alpha}^{\beta} f(x) dx}$ 의 값은? (단, $\alpha < \beta$)

① $\dfrac{\sqrt{3}}{2}$ ② $\dfrac{3}{2}$ ③ $\sqrt{3}$ ④ 3

한국외대

61. 정적분 $\displaystyle\int_{0}^{\frac{\pi}{2}} |2\sin 2x - 1| \, dx$ 의 값은?

① $2\sqrt{3} - 2 - \dfrac{\pi}{6}$ ② $2\sqrt{3} - 2 + \dfrac{\pi}{6}$

③ $2\sqrt{3} - 1 - \dfrac{\pi}{6}$ ④ $2\sqrt{3} - 1 + \dfrac{\pi}{6}$

⑤ $2\sqrt{3} + 1 - \dfrac{\pi}{6}$

가톨릭대

60. 연속함수 $f(x)$가 $f(x) + f(-x) = x^2 - 1$을 만족할 때, $\displaystyle\int_{-1}^{1} f(x) \, dx$의 값은?

① $-\dfrac{2}{3}$ ② $-\dfrac{1}{3}$ ③ $\dfrac{1}{3}$ ④ $\dfrac{2}{3}$

62. 연속함수 $f(x)$에 대해

$$\int_{0}^{2} f(x) dx = A, \quad \int_{1}^{3} f(x) dx = B, \quad \int_{1}^{2} f(x) dx = C$$

일 때 $\displaystyle\int_{0}^{3} f(x) dx$를 A, B, C를 이용하여 나타낸 것은?

① $A + B + C$ ② $A + B - C$

③ $-A + B + C$ ④ $A - B - C$

63. 정적분 $\int_0^{2\pi}|\sin 2x|\,dx$를 구하면?

① 1   ② 2   ③ 3   ④ 4

64. 정적분 $\int_0^5 x[x]\,dx$의 값은? (단, $[x]$는 x보다 크지 않은 최대의 정수이다.)

① 35   ② 36   ③ 150   ④ 156

65. 정적분 $\int_{-1}^1\left(\dfrac{x^2}{1+x^2}-x^2\tan^{-1}x+\sin x\cos x\right)dx$의 값은?

① 0   ② $1-\dfrac{\pi}{4}$ ③ $2-\dfrac{\pi}{4}$ ④ $2-\dfrac{\pi}{2}$

가천대

66. 곡선 $xy^2 + x^2y = 2$ 위의 점 중에서 접선의 기울기가 -1인 점이 (a, b)라 할 때, ab의 값은?

① 0   ② 1   ③ 2   ④ 4

국민대

67. 곡선 $x^2 + y^2 = (2x^2 + 2y^2 - x)^2$ 상의 점 $\left(0, \dfrac{1}{2}\right)$에서 접선의 방정식은?

① $y = -x + \dfrac{1}{2}$ ② $y = x + \dfrac{1}{2}$

③ $y = -\dfrac{9}{13}x + \dfrac{1}{2}$ ④ $y = \dfrac{9}{13}x + \dfrac{1}{2}$

아주대

68. 곡선 $x^2 = y^3 - y + 3$ 위의 점 $(3, 2)$에서의 접선의 기울기는?

① $\dfrac{6}{11}$ ② $\dfrac{3}{11}$ ③ $\dfrac{1}{2}$ ④ $-\dfrac{1}{2}$ ⑤ $\dfrac{3}{2}$

69. 함수 $f(x) = (x+a)\arctan x^3$이 $\dfrac{df}{dx}(1) = f(1)$을 만족할 때 상수 a의 값은?

① $\dfrac{6}{\pi-6}$　　② $\dfrac{6}{6-\pi}$　　③ $\dfrac{\pi}{\pi-6}$

④ $\dfrac{6\pi}{6-\pi}$　　⑤ $\dfrac{6\pi}{\pi-6}$

70. 함수 $y = \sqrt{x}\cos^{-1}\sqrt{x}$에 대해 $x = \dfrac{1}{4}$에서 $\dfrac{dy}{dx}$의 값은? (단, $0 \le x \le 1$)

① $\dfrac{\pi}{3} - \dfrac{1}{\sqrt{3}}$　　　　② $\dfrac{\pi}{6} - \dfrac{1}{\sqrt{3}}$

③ $\dfrac{\pi}{3} + \dfrac{1}{\sqrt{3}}$　　　　④ $\dfrac{\pi}{6} + \dfrac{1}{\sqrt{3}}$

11 역함수 미분법

71. 함수 $f(x) = \sqrt{x} + \ln(x-3)$ 의 역함수를 g라 할 때, $g'(2)$의 값은?

　① $\dfrac{4}{5}$　　② $\dfrac{3}{5}$　　③ $\dfrac{2}{5}$　　④ $\dfrac{1}{5}$

72. 함수 f와 그 역함수 f^{-1}가 모두 미분가능하고 $f(0) = 3$, $(f^{-1})'(3) = \dfrac{1}{2}$ 일 때, $f'(0)$의 값은?

　① 1　　② 2　　③ 3　　④ 4　　⑤ 5

73. 실수 전체에서 정의된 함수 $f(x) = 2e^{x+1} - 2x - x^2$의 역함수를 g라 할 때, $g'(3)$의 값은?

　① 1　　② $\dfrac{1}{2}$　　③ $\dfrac{1}{3}$　　④ $\dfrac{1}{6}$　　⑤ $\dfrac{1}{7}$

세종대

74. 함수 $f(x) = x^7 + x + 2020$의 역함수를 $g(x)$라 하자. $h(x) = f(2g(x)^{11} + g(x) + 2)$에 대해 $h'(2018)$을 구하면?

① 22   ② 23   ③ 24   ④ 25   ⑤ 26

광운대

75. 함수 f가 일대일 대응이고 두 번 미분가능한 함수라 하자. f의 역함수를 g라 할 때 $g''(x) = \alpha \dfrac{f''(g(x))}{\{f'(g(x))\}^{\beta}}$가 성립한다. 이때 $\alpha + \beta$의 값은?

① 0   ② 1   ③ 2   ④ 3   ⑤ 4

숙명여대

76. 곡선 $x = 3\sin\theta - 4$, $y = 5 + 2\cos\theta$, $0 \le \theta \le 2\pi$ 위에 있는 $\theta = \dfrac{5\pi}{4}$ 일 때의 점에서의 접선의 방정식을 구하시오

① $y = -\dfrac{2}{3}x - 2\sqrt{2} + \dfrac{7}{3}$

② $y = -\dfrac{2}{3}x - \sqrt{2} + \dfrac{5}{3}$

③ $y = -\dfrac{1}{3}x - 2\sqrt{2} + \dfrac{4}{3}$

④ $y = \dfrac{2}{3}x - 2\sqrt{2} + \dfrac{2}{3}$

⑤ $y = \dfrac{2}{3}x - 2\sqrt{2} + \dfrac{1}{3}$

한국산업기술대

77. 매개변수방정식 $x = t^2 + 1$, $y = 4\sqrt{t}$ 로 나타나는 곡선 위의 점 $(2, 4)$ 에서 접선의 방정식은?

① $\begin{cases} x(t) = 2 - t \\ y(t) = 4 + 2t \end{cases}$ ② $\begin{cases} x(t) = 2 + 2t \\ y(t) = 4 + 2t \end{cases}$

③ $\begin{cases} x(t) = 2 + 2t \\ y(t) = 2 - t \end{cases}$ ④ $\begin{cases} x(t) = 1 + t \\ y(t) = 4 + 2t \end{cases}$

한국산업기술대

78. 평면곡선 $\vec{r}(t) = \langle \cosh(t), \sinh(t) \rangle$ 위의 점 $(\sqrt{2}, 1)$ 에서 접선의 기울기는?

① $-\sqrt{2}$ ② $\dfrac{-\sqrt{2}}{2}$ ③ $\dfrac{\sqrt{2}}{2}$ ④ $\sqrt{2}$

세종대

79. 좌표평면에서 $x = t + \ln t$, $y = t - \ln t$로 주어지는 매개

곡선에 대해 $t = 1$일 때 $\dfrac{d^2y}{dx^2}$의 값을 구하면?

① $\dfrac{1}{16}$ ② $\dfrac{1}{8}$ ③ $\dfrac{3}{16}$ ④ $\dfrac{1}{4}$ ⑤ $\dfrac{5}{16}$

명지대

80. 매개곡선 $x = t^2 + 1$, $y = t^2 + t$ 위의 점 $(5, 6)$에서

$\dfrac{d^2y}{dx^2}$의 값은?

① $-\dfrac{1}{16}$ ② $-\dfrac{1}{32}$ ③ 0 ④ $\dfrac{1}{32}$ ⑤ $\dfrac{1}{16}$

광운대

81. $t = \dfrac{7\pi}{4}$일 때, 다음 매개방정식에 대해 $\dfrac{dy}{dx} \ \Big| \ \dfrac{d^2y}{dx^2}$의

값은?

$$x(t) = a + 20\cos t, \ y(t) = c + 19\sin t$$

① $-\dfrac{20}{c^2}$ ② $\dfrac{10}{\sqrt{2}}$ ③ $\dfrac{a^2}{19}$

④ $\dfrac{19}{10}$ ⑤ $-\dfrac{19}{2\sqrt{2}}$

13 극곡선의 미분법

숭실대

82. 극좌표계의 점 $(r, \theta) = \left(\dfrac{3}{2}, \dfrac{\pi}{3}\right)$ 에서 극곡선 $r = 1 + \cos\theta$ 의 접선의 기울기는?

① 0 ② -1 ③ $\dfrac{1}{4}$ ④ $-\dfrac{1}{2}$

한양대 - 에리카

83. 극방정식으로 주어진 곡선 $r = 2\sin\theta$ 위의 점 $\left(\sqrt{3}, \dfrac{\pi}{3}\right)$ 에서 접선의 기울기는?

① $-\sqrt{3}$ ② $-\dfrac{1}{\sqrt{3}}$ ③ $\dfrac{1}{\sqrt{3}}$ ④ $\sqrt{3}$

인하대

84. 극방정식 $r = 1 + 2\cos\theta$ 의 그래프를 생각하자. 직교좌표로 표시된 이 곡선 위의 점 $(1, \sqrt{3})$ 에서의 접선의 방정식의 기울기는?

① $\dfrac{1}{9}$ ② $\dfrac{\sqrt{3}}{9}$ ③ $\dfrac{1}{3}$ ④ $\dfrac{\sqrt{3}}{3}$ ⑤ 1

숭실대

85. $f(x) = (3x-2)^{\sqrt{x}}$ 일 때 미분계수 $f'(1)$의 값은?

① 0   ② 1   ③ 2   ④ 3

광운대

86. 곡선 $y = x^{e^x}$ $(x > 0)$ 위의 점 $(1,1)$에서의 접선을 $y = ax + b$ 라고 하자. $b - \ln a$ 의 값은?

① $-e$ ② -1 ③ 0   ④ 1   ⑤ e

숙명여대

87. 함수 $f(x) = x^{\sin x}$에 대해 $f'\left(\dfrac{3\pi}{2}\right)$를 구하시오

① $\dfrac{4}{9\pi^2}$ ② $\dfrac{5}{9\pi^2}$ ③ $-\dfrac{5}{9\pi^2}$

④ $-\dfrac{4}{9\pi^2}$ ⑤ $-\dfrac{2}{9\pi^2}$

15 정적분의 도함수

가천대

※ 부분 적분 수강 후에 풀어보세요!

88. 미분가능한 함수 $f(x)$가 $f(0) = 0$이고
$f'(x) = \displaystyle\int_x^1 \cos(t^2)\,dt$일 때, $f(1)$의 값은?

① $\dfrac{1}{2}$ ② 1 ③ $\sin 1$ ④ $\dfrac{\sin 1}{2}$

한국외대

90. 양의 실수에서 정의된 연속함수 $f(x)$가 어떤 양의 상수 a에 대해 $\displaystyle\int_a^{x^2} f(t)\,dt = 2\ln x + x^2 - 1$을 만족한다. 이때 $f(a)$의 값은?

① 0 ② 1 ③ 2 ④ 3 ⑤ 4

가천대

89. $f(x) = \displaystyle\int_{-1}^{x} e^{t^2}\,dt$이고 곡선 $y = f(x)$ 위의 점 P의 x좌표가 -1일 때, 점 P에서 곡선 $y = f(x)$에 접하는 접선의 y절편은?

① 1 ② e ③ $2e$ ④ $4e^2$

숙명여대

91. 연속함수 f에 대해 $g(x) = \displaystyle\int_{-1}^{1} f(t) \, |x-t| \, dt$라고

하자. $-1 < x < 1$일 때, $g''(x)$를 구하시오

① $2f(x)$ ② $\dfrac{5}{2}f(x)$ ③ $3f(x)$

④ $\dfrac{7}{2}f(x)$ ⑤ $4f(x)$

인하대

※ 부분 적분 수강 후에 풀어보세요!

92. 함수 $f(x) = x - \displaystyle\int_{0}^{x} \ln(x-t) \, dt$에 대해,

점 $(1, f(1))$에서 곡선 $y = f(x)$의 접선의 방정식은?

① $y = x+1$ ② $y = x+2$ ③ $y = x+3$

④ $y = 2x+1$ ⑤ $y = 2x+2$

중앙대 (수학과)

93. $f(x) = \begin{cases} \dfrac{1}{x^2} \displaystyle\int_{0}^{x} \sin(t^2) \, dt & (x \neq 0) \\ 0 & (x = 0) \end{cases}$ 으로 정의된 함수

$f(x)$에 대해 $f'(0)$의 값은?

① 1 ② $\dfrac{1}{2}$ ③ $\dfrac{1}{3}$ ④ $\dfrac{1}{4}$

16 치환 적분

94. 이상적분 $\int_0^\infty 2xe^{-2x^2}dx$ 의 값은?

① $\dfrac{1}{2}$　　② $\dfrac{1}{3}$　　③ $\dfrac{1}{4}$　　④ $\dfrac{1}{5}$　　⑤ $\dfrac{1}{6}$

95. $\int_0^{\frac{\pi}{3}} \sec x \tan x (1+\sec x)\,dx$ 의 값은?

① $\dfrac{1}{2}$　　② 1　　③ $\dfrac{3}{2}$　　④ $\dfrac{5}{2}$

96. $\int \dfrac{(\ln x)^2}{x}dx$ 를 계산하면?(단, C는 적분상수)

① $\dfrac{1}{4}(\ln x)^3 + C$　　② $\dfrac{1}{3}(\ln x)^3 + C$

③ $\dfrac{1}{2}(\ln x)^3 + C$　　④ $(\ln x)^3 + C$

97. $\int_0^{\frac{\pi}{2}} \dfrac{\cos\theta}{1+\sin^2\theta}d\theta$ 의 값은?

① $\dfrac{\pi}{4}$　　② π　　③ 4π　　④ $\pi+1$

98. $\displaystyle\int \frac{\sec^2 x}{\sqrt{1-\tan^2 x}}\,dx$를 구하면?

① $\sin^{-1}(\cot x)+C$　　　② $\cos^{-1}(\tan x)+C$

③ $\sin^{-1}(\cos x)+C$　　　④ $\sin^{-1}(\tan x)+C$

100. 정적분 $\displaystyle\int_0^1 \frac{\sqrt{x}}{x+1}\,dx$ 의 값은?

① $\ln 2$　　② $\dfrac{1}{2}\ln 2$　　③ $2-\dfrac{\pi}{2}$　　④ $1-\dfrac{\pi}{4}$

99. $\displaystyle\int_1^4 \frac{\sin(\pi\sqrt{x})}{\sqrt{x}}\,dx$ 의 값은?

① $\dfrac{4}{\pi}$　　② $\dfrac{\pi}{4}$　　③ $-\dfrac{4}{\pi}$　　④ $-\dfrac{\pi}{4}$

101. 정적분 $\displaystyle\int_5^{10} \frac{2x+3}{\sqrt{x-1}}\,dx$ 의 값은?

① $\dfrac{106}{3}$　　② $\dfrac{106}{12}$　　③ $\dfrac{106}{9}$　　④ $\dfrac{106}{6}$

17 삼각치환 적분

102. $\displaystyle\int_{-1}^{1} \sqrt{3+2x-x^2}\,dx$ 의 값은?

① 0 ② $\dfrac{1}{2}\pi$ ③ π ④ 4π

103. 부정적분 $\displaystyle\int \left(\dfrac{2}{\sqrt{1-x^2}} - \dfrac{3}{1+x^2} \right) dx$ 를 구하면?

① $-2\sin^{-1}x - 3\tan^{-1}x + C$

② $2\sin^{-1}x - 3\tan^{-1}x + C$

③ $2\sin^{-1}x + 3\tan^{-1}x + C$

④ $-2\sin^{-1}x + 3\tan^{-1}x + C$

104. 다음 중 $\dfrac{1}{\sqrt{x^2+25}}$ 의 부정적분은? (단, C는 적분상수)

① $\ln\left(x - \sqrt{x^2+25}\right) + C$ ② $\ln\sqrt{x^2+25} + C$

③ $\ln\dfrac{x+\sqrt{x^2+25}}{5} + C$ ④ $\ln\dfrac{x-\sqrt{x^2+25}}{5} + C$

105. 특이적분 $\displaystyle\int_0^1 \dfrac{dx}{\sqrt{1-x^2}}$ 의 값을 구하면?

① $\dfrac{\pi}{4}$ ② $\dfrac{\pi}{2}$ ③ $\dfrac{3\pi}{4}$ ④ π ⑤ $\dfrac{5\pi}{4}$

106. 정적분 $\displaystyle\int_0^{\frac{1}{2}} \frac{x^2}{\sqrt{1-x^2}}\,dx$ 의 값을 구하시오.

① $\dfrac{\sqrt{3}}{2}$ 　　② $\dfrac{1}{24}$ 　　③ $\dfrac{\pi}{12}-\dfrac{\sqrt{3}}{4}$

④ $\dfrac{\pi}{12}+\dfrac{\sqrt{3}}{8}$ 　　⑤ $\dfrac{\pi}{12}-\dfrac{\sqrt{3}}{8}$

107. 적분 $\displaystyle\int_{1/2}^{1} \frac{dx}{x^2\sqrt{4x^2-1}}$ 의 값을 구하시오.

① $\sqrt{2}$ 　② 2 　③ $\sqrt{3}$ 　④ 3 　⑤ $\sqrt{5}$

108. 정적분 $\displaystyle\int_0^{1} x^3\sqrt{1+x^2}\,dx$ 의 값을 구하면?

① $\dfrac{2+2\sqrt{2}}{15}$ 　② $\dfrac{2+3\sqrt{2}}{15}$ 　③ $\dfrac{3+2\sqrt{2}}{15}$

④ $\dfrac{3+3\sqrt{2}}{15}$ 　⑤ $\dfrac{2+4\sqrt{2}}{15}$

109. 정적분 $\displaystyle\int_0^{\sqrt{3}/2} \frac{8x^3}{(4x^2+1)^{3/2}}\,dx$ 의 값은?

① $\dfrac{1}{6}$ 　② $\dfrac{1}{4}$ 　③ $\dfrac{1}{3}$ 　④ $\dfrac{1}{2}$

110. 적분 $\displaystyle\int_0^{\sqrt{5}} \frac{x^3}{\sqrt{x^2+4}}\,dx$ 의 값은?

① $\dfrac{1}{3}$ 　② $\dfrac{4}{3}$ 　③ $\dfrac{7}{3}$ 　④ $\dfrac{10}{3}$

18 유리함수 적분

이화여대

111. 정적분 $\displaystyle\int_0^4 \frac{3x}{1+2x}\,dx$ 의 값을 계산하시오.

① $12\ln 3$ ② $12-3\ln 3$ ③ $6-\dfrac{9}{4}\ln 3$

④ $\dfrac{27}{4}-\dfrac{3}{2}\ln 3$ ⑤ $6-\dfrac{3}{2}\ln 3$

명지대

112. $\displaystyle\int_1^2 \frac{x^2+1}{3x-x^2}\,dx = a+b\ln 2$ 일 때, $a+b$의 값은?
(단, a와 b는 유리수이다.)

① $\dfrac{4}{3}$ ② 2 ③ $\dfrac{8}{3}$ ④ $\dfrac{10}{3}$ ⑤ 4

숙명여대

※ 이상적분 수강 후 풀어보세요!

113. 적분 $\displaystyle\int_0^\infty \frac{dx}{(x+1)(x^2+1)}$ 의 값을 구하시오.

① $\dfrac{\pi}{2}$ ② $\dfrac{\pi}{3}$ ③ $\dfrac{\pi}{4}$ ④ $\dfrac{\pi}{5}$ ⑤ $\dfrac{\pi}{6}$

114. 다음 중 부정적분을 계산하였을 때, $\ln|x+1|$ 항이 있는 식을 고르면?

> ㄱ. $\displaystyle\int \frac{2x}{x^2-1}\,dx$
>
> ㄴ. $\displaystyle\int \frac{x^2+1}{x(x+1)^2}\,dx$
>
> ㄷ. $\displaystyle\int \frac{2}{x(x+1)(x+2)}\,dx$

① ㄱ, ㄴ　② ㄱ, ㄷ　③ ㄴ, ㄷ　④ ㄱ, ㄴ, ㄷ

115. $\displaystyle\int_1^\infty \frac{dx}{\sqrt{x}(1+x)}$ 의 값은?

① $\dfrac{\pi}{6}$　② $\dfrac{\pi}{4}$　③ $\dfrac{\pi}{3}$　④ $\dfrac{\pi}{2}$　⑤ π

※ 이상적분 수강 후 풀어보세요!

116. $\displaystyle\int_{1+\sqrt{3}}^\infty \left(\frac{12}{x-1} - \frac{12(x+2)}{x^2+x+1} \right) dx = -\sqrt{a}\,\pi + b\ln(2+\sqrt{3})$

일 때, ab의 값을 구하시오. (단, a, b는 자연수)

19 부분 적분법

이화여대

117. 정적분 $\int_1^e x^2 \ln x \, dx$ 의 값을 계산하시오.

① $\dfrac{2e^3-8}{9}$　　② $\dfrac{-e^3+1}{9}$　　③ $\dfrac{2e^3+1}{3}$

④ $\dfrac{2e^3+1}{9}$　　⑤ $\dfrac{2e^3-1}{9}$

가천대

119. $\int_0^{\sqrt{3}} x \tan^{-1} x \, dx$ 의 값은?

① $\dfrac{\pi}{6}$　　② $\dfrac{\pi}{3}$　　③ $\dfrac{\pi}{3}-\dfrac{1}{2}$　　④ $\dfrac{2\pi}{3}-\dfrac{\sqrt{3}}{2}$

인하대

118. 적분 $\int_1^e (\ln x)^2 \, dx$ 의 값은?

① $e-2$　② $e-1$　③ e　　④ $e+1$　⑤ $e+2$

중앙대 (수학과)

120. $\int_{\frac{1}{2}}^{\frac{\sqrt{2}}{2}} \arcsin x \, dx$ 를 계산하면?

① $\dfrac{3\sqrt{2}-2}{24}\pi - \dfrac{\sqrt{3}-\sqrt{2}}{2}$

② $\dfrac{3\sqrt{2}-2}{12}\pi - \dfrac{\sqrt{3}-\sqrt{2}}{2}$

③ $\dfrac{3\sqrt{2}-2}{12}\pi - \sqrt{3}+\sqrt{2}$

④ $\dfrac{3\sqrt{2}-2}{48}\pi - \dfrac{\sqrt{3}-\sqrt{2}}{4}$

121. 정적분 $\int_1^3 \tan^{-1}\sqrt{x}\,dx$ 의 값은?

① $\dfrac{5}{3}\pi - \sqrt{3} + 1$ ② $\dfrac{5}{3}\pi + \sqrt{3} - 1$

③ $\dfrac{5}{6}\pi - \sqrt{3} + 1$ ④ $\dfrac{5}{6}\pi + \sqrt{3} - 1$

122. 정적분 $\int_0^2 \arctan\dfrac{2-x}{1+2x}\,dx$ 의 값을 구하면?

① $\dfrac{1}{2}\ln 5$ ② $\dfrac{1}{2}\ln 6$ ③ $\ln 5$

④ $\ln 6$ ⑤ $\dfrac{3}{2}\ln 5$

123. 정적분 $\int_0^\pi e^{-x}\cos x\,dx$ 의 값을 구하면?

① $\dfrac{e^{-\pi}+1}{2}$ ② $e^{-\pi}$ ③ $\dfrac{1}{2}$ ④ $e^{-\pi}+1$

124. 상수 a, b, c에 대해 다음의 식이 성립할 때, $a+b+c$의 값은?

$$\int\left(2x+\frac{1}{x}\right)\ln x\,dx$$
$$= ax^2\ln x + b(\ln x)^2 + cx^2 + (\text{적분상수})$$

① -1 ② $-\dfrac{1}{2}$ ③ 0 ④ $\dfrac{1}{2}$ ⑤ 1

125. 함수 $f(x)$ 가 다음을 만족한다고 하자.
$\int_0^1 f(x)f'''(x)\,dx$ 의 값은?

(가) 3계 도함수가 존재하고 연속이다.
(나) $f(0) = f'(0) = f''(0) = 0$,
　　$f(1) = f'(1) = f''(1) = 1$

① $-\dfrac{1}{2}$ ② 0 ③ $\dfrac{1}{2}$ ④ 1

126. 부정적분 $\int \tan^2 x\,dx - \int \dfrac{1+\cos^2 x}{\cos^2 x}\,dx$를 구하면?
(단, C는 적분상수)

① $-5x+C$ ② $-2x+C$
③ $-x+C$ ④ $2x+C$

127. 정적분 $\displaystyle\int_{\frac{\pi}{6}}^{\frac{\pi}{2}}(\sin^2 x - \cos^2 x)\,dx$의 값은?

① $\dfrac{1}{2}$ ② $\dfrac{\sqrt{2}}{2}$ ③ $\dfrac{\sqrt{3}}{2}$ ④ $\dfrac{\sqrt{3}}{4}$

128. 정적분 $\displaystyle\int_{0}^{\frac{\pi}{6}}6\cos^3 x\,dx$의 값은?

① $\dfrac{5}{2}$ ② $\dfrac{11}{4}$ ③ 3 ④ $\dfrac{13}{4}$

129. 정적분 $\displaystyle\int_{\frac{\pi}{2}}^{\frac{3\pi}{2}}\cos^5\theta\,d\theta$의 값을 계산하시오.

① $\dfrac{15}{16}$ ② $-\dfrac{16}{15}$ ③ 32 ④ -32 ⑤ 0

01 — 미적분과 급수

130. 정적분 $\int_0^{\frac{\pi}{2}} \sin 2x \sin^6 x\, dx$의 값은?

① $\dfrac{1}{8}$　　② $\dfrac{1}{4}$　　③ $\dfrac{1}{2}$　　④ 1

131. $\int \sin^8 x\, dx = -A\sin^7 x\cos x + B\int \sin^6 x\, dx$가 성립하도록 $A+B$의 값을 구하면?

① $\dfrac{5}{8}$　　② $\dfrac{7}{8}$　　③ 1　　④ 2

132. 적분값 $\int_0^{\frac{\pi}{4}} \cos^2\!\left(\sin^{-1}\dfrac{x}{\sqrt{1+x^2}}\right)dx$는?

① $\tan^{-1}\dfrac{\pi}{4}$　② $\tan\dfrac{\pi}{4}$　③ 1　　④ 0

133. 다음 등식 중 옳지 않은 것은?

① $\int \sinh^2\dfrac{x}{2}dx = \dfrac{1}{2}\sinh x - \dfrac{x}{2} + C$

② $\int \cot^2 x\, dx = \cot x - x + C$

③ $\int \dfrac{1}{4+3x^2}dx = \dfrac{1}{2\sqrt{3}}\tan^{-1}\!\left(\dfrac{\sqrt{3}}{2}x\right)+C$

④ $\int \tanh^2 x - 1\, dx = -\tanh x + C$

134. 정적분 $\displaystyle\int_0^{\frac{\pi}{3}} \frac{1}{\sqrt{3}\sin\theta + \cos\theta}\,d\theta$ 의 값은?

① $\dfrac{1}{2}\ln(2-\sqrt{3})$ ② $\dfrac{1}{2}\ln(2+\sqrt{3})$

③ $\ln(2-\sqrt{3})$ ④ $\ln(2+\sqrt{3})$

135. 적분 $\displaystyle\int_0^{\pi} \frac{d\theta}{3+2\cos\theta}$ 를 계산하면?

① $\dfrac{2\pi}{\sqrt{5}}$ ② $\dfrac{\pi}{\sqrt{5}}$ ③ 0 ④ $-\dfrac{\pi}{\sqrt{5}}$

136. f 가 닫힌 구간 $[0,1]$에서 연속함수일 때,

적분 $\displaystyle\int_0^1 \frac{\sin x}{\sin x + \sin(1-x)}\,dx$ 의 값을 구하시오.

① $\dfrac{3}{2}$　　② $\dfrac{5}{4}$　　③ 1　　④ $\dfrac{3}{4}$　　⑤ $\dfrac{1}{2}$

137. 함수 $f(x) = x^5 + x - 2$의 역함수 $g(x)$에 대해

정적분 $\displaystyle\int_0^{32} g(x)\,dx$ 의 값은?

① 52　　　② 54　　　③ 60　　　④ 62

138. $f(x) = 1 + x + x^3$일 때 $\displaystyle\int_1^3 \pi \{f^{-1}(y)\}^2\,dy$의 값은?

① $\dfrac{5}{4}\pi$　　② $\dfrac{10}{4}\pi$　　③ $\dfrac{7}{15}\pi$　　④ $\dfrac{14}{15}\pi$

세종대

139. 실수 전체의 집합에서 정의되고 양의 실숫값을 갖는 함수 f가 두 조건 $f'(x) + \pi f(x)\cos(\pi x) = 0$과 $f(0) = 1$을 만족할 때, $f\left(\dfrac{1}{2}\right)$을 구하면?

① $\dfrac{1}{e^2}$ ② $\dfrac{1}{e}$ ③ 1 ④ e ⑤ e^2

인하대

140. 미분방정식 $f'(t) = 2tf(t)$, $f(1) = 1$의 해 $f(t)$에 대해 $f(0)$의 값은?

① 0 ② $\dfrac{1}{e^2}$ ③ $\dfrac{1}{e}$ ④ 1 ⑤ e

22 미적분의 기하학적 활용

이화여대

※선형대수의 내적을 배운 후에 풀어보세요!

141. 그래프 $y = x^2$의 $x = \dfrac{1}{2}$ 에서의 접선을 m 이라 하자.

그림과 같이 직선 $y = \dfrac{3}{2}x - \dfrac{1}{2}$ 과 직선 l 은 직선 m 과 같은 각을 이룬다. 직선 l 의 방정식을 구하시오.

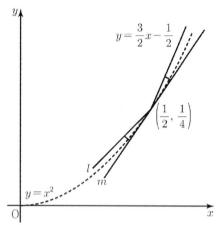

① $y = \dfrac{2}{3}x - \dfrac{1}{12}$ ② $y = x - \dfrac{1}{4}$

③ $y = \dfrac{1}{2}x$ ④ $y = \dfrac{1}{3}x + \dfrac{1}{12}$

⑤ $y = \dfrac{3}{4}x - \dfrac{1}{8}$

한국항공대

142. 아래 그림과 같이 $x = y^2$ 그래프 위의 점 A와 B에서 접선을 그린 후 (점 A와 점 B의 x좌표는 동일), x축 위의 한 점 $P(a, 0)$에서 각 접선과 수직인 선분 PA와 PB를 그렸을 때, 선분 PA와 선분 PB가 서로 수직이 되도록 하는 a의 값을 구하시오. (단, $a > \dfrac{1}{2}$ 이다.)

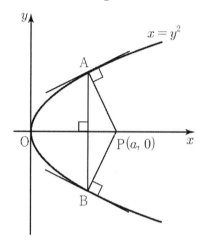

① $\dfrac{2}{3}$ ② $\dfrac{3}{4}$ ③ $\dfrac{4}{5}$ ④ 1

143. 함수 $f(x) = 2x^3 - 3x^2 + 2x + 1$ 과 그 역함수 $g(x)$ 에 대해 다음 중 옳은 것만을 있는 대로 고른 것은?

> ㄱ. 모든 실수 x 에 대해 $f'(x) \geq \dfrac{1}{2}$ 이다.
>
> ㄴ. 모든 실수 x 에 대해 $0 < g'(x) \leq 2$ 이다.
>
> ㄷ. $x < y$ 인 모든 실수 $x,\ y$ 에 대해
> $0 < g(y) - g(x) \leq 2(y - x)$ 이다.

① ㄱ   ② ㄱ, ㄴ   ③ ㄱ, ㄷ

④ ㄴ, ㄷ   ⑤ ㄱ, ㄴ, ㄷ

144. 뉴턴 방법을 사용하여 $x^3 + x + a = 0$ 의 해를 구하려고 한다. 초기 근삿값 $x_1 = 1$ 이고 두 번째 근삿값 $x_2 = \dfrac{3}{4}$ 일 때, a 의 값은? (단, a 는 상수)

① -2 ② -1 ③ 0 ④ 1

145. f 가 모든 실수에 대해 미분가능하며, $f(1) = 3$, $f'(x) \leq 3$ 일 때, $f(5) < a$ 를 만족하는 a 의 최솟값은? (단, a 는 정수)

① 13   ② 14   ③ 15   ④ 16

146. $f(x) = \ln(x - 1)$ 의 구간 $(2,\ e^2 + 1)$ 에서의 평균값을 구하면?

① $\dfrac{e^2 - 1}{2}$ ② $\dfrac{e^2 - 1}{e^2 + 1}$ ③ $\dfrac{e^2 + 1}{2}$ ④ $\dfrac{e^2 + 1}{e^2 - 1}$

147. 다음 중 $\tan^{-1} 2x$의 매클로린의 전개식에서 x^5의 계수는?
(단, $|x| < \frac{1}{2}$)

① $-\dfrac{2^5}{5!}$ ② $-\dfrac{2^5}{5}$ ③ $\dfrac{2^5}{5!}$ ④ $\dfrac{2^5}{5}$

148. $0 < x < 1$일 때, $\tan^{-1}(x^2) = \sum\limits_{n=0}^{\infty} a_n x^n$으로 표현할 때, $\sum\limits_{n=0}^{10} a_n$의 값은?

① $\dfrac{1}{3}$ ② $\dfrac{7}{15}$ ③ $\dfrac{3}{5}$ ④ $\dfrac{11}{15}$ ⑤ $\dfrac{13}{15}$

149. $|x| < 1$의 구간에서 $f(x) = \arcsin(x)$의 매클로린 급수를 다음과 같이 구하였다.

$f(x) = \arcsin(x)$
$= a_0 + a_1 x + a_2 x^2 + a_3 x^3 + a_4 x^4 + a_5 x^5 + \cdots$

$a_0 + a_1 + a_2 + a_3 + a_4$의 값은 얼마인가?

① $\dfrac{3}{2}$ ② $\dfrac{7}{6}$ ③ $\dfrac{149}{120}$ ④ $\dfrac{4}{3}$

150. $\ln \cos x$의 매클로린 급수 계수 중 x^2의 계수와 x^3의 계수의 합을 구하시오

① $\dfrac{1}{2}$ ② $-\dfrac{1}{2}$ ③ $\dfrac{3}{2}$ ④ $-\dfrac{3}{2}$ ⑤ $\dfrac{5}{2}$

한성대

151. 함수 $f(x) = x\sin(2x)$를 $x = 0$에서 테일러 급수로 전개할 때, x^6의 계수는?

① $\dfrac{1}{120}$ ② $\dfrac{4}{45}$ ③ $\dfrac{4}{15}$ ④ $\dfrac{2}{3}$

세종대

153. 함수 $f(x) = \dfrac{\cos x}{e^x}$의 $x = 0$에서의 테일러 급수를 구할 때, x^3의 계수는?

① $\dfrac{1}{12}$ ② $\dfrac{1}{9}$ ③ $\dfrac{1}{6}$ ④ $\dfrac{1}{4}$ ⑤ $\dfrac{1}{3}$

건국대

152. $y = x^2\ln(1+x^2)$일 때 $\dfrac{d^6y}{dx^6}(0)$의 값은?

① 0 ② 180 ③ -360 ④ 540 ⑤ -720

국민대

154. 함수 $f(x) = x^2 - \sin^{-1}x + \dfrac{x}{\sqrt{1-x^2}}$의 테일러 급수를 $\displaystyle\sum_{n=0}^{\infty} a_n x^n$이라 할 때, $2a_2 - 3a_3$의 값은?

① 1 ② 2 ③ 3 ④ 4

성균관대

155. 함수 $f(x) = \cos(x^3)$에 대해, $\sum_{i=1}^{15} \dfrac{f^{(i)}(0)}{i!}$ 의 값은?

  ① $-\dfrac{29}{24}$ ② $-\dfrac{23}{24}$ ③ $-\dfrac{17}{24}$ ④ $-\dfrac{11}{24}$ ⑤ $-\dfrac{5}{24}$

아주대

156. 함수 $f(x) = x^5 - 4x^3 + 3x^2 - 2 + \sin^4(x-1)$에 대한 $x=1$에서 2차의 테일러 다항식을 $P(x)$라 할 때, $P(2)$는?

  ① -4 ② -2 ③ 0 ④ 2 ⑤ 4

숭실대

157. $0 < x < 2$에서 $\dfrac{x}{x-2} = \sum_{n=0}^{\infty} a_n (x-1)^n$일 때 a_7의 값은?

  ① -2 ② 0 ③ $\dfrac{1}{7!}$ ④ $\dfrac{2}{7!}$

24 근삿값

경기대

158. $e^{0.1}$의 소수점 이하 셋째 자리의 수는?

① 4   ② 5   ③ 6   ④ 7

159. 정적분 $\displaystyle\int_0^1 \cos\sqrt{x}\,dx$ 의 근삿값으로 가장 적절한 것은?

① 0.75   ② 0.63   ③ 0.52   ④ 0.42

160. 정적분 $\displaystyle\int_0^{\frac{1}{2}} \sqrt{1-x^4}\,dx$ 에 가장 가까운 값은?

① $\dfrac{1}{100}$ ② $\dfrac{1}{10}$ ③ $\dfrac{1}{8}$ ④ $\dfrac{1}{2}$

국민대

161. 다음 중 선형근사를 이용하여 $(8.06)^{\frac{2}{3}}$의 근삿값을 구한 것은?

　① 4　　　② 4.02　　③ 4.07　　④ 4.1

서강대

162. 함수 $f(x) = 2 + \int_{2-x}^{x^2} \dfrac{1}{1+t+t^5}\,dt$에 대해 $x = 1$에서의 선형근사식을 이용하여 구한 $f(0.99)$의 근삿값은?

　① 1.97　② 1.976　③ 1.98　④ 1.99　⑤ 1.996

163. $x = \dfrac{\pi}{4}$에서 $f(x) = \tan x$의 선형근사식을 이용하여 구한 $\tan\dfrac{3}{4}$의 근삿값은?

　① $\dfrac{4-\pi}{2}$　② $\dfrac{7-\pi}{3}$　③ $\dfrac{5-\pi}{3}$　④ $\dfrac{5-\pi}{2}$

25 극한 (로피탈 정리)

가톨릭대

164. 극한 $\lim\limits_{x \to 1} \dfrac{x^{2019} + 2x - 3}{x - 1}$ 의 값은?

① 2019　② 2020　③ 2021　④ 2022

인하대

166. 극한 $\lim\limits_{x \to \frac{\pi}{2}} \dfrac{\ln \sin x}{1 - \sin x}$ 의 값은?

① -2　② $-\dfrac{3}{2}$　③ -1　④ $-\dfrac{1}{2}$　⑤ 0

이화여대

165. 극한 $\lim\limits_{t \to 1} \dfrac{t^2 - e^{t-1} - \ln t}{\sin^2(\pi t)}$ 의 값을 구하시오.

① -1　② 0　③ $\dfrac{1}{\pi^2}$　④ $\dfrac{1}{\pi}$　⑤ $-\dfrac{1}{\pi}$

성균관대

167. 극한 $\lim\limits_{x \to \infty} \dfrac{(\ln(x+1))^3}{x \ln x}$ 의 값은?

① 0　② e　③ 1　④ $\dfrac{1}{2}$　⑤ $\dfrac{1}{e}$

168. 극한 $\lim\limits_{x \to 0} \dfrac{x(\cos 2x - 1)}{\tan^{-1} x - x}$ 의 값은?

① -6 ② -2 ③ 0 ④ 2 ⑤ 6

169. 극한 $\lim\limits_{x \to 0} \dfrac{x - \sin^{-1} x}{x^3}$ 을 구하시오.

① $\dfrac{1}{6}$ ② $-\dfrac{1}{6}$ ③ $\dfrac{1}{5}$ ④ $-\dfrac{1}{5}$ ⑤ $\dfrac{1}{4}$

170. $\lim\limits_{x \to 0} \dfrac{x \sin (x^2)}{\tan^3 x}$ 을 계산하면?

① 0 ② 1 ③ $\dfrac{1}{2}$ ④ $\dfrac{1}{3}$

171. $\lim\limits_{x \to 0} \dfrac{ax^3 - bx + \sin x}{x^3} = 0$ 을 만족하는 상수 a와 b에 대해 $a + b$의 값은?

① $-\dfrac{5}{6}$ ② $-\dfrac{2}{3}$ ③ $\dfrac{5}{6}$ ④ $\dfrac{7}{6}$

광운대

172. $\lim\limits_{x \to 0}\left(\dfrac{\tan x}{x^2} + \alpha + \dfrac{\beta}{x} \right) = 3$을 만족시키는 α, β에 대해 $\alpha + \beta$의 값은?

① 0   ② 1   ③ 2   ④ 3   ⑤ 4

광운대

174. $\lim\limits_{x \to 0}\dfrac{d}{dx}\left(\cos\sqrt{x} + \sqrt{\cos x} + \sqrt{\cos\sqrt{x}}\,\right)$의 값은?

① $-\dfrac{5}{4}$ ② $-\dfrac{3}{4}$ ③ $-\dfrac{1}{4}$ ④ 0   ⑤ 없다.

한성대

173. $\lim\limits_{x \to \infty} \dfrac{\tan^{-1}(x) - \dfrac{\pi}{2}}{\dfrac{1}{x}}$의 값은?

① -2 ② -1 ③ 0   ④ 1

서강대

175. 극한 $\lim\limits_{a \to 0} \dfrac{\sqrt[4]{81+a} - 3}{a}$의 값은?

① $\dfrac{1}{81}$ ② $\dfrac{1}{92}$ ③ $\dfrac{1}{108}$ ④ $\dfrac{1}{120}$ ⑤ $\dfrac{1}{135}$

176. $\lim\limits_{x \to 0} \dfrac{1}{x^3} \displaystyle\int_0^{\sin x} \tan(t^2)\,dt = \dfrac{n}{m}$ 이라고 할 때, $m+n$의 값은? (단, m, n은 서로소인 자연수이다.)

177. $f(x) = \displaystyle\int_0^{2x} \dfrac{1}{\sqrt{1+t^3}}\,dt$ 일 때,

극한 $\lim\limits_{h \to 0} \dfrac{f(1+3h) - f(1-h)}{h}$ 의 값은?

① $\dfrac{2}{3}$ ② $\dfrac{4}{3}$ ③ $\dfrac{8}{3}$ ④ $\dfrac{16}{3}$

178. $\lim\limits_{x \to a} \dfrac{1}{x-a} \displaystyle\int_{\sqrt{a}}^{\sqrt{x}} t e^t \sin t\,dt$ 를 구하시오. ($a > 0$)

① $\dfrac{1}{2} e^{\sqrt{a}} \sin \sqrt{a}$ ② $e^{\sqrt{a}}$

③ $\sqrt{a}\, e^{\sqrt{a}} \sin \sqrt{a}$ ④ $\dfrac{e^{\sqrt{a}} \sin \sqrt{a}}{2\sqrt{a}}$

26 극한 (거듭제곱 형태)

179. 극한 $\lim\limits_{x \to 0}(e^x - x)^{\frac{2}{x^2}}$ 의 값은?

① 1　　② 2　　③ e　　④ $\sqrt{e}$

180. 극한 $\lim\limits_{x \to \infty}\left(\cos\dfrac{1}{x}\right)^x$ 의 값은?

① 1　　② e　　③ e^2　　④ 0

181. 극한 $\lim\limits_{x \to \infty}\left(\sin\dfrac{2}{x} + \cos\dfrac{3}{x}\right)^x$ 의 값은?

① $\dfrac{1}{e^2}$　　② e^2　　③ $\dfrac{1}{e^3}$　　④ e^3

명지대

182. $\lim\limits_{n\to\infty} \sqrt[n]{2^n+3^n}$ 의 값은?

    ① 1   ② 2   ③ 3   ④ 4   ⑤ 5

명지대

183. $\lim\limits_{x\to\infty} x^{\frac{1}{3+\ln x}}$ 의 값은?

    ① e^{-2} ② e^{-1} ③ 1   ④ e ⑤ e^2

세종대

184. 극한 $\lim\limits_{x\to 0} \dfrac{(1+x^2)^{\frac{2}{x}}-1}{\sin x}$ 을 구하면?

    ① $\dfrac{1}{2}$ ② 1   ③ $\dfrac{3}{2}$ ④ 2   ⑤ $\dfrac{5}{2}$

185. 벽에 세워 놓은 길이 5m인 사다리의 아래 끝을 매초 12cm의 속력으로 벽에서 떨어지게 수평으로 당긴다고 하자. 아래 끝이 벽에서부터 3m 떨어질 때, 위 끝이 내려오는 속력(m/s)을 구하면?

① 0.09   ② 0.07   ③ 0.04   ④ 0.01

186. 밑면의 반지름이 3cm이고 높이가 6cm인 원뿔을 뒤집어 놓은 용기에 매초 $4\text{cm}^3/\text{sec}$의 속도로 물을 유입시킬 때, 높이가 4cm가 되는 순간의 수면의 반지름의 변화율은?

① $\dfrac{1}{4\pi}$ ② $\dfrac{1}{2\pi}$ ③ $\dfrac{1}{\pi}$ ④ $\dfrac{2}{\pi}$

아주대

187. 곡선 $y = x^4$을 y축 주위로 회전하여 얻어진 물탱크에 물을 넣고 있다. 물의 깊이가 4cm일 때 수면의 높이가 2cm/sec의 속도로 증가하고 있다면, 그때 수면의 넓이의 변화율은 몇 cm^2/sec인가?

① 4π ② 2π ③ π ④ $\dfrac{3}{2}\pi$ ⑤ $\dfrac{\pi}{2}$

명지대

188. 좌표평면 위의 점 $P(x, y)$가 원점을 출발하여 곡선 $y = 2\sin\pi x \ (x \geq 0)$을 따라 움직이고 있고, x는 $\sqrt{7}$ cm/s의 속력으로 일정하게 움직인다. $x = \dfrac{1}{3}$일 때, 원점에서 점 P까지의 거리의 변화율은? (단, 변화율의 단위는 cm/s이다.)

① $\dfrac{1+3\sqrt{3}\,\pi}{5}$ 　　　　② $\dfrac{1+3\sqrt{3}\,\pi}{4}$

③ $\dfrac{1+3\sqrt{3}\,\pi}{3}$ 　　　　④ $\dfrac{1+3\sqrt{3}\,\pi}{2}$

⑤ $1+3\sqrt{3}\,\pi$

숙명여대

189. 지상에 있는 레이더 기지로부터 상공 $1\,\mathrm{km}$인 지점을 비행기가 30도의 각도로 상승하며 일정한 속력 $300\,\mathrm{km/h}$로 지나가고 있다. 그 시점으로부터 1분 후, 레이더 기지에서 비행기까지의 거리(km)를 구하시오.

① $\sqrt{27}$ 　② $\sqrt{28}$ 　③ $\sqrt{29}$ 　④ $\sqrt{30}$ 　⑤ $\sqrt{31}$

190. $f(x) = x^2 e^{-x}$ 이 극댓값을 갖는 x좌표의 값은?

① -1 ② 0 ③ 1 ④ 2

191. 곡선 $x^3 + y^3 = 6xy$ 위의 점 $(3, 3)$에서의 설명으로 옳은 것은?

① 접선의 기울기가 음수이며, 접선이 곡선 위에 존재한다.

② 접선의 기울기가 음수이며, 접선이 곡선 아래에 존재한다.

③ 접선의 기울기가 양수이며, 접선이 곡선 위에 존재한다.

④ 접선의 기울기가 양수이며, 접선이 곡선 아래에 존재한다.

숙명여대

192. 함수 $f(x) = (a^2 + a - 6)\cos 2x + (a-2)x + \cos 1$이 임계점이 없을 때, a의 범위를 구하시오.

① $\dfrac{1}{2} < a < \dfrac{3}{2}$ ② $-\dfrac{1}{2} < a < \dfrac{1}{2}$

③ $-\dfrac{3}{2} < a < -\dfrac{1}{2}$ ④ $-\dfrac{5}{2} < a < -\dfrac{3}{2}$

⑤ $-\dfrac{7}{2} < a < -\dfrac{5}{2}$

193. 구간 $[0, 1]$에서 연속인 함수 $f(x)$에 대해 다음 중 옳은 것을 모두 고른 것은?

> (가) 함수 $F(x) = \displaystyle\int_0^x f(t)\,dt$는 구간 $(0, 1)$에서
>
> 미분가능하다.
>
> (나) $\displaystyle\int_0^1 f(x)\,dx = 0$이면 $f(c) = 0$이 되는 c가
>
> 구간 $[0, 1]$에 존재한다.
>
> (다) 구간 $[0, 1]$의 모든 x에 대해 $\displaystyle\int_0^x f(t)\,dt = 0$이면,
>
> 구간 $[0, 1]$의 모든 x에서 $f(x) = 0$이다.

① (가), (나)   ② (가), (다)

③ (나), (다)   ④ (가), (나), (다)

194. 곡선 $f(x) = \displaystyle\int_0^x (e^x - t)e^{-t}\,dt$에 대한 설명 중 옳은 것은?

① 도함수는 $f'(x) = (e^x - x)e^{-x}$이다.

② $x = 0$에서 $f(x)$는 증가상태이다.

③ $x = 0$에서 $f(x)$는 위로 볼록이다.

④ $f(1) = e - 1$이다.

01 ─ 미적분과 급수

이화여대

195. 실수 전체에서 무한 번 미분가능한 함수 $f(x)$는 다음과 같이 자연수에서 함숫값의 부호를 교대로 갖는다.
$f(0) > 0, \ f(1) < 0, \ \cdots, \ f(2019) < 0$
이때 일반적으로 참인 명제들을 모두 고르시오.

　a. $f'(x)$는 적어도 2019개의 근을 갖는다.

　b. $f''(x)$는 적어도 2017개의 근을 갖는다.

　c. 고차미분 $f^{(2019)}(x)$는 적어도 1개의 근을 갖는다.

① a　　② b　　③ c　　④ a, b　　⑤ a, b, c

가톨릭대

196. 함수 $f(x)$가 모든 실수 x에 대해 $f(x+2) = f(1-x)$를 만족하고, 방정식 $f(x) = 0$이 서로 다른 다섯 개의 실근을 가질 때, 모든 근의 합은?

① $-\dfrac{15}{2}$　　② $-\dfrac{5}{2}$　　③ $\dfrac{5}{2}$　　④ $\dfrac{15}{2}$

197. $-\pi \le x \le \pi$일 때, 방정식 $\sin|x| = |x|$의 서로 다른 실근의 개수를 구하면?

① 3　　② 6　　③ 1　　④ 2

198. 방정식 $2(\sqrt{a}\cos x + \sqrt{1-a}\sin x) = \sqrt{3}$ 이

$0 < x < \dfrac{\pi}{6}$ 에서 해를 갖도록 하는 a값으로 적당한 것은?

① $\dfrac{1}{6}$ ② $\dfrac{1}{5}$ ③ $\dfrac{1}{4}$ ④ $\dfrac{1}{3}$

199. 실수 $x > 0$에 대해 $x - 1 - \ln x > \dfrac{1}{2}(\ln x)^2$이 성립하는 구간 중 포함범위가 가장 넓은 구간을 고르시오

① $(0, 1)$ ② $(0, e)$ ③ $(1, e)$ ④ $(1, \infty)$ ⑤ $(0, \infty)$

숙명여대

200. 실수 a, b에 대해, 함수 $f(x) = axe^{bx^2}$은 최댓값 $f(2) = 1$을 갖는다고 하자. 이때 ab를 구하시오.

① $-\dfrac{\sqrt{e}}{16}$ ② $\dfrac{\sqrt{e}}{17}$ ③ $-\dfrac{\sqrt{e}}{18}$ ④ $\dfrac{\sqrt{e}}{19}$ ⑤ $-\dfrac{\sqrt{e}}{20}$

인하대

201. 함수 $f(x) = x^4 - 4x^3 + 2x^2 + 20x + 20$의 최솟값은?

① 6 ② 7 ③ 8 ④ 9 ⑤ 10

인하대

202. 구간 $(0, \infty)$에서 함수 $f(x) = \dfrac{\ln x}{\sqrt{x}}$의 최댓값은?

① $\dfrac{1}{e}$ ② $\dfrac{2}{e}$ ③ e ④ $2e$ ⑤ e^2

203. $x > 0$에서 정의된 함수 $x^{x^{-2}}$의 극값이 최솟값인지 최댓값인지 말하고 그 값을 구하여라.

① 최솟값, $e^{\frac{1}{2e}}$ ② 최댓값, $e^{\frac{1}{2e}}$

③ 최솟값, $e^{\frac{1}{e}}$ ④ 최댓값, $e^{\frac{1}{e}}$

204. 점 $A(5, 0)$와 포물선 $y = x^2 + 1$ 위의 동점 P 사이의 거리를 l이라 할 때, l의 최솟값은?

① $\sqrt{5}$ ② $2\sqrt{5}$ ③ $3\sqrt{5}$ ④ $4\sqrt{5}$

205. 밑면의 반지름과 기둥의 높이의 합이 $10\,\text{cm}$인 원기둥의 부피가 최대가 되는 반지름의 길이는?

① $\dfrac{5}{3}\,\text{cm}$ ② $\dfrac{10}{3}\,\text{cm}$ ③ $\dfrac{20}{3}\,\text{cm}$ ④ $\dfrac{25}{3}\,\text{cm}$

아주대

206. 이상적분 $\displaystyle\int_{\frac{1}{2}}^{\infty} \frac{dx}{1+4x^2}$ 의 값은?

① $\dfrac{\pi}{16}$ ② $\dfrac{\pi}{16}+1$ ③ $\dfrac{\pi}{8}$ ④ $\dfrac{\pi}{8}+1$ ⑤ $\dfrac{\pi}{4}+\dfrac{1}{2}$

208. 이상적분 $\displaystyle\int_{0}^{3} \frac{x^2}{\sqrt{9-x^2}} dx$ 의 값을 계산하면?

① $\dfrac{9\pi}{4}$ ② $\dfrac{7\pi}{2}$ ③ $\dfrac{\pi}{2}$ ④ π

단국대

207. 두 실수 a, k가 $a = \displaystyle\int_{0}^{\infty} \left(\frac{1}{\sqrt{x^2+4}} - \frac{k}{x+2} \right) dx$ 를 만족시킬 때, $a \times k$의 값은?

① $\ln 2$ ② $\ln 3$ ③ $2\ln 2$ ④ $\ln 5$

209. 이상적분 $\displaystyle\int_{-1}^{\infty} \frac{1}{x^2+2x+2} dx$ 의 값은?

① $\dfrac{\pi}{4}$ ② $\dfrac{\pi}{2}$ ③ $\dfrac{3}{4}\pi$ ④ π

210. 특이적분 $\displaystyle\int_0^\infty x^3 e^{-x}\,dx$ 의 값은 얼마인가?

    ① 1   ② 2   ③ 6   ④ 24

211. 적분 $\displaystyle\int_0^\infty x^3 e^{-2x}\,dx$ 의 값은?

    ① $\dfrac{\sqrt{\pi}}{4}$ ② $\dfrac{3}{8}$ ③ $\dfrac{\sqrt{\pi}}{2}$ ④ 1

국민대

212. $I = \displaystyle\int_{-\infty}^{\infty} e^{-x^2}\,dx$ 라 할 때, I^2 의 값은?

    ① 1   ② π ③ π^2 ④ ∞

서강대

213. $\displaystyle\int_{-\infty}^{\infty} e^{-x^2}\,dx = \sqrt{\pi}$ 를 이용하여 $\displaystyle\int_0^\infty x^2 e^{-x^2}\,dx$ 의 값을 구하면?

    ① $\dfrac{\sqrt{\pi}}{4}$ ② $\dfrac{\sqrt{\pi}}{2}$ ③ $\dfrac{\sqrt{\pi}}{2\sqrt{2}}$ ④ $\dfrac{\sqrt{\pi}}{\sqrt{2}}$ ⑤ $\sqrt{\pi}$

214. $\displaystyle\int_0^\infty \sqrt{t}\,e^{-t}\,dt$의 값은?

① $\sqrt{\pi}$ ② $\dfrac{\sqrt{\pi}}{2}$ ③ $\dfrac{\sqrt{\pi}}{3}$ ④ $\dfrac{\sqrt{\pi}}{4}$ ⑤ $\dfrac{\sqrt{\pi}}{5}$

215. 다음 적분의 값을 구하시오.

$$\int_{-\infty}^{\infty} e^{-a(x+b)^2}\,dx \ (a>0,\ a\text{는 실수})$$

① $\dfrac{\pi}{a}$ ② $\sqrt{\dfrac{\pi}{a+b}}$ ③ $\sqrt{\dfrac{\pi}{a}}$ ④ $\dfrac{a\pi}{b}$

216. 다음 특이적분 중 수렴하는 것은?

① $\displaystyle\int_0^\infty \frac{x}{1+x^2}\,dx$

② $\displaystyle\int_1^\infty \frac{1}{x\ln x}\,dx$

③ $\displaystyle\int_0^1 \ln x\,dx$

④ $\displaystyle\int_1^\infty \frac{1}{x-1}\,dx$

218. 다음 이상적분 중 수렴하는 것을 모두 고르면?

(가) $\displaystyle\int_0^1 \frac{1}{x(\ln x)}\,dx$

(나) $\displaystyle\int_0^1 \frac{1}{x(\ln x)^2}\,dx$

(다) $\displaystyle\int_0^1 \frac{\sin x}{x}\,dx$

(라) $\displaystyle\int_0^1 \frac{1}{x^{\frac{1}{2}}}\,dx$

① (가), (나), (다), (라)

② (나), (다), (라)

③ (다), (라)

④ (라)

217. 다음의 특이적분들 중 수렴하는 것을 모두 고르시오

a. $\displaystyle\int_0^\infty \frac{1}{2+x^4}\,dx$

b. $\displaystyle\int_{-\infty}^\infty x^4 e^{-x^2}\,dx$

c. $\displaystyle\int_1^\infty \frac{\cos\left(e^{x^2}\right)}{x^2(2+\sin x)}\,dx$

d. $\displaystyle\int_1^\infty \frac{(\ln x)^2}{x^2}\,dx$

① a

② a, b

③ b, c

④ a, b, c

⑤ a, b, c, d

숙명여대

219. 다음 특이적분 중 수렴하는 것을 모두 찾으시오

ㄱ. $\int_0^1 \dfrac{dx}{\sqrt{x}+x^3}$

ㄴ. $\int_1^2 \dfrac{dx}{x \ln x}$

ㄷ. $\int_2^\infty \dfrac{1}{x^2-x}\,dx$

① ㄱ, ㄴ   ② ㄱ, ㄷ   ③ ㄴ, ㄷ

④ ㄱ, ㄴ, ㄷ   ⑤ 없음

서강대

220. 다음 이상적분 중에서 수렴하는 것만을 있는 대로 고른 것은?

ㄱ. $\int_0^\infty x^2 e^{-\sqrt{x}}\,dx$

ㄴ. $\int_0^1 \dfrac{\sin(\pi x)}{1-x}\,dx$

ㄷ. $\int_0^1 \dfrac{1}{x \ln x}\,dx$

① ㄱ   ② ㄴ   ③ ㄱ, ㄴ

④ ㄴ, ㄷ   ⑤ ㄱ, ㄴ, ㄷ

221. 다음 이상적분 중 수렴하는 것의 개수는?

ㄱ. $\int_0^4 \dfrac{1}{\sqrt{|x-2|}}\,dx$

ㄴ. $\int_1^\infty \dfrac{1}{\sqrt[3]{x^2}}\,dx$

ㄷ. $\int_1^\infty \dfrac{e^{-x}}{x}\,dx$

ㄹ. $\int_1^\infty \dfrac{x-2}{\sqrt{x^5+2x^3+4}}\,dx$

ㅁ. $\int_0^1 \dfrac{\ln x}{x^3}\,dx$

① 1   ② 2   ③ 3   ④ 4

222. $\lim\limits_{n \to \infty}\left\{\dfrac{\pi}{n}\sin^2\left(\dfrac{\pi}{n}\right) + \dfrac{\pi}{n}\sin^2\left(\dfrac{2\pi}{n}\right) + \dfrac{\pi}{n}\sin^2\left(\dfrac{3\pi}{n}\right) + \cdots \right.$
$\left. + \dfrac{\pi}{n}\sin^2\left(\dfrac{2n\pi}{n}\right)\right\}$ 의 값은?

① $\dfrac{\pi}{4}$ ② $\dfrac{\pi}{2}$ ③ π ④ $\dfrac{5}{4}\pi$

223. $\lim\limits_{n \to \infty}\sum\limits_{k=1}^{n}\sqrt[3]{\dfrac{k}{n^4}} = \alpha\displaystyle\int_0^1 \sqrt{x}\,dx$ 를 만족하는 상수 α 의 값은?

① $\dfrac{9}{4}$ ② $\dfrac{9}{8}$ ③ $\dfrac{1}{2}$ ④ 2

224. 극한
$$\lim_{n \to \infty}\left(\dfrac{1}{n^2+1^2} + \dfrac{2}{n^2+2^2} + \dfrac{3}{n^2+3^2} + \cdots \sum + \dfrac{n}{n^2+n^2}\right)$$
의 값을 구하면?

① $\dfrac{\pi}{4}$ ② $\dfrac{\pi}{2}$ ③ $\ln 2$ ④ $\ln\sqrt{2}$

225. 한국외대

극한 $\lim_{n \to \infty} \sum_{k=1}^{n} \dfrac{\ln(n+(e-1)k) - \ln n}{n+(e-1)k}$ 의 값은?

① $\dfrac{1}{2e}$ ② $\dfrac{1}{2(e-1)}$ ③ $\dfrac{1}{e}$

④ $\dfrac{1}{e-1}$ ⑤ $\dfrac{2}{e}$

226. 한국항공대

$f(x) = ne^{-x} + (n-1)e^{-2x} + (n-2)e^{-3x} + \cdots$
$\qquad + 2e^{-(n-1)x} + e^{-nx} \ (x > 0)$ 일 때,

$\lim_{n \to \infty} \dfrac{1}{n} f(x)$ 의 값을 구하시오.

① e^{z} ② $\dfrac{\pi}{1+e^{-x}}$ ③ $e^{-x}+1$ ④ $\dfrac{1}{e^{x}-1}$

227. 한양대

$\lim_{n \to \infty} \dfrac{1}{n^2} \prod_{k=1}^{n} (n^2 + k^2)^{\frac{1}{n}}$ 의 값은?

① $2e^{\frac{\pi}{2}-3}$ ② $2e^{\frac{\pi}{2}-2}$ ③ $2e^{\frac{\pi}{2}-1}$

④ $\dfrac{5}{2}e^{\frac{\pi}{2}+1}$ ⑤ $\dfrac{5}{2}e^{\frac{\pi}{2}+2}$

34 면적 (2)

228. 두 곡선 $y = \sin x$, $y = \arcsin x$와 두 직선 $x = \dfrac{\pi}{2}$, $y = \dfrac{\pi}{2}$로 둘러싸인 영역의 넓이는?

① $\dfrac{\pi}{4}$ ② $\dfrac{\pi}{2}$ ③ $\dfrac{\pi}{2} - 1$ ④ $\dfrac{\pi^2}{4} - 2$

229. 영역 $R = \{(x, y) | x \geq y^2, 2 - x - |y| \geq 0\}$의 넓이는?

① $\dfrac{4}{3}$ ② $\dfrac{5}{3}$ ③ $\dfrac{7}{3}$ ④ $\dfrac{8}{3}$

230. 곡선 $y = \dfrac{1}{x^2}$과 x축 및 두 직선 $x = 1$, $x = 9$로 둘러싸인 영역을 R라 하자. 직선 $y = a$에 의해 영역 R가 이등분될 때, 상수 a의 값은?

① $\dfrac{1}{6}$ ② $\dfrac{1}{7}$ ③ $\dfrac{1}{8}$ ④ $\dfrac{1}{9}$ ⑤ $\dfrac{1}{10}$

231. 두 곡선 $y = \sin\left(\dfrac{\pi x}{4}\right)$, $y = x^2 - 4x$로 둘러싸인 영역의 넓이는?

① $\dfrac{10}{\pi} + \dfrac{64}{3}$ ② $\dfrac{12}{\pi} + \dfrac{64}{3}$ ③ $\dfrac{10}{\pi} + \dfrac{32}{3}$

④ $\dfrac{8}{\pi} + \dfrac{32}{3}$ ⑤ $\dfrac{8}{\pi} + \dfrac{64}{3}$

한국외대

232. 곡선 $y = e^{2x}$ 과 직선 $y = 2x + 1$ 은 한 점 $\mathrm{P}(0, 1)$ 에서 접한다. 위 곡선과 직선, x 축 및 $x = -1$ 총 네 개의 경계로 둘러싸인 영역의 넓이는?

① $\dfrac{1}{8} - \dfrac{1}{e^2}$ 　　② $\dfrac{1}{8} - \dfrac{1}{2e^2}$ 　　③ $\dfrac{1}{4} - \dfrac{1}{e^2}$

④ $\dfrac{1}{4} - \dfrac{1}{2e^2}$ 　　⑤ $\dfrac{1}{4} + \dfrac{1}{2e^2}$

233. 매개변수함수

$x = \sqrt{2}\cos^3 t, y = \sqrt{2}\sin^3 t (0 \le t \le 2\pi)$ 로 둘러싸인 영역의 면적은?

① $\dfrac{3}{8}\pi$ 　　② $\dfrac{3}{4}\pi$ 　　③ $\dfrac{3}{2}\pi$ 　　④ 3π

234. 곡선 $x = t - \sin t$, $y = 1 - \cos t$, $0 \le t \le 4\pi$ 와 $y = 0$ 으로 둘러싸인 영역의 넓이를 구하면?

① 2π 　　② 4π 　　③ 6π 　　④ 8π

35 면적 (3)

숙명여대

235. 곡선 $r(\theta) = 2\cos 3\theta$, $0 \le \theta \le 2\pi$으로 둘러싸인 영역의 넓이를 구하시오.

① $\dfrac{\pi}{3}$　　② $\dfrac{\pi}{2}$　　③ $\dfrac{2\pi}{3}$　　④ π　　⑤ $\dfrac{3\pi}{2}$

단국대

236. 심장선 $r = 1 + \sin\theta$로 둘러싸인 영역의 넓이는?

① $\dfrac{11\pi}{8}$　　② $\dfrac{3\pi}{2}$　　③ $\dfrac{13\pi}{8}$　　④ $\dfrac{7\pi}{4}$

가톨릭대

237. 곡선 $r = 5 + 4\cos\theta$로 둘러싸인 부분의 넓이는?

① 32π　　② 33π　　③ 34π　　④ 35π

아주대

238. 극좌표 방정식 $r = \sqrt{\sin^3\theta}$, $0 \le \theta \le \pi$로 표현되는 곡선에 의해 둘러싸인 영역의 넓이는?

① $\dfrac{2}{3}$　　② $\dfrac{2}{3}\pi$　　③ $\dfrac{1}{3}$　　④ $\dfrac{1}{3}\pi$　　⑤ π

가톨릭대

239. 원 $(x-2)^2+y^2=4$ 의 내부와 원 $x^2+y^2=4$의 외부인 영역의 넓이는?

① $\dfrac{2}{3}\pi+2\sqrt{3}$ ② $\dfrac{2}{3}\pi+4\sqrt{3}$

③ $\dfrac{4}{3}\pi+2\sqrt{3}$ ④ $\dfrac{4}{3}\pi+4\sqrt{3}$

명지대

241. 극방정식 $r=4\cos\theta$, $r=4\sin\theta$로 주어진 두 곡선에 의해 둘러싸인 공통부분의 넓이는?

① $2\pi-5$ ② $2\pi-4$ ③ $2\pi-3$

④ $2\pi-2$ ⑤ $2\pi-1$

국민대

240. 곡선 $r=2-2\sin\theta$의 안쪽에 있고, $r=-4\sin\theta$의 바깥쪽에 있는 부분의 넓이는?

① π ② 2π ③ 4π ④ 6π

서울과학기술대

242. $r=3\sin\theta$의 내부와 $r=1+\sin\theta$의 외부에 놓인 영역의 넓이는?

① $\dfrac{\pi}{3}$ ② $\dfrac{2\pi}{3}$ ③ π ④ $\dfrac{4\pi}{3}$

243. 극곡선 $r = \left(\dfrac{1}{2^n} + 3\right)\sin\theta$ 의 내부와 $r = 1 + \sin\theta$ 의 외부에 놓인 영역의 넓이를 A_n 이라 할 때, $\displaystyle\lim_{n\to\infty} A_n$ 의 값은?

① π　　② $\dfrac{\pi}{3}$　　③ $\dfrac{\pi}{2}$　　④ $\dfrac{4\pi}{3} - 1$　　⑤ $\dfrac{\sqrt{3}\,\pi}{3}$

244. 2차원 평면에서 극좌표에 관한 방정식 $r = \dfrac{1}{2} + \sin(\theta)$ 로 주어지는 도형은 2차원 평면을 넓이가 무한한 부분 한 개와 넓이가 유한한 부분 두 개로 분할한다. 이 중 넓이가 유한한 두 부분의 넓이를 각각 A와 B라고 했을 때, 두 값의 차이 $|A - B|$ 를 계산하시오.

① $\dfrac{3\pi}{4}$　　② $\sqrt{3}$　　③ $\dfrac{3\sqrt{3}}{2}$　　④ $\dfrac{3\sqrt{3}}{8}$　　⑤ $\dfrac{9\sqrt{3}}{8}$

가톨릭대

245. $-\dfrac{1}{2} \leq x \leq 0$일 때, 곡선 $y = \ln(1-x^2)$의 길이는?

① $\ln 2 - \dfrac{1}{2}$ ② $\dfrac{1}{2}$ ③ $\dfrac{13}{24}$ ④ $\ln 3 - \dfrac{1}{2}$

아주대

247. 곡선 $y = \dfrac{1}{2}\left(x^2 - \dfrac{1}{2}\ln x\right)$, $1 \leq x \leq 2$의 길이는?

① $\dfrac{1}{2} + \dfrac{1}{2}\ln 2$ ② $1 + \dfrac{1}{2}\ln 2$ ③ $\dfrac{3}{2} + \dfrac{1}{2}\ln 2$

④ $\dfrac{3}{2} + \dfrac{1}{4}\ln 2$ ⑤ $\dfrac{3}{2} + \ln 2$

숙명여대

246. 곡선 $y = \displaystyle\int_1^x \sqrt{\sqrt{t}-1}\, dt$, $1 \leq x \leq 16$의 길이를 구하시오

① $\dfrac{118}{5}$ ② $\dfrac{120}{5}$ ③ $\dfrac{122}{5}$ ④ $\dfrac{124}{5}$ ⑤ $\dfrac{126}{5}$

한양대 - 에리카

248. 두 직선 $x = 2$, $y = 0$과 다음 매개방정식으로 주어진 곡선 $\begin{cases} x = 1 - \cos t \\ y = t - \sin t \end{cases}$, $(0 \leq t \leq \pi)$로 둘러싸인 영역의 넓이는?

① $\dfrac{\pi}{4}$ ② $\dfrac{\pi}{2}$ ③ $\dfrac{3\pi}{4}$ ④ π

249. 다음 곡선의 길이는?

$$x = 2\cos^3\theta, \; y = 2\sin^3\theta, \; 0 \le \theta \le \frac{\pi}{2}$$

① $\sqrt{2}$　　② $\sqrt{3}$　　③ 2　　④ 3

250. 곡선 $\gamma(t) = \left(\dfrac{t+1}{t^2+1}, \dfrac{t(t+1)}{t^2+1} \right)$, $0 \le t \le 1$의 길이는?

① π　　② $\dfrac{\pi}{\sqrt{2}}$　　③ $\dfrac{\pi}{2\sqrt{2}}$　　④ $\dfrac{\pi}{4}$

251. 극방정식 $r = 1 + \cos\theta$ $(0 \le \theta \le 2\pi)$로 주어진 닫힌 곡선의 길이는?

① 4　　② 5　　③ 6　　④ 7　　⑤ 8

252. 극곡선 $r = 1 - \cos\theta$의 길이를 구하면?

① 4　　② 5　　③ 6　　④ 7　　⑤ 8

명지대

253. 극방정식 $r = 2(1-\cos\theta)$ 으로 주어진 곡선의 길이는?

① 8   ② 10   ③ 12   ④ 14   ⑤ 16

한국산업기술대

254. 극곡선 $r = \cos(3\theta)$ 로 둘러싸인 영역의 넓이는?

① $\dfrac{\pi}{8}$ ② $\dfrac{\pi}{6}$ ③ $\dfrac{\pi}{4}$ ④ $\dfrac{\pi}{3}$

255. 반지름이 2인 원을 밑면으로 갖는 입체의 밑면에 수직인 단면들이 정사각형으로 이루어져 있다. 이 입체의 부피는?

① $\dfrac{16}{3}$ ② $\dfrac{32}{3}$ ③ $\dfrac{64}{3}$ ④ $\dfrac{128}{3}$

257. 사이클로이드 곡선
$x = \theta - \sin\theta,\ y = 1 - \cos\theta\ (0 \le \theta \le 2\pi)$
를 x축에 대해 회전시켜 얻은 입체의 부피를 구하시오.

① $5\pi^2$ ② $4\pi^2$ ③ $\dfrac{3\pi^2}{2}$ ④ 4π

256. 두 곡선 $y = \sqrt{x}$, $y = x^2$으로 둘러싸인 영역을 x축을 중심으로 회전시킬 때 생기는 회전체의 부피는?

① $\dfrac{3}{10}\pi$ ② $\dfrac{2\pi}{5}$ ③ $\dfrac{1}{2}\pi$ ④ $\dfrac{3}{5}\pi$ ⑤ $\dfrac{7}{10}\pi$

258. 곡선 $y = 2x - x^2$과 x축으로 둘러싸인 영역을 x축과 y축 둘레로 각각 회전시킬 때 생기는 입체의 부피를 V_x, V_y라 하자. $\dfrac{V_x}{V_y}$의 값은?

① $\dfrac{1}{5}$ ② $\dfrac{2}{5}$ ③ $\dfrac{3}{5}$ ④ $\dfrac{4}{5}$ ⑤ 1

한국산업기술대

259. $y = x - x^2$과 $y = 0$으로 둘러싸인 영역을 직선 $x = 1$을 축으로 회전하여 얻은 회전체의 부피는?

① $1 - \dfrac{\pi}{6}$　　② $\dfrac{\pi}{6}$　　③ $\dfrac{\pi}{3}$　　④ $\dfrac{\pi}{3} + 1$

광운대

260. x축, y축과 $(x-1)^2 + (y-1)^2 = 1$로 둘러싸인 부분을 y축을 중심으로 회전시킬 때 생기는 회전체의 부피는?

① $\left(\dfrac{5}{3} - \dfrac{\pi}{2} \right)\pi$　　② $\left(\dfrac{7}{3} - \dfrac{\pi}{4} \right)\pi$　　③ $\left(\dfrac{\pi}{2} - \dfrac{3}{4} \right)\pi$

④ $\left(\dfrac{\pi}{4} - \dfrac{3}{5} \right)\pi$　　⑤ π^2

아주대

261. $y = 1 - |x|$ 와 x축으로 둘러싸인 도형을 직선 $x = 2$ 주위로 회전하여 얻어진 회전체의 부피는?

① π　　② 2π　　③ 3π　　④ 4π　　⑤ 5π

262. 타원 $\dfrac{x^2}{4} + \dfrac{y^2}{9} = 1$의 내부영역을 D 라 할 때, D를 직선 $3x + 4y = 12$의 둘레로 회전한 회전체의 부피는?

① $\dfrac{12\pi^2}{5}$　　② $\dfrac{169\pi^2}{5}$　　③ $\dfrac{144\pi^2}{13}$　　④ $\dfrac{144\pi^2}{5}$

263. 곡선 $y = 2x^3 (0 \leq x \leq 1)$를 x축에 대해 회전한 곡면의 면적은?

① $\dfrac{\pi}{27}(37^{\frac{3}{2}} - 1)$

② $\dfrac{\pi}{54}(37^{\frac{3}{2}} - 1)$

③ $\dfrac{\pi}{81}(37^{\frac{3}{2}} - 1)$

④ $\dfrac{\pi}{54}(39^{\frac{3}{2}} - 1)$

⑤ $\dfrac{\pi}{81}(39^{\frac{3}{2}} - 1)$

264. 반원 $x^2 + y^2 = 1$, $y \geq 0$을 직선 $y = 1$으로 회전시켜 얻은 곡면(회전체)의 겉넓이를 구하시오.

① $2\pi(\pi - 2)$ ② $2\pi(\pi - 3)$ ③ $2\pi(\pi + 2)$

④ $2\pi(\pi + 3)$ ⑤ $2\pi(\pi + 4)$

265. 곡선 $y = \dfrac{1}{4}x^2 - \dfrac{1}{2}\ln x (1 \leq x \leq 2)$를 y축 둘레로 회전시킬 때 생기는 곡면의 넓이는?

① 2π ② $\dfrac{7}{3}\pi$ ③ $\dfrac{8}{3}\pi$ ④ 3π ⑤ $\dfrac{10}{3}\pi$

266. 다음 중 수렴하는 급수의 개수는?

ㄱ. $\displaystyle\sum_{n=1}^{\infty} \frac{\ln n}{n}$ ㄴ. $\displaystyle\sum_{n=1}^{\infty} \frac{4n^2+10^5 n}{\sqrt{2+10n^5}}$

ㄷ. $\displaystyle\sum_{n=3}^{\infty} \frac{(-1)^n n}{10^n}$ ㄹ. $\displaystyle\sum_{n=0}^{\infty} \frac{\sin(n+0.5)\pi}{2+\sqrt[3]{2n}}$

ㅁ. $\displaystyle\sum_{n=0}^{\infty} \frac{n^{1000}1000^n}{n!}$

① 1 ② 2 ③ 3 ④ 4 ⑤ 5

267. 다음 급수 중에서 수렴하는 것만을 있는 대로 고른 것은?

ㄱ. $\displaystyle\sum_{n=1}^{\infty} \frac{n!}{2^n}$

ㄴ. $\displaystyle\sum_{n=1}^{\infty} \frac{1}{n+1}\cos\left(\frac{\pi}{n}\right)$

ㄷ. $\displaystyle\sum_{n=2}^{\infty} \frac{\ln n}{(n+1)(n+2)}$

① ㄱ ② ㄴ ③ ㄷ

④ ㄴ, ㄷ ⑤ ㄱ, ㄴ, ㄷ

268. 다음 무한급수 중에서 수렴하는 것만을 있는 대로 고르면?

ㄱ. $\displaystyle\sum_{n=2}^{\infty} \frac{\ln n}{n}$ ㄴ. $\displaystyle\sum_{n=1}^{\infty} \frac{n^2}{2^n}$ ㄷ. $\displaystyle\sum_{n=1}^{\infty} \frac{n!}{n^n}$

① ㄴ ② ㄱ, ㄴ ③ ㄱ, ㄷ

④ ㄴ, ㄷ ⑤ ㄱ, ㄴ, ㄷ

269. 다음의 급수들 중 수렴하는 것을 모두 고르시오.

a. $\displaystyle\sum_{n=2}^{\infty} \frac{1}{n(\ln(n))^n}$ b. $\displaystyle\sum_{n=2}^{\infty} \frac{(-1)^n}{\ln(n)}$

c. $\displaystyle\sum_{n=2}^{\infty} \frac{1}{n(1+(\ln(n))^2)}$ d. $\displaystyle\sum_{n=6}^{\infty} \frac{1}{n^2-6n+5}$

① b, c ② a, b, d ③ a, b, c

④ a, c, d ⑤ a, b, c, d

270. 다음 중 수렴하는 급수의 개수는?

$$\text{(가)} \sum_{n=1}^{\infty} (-1)^{n+1} \frac{7n+1}{n\sqrt{n}}$$

$$\text{(나)} \sum_{n=1}^{\infty} \frac{\ln n}{n\sqrt{n}}$$

$$\text{(다)} \sum_{n=2}^{\infty} \frac{3}{n\sqrt{2\ln n+3}}$$

$$\text{(라)} \sum_{n=1}^{\infty} \arcsin\left(\frac{1}{n\sqrt{n}}\right)$$

① 1   ② 2   ③ 3   ④ 4

271. 다음 중 절대수렴하는 급수의 개수를 a, 조건수렴하는 급수의 개수를 b, 발산하는 급수의 개수를 c라 할 때, $a+b-c$의 값은?

$$\text{ㄱ.} \sum_{n=1}^{\infty} (-1)^n \frac{\ln n}{\sqrt{n}} \qquad \text{ㄴ.} \sum_{n=1}^{\infty} \tan\frac{1}{n}$$

$$\text{ㄷ.} \sum_{n=1}^{\infty} \frac{\sqrt[3]{n}-1}{n(\sqrt{n}+1)} \qquad \text{ㄹ.} \sum_{n=1}^{\infty} (-1)^n \frac{(2n+1)^n}{n^{2n}}$$

$$\text{ㅁ.} \sum_{n=1}^{\infty} (-1)^n \frac{10^n n^2}{n!}$$

① 1   ② 2   ③ 3   ④ 4   ⑤ 5

272. 급수 $\displaystyle\sum_{n=0}^{\infty} (n+1)^{\ln\sqrt{a}}$ 이 수렴하는 실수 a의 범위는?

① $0 < a < \dfrac{1}{e^2}$ ② $\dfrac{1}{e^2} < a < \dfrac{1}{e}$

③ $\dfrac{1}{e} < a < \dfrac{1}{\sqrt{e}}$ ④ $\dfrac{1}{\sqrt{e}} < a < \dfrac{1}{\sqrt[4]{e}}$

⑤ $\dfrac{1}{\sqrt[4]{e}} < a < 1$

273. 다음 중 무한급수 $\displaystyle\sum_{n=1}^{\infty} \frac{(-1)^{nq}}{n^p(\ln(n+2019))^{q/2}}$ 가 발산하는 경우는?

① $p=3,\ q=1$ ② $p=2,\ q=2019$

③ $p=1,\ q=1$ ④ $p=1,\ q=2$

⑤ $p=1,\ q=4$

한성대

274. 멱급수 $\displaystyle\sum_{n=1}^{\infty}\frac{(x+3)^{n-1}}{n^2}$ 의 수렴구간은?

① $x > -4$ ② $-4 < x < -2$

③ $-4 \le x \le -2$ ④ $x \le -2$

한국산업기술대

276. 멱급수 $\displaystyle\sum_{n=1}^{\infty}\frac{(2x-1)^n}{4^n \ln(n+1)}$ 의 수렴반지름은?

① $\dfrac{1}{4}$ ② $\dfrac{1}{2}$ ③ 2 ④ 4

숭실대

275. 멱급수 $\displaystyle\sum_{n=0}^{\infty}\frac{(-2)^n x^{2n+1}}{\sqrt{n^2+n+1}}$ 의 수렴반경은?

① $\dfrac{1}{2}$ ② $\dfrac{1}{\sqrt{2}}$ ③ $\dfrac{1}{4}$ ④ 2

한양대 - 에리카

277. 멱급수 $x + \dfrac{1}{2}\dfrac{x^3}{3} + \dfrac{1}{2}\dfrac{3}{4}\dfrac{x^5}{5} + \dfrac{1}{2}\dfrac{3}{4}\dfrac{5}{6}\dfrac{x^7}{7} + \cdots$ 의 수렴반경은?

① 1 ② 2 ③ 3 ④ 4

278. 거듭제곱급수 $\displaystyle\sum_{n=0}^{\infty}\left(\frac{1}{2}\right)^{\sqrt{n}}x^n$ 의 수렴반지름은?

① $\dfrac{1}{2}$ ② $\dfrac{\sqrt{2}}{2}$ ③ 1 ④ $\sqrt{2}$ ⑤ 2

280. 멱급수(거듭제곱급수) $\displaystyle\sum_{n=0}^{\infty}\frac{(n!)^2}{(2n)!}x^n$ 의 수렴반지름의 값은?

① 1 ② 2 ③ 3 ④ 4 ⑤ 5

279. 멱급수 $f(x)=\displaystyle\sum_{n=1}^{\infty}\frac{n!}{1\times 3\times 5\times\ \cdots\ \times(2n+1)}x^n$ 의 수렴반경은?

① 0 ② $\dfrac{1}{2}$ ③ 1 ④ 2 ⑤ ∞

281. 멱급수 $\displaystyle\sum_{n=0}^{\infty}\frac{(n!)^3}{(3n)!}(x-30)^n$ 의 수렴반경이 r이고 수렴구간은 (a,b)일 때, $r+a+b$의 값을 구하시오.

건국대

282. 멱급수 $\displaystyle\sum_{n=0}^{\infty} \frac{n(2x+4)^n}{6^{n+1}}$ 의 수렴구간은?

① $(-5, 1)$ ② $[-5, 1)$ ③ $\{-2\}$

④ $(-8, 4)$ ⑤ $[-8, 4)$

단국대

283. 멱급수 $\displaystyle\sum_{n=1}^{\infty} \frac{n^n(x-2)^n}{3 \times 7 \times 11 \times \cdots \times (4n-1)}$ 이 수렴하게 되는 모든 정수 x의 값의 합은?

① 6   ② 10   ③ 15   ④ 21

성균관대

284. 다음 중 구간 $-2 < x < -1$에서 수렴하는 수열을 모두 고르면?

> (가) $\displaystyle\sum_{n=0}^{\infty} \frac{(-2)^n x^n}{\sqrt{n+1}}$
>
> (나) $\displaystyle\sum_{n=2}^{\infty} \frac{(x-1)^n}{\ln n}$
>
> (다) $\displaystyle\sum_{n=0}^{\infty} \frac{n(x+1)^n}{2^{n+1}}$

① (가), (나)   ② (나), (다)   ③ (가)

④ (나)   ⑤ (다)

숙명여대

285. 멱급수 $\displaystyle\sum_{n=1}^{\infty} \frac{(x-5)^n}{n2^n}$ 이 절대수렴하는 x의 범위가 $a < x < b$일 때, $a+b$의 값을 구하시오.

① 8   ② 9   ③ 10   ④ 11   ⑤ 12

광운대

286. 함수 $f(x) = \ln x$의 $x = 3$에서의 테일러 급수는

$\displaystyle\sum_{n=0}^{\infty} a_n(x-3)^n$ 으로 주어지고 이 급수는

$3 - R < x \leq 3 + R$에서 수렴한다.

이때 $(a_1 + a_2)R$의 값은?

① $\dfrac{5}{6}$ ② $\dfrac{2}{3}$ ③ $\dfrac{1}{2}$ ④ $\dfrac{1}{3}$ ⑤ $\dfrac{1}{6}$

41 무한급수의 합

287. 급수 $1 - 2\ln 3 + \dfrac{(2\ln 3)^2}{2!} - \dfrac{(2\ln 3)^3}{3!} + \cdots$ 의 합은?

① 9   ② 3   ③ $\dfrac{1}{3}$ ④ $\dfrac{1}{9}$

288. 무한급수 $\displaystyle\sum_{n=0}^{\infty} \dfrac{(-1)^n}{2n+1} \dfrac{1}{3^n}$ 의 값을 구하면?

① $\dfrac{\sqrt{3}}{2}\pi$ ② $\dfrac{\sqrt{3}}{3}\pi$ ③ $\dfrac{\sqrt{3}}{4}\pi$

④ $\dfrac{\sqrt{3}}{5}\pi$ ⑤ $\dfrac{\sqrt{3}}{6}\pi$

289. 급수 $\displaystyle\sum_{n=1}^{\infty} \dfrac{n(n+1)}{2^n}$ 의 합은?

① 4   ② 8   ③ 12   ④ 16

290. $\displaystyle\sum_{n=2}^{\infty} n(n-1)\left(\dfrac{1}{3}\right)^{n-2}$ 의 값은?

① 6   ② $\dfrac{25}{4}$ ③ $\dfrac{13}{2}$ ④ $\dfrac{27}{4}$ ⑤ 7

291. 급수 $\displaystyle\sum_{n=1}^{\infty} \frac{n^2}{3^n}$ 의 값을 계산하시오.

293. 무한급수 $\displaystyle\sum_{n=1}^{\infty} \frac{n^2+3n+1}{(n+2)!}$ 의 값을 구하면?

① $\dfrac{1}{4}$ ② $\dfrac{1}{3}$ ③ $\dfrac{1}{2}$ ④ 1 ⑤ $\dfrac{3}{2}$

292. 급수 $\displaystyle\sum_{n=2}^{\infty} \frac{2}{n^2-1}$ 의 합은?

① $\dfrac{3}{2}$ ② 2 ③ $\dfrac{5}{2}$ ④ 4

294. $f(x) = \displaystyle\sum_{n=0}^{\infty}(n+1)x^{2n}$ 일 때 $\displaystyle\sum_{n=0}^{\infty} n^2 x^{2n}$ 으로 표현되는 함수는?

① $xf'(x) - x^2 f(x)$ ② $\dfrac{x}{2}f'(x) - x^2 f(x)$

③ $xf'(x) - \dfrac{x^2}{2}f(x)$ ④ $2xf'(x) - x^2 f(x)$

⑤ $2xf'(x) + x^2 f(x)$

국민대

295. 무한급수 $\displaystyle\sum_{n=1}^{\infty} \int_{-\pi}^{\pi} (\sin x + \cos x)(\sin nx + \cos nx)dx$ 의
값은?

① 0   ② π ③ 2π ④ 4π

한국외대

296. 수열 $\{a_n\}$이 $a_1 = 2$, $(n+1)a_{n+1} = 2a_n$ $(n = 1, 2, 3, \cdots)$을
만족할 때, 무한급수 $\displaystyle\sum_{n=1}^{\infty} a_n$의 값은?

① 2   ② $e-1$ ③ $2e-1$ ④ e^2-1 ⑤ e^2

42 무한급수의 명제

홍익대

297. 다음 중 참인 명제만 고른 것은?

> ㄱ. 급수 $\displaystyle\sum_{n=1}^{\infty} \frac{\ln n}{n^2}$ 은 발산한다.
>
> ㄴ. 급수 $\displaystyle\sum_{n=0}^{\infty} n!\,x^n$ 의 수렴반지름을 R이라 할 때,
> $R=0$ 이다.
>
> ㄷ. 함수 $f(x)=\ln x$ 의 $x=2$ 에서 테일러 급수의 수렴
> 반지름을 R이라 할 때, $R=2$ 이다.

① ㄴ   ② ㄴ, ㄷ   ③ ㄱ, ㄴ   ④ ㄱ, ㄴ, ㄷ

가천대

298. 멱급수 $\displaystyle\sum_{n=1}^{\infty} a_n x^n$ 은 $x=-2$ 일 때 수렴하고 $x=3$ 일 때
발산한다. 다음 보기의 급수 중 수렴하는 급수의 개수는?

> ㄱ. $\displaystyle\sum_{n=1}^{\infty} a_n$ ㄴ. $\displaystyle\sum_{n=1}^{\infty} |a_n|$
>
> ㄷ. $\displaystyle\sum_{n=1}^{\infty} (-4)^n a_n$ ㄹ. $\displaystyle\sum_{n=1}^{\infty} n a_n$

① 1   ② 2   ③ 3   ④ 4

숭실대

299. 고정된 양의 실수 y에 대해 급수 $\displaystyle\sum_{n=0}^{\infty} a_n y^n$ 이 수렴할 때,
다음 중 옳지 않은 것은?

① $\displaystyle\lim_{n\to\infty} a_n y^n = 0$ 이다.

② $\displaystyle\sum_{n=0}^{\infty} a_n (-y)^n$ 은 수렴한다.

③ $-y < x < y$ 일 때 $\displaystyle\sum_{n=0}^{\infty} a_n x^n$ 은 수렴한다.

④ $-y < x < y$ 일 때 $\displaystyle\sum_{n=1}^{\infty} n a_n x^n$ 은 수렴한다.

아주대

300. 〈보기〉의 내용 중 옳은 것은 모두 몇 개인가?

> (가) $\pi - \dfrac{\pi^3}{3!} + \dfrac{\pi^5}{5!} - \dfrac{\pi^7}{7!} + \cdots$ 은 0으로 수렴한다.
>
> (나) $\displaystyle\int_0^4 \frac{2x}{x^2-1}\,dx = \ln 15$
>
> (다) 무한급수 $S = \displaystyle\sum_{n=1}^{\infty} (-1)^{n+1} \frac{1}{n}$ 의 2019번째
> 부분합 S_{2019} 는 S보다 크다.
>
> (라) $\displaystyle\sum_{n=1}^{\infty} (-1)^n \sin^3\!\left(\frac{1}{\sqrt{n}}\right)$ 은 절대 수렴한다.

① 0   ② 1   ③ 2   ④ 3   ⑤ 4

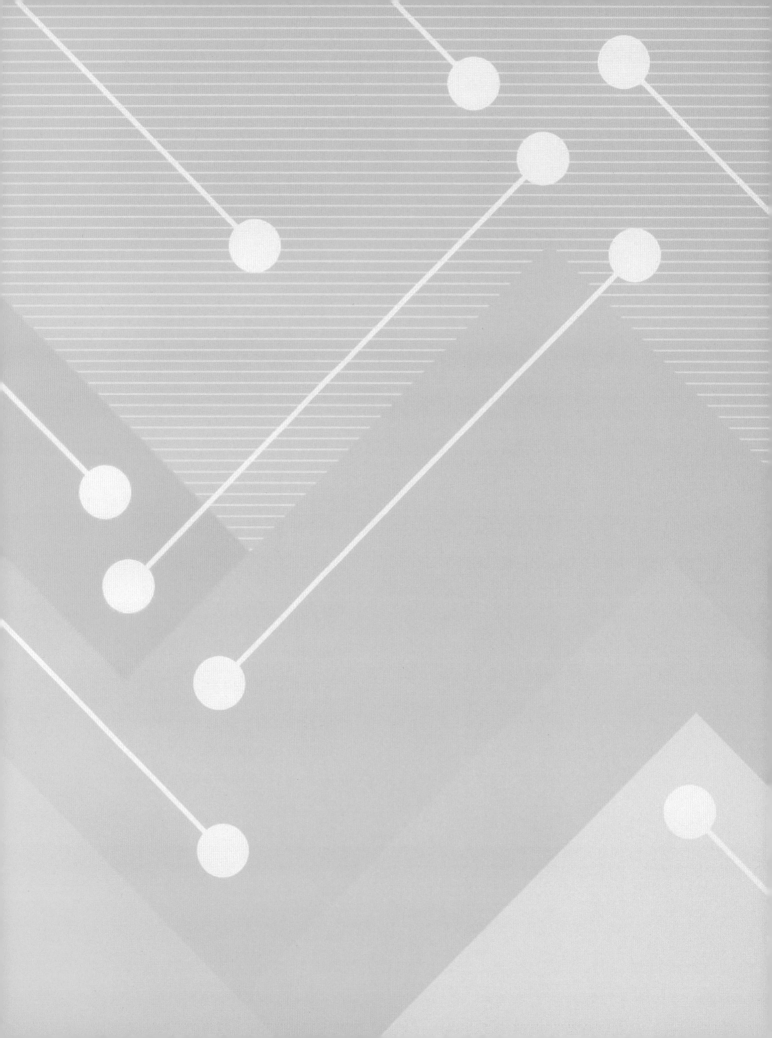

다변수
미적분

건국대

1. 다음 중 극한값이 존재하는 것은?

① $\lim\limits_{(x,y)\to(0,0)} \dfrac{4x^2+y^3}{x^3+y^2}$

② $\lim\limits_{(x,y)\to(0,0)} \dfrac{x\sin y^2}{x^2+y^2}$

③ $\lim\limits_{(x,y)\to(0,0)} \dfrac{xye^y}{x^3+2y^2}$

④ $\lim\limits_{(x,y)\to(0,0)} \dfrac{\sin(x+y)}{x^2+y^2}$

⑤ $\lim\limits_{(x,y)\to(0,0)} \dfrac{4x^2y-y^2}{x^3+y^3}$

광운대

2. 함수 $f(x,y)$ 가 $f(0,0)=0$ 이고 $(x,y)\neq(0,0)$ 일 때, $f(x,y)$ 를 다음과 같이 정의한다. 원점에서 불연속인 함수를 모두 고르면?

ㄱ. $\dfrac{x^2y^2}{x^2+y^2}$	ㄴ. $\dfrac{xy}{x^2+y^2}$
ㄷ. $\dfrac{xy^2}{x^2+y^4}$	ㄹ. $xy\ln(x^2+y^2)$
ㅁ. $|x|^y$	

① ㄱ, ㄷ, ㅁ ② ㄴ, ㄹ, ㅁ ③ ㄱ, ㄴ, ㄹ

④ ㄴ, ㄷ, ㅁ ⑤ ㄱ, ㄹ, ㅁ

3. 다음 중 극한 $\lim\limits_{(x,y)\to(0,0)} f(x,y)$ 의 값이 존재하지 않는 함수는?

① $f(x,y)=\dfrac{5xy^2}{x^2+y^2}$

② $f(x,y)=\dfrac{xy}{x^2+y^2}$

③ $f(x,y)=\dfrac{x^2-xy}{\sqrt{x}-\sqrt{y}}$

④ $f(x,y)=\dfrac{e^{x^2+y^2}-1}{x^2+y^2}$

4. 다음 중 극한값이 맞는 것의 개수를 구하면?

(가)	$\lim\limits_{(x,y)\to(0,0)} \dfrac{(1+x)\sin(x^2+y^2)}{x^2+y^2}=1$
(나)	$\lim\limits_{(x,y)\to(0,0)} \dfrac{xy^2}{x^2+y^4}=0$
(다)	$\lim\limits_{(x,y)\to(0,0)} \dfrac{x^2+2y^2}{xy+(x-y)^2}=1$
(라)	$\lim\limits_{(x,y)\to(0,0)} \dfrac{xy}{x^2+y^2}=0$

① 0   ② 1   ③ 2   ④ 3   ⑤ 4

5. $f(x,y) = x\sin(xy)$ 의 편도함수 $\dfrac{\partial f}{\partial x}$ 는?

① $y\sin(xy) + x\cos(xy)$

② $\cos(xy) + xy\sin(xy)$

③ $\sin(xy) + xy\cos(xy)$

④ $x\sin(xy) + \cos(xy)$

6. $z = \tan^{-1}\dfrac{y}{x}$ 일 때, $(1,0)$에서의 $\dfrac{\partial^2 z}{\partial y \partial x}$ 의 값은?

① 0 ② $\dfrac{1}{2}$ ③ 1 ④ -1

7. $f(x,y) = (x+y)^{xy}$일 때 $f_y(1,1)$을 구하면?

① $1 + \ln 2$ ② $2 + \ln 2$ ③ $1 + 2\ln 2$ ④ $2 + 2\ln 2$

8. 다음 이변수 함수 $f(x, y)$의 이계 편도함수 $f_{xy}(x, y)$에 대해 $f_{xy}(0, 0)$의 값은?

$$f(x, y) = \begin{cases} \dfrac{xy^3}{x^2+y^2}, & (x,y) \neq (0,0) \\ 0, & (x,y) = (0,0) \end{cases}$$

① 0   ② 1   ③ -1 ④ 2

9. $f(x,y) = \begin{cases} \dfrac{2xy^3}{x^2+y^2} & (x,y) \neq (0,0) \\ 0 & (x,y) = (0,0) \end{cases}$ 에 대한 다음 설명 중 옳지 않은 것은?

① $\lim\limits_{(x,y)\to(0,0)} f(x, y) = 0$이다.

② 점 $(0, 0)$에서 연속이다.

③ $f_x(0, 0) = 0$이다.

④ $f_{xy}(0, 0) = 1$이다.

10. 양의 실수 x에서 미분가능한 함수 $f(x)$에 대해
$$\int_0^x (x^2 - t^2)f(t)dt = x^4\ln\left(\frac{x^4}{e}\right)$$ 이 성립할 때, $f(1)$의 값은?

① 2   ② 4   ③ 6   ④ 8   ⑤ 10

11. $z = \sin(xy)$, $x = t$, $y = t^2$일 때 연쇄법칙을 이용하여 $\dfrac{dz}{dt}$ 를 구하면?

① $3t^3\cos(t^2)$ ② $3t^3\sin(t^2)$

③ $3t^2\sin(t^3)$ ④ $3t^2\cos(t^3)$

12. $w = x^2 + y^2 + z^2$, $x = st$, $y = s\cos t$, $z = s\sin t$라 할 때, $\dfrac{\partial w}{\partial s}\Big|_{\substack{s=3 \\ t=0}}$ 을 구하면?

① 0 ② 3 ③ 5 ④ 6

13. $x = r + se^t$, $y = rs^2\ln(1+t)$, $z = r^2\sin t$이고 $u = x^4y + y^2 + z^3$이면 $r = 2$, $s = 1$, $t = 0$에서 $\dfrac{\partial u}{\partial r}$ 의 값은?

① 0 ② 1 ③ 2 ④ 3

명지대

14. 미분가능한 이변수 함수 $f(x, y)$와 미분가능한 함수 $g(t)$, $h(t)$가 다음 조건을 만족시킨다.

> (가) $\dfrac{\partial f}{\partial x}(3, 1) = 2$, $\dfrac{\partial f}{\partial y}(3, 1) = 1$
>
> (나) $g(2) = 3$, $g'(2) = -1$, $h'(2) = 5$

함수 $p(t) = f(g(t), h(t))$에 대해 $p'(2)$의 값은?

① -3　　② -1　　③ 0　　④ 1　　⑤ 3

아주대

15. 미분가능한 이변수 함수 $f(u, v)$에 대해 $w = g(x, y) = f(x+2y-1, 2x-y)$라 하자. 아래 표를 이용하여 $\left.\dfrac{\partial w}{\partial y}\right|_{x=1, y=1}$의 값을 구하면?

(u, v)	f	$\dfrac{\partial f}{\partial u}$	$\dfrac{\partial f}{\partial v}$
$(1, 1)$	1	1	2
$(1, 2)$	3	-2	1
$(2, 1)$	2	-1	-1
$(2, 2)$	1	2	2

① -2　　② -1　　③ 0　　④ 1　　⑤ 2

16. 다변수함수 $z = f(x, y)$가 연속인 편도함수를 가지며, $x = s - 2r$이고 $y = s + r$일 때, 다음 식을 만족하는 상수 A, B, C에 대해 곱 ABC의 값은?

$$\frac{\partial z}{\partial s}\frac{\partial z}{\partial r} = A\left(\frac{\partial z}{\partial x}\right)^2 - B\left(\frac{\partial z}{\partial x}\right)\left(\frac{\partial z}{\partial y}\right) + C\left(\frac{\partial z}{\partial y}\right)^2$$

① -2 ② 0 ③ 2 ④ 4

17. 함수 $z = f(x, y)$는 연속인 2계 편도함수를 가진다. $x = r\cos\theta$, $y = r\sin\theta$에 대해, $(x, y) = (0, 1)$에서 $\dfrac{\partial^2 z}{\partial r^2}$의 값은?

① $\left(\dfrac{\partial^2 z}{\partial y^2} + \dfrac{\partial z}{\partial x} + \dfrac{\partial z}{\partial y}\right)(0, 1)$

② $\left(\dfrac{\partial^2 z}{\partial x^2} + \dfrac{\partial z}{\partial x} + \dfrac{\partial z}{\partial y}\right)(0, 1)$

③ $\dfrac{\partial^2 z}{\partial y^2}(0, 1)$

④ $\dfrac{\partial^2 z}{\partial x^2}(0, 1)$

⑤ 0

18. $z = f(x, y)$의 2계 편도함수가 연속이고, $x = 2rs$, $y = 2r$이다. $f_x(2, 2) = f_y(2, 2) = -1$, $f_{xx}(2, 2) = f_{yy}(2, 2) = 1$, $f_{xy}(2, 2) = -1$일 때, $(r, s) = (1, 1)$에서 $\dfrac{\partial^2 z}{\partial s \partial r}$의 값은?

① -2 ② 0 ③ 2 ④ 4

19. 실수 전체의 집합 $\mathbb{R}$에서 두 번 미분가능한 함수 $f(y)$에 대해 이변수 함수 $u(x, t) = \dfrac{1}{\sqrt{t}}f\left(\dfrac{x}{\sqrt{t}}\right)$가 영역 $D = \{(x, t) \in \mathbb{R}^2 | t > 0\}$에서 $\dfrac{\partial u}{\partial t} = \dfrac{\partial^2 u}{\partial x^2}$를 만족할 때, 함수 $f(y)$가 만족하는 식은?

① $f''(y) + yf'(y) + f(y) = 0$

② $f''(y) + 2yf'(y) + f(y) = 0$

③ $2f''(y) + 2yf'(y) - f(y) = 0$

④ $2f''(y) + yf'(y) - f(y) = 0$

⑤ $2f''(y) + yf'(y) + f(y) = 0$

05 전미분 & 음함수 미분법

20. 반지름이 $2\,\mathrm{cm}$, 높이가 $3\,\mathrm{cm}$인 원뿔의 각각의 최대 측정오차가 $0.1\,\mathrm{cm}$이다. 이 원뿔의 체적 변화량의 최대 백분율오차는?

① 5 ② $\dfrac{15}{2}$ ③ $\dfrac{25}{3}$ ④ $\dfrac{40}{3}$

21. 타원 $x^2 + 4y^2 = 5$ 위의 점 (a, b)에서의 접선이 두 점 $(3, 2)$와 $(c, 0)$을 통과할 때, $a+b+c$의 값은? (단, $b > 0$이다.)

① -5 ② -8 ③ -10 ④ -12

22. 방정식 $x - z = \tan^{-1}(yz)$에 대해 $\dfrac{\partial z}{\partial x}(1, 0) + \dfrac{\partial z}{\partial y}(1, 0)$의 값은?

① 2 ② -2 ③ 1 ④ -1 ⑤ 0

23. 방정식 $yz = \ln(x+z)$에서 점$(e-1, 1, 1)$에서 $\dfrac{\partial z}{\partial x}$를 구하면?

① $e-1$　　② $\dfrac{1}{e-1}$　　③ $\dfrac{e}{e+1}$　　④ $\dfrac{e+1}{e}$

24. 곡면 $x^3 + y^3 + z^3 + 6xyz = 9$일 때, 곡면 위의 점 $(1, 1, 1)$에서 $\dfrac{\partial z}{\partial x}$의 값을 구하면?

① 0　　　② 1　　　③ -1　　　④ 2

25. 점 $P(1, 2)$에서 함수 $f(x, y)$의 벡터 $i+j$의 방향에 대한 도함수는 $2\sqrt{2}$이고, $-2j$ 방향에 대한 도함수는 -3이다. 함수 $f(x,y)$의 점 $P(1,2)$에서 $3i+4j$ 방향으로의 도함수를 구하면?

① 2 　　　② 4 　　　③ 3 　　　④ 1

26. 곡면 $z = x\sin(xy)$를 평면 $x - y + \dfrac{\pi}{2} = 1$로 잘랐을 때 생기는 곡선 위의 한 점 $\left(1, \dfrac{\pi}{2}, 1\right)$에서 접선의 기울기는?

① $\dfrac{1}{2}$ 　　② $\dfrac{\sqrt{2}}{2}$ 　　③ $\dfrac{\sqrt{3}}{2}$ 　　④ 1

27. 미분가능한 함수 $f(x, y)$가 다음 조건을 만족시킨다.

$$f(0,y) = e^{\sin y},\ f(x,\pi) = e^x\cos(\pi x)$$

$(0, \pi)$에서 $u = \left(\dfrac{1}{\sqrt{5}}, \dfrac{2}{\sqrt{5}}\right)$ 방향의 방향미분계수 $D_u f(0, \pi)$를 구하면?

① $-\dfrac{2}{\sqrt{5}}$ ② $-\dfrac{1}{\sqrt{5}}$ ③ 0 　 ④ $\dfrac{1}{\sqrt{5}}$ ⑤ $\dfrac{2}{\sqrt{5}}$

국민대

28. 좌표공간상의 점 $(1,3,0)$에서 $u = e_1 + 2e_2 - e_3$ 방향으로 함수 $f(x,y,z) = x\sin(yz)$의 방향도함수는?

① $\dfrac{\sqrt{6}}{2}$ ② $\sqrt{6}$ ③ $-\dfrac{\sqrt{6}}{2}$ ④ $-\sqrt{6}$

단국대

29. 점 $(2,1,\pi)$에서 함수 $f(x,y,z) = y^2 + x\cos(yz)$의 벡터 $v = \langle 2,3,-6 \rangle$ 방향으로의 방향도함수는?

① $-\dfrac{6}{7}$ ② $-\dfrac{3}{7}$ ③ $\dfrac{2}{7}$ ④ $\dfrac{4}{7}$

이화여대

30. 3차원 공간에 함수 $f(x,y,z) = x + xy + ye^{xz}$ 가 주어져 있다. 3차원의 단위벡터들 $\vec{u} = a\vec{i} + b\vec{j} + c\vec{k}$ 중 점 $(1,1,0)$에서의 f의 $\vec{u}$ 방향에 대한 방향미분값을 가장 크게 만드는 $\vec{u}$를 찾고, 이때 $a+b+c$의 값을 구하시오.

31. 함수 $f(x,y) = xe^{-xy}$에 대해 점 $(1,0)$에서 방향도함수의 최댓값과 최솟값의 곱을 구하면?

① -3 ② -2 ③ -1 ④ $-\dfrac{1}{2}$

32. 매끄러운 곡면 $z = x^2 + y^2 - 3$ 위의 점 $(2,1,2)$에 물방울을 떨어뜨렸을 때 물방울이 흘러내려가는 방향에 벡터를 구하면?

① $\langle 2, 1 \rangle$ ② $\langle -2, -1 \rangle$

③ $\langle 1, 2 \rangle$ ④ $\langle -1, -2 \rangle$

33. $f(x,y) = x^2 + y^2 - 2x - 4y$의 가장 빠른 변화의 방향이 $\vec{i} + \vec{j}$가 되는 평면 $\mathbb{R}^2$ 위의 점은?

① $(-2, -1)$ ② $(-1, 0)$ ③ $(3, 5)$ ④ $(8, 9)$

34. 공간에서의 온도 함수가 $T(x,y,z) = \pi e^{xy} - \sin(\pi yz)$일 때, 다음 벡터 중 점 $(0, 1, -1)$에서 온도가 가장 빠르게 낮아지는 방향을 나타내는 것은?

① $\langle -1, 1, -1 \rangle$ ② $\langle 1, -1, 1 \rangle$

③ $\langle 2, 1, -1 \rangle$ ④ $\langle -2, -1, 1 \rangle$

35. $f(x, y, z) = 5x^2 - 3xy + xyz$ 일 때, 점 $(1, 1, 1)$에서 방향도함수의 최댓값을 구하시오.

① $\sqrt{65}$ ② $\sqrt{66}$ ③ $\sqrt{67}$ ④ $\sqrt{68}$ ⑤ $\sqrt{69}$

36. 좌표공간상의 점 (x, y, z)에서 온도 T가 다음과 같다.

$$T(x, y, z) = \frac{80}{1 + x^2 + 2y^2 + 3z^2}$$

이때 점 $(1, 1, -2)$에서 온도가 가장 빠르게 증가하는 방향으로의 최대증가율은?

① $\sqrt{41}$ ② $\dfrac{\sqrt{41}}{2}$ ③ $\dfrac{5\sqrt{41}}{4}$ ④ $\dfrac{5\sqrt{41}}{8}$

37. 점 $\mathrm{P}_0(1, 2, 3)$에서 점 $\mathrm{P}_1(2, 4, 1)$로 향하는 방향으로의 3변수 함수 $f(x, y, z)$의 방향도함수가 1이고, 점 $\mathrm{P}_2(2, 0, 5)$로 향하는 방향으로의 $f(x, y, z)$의 방향도함수가 -3이라고 하자. $f_z(1, 2, 3) = 0$일 때, 점 P_0에서 $f(x, y, z)$의 방향도함수의 최댓값은?

① $\sqrt{2}$ ② $2\sqrt{2}$ ③ $3\sqrt{2}$ ④ $4\sqrt{2}$

38. 벡터함수 $r(t) = (t^3 + 2t)\mathbf{i} + (-3e^{-2t})\mathbf{j} + (2\sin5t)\mathbf{k}$ 라 할 때, $t = 0$일 때 접선과 법평면의 식으로 옳은 것은?

① $x = \dfrac{y+3}{3} = \dfrac{z}{-5}, x + 3y - 5z + 9 = 0$

② $x = \dfrac{y+3}{3} = \dfrac{z}{5}, x + 3y + 5z + 9 = 0$

③ $\dfrac{x}{2} = \dfrac{y+3}{3} = \dfrac{z}{5}, 2x + 3y + 5z + 9 = 0$

④ $x = \dfrac{y-3}{3} = \dfrac{z}{5}, x + 3y + 5z + 9 = 0$

명지대

39. 벡터함수 $r(t) = \langle e^{-t}\cos t, e^{-t}\sin t, e^{-t} \rangle$에 대해 $t = 0$일 때의 접선벡터가 x축의 양의 방향과 이루는 각을 θ라 하자. $\cos\theta$의 값은?

① $-\dfrac{\sqrt{3}}{3}$ 　　② $-\dfrac{\sqrt{2}}{3}$ 　　③ 0

④ $\dfrac{\sqrt{2}}{3}$ 　　⑤ $\dfrac{\sqrt{3}}{3}$

경기대

40. 매개변수 방정식
$x(t) = \sin^3 t, y(t) = \cos^3 t - 3\cos t (0 \le t \le \pi)$로 주어진 평면곡선의 길이는?

① 3π 　　② $\dfrac{3\pi}{2}$ 　　③ 5π 　　④ $\dfrac{5\pi}{2}$

국민대

41. $0 \le t \le \pi$에서 곡선 C가 다음과 같다.

$$C : x(t) = 3\cosh(2t)e_1 + 3\sinh(2t)e_2 + 6te_3$$

이때 C의 길이는?

① $3\sqrt{2}\sinh(2\pi)$ 　　② $3\sqrt{2}\cosh(2\pi)$

③ $6\sqrt{2}\sinh(2\pi)$ 　　④ $6\sqrt{2}\cosh(2\pi)$

42. 다음 그래프는 어떤 입자의 위치를 그래프로 나타낸 것이다.
이 그래프에 대한 설명으로 옳은 것을 고르면?

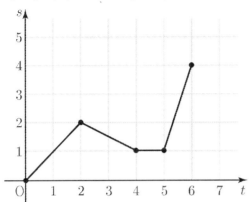

① 위의 그래프의 해석 중 하나로 "이 입자가 수직으로만 이동
한다고 가정할 때, 2초 동안 위로 2 m를 이동한 후, 다음 2
초간 아래로 1 m 떨어진 후, 그 다음 1초간 공중 1 m 위에
서 부양한 상태였다가, 그 다음 1초간 지상 4 m 위까지 솟
아올랐다."라고 말할 수 있다.

② 위의 그래프의 해석 중 하나로 "이 입자가 수평으로만 이동
한다고 가정할 때, 2초 동안 오른쪽으로 2 m를 이동한 후,
다음 2초간 왼쪽으로 2 m를 이동하였다가, 그 다음 1초간
그 상태에서 정지 후, 그 다음 1초간 오른쪽으로 3 m 이동
하였다."라고 말할 수 있다.

③ 3초에서 순간속도는 -1(m/sec)이다.

④ 위의 그래프에 대한 속도 그래프는 다음과 같이 그릴 수 있
다. (이때 v는 속도(m/sec)를 나타낸다.)

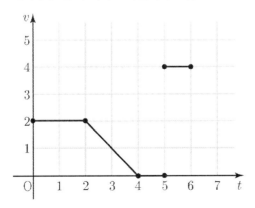

43. 곡선 $y = f(x)$ 상의 점 $(x, f(x))$ 에서의 곡률은

$\kappa = \dfrac{|y''|}{(1+(y')^2)^{\frac{3}{2}}}$ 이다. 곡선의 방정식이

$x^3 + y^3 = 1$ 일 때 점 $(0, 1)$ 에서의 곡률은?

① 0　② $\dfrac{1}{\sqrt[3]{2}}$　③ $\dfrac{1}{\sqrt{2}}$　④ $\dfrac{1}{2}$　⑤ 1

44. 평면 위의 곡선 $y = x^2$ 위의 점 $(1, 1)$ 에서 곡률의 값은?

① $\dfrac{1}{5}$　② $\dfrac{2}{5\sqrt{7}}$　③ $\dfrac{3}{5}$　④ $\dfrac{2}{5\sqrt{5}}$　⑤ 1

45. 벡터함수 $\vec{\gamma}(t) = (t, 2\cos t, 2\sin t)$ 로 주어진 곡선의 곡률이 $\kappa(t)$ 일 때, $\kappa(5)$ 의 값은?

① $\dfrac{2}{5}$　② $\dfrac{3}{5}$　③ $\dfrac{4}{5}$　④ 1

46. 양수 a에 대해 점 $(-3, 0, \pi a + 1)$ 에서

곡선 $\gamma(t) = (3\cos t, 3\sin t, at + 1)$ 의 곡률이 $\dfrac{1}{6}$ 일 때,

상수 a의 값을 구하면?

① 1　② 2　③ 3　④ 4

숙명여대

47. 곡선 $r(t) = (\sin t \cos t)i + (\sin^2 t)j + (\cos t)k$ 에서 $t = 0$일 때의 곡률을 구하면?

① $\sqrt{2}$　② $\sqrt{3}$　③ 2　④ $\sqrt{5}$　⑤ $\sqrt{6}$

서울과학기술대

49. 곡선 $\vec{r}(t) = \langle e^t \cos t, e^t \sin t \rangle$, $0 \le t \le 2\pi$ 위의 점 $(1, 0)$으로부터 곡선의 길이가 $\sqrt{2}$ 가 되는 점에서의 곡률은?

① $\dfrac{1}{2\sqrt{2}}$　② $\dfrac{1}{2}$　③ $\dfrac{\sqrt{2}}{2}$　④ 1

한양대

48. 곡선 $r(t) = \cosh t\, i + \sinh t\, j + t\mathrm{k}$ 에서 $t = 0$일 때의 곡률은?

① $\dfrac{1}{2}$　② $\dfrac{1}{\sqrt{2}}$　③ 1　④ $\sqrt{2}$　⑤ 2

02 ― 다변수미적분

50. 곡면 $x^2 + y^4 + z^6 = 26$ 위의 점 $(3, 2, 1)$에서 접평면의 방정식을 $ax + by + cz = 1$이라고 할 때, $a+b+c$의 값은?

① 0　② 1　③ $\dfrac{1}{2}$　④ $\dfrac{1}{3}$　⑤ $\dfrac{1}{4}$

51. 3차원 공간에서 방정식 $xy + y\sin(z) + x^2 z = 0$으로 주어지는 곡면상의 점 $(1, 0, 0)$을 지나고 이 곡면에 접하는 평면의 방정식을 $ax + by + cz + d = 0$이라 할 때, $\dfrac{b}{c}$의 값을 구하시오.

52. 점 $(1, 1, 2)$에서 포물면 $z = x^2 + y^2$에 대한 법선이 이 포물면과 다시 만나는 점을 (a, b, c)라 할 때, $a+b+c$의 값은?

① $\dfrac{5}{8}$　② $\dfrac{3}{4}$　③ $\dfrac{7}{8}$　④ 1

53. 다음 중 곡면 $x^2 - xy^2z + z^2 = 1$ 위의 점 $(1, 1, 1)$에서의 접평면에 속하는 점은?

① $(2, 1, 3)$ ② $(1, -2, 1)$

③ $(1, -1, 1)$ ④ $(3, 3, 3)$

54. 곡면 $z + 1 = xe^y\cos z$ 위의 점 $(1, 0, 0)$에서의 접평면과 평면 $2x + y + z = 2019$ 이 이루는 각은?

① $\dfrac{\pi}{6}$ ② $\cos^{-1}\dfrac{1}{\sqrt{3}}$ ③ $\dfrac{\pi}{4}$

④ $\cos^{-1}\dfrac{\sqrt{2}}{3}$ ⑤ $\dfrac{\pi}{3}$

55. xz평면 내의 곡선 $z = x^2 + 1$, $x \geq 0$을 z축 둘레로 회전시켰을 때 생기는 곡면의 점 $(1, 1, 3)$에서의 접평면을 $z = ax + by + c$라 할 때 $3a + 4b + c$의 값은?

① 11   ② 13   ③ 15   ④ 16   ⑤ 17

02 ― 다변수미적분

11 두 곡면의 교선

56. 곡면 $xyz = 1$과 $x^2 + 2y^2 + 3z^2 = 6$의 교선 위의 점 $(1, 1, 1)$에서 접선의 방향벡터는?

① $\langle 1, 2, 1 \rangle$　　　　② $\langle 1, -2, 1 \rangle$

③ $\langle 1, 2, 2 \rangle$　　　　④ $\langle 1, -2, 2 \rangle$

58. 두 곡면 $z = x^2 - y^2$과 $xyz + 30 = 0$이 만나는 곡선 위의 점 $(-3, 2, 5)$에서의 접선벡터는?

① $(9, -46, 130)$　　　　② $(8, 45, 132)$

③ $(7, -44, 134)$　　　　④ $(6, 43, 136)$

⑤ $(5, -42, 138)$

57. 곡면 $z = x^2 + y^2$과 $2x^2 + y^2 + \dfrac{3}{2}z^2 = 9$가 만나서 이루는 곡선을 C라 할 때, 다음 중 C 위의 점 $(1, -1, 2)$에서의 접선에 평행한 벡터는?

① $\langle 3, 4, -1 \rangle$　　　　② $\langle 4, 3, -1 \rangle$

③ $\langle 7, 8, -2 \rangle$　　　　④ $\langle 8, 7, -2 \rangle$

59. C는 곡면 $x^2 + y^2 + z^2 = 1$과

곡면 $\dfrac{\left(x - \dfrac{1}{2}\right)^2}{2} + 2y^2 + \dfrac{\left(z - \dfrac{1}{2}\right)^2}{3} = 1$의 교선이다.

점 $\left(\dfrac{1}{2}, \dfrac{1}{\sqrt{2}}, \dfrac{1}{2}\right)$에서 C의 접선과 평행한 벡터는?

① $(1, 0, 1)$ ② $(1, 1, 0)$ ③ $(0, 1, 1)$

④ $(1, 0, -1)$ ⑤ $(1, 1, 1)$

60. 점 $(0, 0, 2)$와 회전 추면 $z^2 = x^2 + y^2$ 위의 한 점 P를 연결한 벡터가 점 P에서의 회전 추면 법선벡터와 방향이 같게 되는 점 P의 z축 좌표는?

① $z = 1$ ② $z = \sqrt{2}$ ③ $z = 2$ ④ $z = 2\sqrt{2}$

61. 점 $\mathrm{P}(1, 1, 1)$에서 다음 공간곡선 $\begin{cases} x^2 + y^2 + z^2 = 3 \\ z = xy \end{cases}$의

법평면과 점 $\mathrm{Q}(-1, 1, -2)$ 사이의 수직 거리는?

① $\dfrac{\sqrt{2}}{8}$ ② $\dfrac{\sqrt{2}}{4}$ ③ $\dfrac{\sqrt{2}}{2}$ ④ $\sqrt{2}$

02 — 다변수미적분

아주대

62. 이변수 함수 $f(x,y) = \sqrt{x^2 + 3y^2}$ 에 대한 $(1,1)$에서의 일차 근사 함수를 이용하여 $f(1.2, 0.9)$의 근삿값을 구하면?

① 1.95   ② 1.99   ③ 2.01   ④ 2.05   ⑤ 2.1

63. R^3의 곡면 $z = \sqrt{y-x}$ 위의 점 $(1, 2, 1)$에서의 접평면을 $z = L(x,y)$ 라 할 때, $L(1.1, 2.2)$의 값은?

① 1.05   ② 1.03   ③ 1.3   ④ 1.5

13 이변수 함수의 극대 & 극소

64. 이변수 함수 $f(x, y) = x^3 + 2x^2 - x(4y-1) + y^2$의
두 임계점을 각각 (x_1, y_1), (x_2, y_2)라 할 때, $3y_1y_2$의 값은?

① 1   ② 2   ③ 3   ④ 4

65. 함수 $f(x, y) = x^3 + y^2 - 6xy + 6x + 3y$의 극솟점을
$(a, b, f(a, b))$라 하면 $a+b$의 값은?

① $\dfrac{3}{2}$ ② $\dfrac{5}{2}$ ③ $\dfrac{27}{2}$ ④ $\dfrac{37}{2}$

66. 영역 $\{(x, y) | -2 < x, y < 2\}$에서 다음 함수
$f(x, y) = x^2 + 2x \sin y + 2$의 모든 극솟값의 합은?

① 1   ② 2   ③ 3   ④ 4

숭실대

67. $f(x, y) = x^2 + y^3 - 6xy$ 일 때 다음 중 옳은 것은?

① f는 $(0, 0)$에서 극댓값을 갖는다.

② f는 $\mathbb{R}^2$에서 최댓값을 갖는다.

③ f는 $(18, 6)$에서 극솟값을 갖는다.

④ f는 $\mathbb{R}^2$에서 최솟값을 갖는다.

단국대

68. 이변수 함수 $f(x, y) = x^4 + y^4 - 4xy + \alpha$의 모든 극값의 합이 -2일 때, 실수 α의 값은?

① 1 ② $\dfrac{4}{3}$ ③ $\dfrac{5}{3}$ ④ 2

14 이변수 함수의 최대 & 최소

한국항공대

69. 평면 $x + 2y + 3z = 10$상의 점들 중에서 원점과 가장 가까운 점의 좌표를 (a, b, c)라 할 때 $a + b + c$의 값은?

① $\dfrac{30}{7}$ ② $\dfrac{25}{7}$ ③ 5 ④ $\dfrac{20}{7}$

중앙대 (수학과)

70. 평면 $2x - y + 2z = 10$ 위의 점 중에서 원점 O에 가장 가까운 점을 A라 하자. 평면 $x + 2z = 0$ 위의 점 중에서 A에 가장 가까운 점을 (a, b, c)라 할 때, $\sqrt{a^2 + b^2 + c^2}$ 의 값은?

① $\dfrac{\sqrt{5}}{10}$ ② $\dfrac{\sqrt{5}}{3}$ ③ $\sqrt{5}$ ④ $\dfrac{2\sqrt{5}}{3}$

숙명여대

71. 어떤 자동차 회사가 TV 광고에 사용하는 금액을 x, 신문광고에 사용하는 금액을 y라 할 때, 함수 $P(x, y) = -3x^2 - 2y^2 + 4x + 2y - 2xy + 20$은 TV와 신문을 통한 광고로부터 얻은 연간 이익을 나타낸다. 이 회사가 연간 최대의 이익을 내는 x, y값을 각각 a, b라 할 때 $a + b$의 값은?

① $\dfrac{2}{5}$ ② $\dfrac{3}{5}$ ③ $\dfrac{4}{5}$ ④ 1 ⑤ $\dfrac{6}{5}$

세종대

72. P는 직선 $x - 1 = \dfrac{y}{2} = \dfrac{z - 1}{3}$ 위의 점이고, Q는 곡면 $\dfrac{x^2}{4} + y^2 = 1$과 평면 $z = 0$의 교선 위의 점이다.

점 O가 원점일 때, 내적 $\overrightarrow{OP} \cdot \overrightarrow{OQ}$ 의 최솟값을 구하면? (단, P의 x 좌표는 $0 \le x \le 2$ 이다.)

① $-5\sqrt{2}$ ② $-2\sqrt{2}$ ③ $-\sqrt{2}$

④ $-\sqrt{5}$ ⑤ $-2\sqrt{5}$

02 ― 다변수미적분

광운대

73. 곡선 $y = \ln(x\sqrt{2})$ 의 곡률이 최대가 되는 점의 x 좌표는?

① $\dfrac{1}{\sqrt{6}}$ ② $\dfrac{1}{\sqrt{5}}$ ③ $\dfrac{1}{2}$ ④ $\dfrac{1}{\sqrt{3}}$ ⑤ $\dfrac{1}{\sqrt{2}}$

국민대

75. 좌표공간상의 점 $(3, 1, -1)$ 로부터 $x^2 + y^2 + z^2 = 4$ 위에 있는 가장 가까운 점의 좌표를 (a, b, c) 라 할때, $a + b + c$ 의 값은?

① $-\dfrac{6\sqrt{11}}{11}$ ② $-\dfrac{2\sqrt{11}}{11}$ ③ $\dfrac{2\sqrt{11}}{11}$ ④ $\dfrac{6\sqrt{11}}{11}$

광운대

74. 곡면 $z^2 = xy + x - y + 4$ 에서 원점까지의 최단거리는?

① $\sqrt{2}$ ② $\sqrt{3}$ ③ 2 ④ $\sqrt{5}$ ⑤ $\sqrt{6}$

이화여대

76. 등식 $x^4 + y^4 = \dfrac{3}{4}$ 을 만족하는 실수 x, y에 대해 $x^2 y$의 최댓값을 구하시오.

① $\dfrac{3}{8}$

② $\dfrac{2^{\frac{1}{4}}}{2\sqrt{2}}$

③ $\left(\dfrac{3}{2}\right)^{\frac{3}{4}}$

④ 1

⑤ $\dfrac{1}{2}$

한양대

78. 세 실수 a, b, c의 평균이 $\dfrac{13}{12}$ 일 때, $8a^4 + 27b^4 + 64c^4$의 최솟값은?

① $\dfrac{13}{12}$ ② $\dfrac{52}{3}$ ③ $\dfrac{351}{4}$ ④ $\dfrac{832}{3}$ ⑤ 1404

아주대

77. 점 (x, y)가 $4x^2 + y^2 + xy = 1$을 만족할 때 e^{xy}의 최댓값은?

① e

② $e^{1/3}$

③ $e^{1/5}$

④ 1

⑤ 존재하지 않는다.

79. 윗면이 없는 직육면체형 보석함을 $450\$$의 비용으로 만들고자 한다. 상자를 만드는 데 필요한 비용은 상자의 바닥은 $1\,\mathrm{cm}^2$당 $3\$$, 앞면과 뒷면은 $1\,\mathrm{cm}^2$당 $2\$$, 나머지 면은 $1\,\mathrm{cm}^2$당 $1\$$일 때, 만들 수 있는 보석함의 최대부피를 구하면?

① $375\,\mathrm{cm}^3$ ② $345\,\mathrm{cm}^3$ ③ $1262\,\mathrm{cm}^3$ ④ $1268\,\mathrm{cm}^3$

홍익대

80. 곡면 $x^4+y^4+z^4=1$상에서 함수
$f(x,y,z)=x^2+y^2+z^2$의 최댓값을 구하면?

① 1 ② $\sqrt{3}$ ③ 3 ④ $\sqrt{6}$

81. 타원 $x^2 + 4y^2 = 8$에서 함수 $f(x, y) = xy$의 최댓값을 a, 최솟값을 b라 할 때, ab의 값은?

① -1 ② -2 ③ -3 ④ -4

83. 조건 $x^2 + y^2 = 4$를 만족하는 x, y에 대해 $2x - y$의 최댓값은?

① 2 ② $2\sqrt{2}$ ③ $2\sqrt{3}$ ④ 4 ⑤ $2\sqrt{5}$

82. 좌표공간에서 타원면 $8x^2 + 2y^2 + z^2 = 8$에 내접하는 직육면체의 최대 부피를 구하면? (단, 직육면체의 모서리 각각은 좌표축 중 어느 하나와 평행하다.)

① $\dfrac{32\sqrt{2}}{9}$ ② $\dfrac{32\sqrt{3}}{9}$ ③ $\dfrac{32\sqrt{5}}{9}$

④ $\dfrac{32\sqrt{6}}{9}$ ⑤ $32\dfrac{\sqrt{7}}{9}$

84. 제약조건 $\begin{vmatrix} x^2 & y^2 & z^2 \\ 2 & 4 & -3 \\ -1 & -1 & 1 \end{vmatrix} = 10$을 만족할 때, $x+y+z$의 최댓값과 최솟값의 차는? (단, x, y는 실수)

① 0   ② 5   ③ 10   ④ 20

85. 제약조건 $x+y+z=12$에서
함수 $f(x,y,z)=x^2+y^2+z^2$의 최솟값을 계산하면?

① 38   ② 48   ③ 58   ④ 68

86. 곡면 $2x^2+4y^2+z^2=70$ 위에서
함수 $f(x,y,z)=3x+6y+2z$의 최솟값을 m,
최댓값을 M이라 할 때, $M-m$의 값을 계산하면?

① 60   ② 65   ③ 70   ④ 75

87. 평면 $x+y-z=0$과 곡면 $x^2+2z^2=1$의 교선 위의 점 (x,y,z)에 대해 함수 $f(x,y,z)=3x-y-3z$의 최댓값과 최솟값의 차를 구하면?

    ① $2\sqrt{3}$　　② $4\sqrt{3}$　　③ $2\sqrt{6}$　　④ $4\sqrt{6}$

중앙대 (공통)

88. $x+y+2z=2$와 $z=x^2+y^2$을 만족하는 실수 x,y,z에 대해 $e^{x^2+y^2+z^2}$의 최댓값을 구하면?

    ① e^3　　② e^6　　③ e^8　　④ e^{10}

89. 평면 $x+y+z=0$과 곡면 $x^2+y^2+z^2=8$을 만족하는 함수 $f(x,y,z)=x^2+y^2-4z$의 최댓값은?

    ① 8　　② $\dfrac{8-16\sqrt{3}}{3}$　　③ 12　　④ $\dfrac{8+16\sqrt{3}}{3}$

18 부등식의 영역이 제시된 경우

90. 영역 $\{(x,y) \in \mathbb{R}^2 | x^2 + y^2 \le 1\}$ 에서
함수 $f(x,y) = x^4 - y^4$ 의 최댓값과 최솟값의 곱은?

① -1 ② $-\dfrac{1}{2}$ ③ 0 ④ 1

92. 부등식 $x^2 + 2y^2 \le 1$ 을 만족하는 실수 x, y 에 대해
함수 $f(x,y) = e^{-xy}$ 의 최댓값은?

① 1 ② $e^{\frac{1}{4}}$ ③ $e^{\frac{1}{2\sqrt{2}}}$ ④ $e^{\frac{1}{2}}$

91. 영역 $D : x^2 + y^2 \le 8$ 에서 정의된 이변수 함수
$f(x,y) = e^{xy}$ 의 최댓값을 M, 최솟값을 m 이라 할 때,
$\ln \dfrac{M}{m}$ 의 값은?

① 4 ② 5 ③ 6 ④ 7 ⑤ 8

서울과학기술대

93. 영역 $x^2 + y^2 \leq 10$ 위에서 함수
$f(x, y) = x^2 + 2y^2 - 2x + 3$의 최댓값과 최솟값의 합은?

① 22   ② 24   ③ 26   ④ 28

이화여대

94. 평면상에 $-1 \leq x \leq 1$, $-1 \leq y \leq 1$로 주어진 영역 T
위에서 함수 $f(x, y) = x^2 y + y^3$ 의 최댓값을 M이라 하고
최솟값을 m이라 하자. 이때 이 두 값의 곱 Mm을 구하시오.

건국대

95. 영역 R은 좌표평면에서 점 $(0, 0)$, $(0, 1)$, $(1, 1)$을 꼭짓점
으로 갖는 삼각형이다. 함수
$$f(x, y) = 1 + \frac{(x+y)}{1!} + \frac{(x+y)^2}{2!} + \frac{(x+y)^3}{3!} + \cdots$$
가 영역 R에서 가지는 최댓값은?

① 1   ② $\frac{1}{2}e$ ③ 2   ④ e ⑤ e^2

02 — 다변수미적분

단국대

96. 두 포물선 $y^2 = 1-x$, $y^2 = 1+x$로 둘러싸인 부분 중에서 $y \geq 0$인 영역을 R이라 할 때, 이중적분 $\iint_R y\,dA$의 값은?

① $\dfrac{1}{4}$ ② $\dfrac{1}{2}$ ③ 1 ④ 2

한성대

97. 곡선 $y = x^2$, 직선 $x = 1$ 및 $y = 0$으로 둘러싸인 영역 R에 대해, $\iint_R \dfrac{\sin(x)}{x}\,dy\,dx$는?

① $\sin(1) + \cos(1)$ ② $\sin(1) - \cos(1)$

③ $-\sin(1) + \cos(1)$ ④ $-\sin(1) - \cos(1)$

숭실대

98. 이중적분 $\displaystyle\int_0^1 \int_0^{\sqrt{y-y^2}} 1\,dx\,dy$의 값은?

① π ② $\dfrac{\pi}{2}$ ③ $\dfrac{\pi}{4}$ ④ $\dfrac{\pi}{8}$

20 이중적분의 적분순서변경

건국대

99. $f(x) = \displaystyle\int_0^{x^2} \int_{\sqrt{x}}^1 e^{t^2+s}\,dt\,ds$ 일 때, $f'(1)$ 의 값은?

① $e-1$　　　② $e(e-1)$　　　③ $\dfrac{1}{2}e(e-1)$

④ $-e(e-1)$　　⑤ $-\dfrac{1}{2}e(e-1)$

명지대

100. $f(1)=-1$ 이고 도함수 $f'(x)$ 가 연속인 함수 $f(x)$ 에 대해 $\displaystyle\int_{\frac{1}{2}}^1 f'(x)\,dx=5$ 이다. 함수

$g(x)=\displaystyle\int_0^x \left(\int_0^{\cos t} f(u)\,du \right) dt$ 일 때, $g''\left(\dfrac{\pi}{3}\right)$ 의 값은?

① $3\sqrt{3}$　② 3　　③ $\sqrt{3}$　　④ 1　　⑤ $\dfrac{\sqrt{3}}{3}$

한국산업기술대

101. 임의의 연속함수 $f(x,y)$ 에 대한 이중적분 $\displaystyle\int_0^1 \int_x^1 f(x,y)\,dy\,dx$ 의 적분순서를 올바르게 바꾼 것은?

① $\displaystyle\int_0^1 \int_1^y f(x,y)\,dx\,dy$　② $\displaystyle\int_x^1 \int_0^1 f(x,y)\,dx\,dy$

③ $\displaystyle\int_0^1 \int_x^y f(x,y)\,dx\,dy$　④ $\displaystyle\int_0^1 \int_0^y f(x,y)\,dx\,dy$

국민대

102. 이중적분 $\displaystyle\int_0^2 \int_0^\pi x\sin(xy)\,dx\,dy$ 의 값은?

① $-\pi$　　② 0　　　③ π　　　④ 2π

103. 적분 $\displaystyle\int_0^1 \int_{\sqrt{x}}^1 x\cos\left(\frac{\pi}{2}y^5\right)dydx$ 의 값은?

① $\dfrac{\pi}{5}$ ② 5π ③ $\dfrac{5}{2\pi}$ ④ $\dfrac{1}{5\pi}$ ⑤ $\dfrac{2}{5\pi}$

105. 다음 적분 $\displaystyle\int_0^1 \left[\int_{\sqrt{x}}^1 \sin(\pi y^3)dy\right]dx$ 의 값은?

① $\dfrac{\pi}{2}$ ② $\dfrac{2\pi}{3}$ ③ $\dfrac{\pi}{4}$ ④ $\dfrac{1}{2\pi}$ ⑤ $\dfrac{2}{3\pi}$

104. 이중적분 $\displaystyle\int_0^1 \int_{\sqrt{y}}^1 \cos\left(\frac{y}{x}\right)dxdy$ 의 값은?

① $-\sin(1)-\cos(1)$ ② $-\sin(1)+\cos(1)$

③ $\sin(1)-\cos(1)$ ④ $\sin(1)+\cos(1)$

106. 이중적분 $\displaystyle\int_0^{\sqrt{\frac{\pi}{2}}} \int_y^{\sqrt{\frac{\pi}{2}}} \sin(x^2)dxdy$ 의 값을 계산하시오.

107. 반복적분 $\int_0^2 \int_0^{4-x^2} \frac{xe^{2y}}{4-y} dydx$ 를 계산하면?

① $\frac{e^4-1}{2}$ ② $\frac{e^4-1}{4}$ ③ $\frac{e^8-1}{2}$ ④ $\frac{e^8-1}{4}$

109. 이상적분 $\int_{-\infty}^{\infty} \int_{-\infty}^{\infty} \frac{e^{-y^2}}{2x^2+2} dydx$ 의 값은?

① π ② $\frac{\pi\sqrt{\pi}}{2}$ ③ $\pi\sqrt{\pi}$ ④ ∞

108. 다음 이중적분을 계산하면?

$$\int_0^1 \int_{\sqrt{y}}^1 \frac{ye^{x^2}}{x^3} dxdy$$

① $\frac{1}{4}(e-1)$ ② $\frac{1}{2}(e-1)$

③ $\frac{1}{4}(e^2-e)$ ④ $\frac{1}{2}(e^2-e)$

한국산업기술대

110. 중심이 원점이고 반지름 1인 원판의 제1사분면 영역 R에 대해 이중적분 $\iint_R e^{-(x^2+y^2)}dA$의 값은?

① $\dfrac{\pi}{4}(1-e^{-1})$ ② $\dfrac{\pi}{2}(1-e^{-1})$

③ $\dfrac{\pi}{4}(1-e)$ ④ $\dfrac{\pi}{2}(1+e^{-1})$

광운대

111. $\Omega = \left\{ (x,\ y) \ \middle| \ x^2 + \left(y - \dfrac{1}{2} \right)^2 \leq \dfrac{1}{4} \right\}$ 일 때 $\iint_\Omega \sqrt{x^2+y^2}\ dx\,dy$의 값은?

① $\dfrac{2}{9}$ ② $\dfrac{3}{9}$ ③ $\dfrac{4}{9}$ ④ $\dfrac{5}{9}$ ⑤ $\dfrac{6}{9}$

112. 곡선 $x^2+y^2=1$로 둘러싸인 영역을 D라 할 때, 적분 $\iint_D e^{x^2+y^2}dA$의 값은?

① $2\pi(e-1)$ ② $2\pi(e+1)$

③ $\pi(e-1)$ ④ $\pi(e+1)$

113. 반복적분 $\displaystyle\int_{-4}^4 \int_0^{\sqrt{16-x^2}} \sqrt{x^2+y^2}\,dydx$의 값은?

① 8π ② 15π ③ $\dfrac{64}{3}\pi$ ④ $\dfrac{85}{3}\pi$

중앙대 (수학과)

114. $\displaystyle\int_0^\infty \int_0^\infty y e^{-x^2-y^2}\,dx\,dy$의 값은?

① 1 ② $\sqrt{\pi}$ ③ $\dfrac{\sqrt{\pi}}{2}$ ④ $\dfrac{\sqrt{\pi}}{4}$

115. 이상적분 $\displaystyle\int_0^\infty \int_0^\infty \frac{1}{(1+x^2+y^2)^2}dxdy$를 계산하면?

① π ② $\dfrac{\pi}{2}$ ③ $\dfrac{\pi}{4}$ ④ 1

홍익대

116. 다음 그림과 같이, 원점이 중심이고 반지름이 1인 원과 원점이 중심이고 반지름이 2인 원에 의해 유계된 영역 중 1사분면과 2사분면에 있는 영역을 R이라고 할 때, $\displaystyle\iint_R (x+4y^2)\,dA$의 값을 구하면?

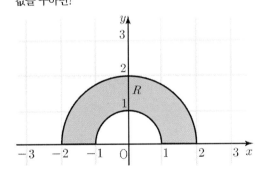

① $\dfrac{15}{2}\pi$ ② $\dfrac{\pi}{2}$ ③ 10π ④ π

117. 다음 직교좌표 이중적분을 극좌표 이중적분으로 변경하였다.

$$\int_{\frac{1}{\sqrt{2}}}^1 \int_{\sqrt{1-x^2}}^x xy\,dy\,dx + \int_1^{\sqrt{2}} \int_0^x xy\,dy\,dx$$

$$+ \int_{\sqrt{2}}^2 \int_0^{\sqrt{4-x^2}} xy\,dy\,dx = \int_a^b \int_c^d f(r,\theta)\,dr\,d\theta$$

이때 $a+c+f\left(2,\dfrac{\pi}{4}\right)$를 구하면?

① 3 ② 4 ③ 5 ④ 6

118. 다음 이중적분을 계산하면?

$$\int_0^{\sqrt{2}} \int_{-x}^x \cos(x^2+y^2)\,dy\,dx$$

$$+ \int_{-\sqrt{2}}^{\sqrt{2}} \int_{\sqrt{2}}^{\sqrt{4-y^2}} \cos(x^2+y^2)\,dx\,dy$$

① $\dfrac{\pi}{2}\sin 4$ ② $\dfrac{\pi}{4}\sin 4$

③ $\dfrac{\pi}{2}(1-\cos 2)$ ④ $\dfrac{\pi}{4}(1-\cos 2)$

숭실대

119. 이변수 함수 $f(x,y) = x^3 - y^3 + xy + 2x - 4y + 1$ 에 대해

극한 $\displaystyle\lim_{r \to 0} \frac{1}{2\pi r} \int_0^{2\pi} f(r\cos\theta, r\sin\theta)\cos\theta \, d\theta$ 의 값은?

① -1 ② 1 ③ -2 ④ 2

아주대

[119-121] 다음 글을 읽고 물음에 답하라.

이상적분 $\displaystyle I = \int_0^\infty x^2 e^{-x^2} \, dx$ 의 값을 구하기 위하여

다음 과정을 생각해보자.

$$I^2 = \left(\int_0^\infty x^2 e^{-x^2} \, dx \right)\left(\int_0^\infty y^2 e^{-y^2} \, dy \right)$$

$$= \int_0^\infty \left(\int_0^\infty x^2 y^2 e^{-x^2 - y^2} \, dy \right) dx$$

마지막 반복적분을 극좌표로 변환하면,

$$I^2 = \int_0^a \left(\int_0^\infty r^m e^{-r^2} \, dr \right) \sin^2\theta\cos^2\theta \, d\theta$$

$$= b \int_0^a \sin^2\theta\cos^2\theta \, d\theta$$

한편 삼각함수의 배각 공식과 반각 공식에 의하여

$\sin^2\theta\cos^2\theta = \alpha + \beta\cos\gamma\theta$ 이므로

$$\int_0^a \sin^2\theta\cos^2\theta \, d\theta = \int_0^a (\alpha + \beta\cos\gamma\theta)d\theta = c$$

이로부터 I^2을 구하여 I를 정할 수 있다.

120. a의 값을 구하면?

① $\dfrac{\pi}{4}$ ② $\dfrac{\pi}{3}$ ③ $\dfrac{\pi}{2}$ ④ π ⑤ 2π

121. c의 값을 구하면?

① $\dfrac{\pi}{16}$ ② $\dfrac{\pi}{4}$ ③ 1 ④ $\dfrac{\pi^2}{4}$ ⑤ $\dfrac{\pi^2}{16}$

아주대

122. $\displaystyle\int_0^\infty x^2 e^{-x^2} \, dx$ 의 값을 구하면?

① $\dfrac{\pi}{4}$ ② $\dfrac{\pi}{2}$ ③ 1 ④ $\dfrac{\sqrt{\pi}}{2}$ ⑤ $\dfrac{\sqrt{\pi}}{4}$

22 적분변수변환

서강대

123. 영역 $D = \{(x,y) \in \mathbb{R}^2 \mid 1 \le x^2 + 4y^2 \le 4\}$ 에 대해 이중적분 $\iint_D \sqrt{x^2 + 4y^2}\, dxdy$의 값은?

① $\dfrac{7\pi}{6}$　② $\dfrac{7\pi}{3}$　③ $\dfrac{28\pi}{3}$　④ $\dfrac{3\pi}{4}$　⑤ $\dfrac{3\pi}{2}$

건국대

125. 영역 R은 좌표평면에서 점 $(0, 0)$, $(2, 4)$, $(4, 1)$, $(2, -3)$ 을 꼭짓점으로 갖는 사각형이다. 변환 $x = u + 2v$, $y = 2u - 3v$를 이용하여 구한 적분 $\iint_R e^{3x + 2y}\, dA$의 값은?

① e^7　　　② $e^7 - 1$　　　③ e^{14}

④ $e^{14} - 1$　　⑤ $7e^{14} - 1$

광운대

124. $\Omega = \left\{(x,y) \left| \dfrac{x^2}{a^2} + \dfrac{y^2}{b^2} \le 1,\ x \ge 0,\ y \ge 0 \right.\right\}$

$(a > 0, b > 0)$일 때 $\displaystyle\iint_\Omega \dfrac{y}{ab^2\sqrt{\dfrac{x^2}{a^2} + \dfrac{y^2}{b^2}}}\, dxdy$ 의 값은?

① $\dfrac{1}{4}$　② $\dfrac{1}{2}$　③ 1　④ 2　⑤ 4

성균관대

126. 네 개의 직선 $2x - y = 0$, $2x - y = 2$, $x - 2y = 1$, $x - 2y = 3$에 의해 둘러싸인 영역 R에 대해,

$$\iint_R \left(\dfrac{2x - y}{x - 2y}\right) dA$$의 값은?

① $\dfrac{\ln 3}{3}$　　　② $\dfrac{2\ln 3}{3}$　　　③ $\ln 3$

④ $\dfrac{4\ln 3}{3}$　　⑤ $\dfrac{5\ln 3}{3}$

127. 영역 $D = \{(x, y) \in \mathbb{R}^2 \,|\, |x| + |y| \leq 1\}$에서 이중적분 $\iint_D \sin(x+y)\cos(x-y)\,dx\,dy$의 값은?

① -1 ② 0 ③ 1 ④ 2

129. 좌표평면에서 $(1, 0)$, $(2, 0)$, $(0, -2)$, $(0, -1)$을 꼭짓점으로 갖는 사다리꼴 영역 R에 대해, $\iint_R e^{\frac{x+y}{x-y}}\,dx\,dy$의 값은?

① 0 ② $\dfrac{1}{2}\left(e - \dfrac{1}{e}\right)$ ③ $\dfrac{3}{7}\left(e - \dfrac{1}{e}\right)$ ④ $\dfrac{3}{4}\left(e - \dfrac{1}{e}\right)$

128. 좌표평면에서 네 점 $(1, 0)$, $(2, 0)$, $(0, -2)$, $(0, -1)$을 꼭짓점으로 하는 사다리꼴 영역을 R라 할 때, $\iint_R 2\cos\left(\dfrac{y+x}{y-x}\right)dA$의 값은?

① $\sin 1$ ② $\cos 1$ ③ $3\sin 1$

④ $3\cos 1$ ⑤ $5\sin 1$

130. $D = \{(x, y) \in \mathbb{R}^2 \,|\, x^2 + 2xy + 4y^2 \leq 1\}$라 할 때, $\iint_D (1 - x^2 - 2xy - 4y^2)\,dx\,dy$의 값은?

① $\dfrac{\pi}{2\sqrt{3}}$ ② $\dfrac{\pi}{3\sqrt{3}}$ ③ $\dfrac{\pi}{\sqrt{3}}$ ④ 0

세종대

131. $D = \{(x,y) \,|\, 0 \le x \le 1, 0 \le y \le 1, x+y \le 1\}$ 일 때,
이중적분 $\displaystyle\iint_D e^{(x+y)^2}\,dA$ 의 값을 구하면?

① $\dfrac{e-1}{2}$ 　　② $\dfrac{e^2-1}{2}$ 　　③ $\dfrac{e-1}{4}$

④ $\dfrac{e^2-1}{4}$ 　　⑤ $\dfrac{e^4-1}{2}$

광운대

132. Ω를 xy평면 위의 세 점 $(0,0),\,(a,0),\,(0,b)$을 꼭짓점으로
하는 삼각형 내부$(a>0, b>0)$라 하고 함수 f를 실수 전체
의 집합에서 연속이라 하자. 이때 아래의 등식을 만족시키는
함수 $g(u)$에 대해 $g(ab)$의 값은?

$$\iint_\Omega f\left(\frac{x}{a}+\frac{y}{b}\right)dx\,dy = \int_0^1 g(u)f(u)\,du$$

① $\dfrac{1}{ab}$ 　② 1 　③ ab 　④ $a^2 b^2$ 　⑤ $a^3 b^3$

133. 삼중적분 $\displaystyle\int_0^1 \int_{\sin^{-1}y}^{\frac{\pi}{2}} \int_0^{\cos x \sqrt{1+\cos^2 x}} dz\,dx\,dy$ 를 계산하면?

① $\dfrac{2\sqrt{2}-1}{3}$ ② $\dfrac{2\sqrt{2}+1}{3}$

③ $\dfrac{\sqrt{2}-1}{3}$ ④ $\dfrac{\sqrt{2}+1}{3}$

한양대

134. 적분 $\displaystyle\int_0^1 \int_0^{z^2} \int_0^{\sqrt{y}} \sqrt{4y^{3/2}-3y^2}\,dx\,dy\,dz$ 의 값은?

① $\dfrac{1}{18}$ ② $\dfrac{1}{15}$ ③ $\dfrac{1}{12}$ ④ $\dfrac{1}{10}$ ⑤ $\dfrac{1}{9}$

가천대

135. E 가 두 곡면 $z=x^2-1$, $z=1-x^2$과 두 평면 $y=0$, $y=2$로 둘러싸인 입체영역일 때, $\displaystyle\iiint_E (xy)dV$의 값은?

① 0 ② 3 ③ 6 ④ 12

136. $\int_{-1}^{1}\int_{x^2}^{1}\int_{0}^{1-y}dzdydx = \int_{0}^{1}\int_{-a}^{a}\int_{b}^{1-z}dydxdz$ 일 때 a, b는?

① $a = \sqrt{1-z}$, $b = x^2$ ② $a = 1-z$, $b = x^2$

③ $a = x^2$, $b = \sqrt{1-z}$ ④ $a = \sqrt{1-x}$, $b = z^2$

137. 반복적분의 적분순서를 바꾸어 다음과 같이 나타냈을 때, AB 의 값은?

$$\int_{0}^{4}\int_{0}^{1}\int_{2y}^{2}dxdydz = \int_{0}^{4}\int_{0}^{A}\int_{0}^{B}dydxdz$$

① $\dfrac{x}{2}$ ② x ③ $2x$ ④ $4x$

138. 다음의 삼중적분과 같지 않은 다른 하나는?

$$\int_{0}^{1}\int_{\sqrt{x}}^{1}\int_{0}^{1-y}f(x,y,z)dzdydx$$

① $\int_{0}^{1}\int_{0}^{y^2}\int_{0}^{1-y}f(x,y,z)dzdxdy$

② $\int_{0}^{1}\int_{0}^{(1-z)^2}\int_{\sqrt{x}}^{1}f(x,y,z)dydxdz$

③ $\int_{0}^{1}\int_{0}^{1-y}\int_{0}^{y^2}f(x,y,z)dxdzdy$

④ $\int_{0}^{1}\int_{0}^{1-z}\int_{0}^{y^2}f(x,y,z)dxdydz$

139. 삼중적분 $\displaystyle\int_{-1}^{1}\int_{-\sqrt{1-x^2}}^{\sqrt{1-x^2}}\int_{\sqrt{x^2+y^2}}^{1}(x^2+y^2)dzdydx$ 의 값은?

① $\dfrac{\pi}{20}$ ② $\dfrac{\pi}{10}$ ③ $\dfrac{\pi}{8}$ ④ $\dfrac{\pi}{4}$

140. $V=\{(x,y,z)|(x+1)^2+y^2\le 1, y\ge 0, 0\le z\le 2\}$ 에서 적분 $\displaystyle\iiint_{V}xyzdxdydz$ 의 값은?

① 0 ② $-\dfrac{1}{3}$ ③ $-\dfrac{2}{3}$ ④ -1 ⑤ $-\dfrac{4}{3}$

25 구면좌표계

중앙대 (공통)

141. $\int_0^1 \int_0^{\sqrt{1-x^2}} \int_{\sqrt{x^2+y^2}}^{\sqrt{2-x^2-y^2}} x \, dz \, dy \, dx$를 계산하면?

① $\dfrac{\pi-2}{2}$ ② $\dfrac{\pi-2}{4}$ ③ $\dfrac{\pi-2}{8}$ ④ $\dfrac{\pi-2}{16}$

단국대

142. 양의 실수 a에 대해 $B(a) = \{(x,y,z)|x^2+y^2+z^2 \le a^2\}$ 일 때 삼중적분

$\iiint_{B(a)} \left(\dfrac{2}{x^2+y^2+z^2} - \dfrac{2}{\sqrt{x^2+y^2+z^2}} \right) dV$의 최댓값은?

① π ② 2π ③ 3π ④ 4π

인하대

143. 적분 $\int_{-\infty}^{\infty} \int_{-\infty}^{\infty} \int_{-\infty}^{\infty} \dfrac{e^{-\sqrt{x^2+y^2+z^2}}}{\sqrt{x^2+y^2+z^2}} dx \, dy \, dz$의 값은?

① 4π ② 5π ③ 6π ④ 7π ⑤ 8π

144. $\int_0^2 \int_0^{\sqrt{4-y^2}} \int_{\sqrt{x^2+y^2}}^{\sqrt{8-x^2-y^2}} z^2\,dz\,dx\,dy$ 를 계산하면?

① $\dfrac{32\pi}{15}(\sqrt{2}-1)$ 　　② $\dfrac{32\pi}{15}(\sqrt{2}+1)$

③ $\dfrac{32\pi}{15}(2\sqrt{2}-1)$ 　　④ $\dfrac{32\pi}{15}(2\sqrt{2}+1)$

145. $\iiint_V z\,dx\,dy\,dz$

$\left(V: x^2+y^2 \leq z^2,\ x^2+y^2+z^2 \leq 1,\ z \geq 0\right)$ 의 값을 구하시오

① $\dfrac{\pi}{6}$ 　　② $\dfrac{\pi}{7}$ 　　③ $\dfrac{\pi}{8}$ 　　④ $\dfrac{\pi}{9}$

146. 포물면 $z = 20 - 2x^2 - 3y^2$과 $z = 3x^2 + 2y^2$으로 둘러싸인 영역의 부피는?

① 8π ② 16π ③ 24π ④ 32π ⑤ 40π

147. 영역이 $-1 \le y \le 1$, $-\sqrt{1-y^2} \le x \le \sqrt{1-y^2}$, $0 \le z \le 1 - x^2 - y^2$ 인 입체의 부피는?

① $\dfrac{4}{3}\pi$ ② π ③ $\dfrac{\pi}{2}$ ④ $\dfrac{\pi}{3}$

148. 좌표공간에서 평면 $x = 0$과 포물면 $x = 1 - y^2 - z^2$으로 둘러싸인 입체의 부피는?

① $\dfrac{\pi}{2}$ ② π ③ $\dfrac{3}{2}\pi$ ④ 2π ⑤ $\dfrac{5}{2}\pi$

149. 좌표공간에서 $z = 8 - 3y^2$의 아래와 $z = 4x^2 + y^2$의 위로 둘러싸인 부분의 부피는?

① 2π ② 4π ③ 6π ④ 8π

150. $z=\sqrt{x^2+y^2}$ 아래, xy평면 위, 원기둥 $x^2+y^2=2y$ 내부에 놓여 있는 입체의 부피는?

① $\dfrac{29}{9}$ ② $\dfrac{32}{9}$ ③ $\dfrac{35}{9}$ ④ $\dfrac{38}{9}$

151. 두 원기둥 $x^2+y^2=9, y^2+z^2=9$로 둘러싸인 부분의 부피를 구하여라.

① 120 ② 132 ③ 158 ④ 144

152. 3차원 공간에서 $xy-$평면상의 $x^4+y^2 \leq 1$ 영역을 x축을 중심으로 360도 회전하여 얻어지는 3차원 영역의 부피를 $a\pi$ 라고 할 때, a의 값을 구하시오.

153. 원 $(x-2)^2+y^2=1$의 내부를 y축을 회전축으로 회전시켰을 때, 얻은 입체의 부피는?

① π^2 ② $2\pi^2$ ③ $3\pi^2$ ④ $4\pi^2$

154. 구 $x^2 + y^2 + z^2 = 16$의 내부영역과 원주면 $x^2 + y^2 = 4$ 외부의 공통영역의 부피를 구하면?

① 32π ② $\sqrt{3}\pi$ ③ $32\sqrt{3}\pi$ ④ $16\sqrt{3}\pi$

156. 면 $z = \sqrt{3(x^2 + y^2)}$ 과 $z = \sqrt{\dfrac{x^2 + y^2}{3}}$ 사이에 놓여 있는 구 $x^2 + y^2 + z^2 \le 9$의 부분의 부피를 구하면?

① $9\pi(\sqrt{3} - 1)$ ② 9π

③ $\dfrac{9}{2}\pi(\sqrt{3} - 2)$ ④ $9\pi(2\sqrt{3} + 1)$

숙명여대

155. 곡면 $x^2 + y^2 + z^2 = 1$의 내부와 곡면 $z = \sqrt{x^2 + y^2}$ 의 내부에 있는 공통영역의 부피를 구하시오.

① $2\pi\left(1 - \dfrac{\sqrt{2}}{2}\right)$ ② $\dfrac{5\pi}{3}\left(1 - \dfrac{\sqrt{2}}{2}\right)$

③ $\dfrac{4\pi}{3}\left(1 - \dfrac{\sqrt{2}}{2}\right)$ ④ $\pi\left(1 - \dfrac{\sqrt{2}}{2}\right)$

⑤ $\dfrac{2\pi}{3}\left(1 - \dfrac{\sqrt{2}}{2}\right)$

157. 입체 $E = \{(x, y, z) \mid x^2 + y^2 + z^2 \leq 4, \, x^2 + y^2 \leq 2x\}$ 의 부피를 구하면?

① $\dfrac{32}{3}\left(\dfrac{\pi}{2} - \dfrac{2}{3}\right)$
② $\dfrac{16}{3}\left(\dfrac{\pi}{2} - \dfrac{2}{3}\right)$

③ $\dfrac{8}{3}\left(\dfrac{\pi}{2} - \dfrac{2}{3}\right)$
④ $\dfrac{8}{3}\left(\pi - \dfrac{2}{3}\right)$

158. 좌표공간에서 영역
$$D = \Big\{(x, y, z) \,\Big|\, x^2 + y^2 + z^2 \geq 9,$$
$$x^2 + \left(y - \dfrac{9}{2}\right)^2 + z^2 \leq \dfrac{81}{4}\Big\}$$
의 부피는?

① 105π ② 108π ③ 111π ④ 114π ⑤ 117π

28 곡면적

159. 곡면 $z = 2 - x^2 - y^2$, $z \geq 0$의 넓이는?

① $\dfrac{13\pi}{2}$　　② $\dfrac{13\pi}{3}$　　③ $\dfrac{13\pi}{6}$

④ $\dfrac{(17\sqrt{17}-1)\pi}{3}$　⑤ $\dfrac{(17\sqrt{17}-1)\pi}{6}$

160. 공간에서의 포물면 $z = 1 - x^2 - y^2$, $z \geq -3$의 넓이는?

① $\dfrac{\pi}{6}\left(17\sqrt{17}-1\right)$　　② $\dfrac{\pi}{5}\left(17\sqrt{17}-1\right)$

③ $\dfrac{\pi}{6}\left(65\sqrt{65}-1\right)$　　④ $\dfrac{\pi}{5}\left(65\sqrt{65}-1\right)$

161. yz평면과 포물면 $x = 1 - y^2 - z^2$으로 유계된 영역의 겉넓이를 구하면?

① $\dfrac{5}{6}\pi(\sqrt{5}+1)$　　② $\dfrac{5}{3}\pi(\sqrt{5}+1)$

③ $\dfrac{5}{2}\pi(\sqrt{5}+1)$　　④ $5\pi(\sqrt{5}+1)$

162. $xy-$평면에서 도선 $r = 1 + \cos\theta$로 주어진 주면 내부에 있는 원뿔면 $z^2 = x^2 + y^2$의 곡면적은? (단, $z \geq 0$)

① $\dfrac{\sqrt{2}}{4}\pi$　② $\dfrac{\sqrt{2}}{2}\pi$　③ $\dfrac{3\sqrt{2}}{4}\pi$　④ $\dfrac{3\sqrt{2}}{2}\pi$

163. 영역 $D = \{(x, y)\,|\,x^2 + y^2 \leq 1\}$에서 정의된 함수 $f(x, y) = xy$의 그래프로 표시되는 곡면의 면적은?

① $\dfrac{2}{3}\left(2\sqrt{2}-1\right)\pi$　　② $\dfrac{4}{3}\left(\sqrt{2}-1\right)\pi$

③ $\dfrac{2}{3}\left(2\sqrt{2}+1\right)\pi$　　④ $\dfrac{4}{3}\left(\sqrt{2}+1\right)\pi$

⑤ $\dfrac{4}{3}\sqrt{2}\,\pi$

164. 다음과 같이 매개변수로 정의된 곡면 S의 넓이를 구하면?

$$S = \{(x, y, z) \in \mathbb{R}^3 | x = e^r \cos\theta, y = e^r \sin\theta, z = e^r,$$
$$0 \leq r \leq 1, 0 \leq \theta \leq \pi\}$$

① $\dfrac{\pi}{2}(e^2 - 1)$ ② $\dfrac{\sqrt{2}\,\pi}{2}(e^2 - 1)$

③ $\dfrac{\sqrt{2}\,\pi}{3}(e - 1)$ ④ $\dfrac{\sqrt{2}\,\pi}{3}(e^2 - 1)$

165. 좌표공간 내의 곡면 $x^2 + y^2 + z^2 = 1$에서 $z \geq 0$인 부분 중, 평면 $z = \dfrac{1}{2}$ 의 윗부분에 놓인 곡면의 넓이의 값은?

① π ② $\dfrac{3\pi}{2}$ ③ 2π ④ $\dfrac{5\pi}{2}$ ⑤ 3π

166. 3차원 공간 내에서, 점 $(0, 0, 4)$를 중심으로 하고 반지름이 5인 구면상의 점들 중 y좌표가 3이상인 모든 점이 모여 이루는 곡면의 넓이를 $a\pi$ 라고 할 때, a의 값을 구하시오.

167. 양 끝점이 점 $(-1, 1, -1)$과 점 $(1, 1, 1)$인 선분을 z축을 중심으로 회전하여 얻은 곡면의 넓이는? (단,
$$\int \sec^3 x\, dx = \frac{1}{2}\sec x \tan x + \frac{1}{2}\ln|\sec x + \tan x| + C$$
를 이용할 수도 있다.)

① $\pi(2\sqrt{3} + \sqrt{2}\ln(\sqrt{2} + \sqrt{3}))$

② $2\pi(\sqrt{2} + \ln(1 + \sqrt{2}))$

③ $\pi(\sqrt{6} + \ln(\sqrt{3} + \sqrt{2}))$

④ $2\pi(\sqrt{6} + \ln(\sqrt{3} + \sqrt{2}))$

29 질량중심

168. 평면상의 영역 $\{(x, y) | x^2 + y^2 \leq 4, (x-1)^2 + y^2 \geq 1\}$ 의 무게중심의 좌표는 $(a, 0)$ 이다. 이때 a의 값은?

① $\dfrac{1}{2}$ ② $-\dfrac{1}{2}$ ③ $\dfrac{1}{3}$ ④ $-\dfrac{1}{3}$ ⑤ 0

169. 밀도가 균일한 평면에서 직선 $y = x$와 곡선 $y = x^2$으로 둘러싸인 영역의 질량중심은?

① $\left(\dfrac{1}{\sqrt{2}}, \dfrac{\sqrt{2}}{5} \right)$ ② $\left(\dfrac{1}{2}, \dfrac{\sqrt{2}}{5} \right)$ ③ $\left(\dfrac{1}{\sqrt{2}}, \dfrac{2}{5} \right)$

④ $\left(\dfrac{1}{2}, \dfrac{3}{5} \right)$ ⑤ $\left(\dfrac{1}{2}, \dfrac{2}{5} \right)$

30 벡터함수의 연산

170. 세 실수 α, β, γ에 대해 공간 $\mathbb{R}^3$에서 정의된 벡터장
$$F(x, y, z) = (2xz^3 + \alpha y)i + (3x + \beta yz)j + (\gamma x^2 z^2 + y^2)k$$
가 보존적 벡터장이 될 때, $\alpha + \beta + \gamma$의 값을 구하시오.

171. 벡터장 $\mathbf{r}(x, y, z) = \langle x, y, z \rangle$에 대해 $r = |\mathbf{r}|$ 이라 할 때, 다음 중 옳은 것의 개수는?(단, $\mathbf{r} \neq 0$이다.)

ㄱ. $\mathrm{curl}\,\mathbf{r} = 0$	ㄴ. $\mathrm{div}\,\mathbf{r} = 3$
ㄷ. $\mathrm{div}(r\mathbf{r}) = 4r$	ㄹ. $\mathrm{curl}(\nabla r) = 0$

① 1   ② 2   ③ 3   ④ 4

172. 스칼라 함수 f, g와 벡터함수 $\vec{F}$에 대해 다음 중 옳은 것은?

① $\mathrm{div}(f\vec{F}) = f\,\mathrm{div}\,\vec{F} + \vec{F}\nabla f$

② $\mathrm{div}(f\nabla g) = f\nabla^2 g + g\nabla^2 f$

③ $\mathrm{curl}(f\vec{F}) = \nabla f \times \vec{F} + f\,\mathrm{curl}\,\vec{F}$

④ $\nabla^2 f = f(\nabla f)$

31 선적분

173. C 가 방정식 $x=t$, $y=3\cos t$, $z=3\sin t$ $(0 \le t \le \pi)$에 의하여 주어진 곡선일 때, $\int_C yz\cos x\, ds$ 를 계산하면?

① $2\sqrt{3}$ ② $4\sqrt{5}$ ③ $7\sqrt{3}$ ④ $6\sqrt{10}$

174. $x^2+y^2=4$, $x \ge 0$, $y \ge 0$인 곡선 C의 질량중심을 $(\bar{x}, \bar{y})$라고 할 때, $\bar{x}$ 는? (단, 밀도 $\rho(x,y)=y$이다.)

① $\dfrac{8}{3\pi}$ ② $\dfrac{3}{4}$ ③ $\dfrac{4}{5}$ ④ 1

175. C가 곡선 $\sqrt{|x|} + \sqrt{y} = 1$에서 $(1,0)$부터 $(-1,0)$까지의 호일 때, 선적분 $\int_C \left(x+e^{y^3}\right) dy$의 값을 구하면?

① $\dfrac{1}{6}$ ② $\dfrac{1}{5}$ ③ $\dfrac{1}{4}$ ④ $\dfrac{1}{3}$ ⑤ $\dfrac{1}{2}$

176. 2차원 평면 위에 방정식 $x^2+y^2=9$, $x \ge 0$, $y \ge 0$로 주어지고 시계방향으로 방향이 주어진 원호를 C라고 하자. 벡터장 $\vec{F}(x,y) = x^2\vec{i}+x\vec{j}$에 대해 선적분 $\int_C \vec{F} \cdot d\vec{r}$ 의 값을 구하시오. (이때 $\vec{r}$은 C의 각 점마다 원점으로부터 그 점까지의 벡터를 주는 벡터함수이다.)

① $-\dfrac{9\pi}{4}$ ② $\dfrac{9\pi}{4}$ ③ 0

④ $-9\left(\dfrac{\pi}{4}-1\right)$ ⑤ $9\left(\dfrac{\pi}{4}-1\right)$

32 보존적 벡터함수의 선적분

177. C를 벡터함수 $x(t)$, $a \leq t \leq b$로 주어진 부드러운 곡선이라고 할 때, 다음 중 선적분 $\int_C F \cdot dx$가 경로에 독립인 벡터장 F를 모두 고른 것은?

> ㄱ. $F(x, y) = -\dfrac{y}{x^2+y^2}e_1 + \dfrac{x}{x^2+y^2}e_2$
>
> ㄴ. $F(x, y) = e^x \cos y\, e_1 + e^x \sin y\, e_2$
>
> ㄷ. $F(x, y) = \dfrac{y^2}{1+x^2}e_1 + 2y \tan^{-1}x\, e_2$
>
> ㄹ. $F(x, y) = (ye^x + \sin y)e_1 + (e^x + x\cos y)e_2$

① ㄱ, ㄷ   ② ㄱ, ㄹ   ③ ㄴ, ㄷ   ④ ㄷ, ㄹ

178. 그림과 같이 C는 원점 $O(0, 0, 0)$부터 점 $A(2, 1, 1)$까지 직육면체의 변을 따라 움직이는 경로이고, 벡터장 $F(x, y, z) = \langle e^y, xe^y - e^z, -ye^z \rangle$일 때, 선적분 $\int_C F \cdot dr$의 값은?

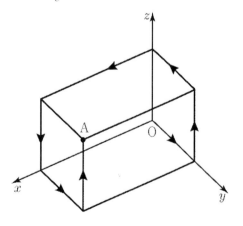

① e ② $2e$ ③ $3e$ ④ $4e$

179. $0 \leq t \leq 1$에서 정의된 곡선 $c(t) = (\sqrt{t}, \arcsin t, t^5)$과 벡터장 $F(x, y, z) = (e^x \sin y, e^x \cos y, z^2)$에 대한 선적분 $\int_c F \cdot ds$의 값은?

① $e + 1$ ② $e + \dfrac{2}{3}$ ③ $e + \dfrac{1}{3}$ ④ $e + \dfrac{1}{6}$

180. 곡선 $C : x(t) = \cos t, y(t) = \sin t, 0 \le t \le \dfrac{\pi}{2}$ 위의 물

체를 벡터장 $F(x, y) = y^2 i + (2xy - e^y)j$으로 움직일 때
물체에 한 일을 구하시오.

① $1+e$ ② $1-e$ ③ $2+e$ ④ $2-e$ ⑤ $3+e$

181. 곡선 C의 매개변수 방정식이 아래와 같이 주어져 있다.

$$x(t) = \sqrt{2} \sin t \cos^2 t, \ y(t) = \sqrt{2} \sin^2 t \cos t,$$

$$0 \le t \le \frac{\pi}{4}$$

벡터장 $F(x, y) = (3 + 3x^2 y)\mathrm{i} + (x^3 + \sin(\pi y))\mathrm{j}$의 C상
에서의 선적분값은?

① $\dfrac{25}{8}$ ② $\dfrac{25}{8} + \dfrac{1}{\pi}$ ③ $\dfrac{25}{16} + \dfrac{1}{\pi}$

④ $\dfrac{25}{16} - \dfrac{1}{\pi}$ ⑤ $\dfrac{25}{16}$

182. C를 반시계 방향의 타원 $\{(x, y)|4x^2+9y^2=25\}$라고 할 때, 선적분 $\displaystyle\int_C x\,dy - y\,dx$의 값은?

① $\dfrac{23}{3}\pi$ ② 8π ③ $\dfrac{25}{3}\pi$ ④ $\dfrac{26}{3}\pi$ ⑤ 9π

183. D는 $y=x^2$과 $y=1$로 둘러싸인 영역이고, C는 D의 경계이다. 곡선 C를 따라서 반시계 방향으로 움직일 때, 선적분 $\displaystyle\int_C (2x^2y+\sin(x^2))dx+(x^3+e^{y^2})dy$ 값은?

① 0 ② $\dfrac{2}{15}$ ③ $\dfrac{4}{15}$ ④ $\dfrac{2}{5}$ ⑤ $\dfrac{8}{15}$

184. $xy-$평면의 반시계 방향으로 도는 원 C가 $x^2+y^2=9$일 때 $\displaystyle\oint_C -2ydx+x^2dy$의 값은?

① 4π ② 8π ③ 15π ④ 18π

185. $\int_C xy\,dx + (x+y)\,dy$를 계산하면? (단, C는 원

$x^2 + y^2 = 1$과 $x^2 + y^2 = 9$ 사이에 있는 영역의 경계이다.)

① 2π　　② 4π　　③ 6π　　④ 8π

한양대

186. 다음 중 나머지와 다른 값을 갖는 것은?

① $4\sum_{n=0}^{\infty} \dfrac{(-1)^n}{2n+1}$

② $\int_{-\infty}^{\infty} \dfrac{1}{1+x^2}\,dx$

③ $\int_{-\infty}^{\infty}\int_{-\infty}^{\infty} \dfrac{1}{(1+x^2+y^2)^2}\,dx\,dy$

④ $\dfrac{1}{2}\oint_C -y\,dx + x\,dy$

　　(단, C는 반시계 방향으로 주어진 곡선 $x^2 + y^2 = 1$)

⑤ 극좌표로 나타낸 곡선 $r = \dfrac{2\sqrt{3}}{3}(1+\cos 2\theta)$에 둘러싸

인 영역의 넓이

경기대

187. 반시계 방향 유향곡선 $C = \{(\cos\theta, \sin\theta) \mid 0 \le \theta \le \pi\}$ 위의 선적분

$\int_C y(1+\cos(xy))\,dx - \int_C x(1-\cos(xy))\,dy$의 값은?

① $\dfrac{\pi}{2}$　　② $-\dfrac{\pi}{2}$　　③ π　　④ $-\pi$

34 면적분

인하대

188. 함수 $f : \mathbb{R}^2 \to \mathbb{R}$ 와 곡면 S는 다음과 같다.

$$f(x,y) = \frac{1}{2}(x^2 + y^2)$$
$$S = \{(x,y,z) \mid x^2 + y^2 \le 1, z = f(x,y)\}$$

곡면적분 $\iint_S z\, dS$의 값은?

① $\dfrac{1}{15}(1+\sqrt{2})\pi$ ② $\dfrac{2}{15}(1+\sqrt{2})\pi$

③ $\dfrac{1}{5}(1+\sqrt{2})\pi$ ④ $\dfrac{4}{15}(1+\sqrt{2})\pi$

⑤ $\dfrac{1}{3}(1+\sqrt{2})\pi$

성균관대

189. 평면 $z = x + 2$와 원통 $x^2 + y^2 = 1$의 내부와의 공통 영역으로 이루어진 면을 S라고 할 때, 면적분 $\iint_S z\, dS$의 값은?

① $\dfrac{\sqrt{2}}{3}\pi$ ② $\dfrac{\sqrt{2}}{2}\pi$ ③ $\sqrt{2}\pi$ ④ $2\sqrt{2}\pi$ ⑤ $3\sqrt{2}\pi$

세종대

190. 좌표공간에서 입체 E를 구면좌표 $(\rho, \theta, \phi)\,(0 \le \theta \le 2\pi, 0 \le \phi \le \pi)$로 나타내면 다음과 같다. $0 \le \rho \le \cos\phi\left(0 \le \phi \le \dfrac{\pi}{4}\right)$ 직교좌표계에서 입체 E의 점 (x,y,z)에서 밀도가 $m(x,y,z) = z$일 때, 입체 E의 질량을 구하면?

① $\dfrac{\pi}{32}$ ② $\dfrac{5\pi}{96}$ ③ $\dfrac{7\pi}{96}$ ④ $\dfrac{3\pi}{32}$ ⑤ $\dfrac{11\pi}{96}$

항공대

191. 면적 S는 제 1 팔분공간에 있는 평면 $x + y + \dfrac{z}{2} = 1$이다. 면적 S에 대한 벡터장 $\vec{V} = (x^2, 0, 2y)$의 면적분 $\iint_S \vec{V} \cdot \hat{n}\, dA$을 계산하면? (단, $\hat{n}$은 단위법선벡터)

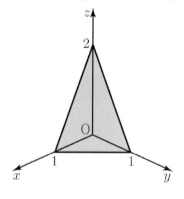

① $\dfrac{1}{2}$ ② $\dfrac{1}{3}$ ③ $\dfrac{1}{4}$ ④ $\dfrac{1}{6}$

35 발산 정리

인하대

192. S를 구면 $x^2 + y^2 + z^2 = 1$ 이라고 할 때, S위에서 벡터장 $F = \langle x^3 + e^{y^2}, 3yz^2 + \sin z, 3y^2 z \rangle$ 의 유속 $\iint_S F \cdot \hat{n} dS$

의 값은? ($\hat{n}$은 S에서 외부로 향하는 단위법선벡터이다. 예를 들면, 점 $(0, 0, 1)$에서 $\hat{n}$는 $(0, 0, 1)$ 이다.)

① $\dfrac{4}{5}\pi$　② $\dfrac{6}{5}\pi$　③ $\dfrac{8}{5}\pi$　④ 2π　⑤ $\dfrac{12}{5}\pi$

단국대

194. 원기둥 $x^2 + y^2 = 1$과 평행한 두 평면 $z = 1 + 2x$, $z = 2 + 2x$로 둘러싸인 입체의 경계를 S라 하자. 벡터장 $F(x, y, z) = \langle x^2 + 3y, -3y^2 + \sin z, 2z^2 \rangle$에 대해 면적분 $\iint_S F \cdot dS$ 의 값은? (단, S의 방향은 둘러싸인 영역의 바깥 방향이다.)

① 2π　　② 4π　　③ 6π　　④ 8π

서강대

193. 원기둥 $x^2 + y^2 = 1$과 두 평면 $z = 10$, $z = x$로 둘러싸인 3차원 영역의 경계면 S가 바깥으로 향하는 방향을 가지고 있다고 하자. 벡터장 $F = yi + (z + \cos x)j + (e^{x^2} + z)k$에 대해 적분 $\iint_S F \cdot dS$의 값은?

① 4π　　② 6π　　③ 8π　　④ 10π　　⑤ 12π

02
—
다변수미적분

195. 벡터장 $F(x, y, z) = (x^2 + ye^z, y^2 + ze^x, x^2 + y^2 + z^2)$ 과 곡면 $S = \{(x, y, z) \in \mathbb{R}^3 | x^2 + y^2 + z^2 = 1, z \geq 0\}$ 에 대해 면적분 $\iint_S F \cdot dS$ 의 값은? (단, 곡면 S의 향은 위쪽 방향 이다.)

① $\dfrac{5\pi}{2}$ ② $\dfrac{3\pi}{2}$ ③ $\dfrac{\pi}{2}$ ④ π

196. S가 3차원 공간 안에서 $x^2 + y^2 + z^2 = 9$, $x \geq 0$으로 주어 지는 반구 모양의 곡면이라고 하고, 방향이 원점을 향한 쪽으로 주어져있다고 하자. 벡터장 $\vec{F}(x, y, z) = z\vec{i} + xz\vec{j} + \vec{k}$ 에 대해, 다음 면적분의 값을 계산하시오. (이때 $$\iint_S \vec{F} \cdot d\vec{S} = \iint_S \vec{F} \cdot \vec{n} dS$$이며, $\vec{n}$은 곡면 S의 각 점에서 문제에 주어진 방향으로의 단위법선벡터이고, dS는 단위면적소이다.)

$$\iint_S \vec{F} \cdot d\vec{S}$$

197. 곡면 S는 단위구면 $x^2 + y^2 + z^2 = 1$에서 z좌표의 값이 0 이 상인 부분이고, S의 방향은 위쪽을 향한다. 벡터장 $F = \langle y + xz^2, x(xy + z^2), zy^2 + x^2 \rangle$가 곡면 S를 통과하 는 유량은?

① $\dfrac{9\pi}{20}$ ② $\dfrac{11\pi}{20}$ ③ $\dfrac{13\pi}{20}$ ④ $\dfrac{3\pi}{4}$ ⑤ $\dfrac{17\pi}{20}$

36 스톡스 정리

198. S를 포물면 $z = 3 - x^2 - y^2$의 부분 중에서 평면 $z = 2x$의 윗부분이라고 할 때, S위에서 벡터장 $F = \langle z^2, x^2, y^2 \rangle$의 유속 $\iint_S (\nabla \times F) \cdot \hat{n} \, dS$ 의 값은? ($\hat{n}$은 포물면 위로 향하는 단위법선벡터이다. 예를 들면, 점 $(0, 0, 3)$에서 $\hat{n}$는 $(0, 0, 1)$이 된다.)

① -8π ② -6π ③ -4π ④ -2π ⑤ 0

200. 평면 $x + 3y + z = 2$와 원기둥면 $x^2 + y^2 = 4$가 만나는 곡선을 C라 할 때, 선적분 $\oint_C -\sqrt{1 + x^2 + y^2}\,dx + x\,dy - z^3\,dz$ 의 값은? (단, C의 방향은 이 곡선을 xy평면으로 정사영했을 때, 반시계 방향이 되도록 주어져 있다.)

① π ② 2π ③ 3π ④ 4π ⑤ 5π

199. 아래 그림과 같이 원기둥면 $x^2 + y^2 = 1$과 평면 $y + z = 2$가 교차하는 부분을 C라고 하자. (곡선 C의 방향은 평면 위에서 봤을 때 반시계 방향이 되도록 정한다.) 이때 선적분 $\oint_C -y^3\,dx + x^3\,dy - z^3\,dz$ 의 값은?

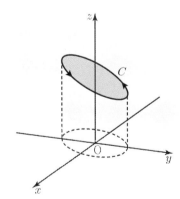

① π ② $\sqrt{2}\,\pi$ ③ $\dfrac{3\pi}{2}$ ④ 2π

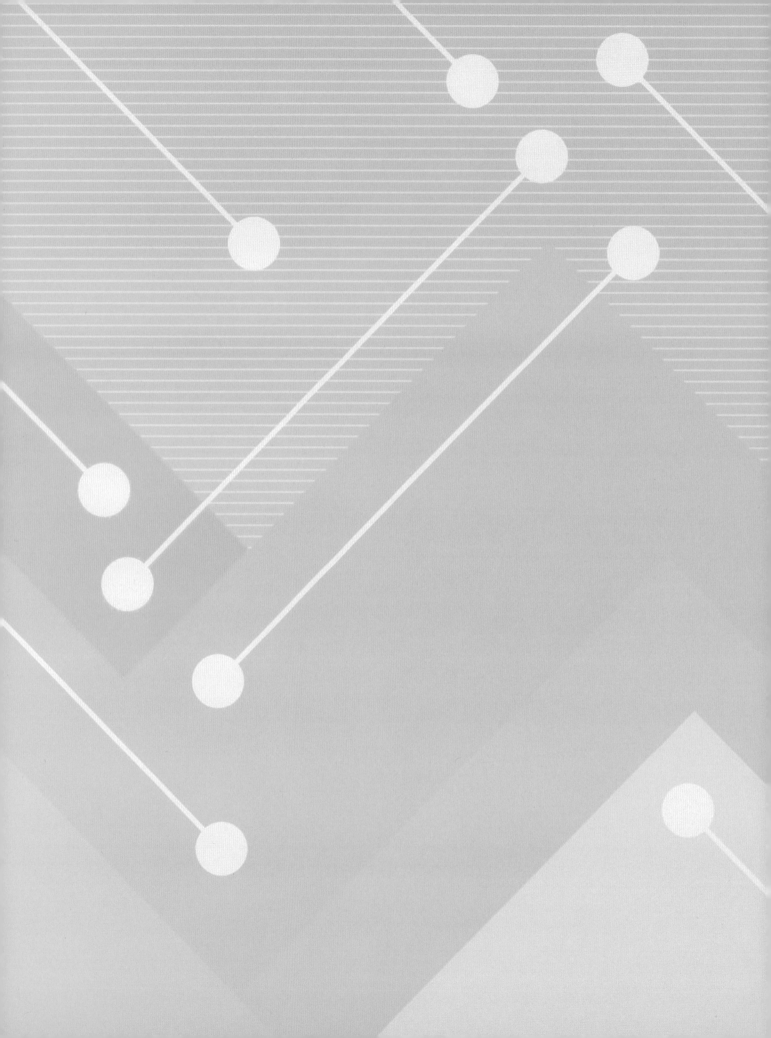

선형대수

01 벡터의 내적

1. 벡터 $\vec{p} = (3, 3, 3)$ 가 벡터 $\vec{a} = (1, 2, 0)$, $\vec{b} = (0, 1, 2)$, $\vec{c} = (2, 0, 1)$ 의 일차결합 $\vec{p} = \alpha\vec{a} + \beta\vec{b} + \gamma\vec{c}$ 로 표현될 때, $\alpha + \beta + \gamma$ 의 값은?

① 1   ② 2   ③ 3   ④ 4

2. 다음 중 벡터 $(6, 1, 4)$ 와 수직인 벡터를 고르면?

① $(-1, 1, 1)$ ② $(2, 4, -8)$

③ $(2, 0, -3)$ ④ $(-3, 1, 6)$

3. 공간 R^3 의 기본단위벡터를 $\vec{i}$, $\vec{j}$, $\vec{k}$ 로 나타낼 때, 두 벡터 $\vec{u} = \vec{i} + \vec{j}$, $\vec{v} = \vec{i} + \vec{j} + \vec{k}$ 가 이루는 각 θ 를 구하면? (단, $0 \leq \theta \leq \pi$)

① $\cos^{-1}\left(\dfrac{\sqrt{2}}{6}\right)$ ② $\cos^{-1}\left(\sqrt{\dfrac{2}{3}}\right)$

③ $\cos^{-1}\left(\dfrac{\sqrt{2}}{3}\right)$ ④ $\cos^{-1}\left(\dfrac{\sqrt{3}}{2}\right)$

숙명여대

4. 벡터 $2i - j + 2k$의 벡터 $-2i - 2j + 2k$ 위로의 벡터사영을 구하면?

① $\left(-\dfrac{1}{3},\ \dfrac{2}{3},\ \dfrac{1}{3}\right)$ 　　② $\left(-\dfrac{1}{3},\ \dfrac{2}{3},\ -\dfrac{1}{3}\right)$

③ $\left(-\dfrac{1}{3},\ -\dfrac{1}{3},\ \dfrac{1}{3}\right)$ 　　④ $\left(-\dfrac{1}{3},\ -\dfrac{2}{3},\ \dfrac{1}{3}\right)$

⑤ $\left(-\dfrac{1}{3},\ -\dfrac{1}{3},\ \dfrac{2}{3}\right)$

건국대

5. 두 벡터 $\vec{a} = (2,\ 3,\ 7)$, $\vec{b} = (1,\ 0,\ 7)$ 에 대해 $\vec{a}$ 를 $\vec{b}$ 와 평행한 벡터 $\vec{a}_T$와 $\vec{b}$ 와 수직인 벡터 $\vec{a}_N$ 의 합으로 나타내자. 이때 $\vec{a}_T$는?

① $\vec{a}_T = \left(\dfrac{51}{52},\ 0,\ \dfrac{357}{52}\right)$ 　　② $\vec{a}_T = \left(\dfrac{49}{52},\ 0,\ \dfrac{343}{52}\right)$

③ $\vec{a}_T = (1,\ 0,\ 7)$ 　　④ $\vec{a}_T = \left(\dfrac{49}{50},\ 0,\ \dfrac{363}{50}\right)$

⑤ $\vec{a}_T = \left(\dfrac{51}{50},\ 0,\ \dfrac{357}{50}\right)$

광운대

6. 영벡터가 아닌 벡터 $\vec{x},\ \vec{u},\ \vec{v}$ 에 대해 $\vec{x} = |\vec{u}|\vec{v} + |\vec{v}|\vec{u}$ 가 성립한다. $\vec{x}$ 와 $\vec{u}$ 가 이루는 각이 $\dfrac{\pi}{6}$ 일 때 $\vec{u}$ 와 $\vec{v}$ 가 이루는 각의 크기는?

① $\dfrac{\pi}{12}$ 　② $\dfrac{\pi}{6}$ 　③ $\dfrac{\pi}{4}$ 　④ $\dfrac{\pi}{3}$ 　⑤ $\dfrac{\pi}{2}$

03 선형대수

7. 3차원 공간의 벡터 $a = (1, -1, 1)$, b에 대해
$a \times b = (0, 1, 1)$, $|b| = 1$일 때, $a \cdot b$의 가능한 값의
모든 합은?

① -1 ② 0 ③ 1 ④ 2

9. 공간상의 두 벡터 $\vec{a}$, $\vec{b}$는 $|\vec{a}| = 1$, $|\vec{b}| = 2$, $\vec{a} \cdot \vec{b} = 1$을 만
족한다. $|(\vec{a} - \vec{b}) \times (\vec{a} \times \vec{b})|$의 값은?

① $\dfrac{1}{3}$ ② $\dfrac{1}{\sqrt{3}}$ ③ 1 ④ $\sqrt{3}$ ⑤ 3

8. 영벡터가 아닌 3차원 벡터 $\vec{a}$, $\vec{b}$, $\vec{c}$에 대해 다음 중
옳은 것은?

① $\vec{a} \cdot \vec{b} = \vec{a} \cdot \vec{c}$ 이면 $\vec{b} = \vec{c}$ 이다.

② $\vec{a} \times \vec{b} = \vec{a} \times \vec{c}$ 이면 $\vec{b} = \vec{c}$ 이다.

③ $\vec{a} \times (\vec{b} \times \vec{c}) = (\vec{a} \times \vec{b}) \times \vec{c}$ 이다.

④ $|\vec{a}| = |\vec{b}|$ 이면 $\vec{a} = \vec{b}$ 또는 $\vec{a} = -\vec{b}$ 이다.

⑤ $\vec{a} + \vec{b}$와 $\vec{a} - \vec{b}$가 직교하면 $|\vec{a}| = |\vec{b}|$ 이다.

10. 공간에서의 세 점 $P(-1, -2, -1)$, $Q(-4, -1, 1)$,
$R(2, 0, 3)$에 대해 삼각형 PQR의 넓이는?

① $\dfrac{7}{2}\sqrt{5}$ ② $4\sqrt{5}$ ③ $\dfrac{9}{2}\sqrt{5}$ ④ $5\sqrt{5}$

03 평행육면체의 부피

11. 3차원 공간 내의 평행육면체 X의 8개의 꼭짓점 중 네 개가 $O(0, 0, 0)$, $P(1, 2, 3)$, $Q(-3, 5, 1)$, $R(2, 2, 4)$이며, 12개의 변들 중 세 개가 $\overline{OP}$, $\overline{OQ}$, $\overline{OR}$ 이라 한다. 이때 X의 부피를 구하시오.

13. 벡터 $\vec{u} = (5, 1, 2)$, $\vec{v} = (-3, 0, -1)$, $\vec{w} = (2, 2, 3)$에 대해 $\Phi = \left\{ t_1\vec{u} + t_2\vec{v} + t_3\vec{w} \mid 0 \le t_1 + t_2 + t_3 \le 2 \right\}$라 할 때, Φ의 체적을 계산하면?

① 40 ② 5 ③ $\dfrac{20}{3}$ ④ $\dfrac{25}{3}$

12. 네 점이 $P(-1, 2, 1)$, $Q(3, 4, 3)$, $R(2, 5, 0)$, $S(4, 7, 2)$ 일 때, 인접한 세 모서리가 PQ, PR, PS 인 평행육면체의 부피는?

① 4 ② 8 ③ 12 ④ 16

14. 공간벡터 u, v, w 가 이루는 평행육면체의 부피가 3이고 $u \cdot v = v \cdot w = w \cdot u = 0$일 때, 세 벡터 $u \times 2v$, $2v \times 3w$, $3w \times u$ 가 이루는 평행육면체의 부피는? (단, $a \cdot b$는 벡터 a와 b 의 내적이고, $a \times b$ 는 a와 b의 외적이다.)

① 108 ② 144 ③ 216 ④ 324 ⑤ 648

15. 두 직선 $l_1 : 2x + y = 3$, $l_2 : x - y = 1$ 이 이루는 예각을 θ라 할 때, $\cos(\theta)$의 값은?

① $\dfrac{1}{\sqrt{10}}$ ② $\dfrac{2}{\sqrt{10}}$ ③ $\dfrac{3}{\sqrt{10}}$ ④ $\dfrac{4}{\sqrt{10}}$

16. 평면 $x - 2y + 3z = 0$ 을 만나지 않는 직선이 점 $(4, -5, 6)$ 과 점 $(0, 0, a)$를 지날 때, $3a$의 값은?

① 32 ② 16 ③ 8 ④ 4

17. 공간상의 세 점 $(1, 1, 2)$, $(0, 3, 0)$, $(5, 1, 0)$을 지나는 평면과 y축이 이루는 각도를 ϕ라 하자. 다음 중 $\sin \phi$가 될 수 있는 값은?

① $\dfrac{\sqrt{5}}{3}$ ② $\dfrac{1}{2}$ ③ $\dfrac{\sqrt{3}}{2}$ ④ $\dfrac{\sqrt{3}+1}{3}$

18. 두 평면 $2x - y + z = 1$ 과 $x - 2y + 2z = 4$ 의 사잇각은?

① $\sin^{-1} \dfrac{\sqrt{6}}{3}$　　　　　② $\sin^{-1} \dfrac{3}{\sqrt{6}}$

③ $\cos^{-1} \dfrac{\sqrt{6}}{3}$　　　　　④ $\cos^{-1} \dfrac{3}{\sqrt{6}}$

19. 점 $P(1, 2, -2)$ 에서 평면 $x - 2y + z = 1$ 까지의 거리가 최소가 되게 하는 점을 $Q(a, b, c)$ 라 할 때, $a + b + c$ 의 값을 구하면?

① 1   ② -1 ③ 2   ④ -2

명지대

20. 좌표공간에서 두 평면 $3x - 2y + z = 1$, $2x + y + 7z = 9$ 의 교선의 방향벡터를 $<a, b, c>$ 라 할 때, $\dfrac{a}{b}$ 의 값은?

① $\dfrac{11}{19}$ ② $\dfrac{13}{19}$ ③ $\dfrac{15}{19}$ ④ $\dfrac{17}{19}$ ⑤ 1

국민대

21. 좌표공간에서 점 $(1, 0, -2)$ 를 지나고 두 평면 $2x + y - z = 2$, $x - y - z = 3$ 에 각각 수직인 평면의 방정식은?

① $2x - y + 3z + 4 = 0$ ② $2x + y + 3z + 4 = 0$

③ $2x - y - 3z - 8 = 0$ ④ $2x + y - 3z - 8 = 0$

단국대

22. 세 점 $P_1(2, 1, -1)$, $P_2(-1, 3, 0)$, $P_3(3, 2, -5)$ 는 α 위에 있고, 점 $A(-2, 2, -6)$ 을 지나고 벡터 $u = \langle 1, 1, -2 \rangle$ 에 평행한 직선이 평면 α 와 만나는 점을 B 라 하자. 두 벡터 $\overrightarrow{BA}$ 와 $\overrightarrow{BP_2}$ 사이의 각을 θ 라 할 때, $\cos\theta$ 의 값은?

① $-\dfrac{5}{9}\sqrt{3}$ ② $-\dfrac{2}{9}\sqrt{3}$ ③ $\dfrac{2}{9}\sqrt{3}$ ④ $\dfrac{5}{9}\sqrt{3}$

03
선형대수

23. 좌표공간상의 두 직선 l, m 이 다음과 같다.

$$l : x-4 = y-3 = -z+1$$
$$m : x-1 = y-2 = -z+3$$

직선 m 상의 점 $(1, 2, 3)$ 을 지나는 직선 n이 직선 l과 수직으로 만날 때, l과 n의 교점의 좌표는?

① $(8, 7, -3)$ ② $(4, 3, 1)$

③ $(2, 1, 3)$ ④ $(6, 5, -1)$

24. 두 평면 $x+y-2z=6$과 $2x-y+z=2$의 교선을 포함하고 점 $(-2, 0, 1)$을 지나는 평면의 방정식을 $ax+by+cz=-2$라 할 때, $a+b+c$의 값은?

① 2   ② 3   ③ 4   ④ 5   ⑤ 6

25. 3차원 공간에서 두 평면 $x-z=1$과 $y+2z=3$의 교선을 품고 평면 $x+y-2z=1$과 수직인 평면 위에 있지 않은 점은?

① $(1, 1, 2)$ ② $(1, 2, 1)$

③ $(-1, 3, 1)$ ④ $(-1, 4, 1)$

26. 평면 $-2x+3y+z=0$에 벡터 $b=(1, 0, 6)$을 정사영 시킨 벡터를 v라 할 때, v의 성분들의 합을 계산하면?

① $\dfrac{41}{7}$ ② 6   ③ $\dfrac{45}{7}$ ④ 8

05 거리 문제

27. 공간상의 점 $(5, -1, 4)$와 $(-3, 7, -2)$에서 같은 거리에 있는 점들이 모두 $ax + by + cz = 1$을 만족한다고 할 때 $a + b + c$의 값은?

① 0 ② $-\dfrac{1}{5}$ ③ $-\dfrac{2}{5}$ ④ $-\dfrac{3}{5}$ ⑤ $-\dfrac{4}{5}$

28. H는 세 점 $(1, 1, 1)$, $(1, 2, 3)$, $(2, 4, 3)$을 포함하는 평면이다. 점 $(-3, 4, 5)$와 H 사이의 거리는?

① $\dfrac{6}{7}$ ② 1 ③ $\dfrac{3}{7}$ ④ $\dfrac{9}{\sqrt{21}}$ ⑤ $\dfrac{18}{\sqrt{21}}$

29. 평면 $x + y + z = 3$, $x - 5y + z = 3$에 접하고 중심이 직선 $x = \dfrac{y}{2} = \dfrac{z}{3}$에 놓인 구의 반지름 r에 대해 $\left(r - \dfrac{3\sqrt{3}}{4}\right)^2$의 값은?

① $\dfrac{3}{16}$ ② $\dfrac{5}{16}$ ③ $\dfrac{7}{16}$ ④ $\dfrac{9}{16}$

아주대

30. 꼬인 위치의 두 직선 $x-1=y+2=z-3$과
$x=\dfrac{y+2}{2}=\dfrac{z-3}{3}$ 사이의 거리는?

① $\dfrac{1}{\sqrt{42}}$ ② $\dfrac{3}{\sqrt{42}}$ ③ $\dfrac{1}{\sqrt{6}}$ ④ $\dfrac{3}{\sqrt{6}}$ ⑤ $\dfrac{1}{\sqrt{21}}$

가천대

31. 두 직선 $x+2=y-5=\dfrac{z-1}{2}$ 과 $x-1=y-1=z$
사이의 최단거리는?

① $\dfrac{3}{\sqrt{2}}$ ② $\dfrac{5}{\sqrt{2}}$ ③ $\dfrac{7}{\sqrt{2}}$ ④ $\dfrac{9}{\sqrt{2}}$

32. 공간상의 구면 $x^2+y^2+z^2=1$으로부터의 최단거리가 8이고, 벡터 $\vec{a}=(2,1,2)$에 수직인 평면의 방정식은?

① $2x+y+2z-27=0$

② $2x+y+2z+24=0$

③ $-2x-y-2z+24=0$

④ $-2x-y+2z-63=0$

33. A와 B는 임의의 2×2 행렬이다. 다음 명제들 중 옳은 것을 모두 고르면?

> ㄱ. $(AB)C = A(BC)$
>
> ㄴ. $A^2 = O$ 이면 $A = O$ 이다.
>
> ㄷ. $AC = BC$ 이면 $A = B$ 혹은 $C = O$ 이다.
>
> ㄹ. $(A+B)^3 = A^3 + 3A^2B + 3AB^2 + B^3$

① ㄱ   ② ㄴ   ③ ㄱ, ㄷ   ④ ㄴ, ㄹ

34. $A = \begin{pmatrix} 1 & a-b & -1 \\ 5 & 2 & 5 \\ 2a+b & 5 & 3 \end{pmatrix}$ 이 $A = A^T$ 를 만족할 때 $a+b$ 의 값은?

① $\dfrac{7}{3}$ ② $-\dfrac{7}{3}$ ③ 5 ④ -5

35. 다음 $A^{-1} = A^T$ 을 만족하지 않는 행렬은?

① $\begin{pmatrix} -1 & 0 \\ 0 & 1 \end{pmatrix}$ ② $\begin{pmatrix} \dfrac{3}{\sqrt{10}} & \dfrac{-1}{\sqrt{10}} \\ \dfrac{1}{\sqrt{10}} & \dfrac{3}{\sqrt{10}} \end{pmatrix}$

③ $\begin{pmatrix} \dfrac{1}{\sqrt{2}} & \dfrac{1}{2} & -\dfrac{1}{2} \\ 0 & \dfrac{1}{\sqrt{2}} & \dfrac{1}{\sqrt{2}} \\ -\dfrac{1}{\sqrt{2}} & \dfrac{1}{2} & \dfrac{1}{2} \end{pmatrix}$ ④ $\begin{pmatrix} \dfrac{2}{3} & -\dfrac{1}{3} & \dfrac{2}{3} \\ \dfrac{2}{3} & \dfrac{2}{3} & -\dfrac{1}{3} \\ -\dfrac{1}{3} & \dfrac{2}{3} & \dfrac{2}{3} \end{pmatrix}$

36. 행렬 A 가 $A^t = A$ 이면 대칭행렬이라 하고 $A^t = -A$ 이면 반대칭행렬이라 한다. 행렬 $B = \begin{pmatrix} 1 & 2 & 3 \\ 4 & 5 & 6 \\ 7 & 8 & 9 \end{pmatrix}$ 를 대칭행렬 P 와 반대칭행렬 Q 의 합으로 표현할 때, 행렬 P 의 계수는?

① 1   ② 2   ③ 3   ④ 알 수 없다.

37. 행렬 $A = \begin{pmatrix} 2 & 3 & 6 & 4 \\ 3 & 2 & 4 & 1 \\ 4 & 3 & 3 & 4 \\ 6 & 3 & 1 & 2 \end{pmatrix}$ 일 때, A 의 계수는?

① 1   ② 2   ③ 3   ④ 4

38. 임의의 정사각행렬 A 와 B 에 대해 다음 중 옳은 것을 모두 고르면?

(가) $\det(A) = \det(A^T)$

(나) $\det(AB) = 0$ 이면

$\det(A) = 0$ 또는 $\det(B) = 0$이다.

(다) $\det(A^2) = 1$이면 $\det(A) = 1$이다.

(라) $\det(-A) = -\det(A)$

① (가)　　② (가), (나)　③ (나), (다)　④ (나), (다), (라)

39. $\begin{pmatrix} 2 & 5 & -3 & -2 \\ -2 & -3 & 2 & -5 \\ 1 & 3 & -2 & 2 \\ -1 & -6 & 5 & 3 \end{pmatrix}$ 의 행렬식은?

① 4　　　② -4　　③ 23　　④ -23

40. 다음 행렬 A의 행렬식 값은?

$$A = \begin{pmatrix} 1 & -2 & 3 & -4 & 5 \\ -1 & 2 & -3 & 4 & 0 \\ 1 & -2 & 3 & 0 & 0 \\ -1 & 2 & 0 & 0 & 0 \\ 1 & 0 & 0 & 0 & 2 \end{pmatrix}$$

① 120　　② 240　　③ -120　　④ -240

41. 크기가 12×12인 행렬의 행렬식 $\det(A)$의 값을 구하면?

$$A = \begin{pmatrix} 0&1&1&1&1&1&1&1&1&1&1&1 \\ 1&0&1&1&1&1&1&1&1&1&1&1 \\ 1&1&0&1&1&1&1&1&1&1&1&1 \\ 1&1&1&0&1&1&1&1&1&1&1&1 \\ 1&1&1&1&0&1&1&1&1&1&1&1 \\ 1&1&1&1&1&0&1&1&1&1&1&1 \\ 1&1&1&1&1&1&0&1&1&1&1&1 \\ 1&1&1&1&1&1&1&0&1&1&1&1 \\ 1&1&1&1&1&1&1&1&0&1&1&1 \\ 1&1&1&1&1&1&1&1&1&0&1&1 \\ 1&1&1&1&1&1&1&1&1&1&0&1 \\ 1&1&1&1&1&1&1&1&1&1&1&0 \end{pmatrix}$$

① 0　　　② -11　　③ 12　　④ -12

42. $u \cdot (v \times w) = 3$일 때, 다음 중 값이 다른 것은?

① $-u \cdot (w \times v)$ ② $(v \times w) \cdot u$

③ $w \cdot (u \times v)$ ④ $v \cdot (u \times w)$

경기대

44. 다음 중 행렬식 $\begin{vmatrix} a & b & c \\ d & e & f \\ g & h & i \end{vmatrix}$ 과 항상 같은 것은?

① $\begin{vmatrix} b & a & c \\ e & d & f \\ h & g & i \end{vmatrix}$ ② $\begin{vmatrix} a & c & b \\ d & f & e \\ g & i & h \end{vmatrix}$

③ $\begin{vmatrix} d & a & g \\ e & b & h \\ f & c & i \end{vmatrix}$ ④ $\begin{vmatrix} e & b & h \\ d & a & g \\ f & c & i \end{vmatrix}$

가천대

43. 두 행렬 $A = \begin{pmatrix} a_1 & a_2 & a_3 & a_4 \\ b_1 & b_2 & b_3 & b_4 \\ c_1 & c_2 & c_3 & c_4 \\ d_1 & d_2 & d_3 & d_4 \end{pmatrix}$ 와 $B = \begin{pmatrix} b_1 & b_2 & -b_3 & b_4 \\ a_1 & a_2 & -a_3 & a_4 \\ c_1 & c_2 & -c_3 & c_4 \\ d_1 & d_2 & -d_3 & d_4 \end{pmatrix}$ 에

대해 $\det(A) = 2$일 때, $\det[(AB^{-1})^T]$의 값은?
(단, A^T는 A의 전치행렬)

① $\frac{1}{2}$ ② 1   ③ 2   ④ 4

광운대

45. 행렬 $A = \begin{pmatrix} 1 & -1 & 2 \\ 3 & 1 & 4 \\ 0 & -2 & 5 \end{pmatrix}$ 의 행렬식을 이용하여 다음 행렬들의 행렬식의 합을 구하면?

$$\begin{pmatrix} 1 & -1 & 2 \\ 9 & 3 & 12 \\ 0 & -2 & 5 \end{pmatrix} \begin{pmatrix} 1 & -1 & -4 \\ 3 & 1 & -8 \\ 0 & -2 & -10 \end{pmatrix} \begin{pmatrix} -1 & 1 & 2 \\ 1 & 3 & 4 \\ -2 & 0 & 5 \end{pmatrix}$$

① 0   ② 2   ③ 4   ④ 6   ⑤ 8

46. 행렬 $A = \begin{pmatrix} 1 & a & -2 \\ 0 & -1 & 2 \\ -1 & 1 & 0 \end{pmatrix}$ 와 $B = \begin{pmatrix} 1 & 0 & -1 \\ 0 & b & 1 \\ 1 & 0 & 0 \end{pmatrix}$ 에 대해 $\det(AB) = \det(A+B)$가 성립할 때, ab의 값은?
(단, a, b는 실수이다.)

① -6　　② -3　　③ 3　　④ 6

47. 다음을 만족하는 4×4 행렬 A에 대해 $\det A$를 구하면?

$$A\begin{pmatrix} 1 \\ 2 \\ 0 \\ 0 \end{pmatrix} = \begin{pmatrix} 0 \\ 0 \\ 0 \\ 1 \end{pmatrix}, \quad A\begin{pmatrix} 2 \\ 1 \\ 0 \\ 0 \end{pmatrix} = \begin{pmatrix} 0 \\ 0 \\ 1 \\ 0 \end{pmatrix}, \quad A\begin{pmatrix} 9 \\ 6 \\ 1 \\ 1 \end{pmatrix} = \begin{pmatrix} 0 \\ 1 \\ 0 \\ 0 \end{pmatrix}, \quad A\begin{pmatrix} 6 \\ 8 \\ 0 \\ 1 \end{pmatrix} = \begin{pmatrix} 1 \\ 0 \\ 0 \\ 0 \end{pmatrix}$$

① $-\dfrac{1}{6}$　　② $\dfrac{1}{6}$　　③ $-\dfrac{1}{3}$　　④ $\dfrac{1}{3}$

48. 3×3 단위행렬 I와 $A = \begin{pmatrix} 1 & 1 & 1 \\ 1 & 1 & 1 \\ 1 & 1 & 1 \end{pmatrix}$ 에 대해 방정식 $\det(A - xI) = 0$ 의 세 실근을 a, b, c라 할 때, $a^2 + b^2 + c^2$ 의 값을 구하면?

① 3　　② 6　　③ 9　　④ 12

숭실대

49. $n \times n$ 행렬 A, B에 대해 다음 중 옳은 것을 모두 고른 것은?

> (가) AB가 영행렬이면, A 또는 B가 영행렬이다.
> (나) AB가 가역행렬이면, A와 B는 모두 가역행렬이다.
> (다) AB가 단위행렬이면, BA는 단위행렬이다.

① (가), (나)   ② (가), (다)

③ (나), (다)   ④ (가), (나), (다)

50. 행렬 $A = \begin{pmatrix} k & -k & 3 \\ 0 & k+1 & 1 \\ k & -8 & k-1 \end{pmatrix}$ 이 비가역행렬이 되는 서로 다른 k 값들의 합은?

① 0   ② 1   ③ 2   ④ 3

51. 행렬 $A = \begin{pmatrix} 1 & 2 & 3 & 4 \\ 3 & 4 & 5 & 6 \\ 0 & 0 & 5 & 6 \\ 0 & 0 & 7 & 8 \end{pmatrix}$ 의 역행렬 A^{-1} 에서 제 1열의 원소들의 합은?

① 8   ② -8 ③ $\dfrac{1}{2}$ ④ $-\dfrac{1}{2}$

홍익대

52. 크기가 2019×2019 인 행렬 A, B, C 는 다음을 만족한다.

$$\det A = 2, \ \det B = 2, \ \det C = 3$$

$\det\left(A^{-1}B^{t}(-3C)\right)$의 값을 구하면? (단, B^{t}는 B의 전치행렬이다.)

① 9   ② -3^{2020} ③ 3^{2019} ④ -3^{2019}

인하대

53. 행렬 $A = \begin{pmatrix} 1 & 2 \\ 3 & 0 \end{pmatrix}$ 에 대해 행렬 B 는 $6B - A = AB$ 를 만족할 때, B 의 대각원소의 합은?

① $\dfrac{1}{2}$ ② $\dfrac{3}{4}$ ③ 1   ④ $\dfrac{5}{4}$ ⑤ $\dfrac{3}{2}$

54. 3차 정사각행렬 A가 다음을 만족한다. 행렬 A의 행렬식의 값을 구하면?

$$A\begin{pmatrix}1\\2\\3\end{pmatrix}=\begin{pmatrix}1\\0\\0\end{pmatrix}, \quad A\begin{pmatrix}4\\2\\1\end{pmatrix}=\begin{pmatrix}0\\1\\0\end{pmatrix}, \quad A\begin{pmatrix}0\\1\\1\end{pmatrix}=\begin{pmatrix}0\\0\\1\end{pmatrix}$$

① $\dfrac{1}{25}$ ② $\dfrac{1}{5}$ ③ 1   ④ 5   ⑤ 25

55. 행렬 A에 대해 다음 중 옳은 것을 모두 고르면?

    ㄱ. 어떤 자연수 n에 대해 $A^n = O$이면 A의 역행렬은 존재하지 않는다.

    ㄴ. $A^2 - 4A + 3E = O$이면 $A = E$ 또는 $A = 3E$ 이다.

    ㄷ. $A = \begin{pmatrix} a & 2 \\ 3 & b \end{pmatrix}$ 이고, $ab < 0$ 이면 A 는 역행렬을 가진다.

① ㄱ, ㄴ   ② ㄱ, ㄷ   ③ ㄴ, ㄷ   ④ ㄱ, ㄴ, ㄷ

56. 다음 명제 중 참인 것의 개수는? (단, O는 영행렬이다.)

    (가) n 차 정방행렬 A 에 대해, $A^T = -A$ 이면 $tr(A) = 0$ 이다.

    (나) n 차 정방행렬 A 가 가역행렬이고 $A^{-1} = A$ 이면 $\det(A) = \pm 1$ 이다.

    (다) $m \times n$ 행렬 A 에 대해, $A^T A$ 는 대칭행렬이다.

    (라) $m \times n$ 행렬 A 에 대해, $A A^T = O$ 또는 $A^T A = O$이면 $A = O$이다.

① 1   ② 2   ③ 3   ④ 4

57. 임의의 n차 정방행렬 A, B 에 대해 옳지 않은 것은?

① $\operatorname{tr}(AB) = \operatorname{tr}(BA)$

② $A = A^T$, $B = B^T$이고 $AB = BA$이면 AB는 대칭행렬이다.

③ $AB = O$이면 $BA = O$이다. (단, $O : n \times n$ 영행렬)

④ $\det B \neq 0$이면 $\det A = \det(B^{-1}AB)$이다.

58. x, y, z 에 대한 다음 연립방정식이 무수히 많은 해를 갖는다고 할 때, a 의 값은?

$$x+y+kz=1, \ x+ky+z=1, \ kx+y+z=-2$$

① -2 ② 1 ③ -1 ④ 2

59. 일차 연립방정식 $\begin{cases} x+2y+3z=1 \\ 2x-y+z=0 \\ 3x+2y+kz=1 \end{cases}$ 이 해를 갖지 않기 위한 k의 값은?

① 1 ② 5 ③ 7 ④ 8

한양대 - 에리카

60. 다음 연립방정식 $\begin{cases} kx+2y+z=0 \\ 2x+ky+z=0 \\ x+y+4z=0 \end{cases}$ 이 $x=y=z=0$ 이외의 해를 가질 때 k의 값의 합은?

① -1 ② $-\dfrac{1}{2}$ ③ $\dfrac{1}{2}$ ④ 1

광운대

61. n차 정사각행렬 $A=(a_{ij})$에 대한 다음 명제 중 옳은 것을 모두 고르면?

(1) $\det A = \sum_{k=1}^{n} a_{1k}(-1)^{1+k}M_{1k}$

    (단, M_{ij}는 A에서 i행과 j열을 없앤 행렬의 행렬식)

(2) A가 삼각행렬이면 $\det A$는 주대각선 성분들의 합이다.

(3) A의 한 행에 상수 c를 곱해서 얻은 행렬 B에 대해 $c\det B = \det A$ 이다.

(4) A가 항등행렬 I_n과 행 동치이면 $Ax=0$의 해는 자명한 해 뿐이다.

① (1), (2)   ② (2), (3)   ③ (1), (4)

④ (2), (3), (4)   ⑤ (1), (3), (4)

62. 3×3 실행렬 A가 다음 성질을 만족할 때, A의 계수는?

> (가) 방정식 $A \begin{pmatrix} x_1 \\ x_2 \\ x_3 \end{pmatrix} = \begin{pmatrix} 1 \\ 2 \\ \lambda \end{pmatrix}$ 의 해 $\begin{pmatrix} x_1 \\ x_2 \\ x_3 \end{pmatrix}$ 가 존재하는 실수
>
> λ는 유일하다.
>
> (나) 방정식 $A \begin{pmatrix} x_1 \\ x_2 \\ x_3 \end{pmatrix} = \begin{pmatrix} 1 \\ 1 \\ \lambda \end{pmatrix}$ 의 해 $\begin{pmatrix} x_1 \\ x_2 \\ x_3 \end{pmatrix}$ 는 어느 실수 λ에
>
> 대해서도 존재하지 않는다.

① 0 　　　② 1 　　　③ 2 　　　④ 3

63. 행렬 A에 대해 연립방정식 $Ax = 0$의 해집합을 N_A라고 할 때, 다음 중 N_A가 직선을 포함하지 않는 행렬 A는?

① $A = \begin{bmatrix} 1 & -1 & 1 \\ 2 & -2 & 2 \\ 3 & -3 & 3 \end{bmatrix}$ 　　　② $A = \begin{bmatrix} 1 & -1 & 1 \\ 0 & 1 & 0 \\ 2 & -2 & 2 \end{bmatrix}$

③ $A = \begin{bmatrix} 1 & 1 & 0 \\ 0 & 1 & -1 \\ 1 & 0 & 1 \end{bmatrix}$ 　　　④ $A = \begin{bmatrix} 1 & -1 & 1 \\ 0 & 1 & 0 \\ 1 & 0 & 0 \end{bmatrix}$

64. 3×5 행렬 $A = [a_1, a_2, a_3, a_4, a_5]$ 의 기약 행사다리꼴 행렬이 다음과 같다.

$$U = \begin{bmatrix} 1 & 2 & 0 & 5 & -3 \\ 0 & 0 & 1 & -1 & 2 \\ 0 & 0 & 0 & 0 & 0 \end{bmatrix}$$

$a_1 = \begin{bmatrix} 1 \\ 2 \\ 3 \end{bmatrix}$, $a_4 = \begin{bmatrix} 3 \\ 5 \\ 8 \end{bmatrix}$ 이라 할 때, a_5의 값은?

① $\begin{bmatrix} 1 \\ 0 \\ 1 \end{bmatrix}$ 　　　② $\begin{bmatrix} 1 \\ 4 \\ 5 \end{bmatrix}$ 　　　③ $\begin{bmatrix} 2 \\ 5 \\ 7 \end{bmatrix}$ 　　　④ $\begin{bmatrix} 3 \\ 8 \\ 11 \end{bmatrix}$

65. 3×3 행렬 A에 대해 $A \begin{pmatrix} 1 \\ 1 \\ 1 \end{pmatrix} = \begin{pmatrix} 1 \\ 2 \\ 3 \end{pmatrix}$, $A \begin{pmatrix} -1 \\ 1 \\ -1 \end{pmatrix} = \begin{pmatrix} 4 \\ 5 \\ 6 \end{pmatrix}$ 일 때, 벡터 $A \begin{pmatrix} -1 \\ 5 \\ -1 \end{pmatrix}$ 의 모든 성분의 합은?

① 0 　　　② 13 　　　③ 26 　　　④ 57

66. 점 $(0, 6), (1, 9), (2, 10)$에 대한 최소제곱직선을 $y = ax + b$라 할 때, $10a - 3b$를 구하면?

① 1   ② 2   ③ $\dfrac{3}{2}$ ④ $\dfrac{5}{2}$

67. 세 점 $(0, 6)$, $(1, 9)$, $(2, 10)$에 가장 가까운 소제곱해에 대한 최소제곱직선을 $y = ax + b$라 할 때, $b - a$의 값은?

① $-\dfrac{5}{3}$ ② $-\dfrac{1}{3}$ ③ $\dfrac{19}{3}$ ④ $\dfrac{13}{3}$

성균관대

68. 원 $a(x^2 + y^2) + b(x + y) = 1$이 네 개의 점 $(0, 1)$, $(-1, 0)$, $(1, -1)$, $(1, 1)$에 대한 최소제곱해일 때, 이 원의 넓이는?

① $\dfrac{155\pi}{98}$ ② $\dfrac{160\pi}{98}$ ③ $\dfrac{165\pi}{98}$ ④ $\dfrac{170\pi}{98}$ ⑤ $\dfrac{175\pi}{98}$

11 일차독립 & 일차종속

69. $\mathbb{R}^3$의 세 벡터 $(3-k, -1, 0)$, $(-1, 2-k, -1)$, $(0, -1, 3-k)$가 일차종속이 되도록 하는 k값을 모두 더하면?

① 5   ② 8   ③ 10   ④ 12

70. $n \times n$ 행렬 A가 역행렬을 가질 때, 다음 중 틀린 것은?

ㄱ. A의 행렬식 값 $\det(A)$는 0이 아니다.

ㄴ. $Ax = b$는 $\mathbb{R}^n$의 모든 벡터 b에 대해 두 개 이상의 해를 가진다.

ㄷ. A의 열벡터들은 일차독립이다.

ㄹ. A의 계수 $rank(A) = n$ 이다.

① ㄱ   ② ㄴ   ③ ㄷ   ④ ㄹ

71. 다음 중 벡터공간 $\mathbb{R}^3$의 기저인 것의 개수는?

(1) $\{(1,0,0), (2,2,0), (3,3,3)\}$

(2) $\{(3,1,-4), (2,5,6), (1,4,8)\}$

(3) $\{(2,-3,1), (4,1,1), (0,-7,1)\}$

(4) $\{(1,6,4), (2,4,-1), (-1,2,5)\}$

① 1   ② 2   ③ 3   ④ 4

72. 다음 집합 중 일차독립인 것은?

① $\{1, x^2+1, 2x^2-1\}$

② $\{x+1, x^2-1, (x+1)^2\}$

③ $\{x^2-1, (x+1)^2, (x-1)^2\}$

④ $\{x(x+1), x^2-1, (x+1)^2\}$

03
선형대수

73. 네 벡터
$$v_1 = (1, 0, 0, 0, 2),\ v_2 = (-2, 1, -3, -2, -4)$$
$$v_3 = (0, 5, -14, -9, 0),\ v_4 = (2, 10, -28, -18, 4)$$
에 의해 생성된 R^5의 부분공간 W에 대해 다음 중 W의 기저가 아닌 것은?

① $(0, 1, -3, -2, 0)$ ② $(0, 0, 1, 1, 0)$

③ $(1, 0, 0, 0, 2)$ ④ $(1, 0, 1, 0, 0)$

74. $\mathbb{R}^3$의 내적 $\langle\ ,\ \rangle$이
$$\langle (x_1, x_2, x_3), (y_1, y_2, y_3) \rangle$$
$$= x_1 y_1 + x_2 y_2 - x_1 y_3 - x_3 y_1 + 4 x_3 y_3$$
로 정의되었을 때, 세 벡터 $(1, 0, 0), (0, 1, 0), (a, b, c)$가 이 내적에 대해 직교단위기저를 이룬다고 하자. $a^2 + b^2 + c^2$의 값은?

① $\dfrac{1}{3}$ ② $\dfrac{2}{3}$ ③ 1 ④ $\dfrac{4}{3}$

75. 다음 〈보기〉에 주어진 공간의 차원이 같은 것끼리 묶은 것은? (단, $P_4(R)$은 4차 이하의 다항식, $M_{3\times 3}$은 3×3인 행렬이다.)

(가) $\{f(x) \in P_4(R) \mid f(-x) = f(x)\}$

(나) $\{f(x) \in P_4(R) \mid f(-x) = -f(x)\}$

(다) $\{A \in M_{3\times 3}(R) \mid A = A^T,\ tr(A) = 0\}$

(라) $\{A \in M_{3\times 3}(R) \mid A = -A^T\}$

① (가), (나) ② (나), (다) ③ (가), (라) ④ (다), (라)

76. A가 실수 성분을 갖는 3×3 행렬이고 x, y, z를 임의의 일차 독립인 3차원 열벡터라 하자. $Ax = \begin{pmatrix} 1 \\ 0 \\ 1 \end{pmatrix}$, $Ay = \begin{pmatrix} 0 \\ 1 \\ 0 \end{pmatrix}$, $Az = \begin{pmatrix} 1 \\ 1 \\ 1 \end{pmatrix}$일 때, $\det(A)$의 값은?

① -1 ② 0 ③ 1 ④ 2

77. 행렬 $A = \begin{bmatrix} 1 & 8 & 4 & 1 & 2 \\ 1 & 4 & 2 & 1 & 0 \\ 0 & 2 & 1 & 0 & 1 \end{bmatrix}$ 에 대해, A의 계수를 r, A의 영공간 의 차원을 n, A의 열공간의 차원을 c라고 할 때, $r+2n+3c$ 의 값은?

① 12 ② 14 ③ 15 ④ 16 ⑤ 18

78. 벡터공간 $\mathbb{R}^4$의 부분공간 S의 기저가 다음과 같을 때, S의 직교여공간 $S^\perp$의 기저는?

$$\left\{ \begin{bmatrix} 1 \\ 0 \\ 2 \\ 1 \end{bmatrix}, \begin{bmatrix} 0 \\ 1 \\ 3 \\ -1 \end{bmatrix} \right\}$$

① $\left\{ \begin{bmatrix} -1 \\ 1 \\ 0 \\ 1 \end{bmatrix} \right\}$

② $\left\{ \begin{bmatrix} 2 \\ 3 \\ -1 \\ 0 \end{bmatrix} \right\}$

③ $\left\{ \begin{bmatrix} -3 \\ -2 \\ 1 \\ 1 \end{bmatrix}, \begin{bmatrix} 1 \\ 4 \\ -1 \\ 1 \end{bmatrix} \right\}$

④ $\left\{ \begin{bmatrix} 0 \\ 5 \\ -1 \\ 2 \end{bmatrix}, \begin{bmatrix} 4 \\ 2 \\ -1 \\ -2 \end{bmatrix} \right\}$

79. 행렬 $\begin{pmatrix} 1 & 3 & 0 & 3 \\ 2 & 7 & -1 & 5 \\ -1 & 0 & 2 & -1 \end{pmatrix}$의 영공간의 기저가

벡터 $v = (a, b, c, d)$이면 $\dfrac{b}{a} + \dfrac{d}{c}$의 값은?

① -3 ② -2 ③ -1 ④ 0 ⑤ 1

80. 4차원 공간 $\mathbb{R}^4$의 네 벡터 $(1, 3, 2, 2)$, $(2, 4, 3, 2)$, $(1, 9, 5, 8)$, $(0, 4, 2, 4)$에 의해 생성된 부분공간을 W라 할 때, W의 차원은?

① 1 ② 2 ③ 3 ④ 4

81. $W = \left\{ \begin{bmatrix} x_1 \\ x_2 \\ x_3 \\ x_4 \end{bmatrix} \in R^4 \ \middle| \ x_2 + x_3 + x_4 = 0,\ x_1 + x_2 = 0,\ x_3 = 2x_4 \right\}$

에서 W의 차원은?

① 1 ② 2 ③ 3 ④ 4

82. 4차원 벡터공간 R^4에 대해서 부분공간

$$\left\{ \begin{bmatrix} x_1 \\ x_2 \\ x_3 \\ x_4 \end{bmatrix} \in R^4 : x_1 = 2x_2, \ x_3 + x_4 = 0 \right\}$$의 차원은?

① 1   ② 2   ③ 3   ④ 4

84. 행렬 $A = \begin{pmatrix} 1 & 1 & 1 & 2 \\ -1 & 0 & -2 & 2 \\ 1 & 0 & 1 & 1 \end{pmatrix}$에 대해 벡터공간

$N(A) = \{ x \in R^4 \mid Ax = 0 \}$의 차원은?

① 0   ② 1   ③ 2   ④ 3

M

83. 벡터 $V_1 = (1, -1, 0), V_2 = (1, 3, 2), V_3 = (1, 1, 1)$으로 생성되는 R^3의 부분공간 W의 직교여공간 $W^\perp$의 차원은?

① 0   ② 1   ③ 2   ④ 3

85. 다음 보기 중 옳은 것의 개수는?

> (가) 4차 다항식의 집합은 벡터공간이다.
>
> (나) 벡터 $(4, 2, 3), (1, -2, 1), (0, 2, -2)$들은 1차독립이다.
>
> (다) 선형연립방정식 $Ax = b$의 해가 존재하지 않는다면 $Ax = 0$은 자명해만을 가진다.
>
> (라) 행렬 $A = \begin{pmatrix} 2 & -1 & -1 & 4 \\ 1 & 0 & -1 & 0 \\ 1 & -1 & 0 & 2 \\ 0 & 1 & -1 & -1 \end{pmatrix}$의 열공간의 차원은 2이다.
>
> (바) 영공간의 기저는 $\vec{0}$이다.

① 1   ② 2   ③ 3   ④ 4

86. 그람-슈미트 정규직교화 과정을 사용하여 R^3 위의 평면 $x+y+z=0$의 기저 $\{(-1,1,0),(-1,0,1)\}$에 대한 직교기저를 구하면?

① $\left\{\left(\dfrac{1}{\sqrt{2}},\dfrac{1}{\sqrt{2}},0\right),\left(\dfrac{1}{\sqrt{6}},\dfrac{1}{\sqrt{6}},\dfrac{2}{\sqrt{6}}\right)\right\}$

② $\left\{\left(-\dfrac{1}{\sqrt{2}},\dfrac{1}{\sqrt{2}},0\right),\left(\dfrac{1}{\sqrt{6}},-\dfrac{1}{\sqrt{6}},\dfrac{2}{\sqrt{6}}\right)\right\}$

③ $\left\{\left(\dfrac{1}{\sqrt{2}},-\dfrac{1}{\sqrt{2}},0\right),\left(\dfrac{1}{\sqrt{6}},-\dfrac{1}{\sqrt{6}},\dfrac{2}{\sqrt{6}}\right)\right\}$

④ $\left\{\left(-\dfrac{1}{\sqrt{2}},\dfrac{1}{\sqrt{2}},0\right),\left(-\dfrac{1}{\sqrt{6}},-\dfrac{1}{\sqrt{6}},\dfrac{2}{\sqrt{6}}\right)\right\}$

87. 다음 R^3의 기저 $\{v_1,\ v_2,\ v_3\}$를 그람-슈미트 과정을 통하여 직교기저 $\{w_1,\ w_2,\ w_3\}$로 변환할 때, $a+c$의 값으로 옳은 것은?

$$v_1=(1,1,1),\ v_2=(-1,1,0),\ v_3=(1,2,1)$$
$$w_1=(1,1,1),\ w_2=(a,1,b),\ w_3=\left(c,d,-\dfrac{1}{3}\right)$$

① $\dfrac{1}{6}$　　② $-\dfrac{1}{6}$　　③ $\dfrac{5}{6}$　　④ $-\dfrac{5}{6}$

88. 행렬 A, B, C가 다음과 같이 주어져 있다.

$$A=\begin{pmatrix}5&2&5&2\\0&1&3&4\\0&0&1&0\\0&0&1&7\end{pmatrix},\ B=\begin{pmatrix}2&0&0&0\\4&3&0&0\\5&3&1&2\\1&2&2&2\end{pmatrix},\ C=AB$$

C의 열벡터들로부터 그람-슈미트 직교화 과정을 사용하여 얻은 벡터들로 구성된 직교행렬을 Q라 할 때, $Q^{-1}C$의 대각성분들의 곱의 절댓값은?

① 1　　② 120　　③ 240　　④ 420　　⑤ 840

89. 벡터공간 $P_2(R)$의 순서기저 $\{1, x-1, (x-1)(x-2)\}$ 에 대한 벡터 $v = 1+x+x^2$의 좌표벡터는?

① $(1, 4, 3)$ ② $(1, -4, 3)$

③ $(3, -4, 1)$ ④ $(3, 4, 1)$

단국대

90. 선형변환 $T: \mathbb{R}^3 \to \mathbb{R}^2$는 $v_1 = (1, 1, 1)$, $v_2 = (1, 1, 0)$, $v_3 = (1, 0, 0)$에 대해 $T(v_1) = (1, 0)$, $T(v_2) = (2, 1)$, $T(v_3) = (4, 3)$ 일 때, $T(2, 4, -2)$가 나타내는 벡터는?

① $(-2, 0)$ ② $(0, -2)$ ③ $(2, 0)$ ④ $(0, 2)$

한국항공대

91. 선형변환 $T: \mathbb{R}^3 \to \mathbb{R}^3$에 대해, $T(1, 2, 3) = (1, 0, -1)$, $T(2, 3, 4) = (1, 2, 1)$, $T(1, 3, 1) = (-2, 5, 3)$이라고 한다. $T(1, 1, 1) = (a, b, c)$라 할 때, $a+b+c$의 값은?

① 0 ② 2 ③ 4 ④ 8

92. 선형변환 $T : \mathbb{R}^2 \to \mathbb{R}^2$가 다음을 만족한다.

$$T(1, 0) = (2, 3), \ T(0, 1) = (1, -2)$$

T에 의해 세점 $P(2, 3)$, $Q(-1, 0)$, $R(1, -2)$이 옮겨지는 점을 각각 A, B, C라 할 때, 삼각형 ABC의 넓이는?

① 4   ② 14   ③ 24   ④ 42

93. 선형변환 $T : R^2 \to R^2$ 를 $T\left(\begin{bmatrix} x \\ y \end{bmatrix}\right) = \begin{bmatrix} 2x - y \\ x - 3y \end{bmatrix}$ 라 정의하고, $B = \left\{ u_1 = \begin{bmatrix} 1 \\ 1 \end{bmatrix}, \ u_2 = \begin{bmatrix} -1 \\ 0 \end{bmatrix} \right\}$ 를 R^2의 순서기저라 할 때, B에 대한 선형변환 T의 변환행렬 $[T]_B$는?

① $\begin{bmatrix} 2 & -1 \\ 3 & 1 \end{bmatrix}$ ② $\begin{bmatrix} 2 & -1 \\ 3 & -1 \end{bmatrix}$

③ $\begin{bmatrix} -2 & 1 \\ -3 & 1 \end{bmatrix}$ ④ $\begin{bmatrix} -2 & -1 \\ -3 & 1 \end{bmatrix}$

94. 선형변환 $T : R^2 \to R^2$를 $T(x, y) = (2x - y, x + y)$라 정의하고, $B = \{(1, 1), (1, -1)\}$를 R^2의 순서기저라 할 때, B에 대한 선형변환 T의 표현행렬 $[T]_B$의 모든 성분의 합은?

① 0   ② 3   ③ $\dfrac{3}{2}$ ④ 4

95. 벡터공간 $V = \left\{ X = \begin{bmatrix} a\ b \\ c\ d \end{bmatrix} \middle| a, b, c, d \in R \right\}$ 이라 하자.

$T : V \to V$ 를 $T(X) = AX$ 로 주어진 선형변환이라 할 때, V의 순서기저 β에 대한 T의 행렬 $[T]_\beta$의 행렬식을 계산하면? (단, $A = \begin{bmatrix} 1\ 2 \\ 3\ 4 \end{bmatrix}$ 이고, $\beta = \left\{ \begin{bmatrix} 1\ 0 \\ 0\ 0 \end{bmatrix}, \begin{bmatrix} 0\ 1 \\ 0\ 0 \end{bmatrix}, \begin{bmatrix} 0\ 0 \\ 1\ 0 \end{bmatrix}, \begin{bmatrix} 0\ 0 \\ 0\ 1 \end{bmatrix} \right\}$)

① 1   ② 2   ③ 3   ④ 4

96. 2차 이하의 차수를 갖는 다항식의 벡터공간 $P_2(R)$ 의 순서기저 $\alpha = \{ 1, x, 1-x^2 \}$ 와 벡터공간 R^3의 순서기저 $\beta = \{ (1, 0, 0), (0, 1, 0), (0, 1, 1) \}$ 가 주어져 있다. 선형변환 $T : P_2(R) \to R^3$ 의 α, β에 대응하는 행렬이

$[T]_\alpha^\beta = \begin{pmatrix} -1 & 0 & 0 \\ 1 & -3 & 0 \\ 0 & -2 & 1 \end{pmatrix}$ 일 때, $T(2-x+3x^2)$ 을 구하면?

① $(-5, 7, -1)$ ② $(-5, 0, 1)$

③ $(2, 2, -3)$ ④ $(2, 2, 6)$

97. 이차 이하의 다항식으로 이루어진 공간을 $P_2(R)$ 이라 할 때, 선형사상 $T : P_2(R) \to P_2(R)$ 은 $T(p(x)) = p(1+x)$ 를 만족한다. 기저 $\{ 1, x, x^2 \}$ 에 대한 선형사상 T의 표현행렬의 행렬식은?

① 0   ② 1   ③ 2   ④ 3

98. 형변환 $T(x, y, z) = (x+3y+2z, y+z, -x+4y+5z)$ 에 대한 T의 상공간의 차원 $\dim(Im\,T)$를 s, 핵공간의 차원 $\dim(\ker T)$를 t라 할 때, $s-t$의 값을 구하면?

① -1 　　② 0 　　③ 1 　　④ 2

99. 선형변환 $L : R^5 \to R^3$에서 $\ker L$의 차수가 될 수 없는 값은?

① 1 　　② 2 　　③ 3 　　④ 4

100. 실수체 $\mathbb{R}$ 위의 벡터공간 $\mathbb{R}_3[x]$(실수체 위의 2차 이하의 다항식 전체의 집합)에 대해, 다음과 같이 정의된 선형사상 $T : \mathbb{R}_3[x] \to \mathbb{R}_3[x]$ 의 상공간($im\,T$)과 핵공간($\ker T$)의 차원을 구하면?

$$T\left(a_0 + a_1 x + a_2 x^2\right)$$
$$= \left(5a_0 + 6a_1 + 2a_2\right) - \left(a_1 + 8a_2\right)x + \left(a_0 - 2a_2\right)x^2$$

① 상공간의 차원 $= 3$, 핵공간의 차원 $= 0$

② 상공간의 차원 $= 2$, 핵공간의 차원 $= 1$

③ 상공간의 차원 $= 1$, 핵공간의 차원 $= 2$

④ 상공간의 차원 $= 0$, 핵공간의 차원 $= 3$

101. 주어진 선형 사상에 대해 옳지 않은 것은? (단, R은 모든 실수의 집합이다.)

$$T : R^3 \to R^3$$
$$T(a, b, c) = (3a+b, \; -2a-4b+3c, \; 5a+4b-2c)$$

① 핵 $\ker(T)$의 차원은 0이다.

② 상공간 $Im(T)$의 차원은 3이다.

③ T는 정칙선형사상이다.

④ 핵 $\ker(T)$과 상공간 $Im(T)$의 교집합은 벡터공간이 아니다.

102. 행렬 $A = \begin{pmatrix} 1 & 2 & 1 & 5 \\ 2 & 4 & -3 & 0 \\ 1 & 2 & -1 & 1 \end{pmatrix}$에 대해 $T(v) = Av$로 정의된 선형 사상 $T : R^4 \to R^3$에 대해 상공간 W의 수직이 되는 공간을 $W^\perp$라 할 때, $W^\perp$의 차원과 $W^\perp$의 원소로 옳게 짝지어진 것은?

① $1, \; (1, 2, -5)$ ② $1, \; (2, 1, -3)$

③ $2, \; (1, 2, -5)$ ④ $2, \; (2, 1, -3)$

103. 선형사상 $L : P_4(x) \to R, \; L(f(x)) = \displaystyle\int_{-1}^{1} f(x)\,dx$에 대해 다음 중 $\ker(L)$에 속하는 것은? (단, $P_4(x)$는 4차 이하의 차수를 갖는 다항식의 벡터공간을 의미한다.)

① $f(x) = 4x^4 + 3x^3 + 2x^2 + x + 1$

② $f(x) = x$

③ $f(x) = 9x^2 + 4$

④ $f(x) = 1$

104. 다음 행렬 $\begin{pmatrix} 1 & 0 & 0 & 0 \\ 1 & 2 & 0 & 0 \\ 0 & 2 & 5 & 0 \\ 2 & 8 & 3 & 9 \end{pmatrix}$ 의 고윳값이 아닌 것을 고르면?

① 1 ② 2 ③ 3 ④ 9

106. 행렬 $A = \begin{pmatrix} 1 & 3 \\ 2 & 2 \end{pmatrix}$ 의 고윳값을 λ_1, λ_2라고 할 때, $\lambda_1 + \lambda_2$은?

① -4 ② -3 ③ 3 ④ 4

105. 2×2 행렬 $A = \begin{pmatrix} a & b \\ c & d \end{pmatrix}$는 고윳값 2, 5와 각 고윳값에 해당하는 고유벡터 $\begin{pmatrix} 1 \\ 0 \end{pmatrix}$과 $\begin{pmatrix} 1 \\ 1 \end{pmatrix}$을 갖는다. 이때 b의 값은?

① 0 ② 1 ③ 3 ④ 5

107. 행렬 $\begin{pmatrix} 1 & 4 \\ 1 & a \end{pmatrix}$의 모든 고윳값의 합이 -1일 때, 실수 a의 값은?

① -4 ② -3 ③ -2 ④ -1

108. 행렬 $M = \begin{bmatrix} 0 & 1 & 0 \\ 0 & 0 & 1 \\ 4 & 5 & 6 \end{bmatrix}$ 의 고윳값을 λ_1, λ_2, λ_3라 할 때 고윳값들의 합 $a = \lambda_1 + \lambda_2 + \lambda_3$와 고윳값들의 곱 $b = \lambda_1\lambda_2\lambda_3$는?

① $a = 6$, $b = 4$ ② $a = 6$, $b = 0$

③ $a = 4$, $b = 6$ ④ $a = 0$, $b = 6$

109. 행렬 $A = \begin{pmatrix} 2019 & 1 \\ 2 & 2018 \end{pmatrix}$ 의 두 고윳값을 λ_1, λ_2라 할 때, $|\lambda_1 - \lambda_2|$ 의 값은?

① 1   ② 2   ③ 3   ④ 4

110. 행렬 $A = \begin{pmatrix} 2 & 3 \\ 1 & 0 \end{pmatrix}$에 대해 $A^{2019}\begin{pmatrix} 1 \\ 1 \end{pmatrix} = \begin{pmatrix} a \\ b \end{pmatrix}$일 때, $a + b$의 값은?

① $3^{2019} - 1$ ② 3^{2019} ③ $3^{2019} + 1$

④ $2 \cdot 3^{2019} - 1$ ⑤ $2 \cdot 3^{2019}$

111. 행렬 $A = \begin{pmatrix} 2 & -2 & 2 \\ 0 & 1 & 1 \\ -4 & 8 & 3 \end{pmatrix}$의 고윳값 λ_1, λ_2, λ_3에 대응하는 고유벡터를 각각 $a = \begin{pmatrix} a_1 \\ 1 \\ a_3 \end{pmatrix}$, $b = \begin{pmatrix} b_1 \\ b_2 \\ 4 \end{pmatrix}$, $c = \begin{pmatrix} 2 \\ c_2 \\ c_3 \end{pmatrix}$이라 할 때, $\lambda_1 + \lambda_2 + \lambda_3 + a_1 + b_2 + c_3$ 의 값을 구하시오 (단, $\lambda_1 < \lambda_2 < \lambda_3$)

중앙대 (수학과)

112. 성분이 모두 실수인 $m \times n$ 행렬의 집합 $M_{m \times n}(\mathbb{R})$은 행렬합과 스칼라곱에 대해 벡터공간을 이룬다.

행렬 $A = \begin{pmatrix} 1 & -2 \\ 0 & 4 \end{pmatrix}$에 대해 선형함수

$T : M_{2 \times 2}(\mathbb{R}) \to M_{2 \times 2}(\mathbb{R})$를 $T(X) = XA$로 정의할 때, T의 고윳값을 중복을 허용하여 모두 더하면?

① 5   ② 10   ③ 15   ④ 20

경기대

113. $\vec{i} = (1,0,0)$, $\vec{j} = (0,1,0)$ 이고 선형변환

$L : \mathbb{R}^3 \to \mathbb{R}^3$가 $L(\vec{x}) = \vec{x} \times \vec{i} + \vec{x} \times \vec{j}$로 주어질 때, 다음 중 L의 고유벡터는?

① $(1,0,0)$ ② $(0,1,0)$ ③ $(1,1,0)$ ④ $(1,1,1)$

18 고윳값 & 고유벡터의 성질 (2)

성균관대

114. 행렬 $A = \begin{bmatrix} 0 & 1 & 1 & 1 \\ 1 & 0 & 1 & 1 \\ 1 & 1 & 0 & 1 \\ 1 & 1 & 1 & 0 \end{bmatrix}$ 에 대해, A^6의 대각합 $tr(A^6)$의 값은?

① 731   ② 732   ③ 733   ④ 734   ⑤ 735

중앙대 (수학과)

117. 성분이 모두 실수인 2×2 행렬 A가 $A^3 = \begin{pmatrix} 8 & 0 \\ 7 & 1 \end{pmatrix}$을 만족할 때, A^5의 대각합 $tr(A^5)$의 값은?

① 33   ② 32   ③ 31   ④ 30

이화여대

115. 행렬 $\begin{pmatrix} -8 & 6 \\ -9 & 7 \end{pmatrix}$을 10 거듭제곱하여 얻은 행렬 $\begin{pmatrix} -8 & 6 \\ -9 & 7 \end{pmatrix}^{10}$을 $\begin{pmatrix} a & b \\ c & d \end{pmatrix}$로 표현했을 때, 대각성분들의 합 $a+d$의 합은?

① 1   ② 2   ③ 1025   ④ 2048   ⑤ $8^{10} + 7^{10}$

경기대

118. $n \times n$ 행렬 $\begin{pmatrix} 1 & 1 & \cdots & 1 \\ 2 & 2 & \cdots & 2 \\ \vdots & \vdots & \ddots & \vdots \\ n & n & \cdots & n \end{pmatrix}$의 서로 다른 고윳값의 개수는?

(단, $n \geq 3$)

① 0   ② 1   ③ 2   ④ n

중앙대 (공통)

116. A, A^2, A^3의 대각합이 각각 2, 10, 20인 3×3 행렬 A의 행렬식의 값은?

① 3   ② 6   ③ 2   ④ -2

119. 행렬 $A = \begin{pmatrix} 2 & 1 \\ 1 & a \end{pmatrix}$ 에 대해 $A^2 - 5A + 5I = O$을 만족한다. A^3 의 모든 원소의 합은? (단, I는 단위행렬이고 O는 영행렬)

① 34   ② 54   ③ 90   ④ 148

121. 2×2 실행렬 A가 대칭행렬이고 $tr(A^2) = 10$, $\det(A) = -3$일 때, $(tr(A))^2$의 값은?

① 1   ② 4   ③ 9   ④ 16

120. 크기가 2×2인 행렬 A에 대해 벡터 $v_1 = \begin{pmatrix} 1 \\ 1 \end{pmatrix}$이 행렬 $(A - 3I)$의 해공간의 기저벡터이고 벡터 $v_2 = \begin{pmatrix} 1 \\ -1 \end{pmatrix}$이 행렬 $(A - I)$의 해공간의 기저벡터일 때, $A^4 \begin{pmatrix} 0 \\ 2 \end{pmatrix}$의 모든 성분의 합은?

① 2×3^4 ② 3^5 ③ 2   ④ 1

122. A는 실대칭행렬이고 $\vec{v_1}$, $\vec{v_2}$는 각각 고윳값 1과 2에 대응하는 A의 단위고유벡터일 때, $4\vec{v_1} - 3\vec{v_2}$의 크기는?

① 3   ② 4   ③ 5   ④ 6

123. 행렬 $A = \begin{bmatrix} 0 & 1 & 0 \\ 4 & 0 & 0 \\ 0 & 1 & 1 \end{bmatrix}$ 는 어떤 대각행렬 D와 가역행렬 S에 대해

$A = S^{-1}DS$를 만족한다. D의 대각합과 행렬식의 합은?

① -3 ② 4 ③ -4 ④ 2 ⑤ -1

124. 행렬 $A = \begin{bmatrix} 2 & 0 & -2 \\ 1 & 3 & 2 \\ 0 & 0 & 3 \end{bmatrix}$ 를 $A = Q\Lambda Q^{-1}$의 형태로 표현할 때,

대각행렬 Λ의 모든 대각원소들의 곱은?

① 0 ② 6 ③ -12 ④ 18

125. 다음 명제 중에서 참인 것의 개수는?

> ㄱ. 벡터 $[4, 2, 3]$, $[1, -2, 1]$, $[0, 2, -2]$들은
>   1차독립이다.
> ㄴ. 행렬 B의 역행렬이 존재하지 않으면 B는
> 대각화될 수 없다.
> ㄷ. 동일한 고윳값으로부터 유도되는 서로 다른 두 개의
>   고유벡터는 항상 일차종속이다.
> ㄹ. 행렬 $\begin{bmatrix} 1 & 5 & 13 \\ 2 & 1 & -1 \\ 3 & 9 & 21 \end{bmatrix}$ 의 계수는 2이다.

① 1 ② 2 ③ 3 ④ 4

126. 실수 성분을 갖는 행렬 A에 대해, 다음 중 옳지 않은 것은?

① A가 대칭행렬일 때, A의 열공간과 영공간은 서로
   직교한다.

② 행렬 $A = \begin{bmatrix} 1 & 1 \\ 0 & 1 \end{bmatrix}$ 는 대각화가능하지 않다.

③ 행렬식 $Ax = b$의 해가 존재하지 않는다면,
   행렬식 $Ax = 0$은 자명해만을 가진다.

④ 가역행렬 A와 A^{-1}의 성분이 모두 정수라면,
   $\det(A)$의 값은 1 또는 -1이다.

⑤ A와 단위행렬 I가 서로 닮은 행렬이면, $A = I$이다.

127. 행렬 $A = \begin{bmatrix} 1 & 4 \\ 2 & 3 \end{bmatrix}$ 와 자연수 n에 대해, A^n의 모든 성분의 합을

a_n이라고 할 때, $\displaystyle\sum_{n=1}^{\infty} \frac{1}{a_n}$ 의 값은?

① $\dfrac{1}{8}$ ② $\dfrac{1}{4}$ ③ $\dfrac{3}{8}$ ④ $\dfrac{1}{2}$ ⑤ $\dfrac{5}{8}$

한양대 - 에리카

128. 행렬 $A = \begin{bmatrix} 1 & 0 & 0 \\ 0 & 1 & 1 \\ 0 & -1 & 1 \end{bmatrix}$ 의 대각화 행렬을 $D = \begin{bmatrix} \lambda_1 & 0 & 0 \\ 0 & \lambda_2 & 0 \\ 0 & 0 & \lambda_3 \end{bmatrix}$

이라 할 때 $\dfrac{1}{\lambda_1} + \dfrac{1}{\lambda_2} + \dfrac{1}{\lambda_3}$ 의 값은?

① $\dfrac{1}{3}$ ② $\dfrac{1}{2}$ ③ 2   ④ 3

한양대

129. 3×3 행렬 B의 고윳값은 1, 2, 3이고, 행렬 A는 B와 닮은 행렬일 때, $\det(A - 4I)$의 값은?

① -6 ② -3 ③ 0   ④ 6   ⑤ 37

이화여대

130. 3×3 행렬에 대해 다음의 등식이 성립한다.

$$
\begin{bmatrix} 1 & 2 & 3 \\ 2 & 4 & 5 \\ 3 & 5 & 6 \end{bmatrix}
= a \begin{bmatrix} u_1 \\ u_2 \\ u_3 \end{bmatrix} \left(\begin{bmatrix} u_1 \\ u_2 \\ u_3 \end{bmatrix}^T \right) + b \begin{bmatrix} v_1 \\ v_2 \\ v_3 \end{bmatrix} \left(\begin{bmatrix} v_1 \\ v_2 \\ v_3 \end{bmatrix}^T \right) + c \begin{bmatrix} w_1 \\ w_2 \\ w_3 \end{bmatrix} \left(\begin{bmatrix} w_1 \\ w_2 \\ w_3 \end{bmatrix}^T \right)
$$

이때

$a(u_1{}^2 + u_2{}^2 + u_3{}^2) + b(v_1{}^2 + v_2{}^2 + v_3{}^2) + c(w_1{}^2 + w_2{}^2 + w_3{}^2)$

의 값을 구하시오. (단, T는 transpose를 의미한다.)

한양대 - 에리카

131. 행렬 $A = \begin{bmatrix} 1 & 2 \\ -1 & -2 \end{bmatrix}$ 에 대해 e^A은?

① $\begin{bmatrix} e^{-1} & 2e^{-1} \\ -e^{-1} & -2e^{-1} \end{bmatrix}$

② $\begin{bmatrix} -e^{-1} & -2e^{-1} \\ e^{-1} & 2e^{-1} \end{bmatrix}$

③ $\begin{bmatrix} 2+e^{-1} & 2+2e^{-1} \\ -1-e^{-1} & -1-2e^{-1} \end{bmatrix}$

④ $\begin{bmatrix} 2-e^{-1} & 2-2e^{-1} \\ -1+e^{-1} & -1+2e^{-1} \end{bmatrix}$

03 — 선형대수

132. 실수 계수를 가지는 다항식 전체로 이루어진 선형공간에서 내적을 $(f, g) = \int_0^1 f(x)g(x)\,dx$로 정의한다. 이때 $f_1(x) = x$, $f_2(x) = x^2$의 두 다항식이 이루는 각 θ에 대해 $\cos\theta$를 구하면?

① $\sqrt{15}$ ② $\dfrac{\sqrt{15}}{2}$ ③ $\dfrac{\sqrt{15}}{3}$ ④ $\dfrac{\sqrt{15}}{4}$

133. 실수 계수를 가지는 다항식 전체로 이루어진 선형공간에서 내적을 $(f,\ g) = \int_0^1 f(x)g(x)\,dx$로 정의하자. 이때 두 벡터 $f_1(x) = 1$, $f_2(x) = x^2$가 이루는 각 θ에 대해 $\cos\theta$를 구하면?

① $\dfrac{5}{3}$ ② $\dfrac{3}{5}$ ③ $\dfrac{\sqrt{5}}{3}$ ④ $\dfrac{3}{\sqrt{5}}$

134. 벡터공간 $\{f : [-2, 2] \to \mathbb{R} \,|\, f$는 연속 $\}$의 내적을 $\langle f, g \rangle = \int_{-2}^2 f(x)g(x)\,dx$로 정의하자. $f(x) = 1 - x$, $g(x) = 1 + x$이고 f와 g의 사잇각을 $\theta(0 \leq \theta \leq \pi)$라 할 때, $\cos\theta$의 값은?

① $-\dfrac{1}{7}$ ② $-\dfrac{28}{3}$ ③ $\dfrac{1}{7}$ ④ $\dfrac{28}{3}$

135. 다음과 같은 이차곡선 $5x^2 + 4xy + 5y^2 = 9$에서 좌표축을 회전시키는 각 θ를 구하면?

① $-\dfrac{\pi}{2}$ ② $-\dfrac{\pi}{3}$ ③ $-\dfrac{\pi}{4}$ ④ $-\dfrac{\pi}{6}$

136. 점 $A(5, 6)$을 원점을 중심으로 반시계 방향으로 $45°$만큼 회전한 후, 직선 $y = -x$에 관하여 대칭이동한 점을 $B(b, c)$라 하자. 이때 $b + c$의 값은?

① $-5\sqrt{2}$ ② $5\sqrt{2}$ ③ $\dfrac{11\sqrt{2}}{2}$ ④ $-\dfrac{11\sqrt{2}}{2}$

137. 점 $(-5, 12)$를 직선 $y = tx$에 대해 대칭이동한 점을 $(a(t), b(t))$라 할 때, $-1 \leq t \leq 1$에서 정의된 곡선 $\gamma(t) = (a(t), b(t))$의 길이는?

① $\dfrac{13}{2}\pi$ ② 13π ③ 15π ④ $\dfrac{15}{2}\pi$

138. R^3상의 평면 $x - y + z = 0$에 의하여 임의의 벡터를 대칭이동 시키는 행렬을 A라고 할 때, 다음 중 틀린 것의 개수는? (단, $\det(A)$는 행렬 A의 행렬식이고 $tr(A)$는 행렬 A의 모든 대각성분의 합이다.)

> (가) 벡터 $(1, -1, 1)$은 행렬 A의 고유벡터이다.
>
> (나) 벡터 $(1, 1, 0)$은 행렬 A의 고유벡터이다.
>
> (다) $\det(A) = 1$
>
> (라) $tr(A) = 2$
>
> (마) 행렬 A는 대각화가능하다.

① 0   ② 1   ③ 2   ④ 3

139. R^3 공간에서 임의의 벡터 v를 평면 $x-y-z=0$ 위로 정사영변환하는 행렬을 A라 할 때 행렬 A의 고유벡터가 아닌 것은?

① $(2,\ 1,\ 1)$ ② $(1,\ 1,\ 0)$

③ $(1,\ -1,\ -1)$ ④ $(2,\ 0,\ 1)$

140. W를 $u_1 = \begin{pmatrix} 1 \\ 2 \\ -1 \end{pmatrix}$, $u_2 = \begin{pmatrix} 5 \\ -2 \\ 1 \end{pmatrix}$ 에 의하여 생성되는

공간이라 할 때, $v = \begin{pmatrix} 3 \\ 2 \\ 5 \end{pmatrix}$와 W 사이의 거리는?

① $\dfrac{11\sqrt{5}}{5}$ ② $\dfrac{12\sqrt{5}}{5}$ ③ $\dfrac{13\sqrt{5}}{5}$ ④ $\dfrac{14\sqrt{5}}{5}$

141. 행렬 $A = \begin{bmatrix} 1 & 6 & 3 & 1 \\ 1 & 4 & 2 & 1 \\ 0 & 2 & 1 & 0 \end{bmatrix}$ 의 영공간을 V라고 하자.

벡터 $x = (2, 0, 5, 0)$의 V 위로의 정사영을 $p = (p_1, p_2, p_3, p_4)$라고 할 때, $p_1 + p_2 + p_3 + p_4$의 값을 구하시오.

142. 벡터 $v = (1, 1, 1, 1, 1)$ 과 $w = (-2, -1, 0, 2, 3)$ 이 생성하는 $\mathbb{R}^5$의 부분공간을 W라 할 때, 벡터 $u = (4, 2, 1, 1, 1)$ 의 W 위로의 정사영을 $P_W(u) = (u_1, u_2, u_3, u_4, u_5)$라 하자.

이때 $2(u_1{}^2 + u_2{}^2 + u_3{}^2 + u_4{}^2 + u_5{}^2)$의 값을 구하시오.

143. 벡터공간 $\mathbb{R}^4$에서 선형방정식 $2x_1 - x_3 + x_4 = 0$의 해공간을 W라고 할 때, 점 $(1, 1, 1, 1)$을 W로 직교사영 시킨 점은?

① $\left(-\dfrac{1}{3}, 1, \dfrac{2}{3}, \dfrac{4}{3}\right)$ ② $\left(\dfrac{1}{3}, 1, \dfrac{2}{3}, \dfrac{4}{3}\right)$

③ $\left(\dfrac{2}{3}, 1, \dfrac{1}{3}, \dfrac{4}{3}\right)$ ④ $\left(\dfrac{2}{3}, 1, -\dfrac{1}{3}, \dfrac{1}{3}\right)$

⑤ $\left(\dfrac{1}{3}, 1, \dfrac{4}{3}, \dfrac{2}{3}\right)$

144. 다음 중 R^3에서 평면 $x - y = 0$으로의 정사영을 나타내는 변환의 고유벡터가 아닌 것은?

① $\begin{bmatrix} 1 \\ -1 \\ 0 \end{bmatrix}$ ② $\begin{bmatrix} 1 \\ 1 \\ 0 \end{bmatrix}$ ③ $\begin{bmatrix} 0 \\ 0 \\ 1 \end{bmatrix}$ ④ $\begin{bmatrix} 0 \\ 1 \\ 1 \end{bmatrix}$

145. 구간 $[0, 1]$에서 연속인 함수의 벡터공간 $C[0, 1]$에서의 내적을 다음과 같이 정의할 때, $f(x) = x^2$ 위로의 $g(x) = x$ 의 정사영은?

$$\langle f, g \rangle = \int_0^1 f(x)g(x)dx$$

① $\dfrac{3}{5}x^2$ ② $\dfrac{4}{5}x^2$ ③ $\dfrac{5}{4}x^2$ ④ $\dfrac{5}{3}x^2$

03
—
선
형
대
수

항공대

146. 어떤 행렬 A의 고유벡터와 고윳값이 각각 $\vec{u_1} = \begin{pmatrix} 1 \\ 3 \end{pmatrix}$,

$\vec{u_2} = \begin{pmatrix} -3 \\ 1 \end{pmatrix}$ 와 $\lambda_1 = 5$, $\lambda_2 = -2$라고 한다. 또한 임의의

실수로 이루어진 2×1 벡터를 $\vec{v}$라 할 때 s를

$s = \{\vec{v}\}^T [A] \{\vec{v}\}$ 라고 정의하자. 다음 중 참인 것을 모두 포함하는 집합은?

> (가) A의 모든 원소들의 합은 7.2 이다.
>
> (나) A의 모든 원소들의 합은 9.6 이다.
>
> (다) s는 $\vec{v}$에 상관없이 항상 양수이다.
>
> (라) s는 $\vec{v}$에 상관없이 항상 음수이다.
>
> (마) s는 $\vec{v}$에 따라 양수일 수도 있고, 음수일 수도 있다.

① (가), (라)   ② (가), (마)   ③ (나), (다)   ④ (나), (라)

한양대

147. 이차형식 $x^2 + 4xz + 2y^2 + z^2$ 을 직교대각화하면,

$a_1 X^2 + a_2 Y^2 + a_3 Z^2$ 이다. 이때 $Z = \alpha x + \beta y + \gamma z$ 이면
$\alpha + \beta + \gamma$의 값은? (단, $a_1 < a_2 < a_3$)

① 0   ② 1   ③ $\sqrt{2}$ ④ $\dfrac{3\sqrt{2}}{2}$ ⑤ $2\sqrt{2}$

148. $f(x, y, z) = 5x^2 - 4xy + 8y^2 + z^2$에 대한 다음 설명 중
옳은 것은?(단, P는 직교행렬이다.)

> (가) $P\begin{pmatrix} x \\ y \\ z \end{pmatrix} = \begin{pmatrix} X \\ Y \\ Z \end{pmatrix}$, $f(x, y, z) = aX^2 + bY^2 + cZ^2$일
>
> 때, $a + b + c = 14$이다.
>
> (나) $x^2 + y^2 + z^2 = 1$ 일 때, $f(x, y, z)$의 최댓값과
> 최솟값의 합은 9이다.

① (가)   ② (나)   ③ (가), (나)   ④ 없다.

149. 구면 $x^2+y^2+z^2=1$ 위의 점에 대한 함수
$f(x,y,z)=x^2-z^2-4xy+4yz$ 의 최댓값과
최솟값의 합을 구하면?

① 3 ② -3 ③ 0 ④ -9

가톨릭대

150. 임의의 실수 x, y 에 대해 $(x\ y)\begin{pmatrix} a & 1 \\ 0 & b \end{pmatrix}\begin{pmatrix} x \\ y \end{pmatrix}$ 의 값이
음이 아닐 때 a^2+b^2 의 최솟값은? (단, a, b 는 실수)

① $\dfrac{1}{8}$ ② $\dfrac{1}{6}$ ③ $\dfrac{1}{4}$ ④ $\dfrac{1}{2}$

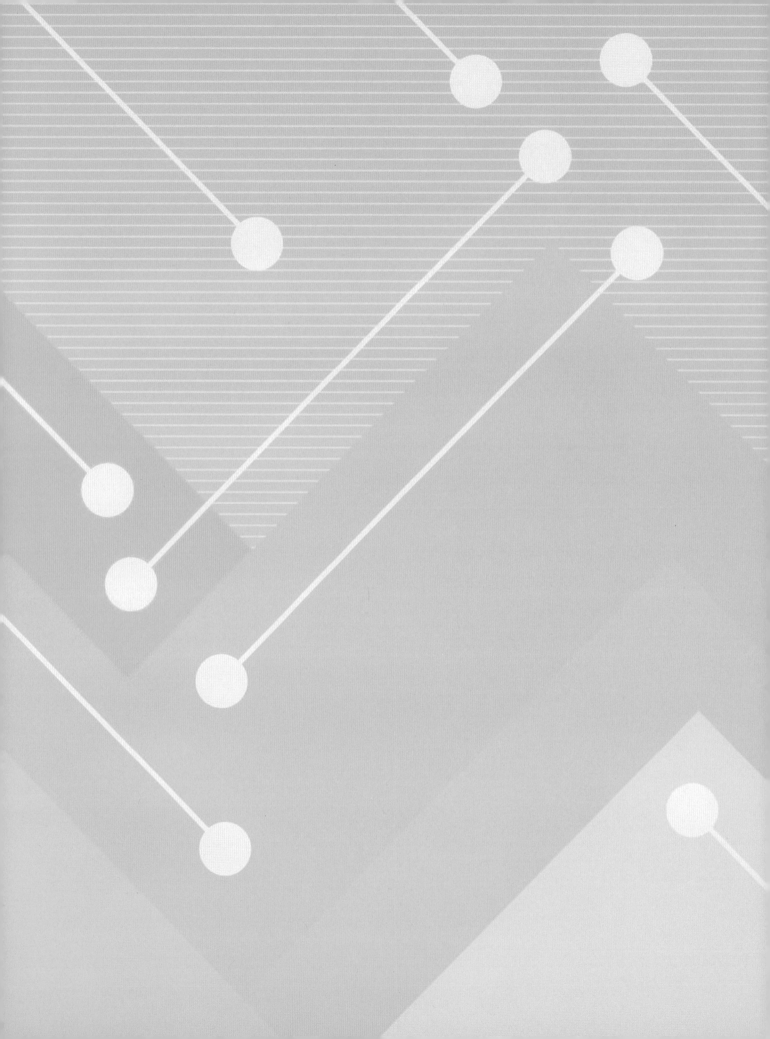

공학수학

01 변수분리 & 동차형 미분방정식

1. $y = y(x)$가 미분방정식 $\dfrac{dx}{dy} = \dfrac{y}{x}$, $y(0) = -3$의
   해일 때, $y(4)$의 값은?

   ① 1   ② -1 ③ 5   ④ -5

3. y가 미분방정식 $y' = y(1-y)$, $y(0) = \dfrac{1}{2}$ 의 해일 때,
   $y(1)$의 값은?

   ① 1   ② e ③ $\dfrac{e}{e+1}$ ④ $\dfrac{e+1}{e}$ ⑤ 0

2. 구간 $-1 < x < 1$에서 연속함수 $y(x)$가 초깃값 문제
   $\dfrac{dy}{dx} = -\dfrac{x}{y}$, $y(0) = -1$의 해일 때, $y\left(\dfrac{1}{2}\right)$의 값은?

   ① $\dfrac{1}{2}$ ② $-\dfrac{\sqrt{3}}{2}$ ③ $\dfrac{\sqrt{3}}{2}$ ④ $-\dfrac{1}{2}$

4. 미분방정식 $\left(y + x^2 y\right)\dfrac{dy}{dx} - 2x = 0$ 을 만족시키는 곡선
   $f(x, y) = 0$ 중에서 원점 $(0, 0)$ 을 지나는 곡선은 점 $(a, 2)$
   를 지난다. 양수 a의 값은?

   ① $\sqrt{e-1}$ ② $\sqrt{e^2-1}$ ③ $\sqrt{e^3-1}$ ④ $\sqrt{e^4-1}$

성균관대

5. 다음 중 미분방정식 $(e^{2y} - y)\dfrac{dy}{dx} = \sin x$, $y(0) = 0$의 해집합 위에 있는 점은?

① $(1, 2)$ ② $(2, 3)$ ③ $(2\pi, 0)$ ④ $(2\pi, 1)$ ⑤ $(\pi, 2)$

홍익대

6. 미분방정식 $-y\,dx + x^2\,dy = 0$, $y(1) = 7$의 해 $y(x)$에 대해 $y(2)$의 값을 구하면?

① e ② $7e$ ③ $14\sqrt{e}$ ④ $7\sqrt{e}$

중앙대 (공대)

7. $y = y(x)$가 미분방정식 $y' - y = y^2$, $y(0) = 3$의 해일 때, $y(1)$의 값은?

① $\dfrac{3e}{4 + 3e}$ ② $\dfrac{3e}{4 - 3e}$ ③ $\dfrac{4e}{4e + 3}$ ④ $\dfrac{4e}{4e - 3}$

8. $y = y(x)$가 미분방정식 $\sqrt{1 - x^2}\,y' = y^2 + 1$, $y(0) = 0$의 해 일 때, $y\left(\dfrac{1}{\sqrt{2}}\right)$의 값은?

① 0 ② $\dfrac{1}{4}$ ③ $\dfrac{1}{2}$ ④ 1

9. 미분방정식 $2xyy' = y^2 - x^2$, $y(1) = 0$에서 $y\left(\dfrac{1}{2}\right)$의 값을 구하면? (단, $y > 0$)

① 0 ② $\dfrac{1}{2}$ ③ $\dfrac{1}{3}$ ④ $\dfrac{1}{4}$

04
—
공
학
수
학

10. 다음 미분방정식의 해는?

$$(2xy - \sec^2 x)dx + (x^2 + 3y^2)dy = 0, \ y(0) = -1$$

① $x^2 y - \tan x + y^3 = -1$

② $x^2 y + \tan x - y^3 = 1$

③ $xy^2 - \tan x + y^3 = -1$

④ $xy^2 + \tan x - y^3 = -1$

11. 다음 중에서 $(\sin 2t)dx + (2x\cos 2t - 2t)dt = 0$의 해는?

① $x\cos 2t + t^2 = c$ ② $x\cos 2t - t^2 = c$

③ $x\sin 2t + t^2 = c$ ④ $x\sin 2t - t^2 = c$

12. 미분방정식 $(x+y-1)dx + (x+y+1)dy = 0$의 일반해는?

① $x^2 + y^2 + 2xy + 2x - 2y = C$

② $x^2 + y^2 + 2xy - 2x + 2y = C$

③ $x^2 + y^2 + 2xy + 4x - 4y = C$

④ $x^2 + y^2 + 2xy - 4x + 4y = C$

13. 미분방정식 $\dfrac{dy}{dx} + \left(\dfrac{x+2}{x+1}\right)y = \dfrac{2xe^{-x}}{x+1}$ 의 해를 구하기 위한 적분인자 $\mu(x)$ 는?

① $\mu(x) = (x+1)e^x$　　　② $\mu(x) = e^{2x-x^2}$

③ $\mu(x) = xe^x$　　　④ $\mu(x) = (x^2+2)e^x$

14. 완전미분방정식이 아닌 1계 미분방정식
$(4x^3 \cot y)dx = (\csc^2 y)dy$를 완전미분방정식으로 변환하는 적분인자가 될 수 있는 것은? (단, 아래에서 $\exp(t)\sum = e^t$ 이다.)

① $\exp(4x^2)$　　② $\exp(-2x^2)$　　③ $\exp(4x^3)$

④ $\exp(x^4)$　　⑤ $\exp(-x^4)$

15. 다음 중 미분방정식과 그 적분인자를 바르게 짝지은 것은?

① $3x^2 y\,dx + (2x^3 - 4y^2)dy = 0, \ -\dfrac{1}{x}$

② $(x^2 e^x - y)dx + x\,dy = 0, \ \dfrac{2}{x}$

③ $y' = \dfrac{1}{x + y^2}, \ e^{-y}$

④ $(e^{x+y} - y)dx + (xe^{x+y} + 1)dy = 0, \ e^x$

16. $-\dfrac{\pi}{2} < x < \dfrac{\pi}{2}$ 인 실수에 대해 함수 $f(x)$ 는 다음 두 조건을 만족한다.

$$f'(x) = \sin x - (\tan x)f(x) \quad f(0) = 1$$

이때 $\displaystyle\lim_{x \to \frac{\pi}{2}^-} f(x)$ 의 값은?

① $-\infty$ ② -1 ③ 0 ④ 1

17. y 가 미분방정식 $y' + ty = 0$ 의 해이고 $y(0) = 1$ 일 때, $\dfrac{\sqrt{y(2)}}{(y(1))^2}$ 의 값은?

① 0 ② 1 ③ $\dfrac{\sqrt{2}}{4}$ ④ $\dfrac{\sqrt{3}}{3}$ ⑤ $\dfrac{\sqrt{e}}{9}$

18. 초깃값 문제 $\dfrac{dy}{dt} = k(y-7)$, $y(0) = 30$ 에서 $y(3) = 20$ 이 되는 k 의 값은?

① $\ln\left(\dfrac{23}{13}\right)$ ② $\dfrac{1}{3}\ln\left(\dfrac{13}{23}\right)$

③ $\dfrac{1}{3}\ln\left(\dfrac{23}{13}\right)$ ④ $\ln\left(\dfrac{13}{23}\right)$

19. $y = y(x)$ 가 미분방정식 $xy' - x^2\sin x = y$, $y(\pi) = 0$ 의 해일 때, $y(2\pi)$ 의 값은?

① -4π ② -2π ③ 0 ④ 2π

한국산업기술대

20. $y(x)$가 초깃값 문제 $x\dfrac{dy}{dx}+y=e^x$, $y(1)=2$ 의 해일 때, $y(2)$의 값은?

① e^2-e+1 ② $-2(e^2-e+3)$

③ $\dfrac{1}{3}(2e^2-e+2)$ ④ $\dfrac{1}{2}(e^2-e+2)$

중앙대 (공대)

22. $x=x(t)$가 미분방정식 $x'=x\sin t+2te^{-\cos t}$, $x(0)=0$ 의 해일 때, $x(\pi)$의 값은?

① $\pi^{-2}e$ ② $\pi^{-2}e^{-1}$ ③ $\pi^2 e$ ④ $\pi^2 e^{-1}$

한국항공대

21. 함수 $y(x)$가 미분방정식 $x\dfrac{dy}{dx}-3y=x^6e^x$ 과 조건 $y(1)=e$ 를 만족할 때, $y(2)$의 값은?

① $4e$ ② $8e^2-2e$ ③ $16e^2$ ④ $8e^2-4e$

한양대

23. 미분방정식 $x'=(1-t)x+(t-1)^3$의 해 $x=x(t)$가 기조건 $x(0)=3$ 을 만족할 때, $x(2)$의 값은?

① -1 ② 0 ③ 1 ④ 2 ⑤ 3

24. 미분방정식 $y' + 2y = y^2$ 의 초깃값이 $y(0) = 1$ 일 때, $y(1)$ 의 값을 구하면?

① $\dfrac{1}{1+e}$ ② $\dfrac{2}{1+e}$ ③ $\dfrac{2}{1+e^2}$ ④ $\dfrac{1}{2+e^2}$

25. 미분방정식 $x^2 \dfrac{dy}{dx} - 2xy = 3y^4$, $y(1) = \dfrac{1}{2}$ 의 해를 구하면?

① $y^{-3} = -\dfrac{9}{5x} - \dfrac{49}{5x^6}$

② $y^{-3} = -\dfrac{9}{5x} + \dfrac{49}{5x^6}$

③ $y^{-3} = \dfrac{9}{5x} + \dfrac{49}{5x^6}$

④ $y^{-3} = \dfrac{9}{5x} - \dfrac{49}{5x^6}$

26. 다음은 베르누이 미분방정식이다. 초기조건 $y(1) = 0$ 일 때, $y(2)$ 의 값을 구하면?

$$xy' + y = \frac{1}{y^2}$$

① 0 ② $\dfrac{\sqrt[3]{7}}{2}$ ③ $\dfrac{\sqrt{7}}{2}$ ④ $\dfrac{2}{5}$

중앙대 (공대)

27. 박테리아의 수가 처음에는 P_0 이었다가 1시간이 지나자 $2P_0$ 로 증가하였다고 하자. 박테리아 수의 증가 속도가 시간 t 에서의 박테리아의 수 $P(t)$ 에 비례한다면, 박테리아의 수가 (P_0 이었던 시점을 기준으로) 10배 증가하는데 소요되는 시간은 얼마인가?

① $\log_2 5$ ② $\log_2 10$ ③ $\log_e 5$ ④ $\log_e 10$

28. 어떤 방사능물질의 반감기가 30년이라고 한다. 붕괴속도는 현재 양에 비례한다고 할 때, 이 방사능물질 $100\,\mathrm{g}$ 이 $30\,\mathrm{g}$ 이 되는 것은 몇 년 후인가?

① $30 \times \dfrac{\ln 3 - \ln 10}{\ln 2}$ ② $30 \times \dfrac{\ln 10 - \ln 3}{\ln 2}$

③ $30 \times \dfrac{\ln 10 + \ln 3}{\ln 2}$ ④ $30 \times \dfrac{\ln 3 - \ln 2}{\ln 10}$

29. 뉴턴의 냉각법칙에 의하면 냉각 속도는 물체 온도와 주변 온도의 차이에 비례한다. 온도가 시간에 따라 냉각되는 과정은 $\dfrac{dT}{dt} = k(T - T_{out})$ 로 표시할 수 있다. $150\,℃$ 로 뜨겁게 달궈진 쇠구슬을 $0\,℃$ 의 차가운 물에 넣어 식혔더니 1분 후에 $60\,℃$ 가 되었다고 한다. 물의 온도가 $0\,℃$ 로 동일하다고 할 때, 1분이 더 지난 후의 쇠구슬의 온도는?

① $25\,℃$ ② $24\,℃$ ③ $23\,℃$ ④ $21\,℃$

한국항공대

30. 냉장고에 넣어둔 온도 $3℃$ 의 귤을 기온이 $23℃$ 인 공기 중에 시간 $t = 0$ 일 때 꺼내었다. 이후, 귤 온도 T 의 시간당 변화율은 주변 온도와의 차이에 비례하여 $\dfrac{dT}{dt} = 0.01 \times (23 - T)$ 의 관계로 변한다고 한다. $t = 100$ 일 때 귤의 온도와 가장 가까운 값은?

① $10℃$ ② $13℃$ ③ $16℃$ ④ $19℃$

04 — 공학수학

31. 함수 $y = e^x \cos 2x$가 미분방정식 $y'' + ay' + by = 0$의 해
일 때, $a - b$는?

① -10 ② -7 ③ -1 ④ 3

한국산업기술대

34. 초깃값 문제 $y'' - y' - 2y = 0$, $y(0) = \alpha$, $y'(0) = 1$의 해
$y(x)$가 $\lim_{x \to \infty} y(x) = 0$을 만족시킬 때 α 값은?

① -2 ② -1 ③ 0 ④ 1

한양대

32. 미분방정식 $x'' - 5x' - 14x = 0$의 해 $x = x(t)$가
초기조건 $x(0) = 5$, $x'(0) = -1$을 만족할 때, $x(t)$가
최소가 되는 t의 값은?

① $\dfrac{1}{3}\ln 2 - \dfrac{1}{9}\ln 7$ ② $\dfrac{1}{9}\ln 2 - \dfrac{1}{9}\ln 7$

③ 0 `   ④ $\dfrac{1}{5}\ln 2 - \dfrac{1}{5}\ln 7$

⑤ $\dfrac{3}{5}\ln 2 - \dfrac{1}{5}\ln 7$

숭실대

35. 초깃값 문제 $y'' - 4y' + 4y = 0$, $y(0) = 1$, $y'(0) = 1$에서
$y(2)$의 값은?

① $-e^4$ ② $-2e^4$ ③ e^4 ④ $2e^4$

한국산업기술대

33. 초깃값 문제 $y'' + 8y' + 16y = 0$, $y(0) = 1$, $y'(0) = 2$의
해는?

① $e^{-4x} + 6xe^{-4x}$ ② $e^{-4x} + xe^{-4x}$

③ $e^{4x} + 6xe^{4x}$ ④ $e^{4x} - xe^{4x}$

36. 음미분 방정식 $y^{(5)} - 3y^{(4)} + 3y^{(3)} - y^{(2)} = 0$의 일반해의
형태로 올바른 것은?

① $y = c_1 x + c_2 x^2 + (c_3 + c_4 x + c_5 x^2)e^{-x}$

② $y = c_1 x + c_2 x^2 + (c_3 + c_4 x + c_5 x^2)e^x$

③ $y = c_1 + c_2 x + (c_3 + c_4 x + c_5 x^2)e^x$

④ $y = c_1 x + c_2 x^2 + (c_3 x + c_4 x^2 + c_5 x^3)e^{-x}$

37. 미분방정식 $y'' + y = 6x^2 + 2 - 12e^{3x}$ 의 일반해가
$y = c_1 \cos x + c_2 \sin x + Ax^2 + Bx + C + De^{3x}$
일 때, $A + B + C + D$ 의 값은?

① $-\dfrac{18}{5}$ ② $-\dfrac{21}{5}$ ③ $-\dfrac{23}{5}$ ④ $-\dfrac{26}{5}$

38. 미분방정식 $x'' + 5x' + 6x = e^{-2t}$ 의 해 $x = x(t)$ 가 초기조건 $x(0) = 1$, $x'(0) = 0$을 만족할 때, $x(1)$ 의 값은?

① 0 ② $e^{-2} - 2e^{-3}$ ③ $2e^{-2} - 3e^{-3}$

④ $3e^{-2} - 2e^{-3}$ ⑤ $3e^{-2} - e^{-3}$

39. x에 관한 함수 y가 다음 조건 $y'' - 4y' + 4y = ae^x$, $y(0) = 1$, $y'(1) = 4e$, $y''(0) = 0$을 만족할 때, 상수 a 의 값을 구하면?

① 1 ② 2 ③ 4 ④ 5

40. 미분방정식 $f''(t) - 4f(t) = e^t$, $f(0) = 1$, $f'(0) = 3$의 해 $f(t)$에 대해 $\displaystyle\lim_{t \to \infty} \dfrac{f(t)}{e^{2t}}$ 의 값은?

① $\dfrac{6}{5}$ ② $\dfrac{5}{4}$ ③ $\dfrac{4}{3}$ ④ $\dfrac{3}{2}$ ⑤ 2

41. $y = y(x)$ 가 미분방정식 $y'' - 2y' + y = e^x$, $y(0) = 0$,
$y'(0) = 0$ 의 해일 때, $y(4)$ 의 값은?

① e^4 ② $2e^4$ ③ $4e^4$ ④ $8e^4$

42. 경곗값 문제 $y'' - 4y' + 5y = e^{2x}$, $y(0) = 5$,
$y'(\pi) = -10e^{2\pi}$ 의 해 $y(x)$ 에 대해 $y'(0)$ 의 값을 구하시오

43. 다음 미분방정식에서 $y(1)$ 은?

$$y''' + 3y'' + 3y' + y = 30e^{-x}$$
$$y(0) = 3,\ y'(0) = -3,\ y''(0) = -47$$

① $-23e^{-1}$ ② $-17e^{-1}$ ③ e^{-1} ④ $5e^{-1}$

44. 미분방정식 $y'' - y = x + \sin x$, $y(0) = 2$, $y'(0) = 3$ 의 해
$y = y(x)$ 를 구하면?

① $y = \dfrac{13}{4}e^x + \dfrac{5}{4}e^{-x} - x - \dfrac{1}{2}\sin x$

② $y = \dfrac{13}{4}e^x - \dfrac{5}{4}e^{-x} - x - \dfrac{1}{2}\sin x$

③ $y = \dfrac{13}{4}e^x - \dfrac{5}{4}e^{-x} + x - \dfrac{1}{2}\sin x$

④ $y = \dfrac{13}{4}e^x + \dfrac{5}{4}e^{-x} + x - \dfrac{1}{2}\sin x$

45. 선형미분방정식 $y' - 2y = e^{2x}(3\sin 2x + 2\cos 2x)$,
$y(0) = 1$의 해 $y(x)$ 에 대해 $y\left(\dfrac{\pi}{2}\right)$ 의 값은?

① e^π ② $2e^\pi$ ③ $3e^\pi$ ④ $4e^\pi$

08 코시-오일러 미분방정식

46. 미분방정식 $x^2 y'' - 4xy' + 6y = 0$, $y(1) = \dfrac{2}{5}$, $y'(1) = 0$ 의 해가 $y(x)$ 일 때, $y(5)$ 의 값은?

① -130 ② -70 ③ 70 ④ 130

48. $y_1(x) = x$ 가 $x^2 y'' - xy' + y = 0$ 의 해일 때, $y_1(x)$ 와 독립인 두 번째 해 $y_2(x)$ 는?

① $x^2 \ln x$ ② $\dfrac{x}{\ln x}$ ③ $x^3 \ln x$ ④ $x \ln x$

47. 미분방정식 $x^2 y'' + 5xy' + 4y = 0$, $x > 0$의 해 $y = y(x)$ 가 $y(1) = e^2$, $y'(1) = 0$을 만족할 때, $y(e)$ 의 값은?

① 0 ② e ③ 3 ④ e^2 ⑤ e^4

49. 다음 미분방정식 $y\left(e^{\frac{\pi}{4}}\right)$은?

$$4x^2 y'' + 8xy' + 5y = 0,\ y(1) = e^{\pi},\ y\left(e^{\frac{\pi}{2}}\right) = e^{\frac{3\pi}{4}}$$

① $\dfrac{1}{\sqrt{2}} e^{-\frac{7\pi}{8}}$ ② $\sqrt{2}\, e^{-\frac{7\pi}{8}}$

③ $\dfrac{1}{\sqrt{2}} e^{\frac{7\pi}{8}}$ ④ $\sqrt{2}\, e^{\frac{7\pi}{8}}$

50. 함수 $y(x)$가 미분방정식 $y'' - 3\dfrac{y'}{x} + 4\dfrac{y}{x^2} = 0$ 과

조건 $y(1) = 2$, $y(e) = 3e^2$ 을 만족할 때, $y(2e)$ 의 값이 될 수 있는 것은?

① $e(8 + 8\ln 2)$
② $e^2(2 + 4\ln 2)$
③ $e(16 + 8\ln 2)$
④ $e^2(12 + 4\ln 2)$

51. 미분방정식 $(x^2 + 4x + 4)y'' + (3x + 6)y' + 2y = 0$의 해는?

① $y = (x+2)^{-1}\{c_1\cos[\ln(x+2)]$
$+ c_2\sin[\ln(x+2)]\}$

② $y = (x+2)^{-1}\{c_1\cos[2\ln(x+2)]$
$+ c_2\sin[2\ln(x+2)]\}$

③ $y = (x+2)^{-0.5}\{c_1\cos[\ln(x+2)]$
$+ c_2\sin[\ln(x+2)]\}$

④ $y = (x+2)^{-0.5}\{c_1\cos[2\ln(x+2)]$
$+ c_2\sin[2\ln(x+2)]\}$

52. 미분방정식 $x^2y'' - 2xy' + 2y = 3\sin(\ln x^2)\,(x > 0)$의 해 $y = f(x)$ 가 $f(1) = \dfrac{9}{20}$, $f'(1) = -\dfrac{3}{10}$ 을 만족시킬 때, $f(e^\pi) + f\!\left(e^{\frac{\pi}{4}}\right)$ 의 값은?

① $\dfrac{3}{10}$
② $\dfrac{7}{20}$
③ $\dfrac{2}{5}$
④ $\dfrac{9}{20}$

53. 코시-오일러 방정식 $x^2y'' - 3xy' + 3y = 2x^4e^x$ 에 대해 $y(1) = 3$, $y(2) = 4(e^2 + 3)$ 일 때, $y(\ln 2)$ 의 값은?

① $(\ln 2)^3 + 4(\ln 2)^2 - 2(\ln 2)$

② $(\ln 2)^3 + 4(\ln 2)^2 + 2(\ln 2)$

③ $(\ln 2)^3 + 4(\ln 2)^2$

④ $6(\ln 2)$

54. 미분방정식 $3xy'' + (2-x)y' - y = 0$ 의 해를

$y = \displaystyle\sum_{m=0}^{\infty} c_m x^{m+r}$ 로 표현할 때, 결정방정식을 만족하는

지수 r의 값은? (단, $c_0 \neq 0$)

① $0, \dfrac{1}{3}$ ② $0, 1$ ③ $0, \dfrac{2}{3}$ ④ $0, 2$

55. 미분방정식 $y'' - (\sin x)y' + 3y = x^3 - 4$ 을 만족하는

함수를 멱급수 $y = \displaystyle\sum_{n=0}^{\infty} a_n x^n$ 이라 할 때 $\dfrac{a_3}{a_1}$ 의 값은?

① 0 ② 3 ③ -3 ④ $-\dfrac{1}{3}$

56. $y = y(x)$ 가 미분방정식 $(1-x^2)y'' - 2y' + 3y = 0$,

$y(0) = 0$, $y'(0) = 1$ 의 급수해 $y = \displaystyle\sum_{n=0}^{\infty} a_n x^n$ 이라 할 때,

(a_2, a_3, a_4) 로 적당한 것은?

① $\left(1, \dfrac{1}{6}, 0\right)$ ② $\left(2, 6, \dfrac{1}{3}\right)$

③ $\left(1, \dfrac{1}{6}, \dfrac{1}{3}\right)$ ④ $\left(0, \dfrac{1}{6}, 0\right)$

57. 역변환 $L^{-1}\{F(s)\}=e^t$을 만족하는 함수 $F(s)$는?
(단, $s>1$)

① $\dfrac{1}{s-1}$　② $\dfrac{1}{s+1}$　③ $\dfrac{1}{(s-1)^2}$　④ $\dfrac{1}{s^2-1}$

58. $f(t)=\sin^2 t$의 라플라스 변환 $L(f)$는?

① $\dfrac{2}{s^2(s^2+4)}$　　② $\dfrac{2}{s(s^2+4)}$

③ $\dfrac{2}{s(s^2+1)}$　　④ $\dfrac{2}{s^2(s^2+1)}$

59. 라플라스 역변환 $L^{-1}\left(\dfrac{s}{s^2-s-6}\right)$는?

① $e^{3t}+e^{-3t}$　　　　② $e^{-3t}+e^{2t}$

③ $\dfrac{3}{5}e^{3t}-\dfrac{2}{5}e^{2t}$　　④ $\dfrac{3}{5}e^{3t}+\dfrac{2}{5}e^{-2t}$

서울과학기술대

60. $\mathcal{L}^{-1}\left\{\dfrac{s}{s^2+8s+7}\right\}$은?

① $-\dfrac{1}{8}(e^{-t}-7e^{-7t})$　　② $\dfrac{1}{8}(e^t-7e^{7t})$

③ $-\dfrac{1}{6}(e^{-t}-7e^{-7t})$　　④ $\dfrac{1}{6}(e^t-7e^{7t})$

11 라플라스 변환의 이동

61. 라플라스 변환 $L(te^{2t})$은?

① $\dfrac{1}{(s-2)^2}$ ② $\dfrac{s}{(s-2)^2}$

③ $\dfrac{1}{s-4}$ ④ $\dfrac{1}{s-2}$

중앙대 (공대)

63. $F(s) = \dfrac{1}{s^3 + s^2 + 3s - 5}$ 의 라플라스 역변환 $f(t)$ 의 식으로 올바른 것은?

① $\dfrac{1}{8}e^t + \dfrac{1}{8}e^{-t}\cos 2t + \dfrac{1}{8}e^{-t}\sin 2t$

② $\dfrac{1}{8}e^t + \dfrac{1}{8}e^{-t}\cos 2t - \dfrac{1}{8}e^{-t}\sin 2t$

③ $\dfrac{1}{8}e^t - \dfrac{1}{8}e^{-t}\cos 2t + \dfrac{1}{8}e^{-t}\sin 2t$

④ $\dfrac{1}{8}e^t - \dfrac{1}{8}e^{-t}\cos 2t - \dfrac{1}{8}e^{-t}\sin 2t$

한양대

62. 함수 $f(t)$ 의 라플라스 변환이 $\mathcal{L}\{f(t)\} = \dfrac{1}{s^2 + 4}$ 이다. $G(s) = \mathcal{L}\{e^{\pi t}(f(t))^2\}$ 일 때, $G(2\pi)$ 의 값은?

① $\dfrac{1}{8}\left(\dfrac{4}{\pi^2 + 16} - \dfrac{1}{\pi}\right)$ ② $\dfrac{1}{8}\left(\dfrac{\pi}{\pi^2 + 16} - \dfrac{1}{\pi}\right)$

③ $\dfrac{1}{8}\left(\dfrac{1}{\pi} - \dfrac{4}{\pi^2 + 16}\right)$ ④ $\dfrac{1}{8}\left(\dfrac{1}{\pi} - \dfrac{\pi}{\pi^2 + 16}\right)$

⑤ $\dfrac{1}{8}\left(\dfrac{1}{\pi} - \dfrac{1}{\pi^2 + 16}\right)$

한성대

64. 다음은 라플라스 변환 문제이다.

$$f(t) = L^{-1}\left\{\dfrac{s-1}{(s+2)^2 + 3^2}\right\}$$ 일 때, $f\left(\dfrac{\pi}{2}\right)$ 의 값은?

① $e^{-\pi}$ ② 1 ③ e^{π} ④ $e^{2\pi}$

04 — 공학수학

65. 라플라스 변환 $\mathcal{L}(te^{-t}\cos t) = F(s)$에 대해 $\lim_{s \to 1}F(s)$의 값을 구하면?

① $\dfrac{25}{3}$ ② $\dfrac{3}{25}$ ③ $\dfrac{16}{3}$ ④ $\dfrac{3}{16}$

66. 함수 $f(t) = t\sin^2 t$의 라플라스 변환을 $F(s)$ 라고 하자. $F(1) = \dfrac{b}{a}$ 일 때, $a+b$ 의 값을 구하시오 (단, a 와 b 는 서로 소이다.)

한양대 - 에리카

67. 다음 함수 $F(s) = \ln\dfrac{s^2+1}{(s-1)^2}$ 의 라플라스의 역변환 $\mathcal{L}^{-1}\{F(s)\}$는?

① $\dfrac{2\sin t - 2e^t}{t}$ ② $-\dfrac{2\sin t - 2e^t}{t}$

③ $\dfrac{2\cos t - 2e^t}{t}$ ④ $-\dfrac{2\cos t - 2e^t}{t}$

68. 함수 $f(t)$ 의 라플라스 변환을 s 에 관한 함수로 표시하면 다음과 같다.

$$F(x) = L\{f(t)\} = \int_0^\infty e^{-st} f(t)\, dt$$

다음 중 올바른 라플라스 변환을 모두 고르면?

(가) $L(\sin wt) = \dfrac{s}{s^2 - w^2}$

(나) $L(e^{at}\cos wt) = \dfrac{s - a}{(s - a)^2 + w^2}$

(다) $L(t^3) = \dfrac{3!}{s^3}$

(라) $L\{f'(t)\} = sL\{f(t)\} - f(0)$

① (나), (라) ② (나), (다)

③ (나), (다), (라) ④ (가), (나), (라)

69. 미분방정식 $y'' - y = \cosh x$, $y(0) = 2$, $y'(0) = 12$ 의 해를 구하면?

① $y = 2\cosh x + 12\sinh x + \dfrac{1}{2}x\cosh x$

② $y = 2\cosh x + 12x\sinh x + \dfrac{1}{2}\sinh x$

③ $y = 2\cosh x + 12\sinh x + \dfrac{1}{2}x\sinh x$

④ $y = 2x\cosh x + 12x\sinh x + \dfrac{1}{2}\sinh x$

70. 함수 $f(t)$ 의 라플라스 변환을 $F(s) = \displaystyle\int_0^\infty e^{-st} f(t)\,dt$ 라고 하자. 함수 $y = f(t)$ 가 초깃값 문제 $y'' - y = t$, $y(0) = 1$, $y'(0) = 1$ 을 만족할 때, $F(s)$ 를 구하면?

① $\dfrac{1}{s(s^2 - 1)}$

② $\dfrac{s}{s^2 - 1}$

③ $\dfrac{e^{-s}}{s^2 - 1}$

④ $\dfrac{1}{s - 1} + \dfrac{1}{s^2 - 1} - \dfrac{1}{s^2}$

성균관대

71. y 는 미분방정식 $2y'' - 3y' + y = 0$, $y(0) = y'(0) = 1$ 의 해이다. y 의 라플라스 변환을 $\mathcal{L}[y](s)$ 라 할 때 $\displaystyle\lim_{s \to \infty}\{s\mathcal{L}[y](s)\}$ 의 값은?

① -1 ② 0 ③ e ④ 1 ⑤ π

04 — 공학수학

14 합성곱

72. y 가 미분방정식 $y'(t) = y(t) + 1 + 2\int_0^t y(s)ds$, $y'(0) = 2$ 의 해일 때 $y(1)$ 의 값은?

① e^2 ② e ③ $\sqrt{e}$ ④ $e - e^2$ ⑤ $e + e^2$

73. $y = y(t)$ 가 방정식 $y(t) - \int_0^t y(\tau)\sin(t-\tau)d\tau = t$ 의 해일 때, $y(1)$ 의 값은?

① $\dfrac{5}{6}$ ② $\dfrac{7}{6}$ ③ $\dfrac{11}{6}$ ④ $\dfrac{13}{6}$

74. 함수 $f(t) = \int_0^t e^{-\tau}\cosh(\tau)\cos(t-\tau)d\tau$ 의 라플라스 변환은?

① $\dfrac{s}{(s-1)^2(s+1)}$ ② $\dfrac{1}{(s-2)(s+1)}$

③ $\dfrac{s}{(s+1)(s^2+1)}$ ④ $\dfrac{s+1}{(s+2)(s^2+1)}$

75. $y(t) = 2 + \int_0^t e^{t-u}y(u)du$ 일 때, y 의 라플라스 변환 Y 를 구하면?

① $Y(s) = \dfrac{2(s-1)}{s(s-2)}$ ② $Y(s) = \dfrac{3s-1}{s(s-1)}$

③ $Y(s) = \dfrac{s-2}{s(s-1)}$ ④ $Y(s) = \dfrac{2(s-1)}{s^2}$

76. 함수 $f(t) = \cos t$ 라 할 때, 합성곱 $(f * f)(t)$ 를 구한 것은?

① $\dfrac{1}{2}(\cos t + \sin t)$　　② $\dfrac{1}{2}(t\cos t + \sin t)$

③ $\cos t + t\sin t$　　④ $t\cos t + \sin t$

78. 다음 적분방정식의 해 $y(t)$ 는?

$$y(t) - \int_0^t y(\tau)\sin(t-\tau)d\tau = \cos t$$

① 1　　② t　　③ $\sin t$　　④ $\cos t$

77. $y'(t) = \cos t + \displaystyle\int_0^t y(\tau)\cos(t-\tau)d\tau$, $y(0)=1$ 의 해를 $y = y(t)$ 라 할 때, $y(2)$ 의 값을 계산하면?

① 2　　② 3　　③ 4　　④ 5

79. 라플라스 역변환 $L^{-1}\!\left(\dfrac{4}{(s^2+4)^2}\right)$ 을 $f(t)$ 라고 할 때, $f\!\left(\dfrac{\pi}{4}\right)$ 의 값은?

① 1　　② $\dfrac{1}{2}$　　③ $\dfrac{1}{3}$　　④ $\dfrac{1}{4}$

80. 함수 $f(t) = \begin{cases} 0, & 0 \leq t < 1 \\ t, & 1 \leq t \end{cases}$ 의 라플라스 변환 $\mathcal{L}\{f(t)\}$ 는?

$$\left(\mathcal{L}\{f(t)\} = \int_0^\infty e^{-st} f(t)\, dt \right)$$

① $\left(\dfrac{1}{s} - \dfrac{1}{s^2} \right) e^{-s},\ s > 0$

② $\left(\dfrac{1}{s} + \dfrac{1}{s^2} \right) e^{-s},\ s > 0$

③ $\dfrac{1}{s} + \dfrac{1}{s^2} e^{-s},\ s > 0$

④ $\dfrac{1}{s^2} + \dfrac{1}{s} e^{s},\ s < 0$

81. 함수 $F(s) = \dfrac{1}{s^2} - e^{-s}\left(\dfrac{1}{s^2} + \dfrac{2}{s} \right) + e^{-4s}\left(\dfrac{4}{s^3} + \dfrac{1}{s} \right)$ 의

라플라스 역변환을 $f(t)$ 라 할 때, $f(10)$ 의 값을 구하시오.

82. $f(x) = \begin{cases} x & (0 < x < 2) \\ 0 & (x > 2) \end{cases}$ 일 때 $L\{f(x)\}$ 의 값은?

① $-\dfrac{e^{-2s}}{s^2} - \dfrac{2e^{-2s}}{s} + \dfrac{1}{s^2}$

② $\dfrac{e^{-2s}}{s} + \dfrac{1}{s^2}$

③ $-\dfrac{1}{s} e^{-s} - \dfrac{1}{s^2} e^{-s} + \dfrac{1}{s^2}$

④ $\dfrac{1}{s} e^{-s} + \dfrac{1}{s^2} e^{-s} + \dfrac{1}{s^2}$

83. 함수 $f(t)$ 가 다음과 같이 주어져 있다.

$$f(t) = \begin{cases} \cos 2t \, (\pi < t < 2\pi) \\ 0 \quad (t < \pi \text{ 또는 } t > 2\pi) \end{cases}$$

다음 중 $f(t)$ 의 라플라스 변환인 것은?

① $\dfrac{2}{(s-2\pi)^2+4} - \dfrac{2}{(s-\pi)^2+4}$

② $\dfrac{s-2\pi}{(s-2\pi)^2+4} - \dfrac{s-\pi}{(s-\pi)^2+4}$

③ $(e^{-\pi s} - e^{-2\pi s}) \dfrac{2}{s^2+4}$

④ $(e^{-\pi s} - e^{-2\pi s}) \dfrac{s}{s^2+4}$

84. $x \geq 0$ 에서 유한개의 불연속점을 갖는 함수 $f(t)$ 에 대해 라플라스 변환은 $L\{f(t)\} = \displaystyle\int_0^\infty e^{-st} f(t)\, dt$ 로 정의한다.

$L\{f(t)\} = \dfrac{e^{-2s}}{(s-1)^4}$ 인 함수 $f(t)$ 에 대해 $f(3)$ 의 값은?

① $\dfrac{1}{6}e$ ② $\dfrac{3}{2}e^2$ ③ $\dfrac{4}{3}e^2$ ④ $\dfrac{5}{2}e^3$

85. L 을 라플라스 변환이라 할 때, 그 역변환 $\mathcal{L}^{-1}$ 에 대해

$\mathcal{L}^{-1}\left[\dfrac{16 e^{-\frac{\pi}{2}s}}{(s^2+4)^2} \right] = f(t)$ 라고 하자. $f(\pi) + f\left(\dfrac{3}{2}\pi\right)$ 의 값은?

① -3π ② $-\pi$ ③ 0 ④ π ⑤ 3π

중앙대 (공대)

86. 미분방정식 $y'' + y = \delta(t-2\pi)$, $y(0)=0$, $y'(0)=1$ 의 해는?

① $y = \sin t + \sin t\, u(t-2\pi)$

② $y = \sin t - \sin t\, u(t-2\pi)$

③ $y = \sin t + \cos t\, u(t-2\pi)$

④ $y = \sin t - \cos t\, u(t-2\pi)$

87. $f(x)$ 의 라플라스 변환은 $L\{f(x)\} = \displaystyle\int_0^\infty e^{-st} f(t)\,dt$ 로 정의된다. y 가 $y'' + 3y' + 2y = \delta(t-1)$, $y(0)=1$, $y'(0)=0$ 을 만족할 때, $L(y)$ 를 나타내는 식은? (단, $\delta(t-1)$ 은 디랙 델타함수이다.)

① $\dfrac{s+3+e^{-s}}{(s+1)(s+2)}$

② $\dfrac{s+3}{(s+1)(s+2)}$

③ $\dfrac{s+4+e^{-(s-1)}}{(s+1)(s+2)}$

④ $1 + \dfrac{e^{-(s-1)}}{(s+1)(s+2)}$

88. 미분방정식 $y'' + 4y' + 5y = t\delta(t-\pi)$ 의 해를 $y(0)=0$, $y'(0)=3$ 이라 할 때, $y\left(\dfrac{3}{2}\pi\right)$ 의 값은? (단, $\delta(t-a) = \begin{cases} \infty & t=a \\ 0 & t\neq a \end{cases}$ 이다.)

① $\pi e^{\pi} + 3e^{3\pi}$ ② $\pi e^{\pi} - 3e^{3\pi}$ ③ $\pi e^{\pi} + 3e^{-3\pi}$

④ $\pi e^{-\pi} + 3e^{-3\pi}$ ⑤ $\pi e^{-\pi} - 3e^{-3\pi}$

17 연립미분방정식

서강대

89. 다음 연립미분방정식에 대한 초깃값 문제의 해는?

$$\begin{bmatrix} y_1{}' \\ y_2{}' \end{bmatrix} = \begin{bmatrix} 0 & 1 \\ 2 & -1 \end{bmatrix} \begin{bmatrix} y_1 \\ y_2 \end{bmatrix}, \begin{bmatrix} y_1(0) \\ y_2(0) \end{bmatrix} = \begin{bmatrix} 1 \\ 2 \end{bmatrix}$$

① $\dfrac{1}{2}e^t \begin{bmatrix} 1 \\ 1 \end{bmatrix} + \dfrac{1}{2}e^{-2t} \begin{bmatrix} 1 \\ 3 \end{bmatrix}$

② $\dfrac{4}{3}e^{-2t} \begin{bmatrix} 1 \\ 1 \end{bmatrix} + \dfrac{1}{3}e^t \begin{bmatrix} -1 \\ 2 \end{bmatrix}$

③ $\dfrac{4}{3}e^t \begin{bmatrix} 1 \\ 1 \end{bmatrix} + \dfrac{1}{3}e^{-2t} \begin{bmatrix} -1 \\ 2 \end{bmatrix}$

④ $\dfrac{1}{2}e^t \begin{bmatrix} 1 \\ 3 \end{bmatrix} + \dfrac{1}{2}e^{-2t} \begin{bmatrix} 1 \\ 1 \end{bmatrix}$

⑤ $\dfrac{4}{3}e^{-t} \begin{bmatrix} 1 \\ 1 \end{bmatrix} + \dfrac{1}{3}e^{2t} \begin{bmatrix} -1 \\ 2 \end{bmatrix}$

중앙대 (공대)

90. 연립미분방정식 $x'(t)=t-y(t)$, $y'(t)=x(t)-t$, $x(0)=3$, $y(0)=3$ 을 만족하는 $x(t)$, $y(t)$ 에 대해서 $x(\pi)+y(\pi)$ 의 값은?

① $-2\pi-6$ ② $-2\pi-4$ ③ $2\pi-6$ ④ $2\pi-4$

한양대

91. 연립미분방정식

$$\begin{cases} x'=y \\ y'=z \\ z'=-\dfrac{11}{2}z-6y+\dfrac{9}{2}x+9t^2-24t-22 \end{cases}$$

의 해 $x(t)$, $y(t)$, $z(t)$ 가 초기조건 $x(0)=5$, $y(0)=0$, $z(0)=0$ 을 만족할 때, $x(1)-2y(1)$ 의 값은?

① $6e^{-3}+6$ ② $12e^{-3}+6$ ③ $6e^{-3}+12$

④ $6\sqrt{e}+12$ ⑤ $12\sqrt{e}+6$

92. 초기조건 $x(0)=y(0)=0$, $x'(0)=y'(0)=0$ 을 만족하는 연립미분방정식 $\begin{cases} x''+y''=e^{2t} \\ 2x'+y''=-e^{2t} \end{cases}$ 에 대해 $x(1)+y(1)$ 의 값을 계산하면?

① $\dfrac{1}{4}(e^2+3)$ ② $\dfrac{1}{4}(e+3)$

③ $\dfrac{1}{4}(e^2-3)$ ④ $\dfrac{1}{4}(e-3)$

93. 연립방정식 $\begin{cases} y_1{}' = y_1 + y_2 \\ y_2{}' = 5y_1 - 3y_2 \end{cases}$ 와 $y_1(0) = 1$, $y_2(0) = -5$ 를 만족하는 함수 y_1 과 y_2 에 대해 $y_1(1) + y_2(1)$ 의 값은?

① $2e^2$　　② $-4e^{-4}$　　③ $2e^2 - 4e^{-4}$　　④ $2e^2 + 4e^{-4}$

94. 연립미분방정식 $\begin{cases} y_1{}' = y_1 + y_2 \\ y_2{}' = 4y_1 + y_2 \end{cases}$ 와 $y_1(0) = 2$, $y_2(0) = 0$ 를 만족하는 함수 y_1 과 y_2 에 대해 $y_1(1) + y_2(1)$ 의 값은?

① $2e^3$　　② $-4e^{-1}$　　③ $3e^3 - e^{-1}$　　④ $2e^3 + 4e^{-1}$

95. 다음 연립미분방정식의 해가 아닌 것은?

$$\begin{aligned} y_1{}'(t) &= 7y_1(t) + 4y_2(t) \\ y_2{}'(t) &= -3y_1(t) - y_2(t) \end{aligned}$$

① $y_1(t) = 2e^t$, $y_2(t) = 2e^t$

② $y_1(t) = 2e^{5t}$, $y_2(t) = -e^{5t}$

③ $y_1(t) = 4e^t + 2e^{5t}$, $y_2(t) = -6e^t - e^{5t}$

④ $y_1(t) = 2e^t - 2e^{5t}$, $y_2(t) = -3e^t + e^{5t}$

96. 행렬 $X(t)$ 가 다음 미분방정식을 만족할 때, $X(1)$ 의 값은?

$$X'(t) = \begin{pmatrix} 0 & 0 & 1 \\ 0 & 1 & 0 \\ 1 & 0 & 0 \end{pmatrix} X(t), \quad X(0) = \begin{pmatrix} 1 \\ 2 \\ 5 \end{pmatrix}$$

① $\begin{pmatrix} e \\ 2e \\ 5e \end{pmatrix}$　② $\begin{pmatrix} -2e^{-1} + 3e \\ 2e \\ 2e^{-1} + 3e \end{pmatrix}$　③ $\begin{pmatrix} -2e^{-1} \\ 2e \\ 3e \end{pmatrix}$　④ $\begin{pmatrix} 1 \\ 1 \\ 1 \end{pmatrix}$

97. 연립미분방정식 $\dfrac{dx}{dt} = 2x + 3y$, $\dfrac{dy}{dt} = \dfrac{1}{3}x + 2y$ 에 대해, 임계점 $(0, 0)$ 은?

① 안정점　　　　　　　② 절점

③ 안점　　　　　　　④ 중심

98. 연립미분방정식 $\begin{pmatrix} x'(t) \\ y'(t) \end{pmatrix} = \begin{pmatrix} 0 & -1 \\ 1 & 0 \end{pmatrix}\begin{pmatrix} x(t) \\ y(t) \end{pmatrix} + \begin{pmatrix} 0 \\ 2\sin t \end{pmatrix}$ 의 해 $\begin{pmatrix} x(t) \\ y(t) \end{pmatrix}$ 가 초기조건 $\begin{pmatrix} x(0) \\ y(0) \end{pmatrix} = \begin{pmatrix} 2\pi \\ 0 \end{pmatrix}$ 를 만족할 때, $x(2\pi) + y\left(\dfrac{\pi}{2}\right)$ 의 값은?

① $\dfrac{7}{2}\pi$ ② $\dfrac{9}{2}\pi$ ③ $\dfrac{11}{2}\pi$ ④ $\dfrac{13}{2}\pi$ ⑤ $\dfrac{15}{2}\pi$

99. 연립미분방정식 $\begin{pmatrix} x'(t) \\ y'(t) \end{pmatrix} = \begin{pmatrix} 4 & \frac{1}{3} \\ 9 & 6 \end{pmatrix}\begin{pmatrix} x(t) \\ y(t) \end{pmatrix} + \begin{pmatrix} -3e^t \\ 10e^t \end{pmatrix}$ 의 특수해 $\begin{pmatrix} x_p(t) \\ y_p(t) \end{pmatrix}$ 에 대해 $36x_p{}'(0) - 4y'_p(0)$ 의 값은?

① 71   ② 72   ③ 73   ④ 74

100. 다음 미분방정식을 만족하는 벡터함수 $X(t)$ 를 구하면? (단, c_1, c_2 는 임의의 상수이다.)

$$X'(t) = \begin{pmatrix} 1 & -10 \\ -1 & 4 \end{pmatrix}X(t) + \begin{pmatrix} e^t \\ \sin t \end{pmatrix}$$

① $\begin{cases} 5c_1 e^{-t} - 2c_2 e^{6t} + \dfrac{3}{10}e^t + \dfrac{35}{37}\sin t - \dfrac{25}{37}\cos t \\ c_1 e^{-t} + c_2 e^{6t} + \dfrac{1}{10}e^t + \dfrac{1}{37}\sin t - \dfrac{6}{37}\cos t \end{cases}$

② $\begin{cases} 5c_1 e^{-t} - 2c_2 e^{6t} + \dfrac{3}{10}e^t - \dfrac{35}{37}\sin t - \dfrac{25}{37}\cos t \\ c_1 e^{-t} + c_2 e^{6t} + \dfrac{1}{10}e^t - \dfrac{1}{37}\sin t - \dfrac{6}{37}\cos t \end{cases}$

③ $\begin{cases} 5c_1 e^{-t} - 2c_2 e^{6t} + \dfrac{3}{10}e^t - \dfrac{35}{37}\sin t + \dfrac{25}{37}\cos t \\ c_1 e^{-t} + c_2 e^{6t} + \dfrac{1}{10}e^t - \dfrac{1}{37}\sin t + \dfrac{6}{37}\cos t \end{cases}$

④ $\begin{cases} 5c_1 e^{-t} - 2c_2 e^{6t} - \dfrac{3}{10}e^t - \dfrac{35}{37}\sin t - \dfrac{25}{37}\cos t \\ c_1 e^{-t} + c_2 e^{6t} - \dfrac{1}{10}e^t - \dfrac{1}{37}\sin t - \dfrac{6}{37}\cos t \end{cases}$

Subject 1. 미적분과 급수

1	2	3	4	5	6	7	8	9	10
②	④	④	②	②	④	④	②	④	해설참고
11	12	13	14	15	16	17	18	19	20
해설참고	①	④	①	①	③	④	①	②	③
21	22	23	24	25	26	27	28	29	30
①	①	③	②	④	③	①	③	⑤	①
31	32	33	34	35	36	37	38	39	40
①	①	①	②	①	②④	②	④	④	①
41	42	43	44	45	46	47	48	49	50
③	⑤	④	④	③	①	②	③	②	④
51	52	53	54	55	56	57	58	59	60
②	③	③	④	②	③	③	②	②	①
61	62	63	64	65	66	67	68	69	70
①	②	④	①	④	②	②	①	①	①
71	72	73	74	75	76	77	78	79	80
①	②	①	②	①	②	④	④	②	①
81	82	83	84	85	86	87	88	89	90
②	①	①	②	④	①	④	④	②	①
91	92	93	94	95	96	97	98	99	100
①	①	③	①	④	②	①	④	③	③
101	102	103	104	105	106	107	108	109	110
①	③	②	③	②	⑤	③	①	②	③
111	112	113	114	115	116	117	118	119	120
⑤	③	③	②	④	18	④	①	④	①
121	122	123	124	125	126	127	128	129	130
③	①	①	⑤	③	②	④	②	②	②
131	132	133	134	135	136	137	138	139	140
③	①	②	②	②	⑤	②	④	②	③
141	142	143	144	145	146	147	148	149	150
①	②	⑤	②	④	③	④	⑤	②	②

151	152	153	154	155	156	157	158	159	160
③	③	⑤	①	④	②	①	②	①	④
161	162	163	164	165	166	167	168	169	170
②	④	④	③	③	③	①	⑤	②	③
171	172	173	174	175	176	177	178	179	180
④	③	②	②	③	4	③	①	③	①
181	182	183	184	185	186	187	188	189	190
②	③	④	④	①	②	⑤	④	⑤	④
191	192	193	194	195	196	197	198	199	200
①	⑤	④	②	②	④	③	④	④	①
201	202	203	204	205	206	207	208	209	210
②	②	②	②	③	③	①	①	②	③
211	212	213	214	215	216	217	218	219	220
②	②	①	②	③	⑤	③	②	②	③
221	222	223	224	225	226	227	228	229	230
③	③	②	④	②	④	②	④	③	④
231	232	233	234	235	236	237	238	239	240
④	⑤	②	③	④	②	②	①	③	②
241	242	243	244	245	246	247	248	249	250
②	③	①	⑤	④	④	④	②	④	③
251	252	253	254	255	256	257	258	259	260
⑤	⑤	⑤	③	④	①	①	②	②	①
261	262	263	264	265	266	267	268	269	270
④	④	②	①	⑤	③	③	④	⑤	③
271	272	273	274	275	276	277	278	279	280
③	①	④	③	②	③	①	③	④	④
281	282	283	284	285	286	287	288	289	290
87	①	①	⑤	③	①	④	⑤	②	④
291	292	293	294	295	296	297	298	299	300
$\frac{3}{2}$	①	⑤	②	③	①	②	③	②	④

Subject 2. 다변수미적분

1	2	3	4	5	6	7	8	9	10
②	④	②	②	③	④	③	②	④	④

11	12	13	14	15	16	17	18	19	20
④	④	①	⑤	②	①	③	①	⑤	④

21	22	23	24	25	26	27	28	29	30
①	⑤	②	③	③	②	②	③	④	$\frac{5}{3}$

31	32	33	34	35	36	37	38	39	40
②	②	④	①	⑤	④	③	②	①	②

41	42	43	44	45	46	47	48	49	50
①	①	①	④	①	③	④	①	①	③

51	52	53	54	55	56	57	58	59	60
②	①	④	④	②	②	③	①	④	①

61	62	63	64	65	66	67	68	69	70
④	①	①	④	④	②	③	①	①	④

71	72	73	74	75	76	77	78	79	80
③	⑤	⑤	②	④	⑤	③	③	①	②

81	82	83	84	85	86	87	88	89	90
④	④	⑤	③	②	③	④	②	③	①

91	92	93	94	95	96	97	98	99	100
⑤	③	③	-4	⑤	②	②	④	⑤	①

101	102	103	104	105	106	107	108	109	110
④	③	④	③	⑤	$\frac{1}{2}$	④	①	②	①

111	112	113	114	115	116	117	118	119	120
③	③	③	④	③	①	③	②	②	③

121	122	123	124	125	126	127	128	129	130
①	⑤	②	②	④	②	②	③	④	①

131	132	133	134	135	136	137	138	139	140
①	④	①	⑤	①	①	②	②	②	⑤

141	142	143	144	145	146	147	148	149	150
③	④	①	③	③	⑤	③	①	④	②

151	152	153	154	155	156	157	158	159	160
③	$\frac{8}{5}\pi$	④	③	⑤	①	①	②	②	①

161	162	163	164	165	166	167	168	169	170
①	④	①	②	①	20	①	④	⑤	8

171	172	173	174	175	176	177	178	179	180
④	③	④	④	④	④	④	①	③	②

181	182	183	184	185	186	187	188	189	190
③	③	③	④	④	⑤	④	②	④	③

191	192	193	194	195	196	197	198	199	200
①	⑤	④	③	④	①	③	①	③	④

Subject 3. 선형대수

1	2	3	4	5	6	7	8	9	10
③	③	②	③	⑤	④	②	⑤	⑤	③

11	12	13	14	15	16	17	18	19	20
③	④	③	④	①	①	①	③	①	③

21	22	23	24	25	26	27	28	29	30
①	④	③	③	③	③	④	⑤	①	③

31	32	33	34	35	36	37	38	39	40
③	①	①	②	③	②	④	②	④	①

41	42	43	44	45	46	47	48	49	50
②	④	②	④	①	③	③	③	③	③

51	52	53	54	55	56	57	58	59	60
④	②	②	②	②	④	③	①	②	③

61	62	63	64	65	66	67	68	69	70
③	②	④	②	④	①	④	①	②	②

71	72	73	74	75	76	77	78	79	80
②	③	④	②	③	②	②	③	③	②

81	82	83	84	85	86	87	88	89	90
①	②	②	②	①	④	④	④	④	③

91	92	93	94	95	96	97	98	99	100
③	④	④	④	④	①	②	③	①	①

101	102	103	104	105	106	107	108	109	110
④	①	②	③	③	③	③	①	③	⑤

111	112	113	114	115	116	117	118	119	120
14	②	③	②	③	④	①	③	③	①

121	122	123	124	125	126	127	128	129	130
②	③	①	④	②	③	①	③	①	11

131	132	133	134	135	136	137	138	139	140
④	④	③	①	③	①	②	③	④	②

141	142	143	144	145	146	147	148	149	150
2	41	⑤	④	③	②	③	①	③	④

Subject 4. 공학수학

1	2	3	4	5	6	7	8	9	10
④	②	③	②	③	④	②	④	②	①

11	12	13	14	15	16	17	18	19	20
④	②	①	④	③	③	②	②	①	④

21	22	23	24	25	26	27	28	29	30
③	③	⑤	③	②	②	②	②	②	③

31	32	33	34	35	36	37	38	39	40
②	①	①	②	①	③	④	⑤	③	④

41	42	43	44	45	46	47	48	49	50
④	14	②	②	④	②	③	④	④	④

51	52	53	54	55	56	57	58	59	60
①	①	①	①	④	①	①	②	④	③

61	62	63	64	65	66	67	68	69	70
①	④	④	①	②	39	④	①	③	④

71	72	73	74	75	76	77	78	79	80
④	①	②	④	①	②	④	①	④	②

81	82	83	84	85	86	87	88	89	90
72	①	④	①	②	①	①	⑤	③	③

91	92	93	94	95	96	97	98	99	100
②	③	②	③	①	②	②	④	④	①

진도별 문제풀이 수업

한아름 익힘책

한아름 편입수학 필수기본서

Areum Math 개념 시리즈

편입수학은 한아름
❶ 미적분과 급수

편입수학은 한아름
❷ 다변수 미적분

편입수학은 한아름
❸ 선형대수

편입수학은 한아름
❹ 공학수학

한아름 편입수학 실전대비서

Areum Math 문제풀이 시리즈

편입수학은 한아름
한아름 익힘책

편입수학은 한아름
한아름 1200제

편입수학은 한아름
한아름 올인원

편입수학은 한아름
한아름 파이널

Areum Math Plus

한아름 편저

편입 수학은 한아름

진도별 문제풀이 수업

한아름 익힘책

★★★ 문제풀이 감각을 키워주는 최신 기출문제들로 구성

★★★ 효율적·체계적인 당일복습을 위한 문제 분류와 구성

정답 및 해설

미다스북스

정답 및 해설

■ 1. 지수 & 로그 함수

1. ②

> **풀이** $f(x)$와 $g(x)$의 교점의 x좌표가 a이므로
> $f(a) = g(a)$를 의미한다.
> $f(a) = g(a) \Leftrightarrow e^a + 2 = e^{2a}$이므로 $e^a = t(t > 0)$로 치환하면
> $t^2 = t + 2 \Leftrightarrow t^2 - t - 2 = 0 \Leftrightarrow (t-2)(t+1) = 0 \Leftrightarrow t = 2$
> 이고 t는 양수이므로 $t = 2$이고, $e^a = t$이므로 $e^a = 2$이다.

2. ④

> **풀이** ① (참) $f(x) \cdot f(y) = f(x+y)$
> $f(x) \cdot f(y) = e^x \cdot e^y = e^{x+y} = f(x+y)$
>
> ② (참) $\{f(x)\}^n = f(nx)$
> $\{f(x)\}^n = \{e^x\}^n = e^{nx} = f(nx)$
>
> ③ (참) $\dfrac{1}{f(x)} = f(-x)$
> $\dfrac{1}{f(x)} = \dfrac{1}{e^x} = e^{-x} = f(-x)$
>
> ④ (거짓) $y = f(x)$의 치역은 $\{y | y \in \mathbb{R}\}$이다.
> 지수함수 $y = e^x$의 정의역은 $\{x | x \in \mathbb{R}\}$이고,
> 치역은 $\{y | y > 0\}$이므로 거짓이다.
>
> ⑤ (참) $y = f(x)$는 증가함수이다.
> 지수함수 $y = e^x$는 x가 증가하면 y도 증가하는
> 증가함수이므로 참이다.

3. ④

> **풀이** $(f \circ g)(x) = f(\ln\sqrt{x}) = e^{3\ln\sqrt{x}} = e^{\ln x^{\frac{3}{2}}} = x^{\frac{3}{2}}$이고
> $(g \circ f)(x) = g(e^{3x}) = \ln\sqrt{e^{3x}} = \ln e^{\frac{3}{2}x} = \dfrac{3}{2}x$이다.
> $\therefore (f \circ g)(x) = (g \circ f)(x)$
> $\quad \Leftrightarrow x^{\frac{3}{2}} = \dfrac{3}{2}x$
> $\quad \Leftrightarrow x^3 = \dfrac{9}{4}x^2$
> $\quad \Leftrightarrow x^3 - \dfrac{9}{4}x^2 = 0$
> $\quad \Leftrightarrow x^2\left(x - \dfrac{9}{4}\right) = 0$
> $\quad \therefore x = \dfrac{9}{4}$(단, $x > 0$)

4. ②

> **풀이** ① (참)$f(x) + f(y) = f(xy)$
> $f(x) + f(y) = \ln x + \ln y = \ln xy = f(xy)$
>
> ② (거짓) $nf(x) = \{f(x)\}^n$
> $nf(x) = n\ln x = \ln x^n = f(x^n) \neq \{f(x)\}^n$
>
> ③ (참) $x^{f(y)} = y^{f(x)}$, $x^{f(y)} = x^{\ln y} = y^{\ln x} = y^{f(x)}$
>
> ④ (참) $y = f(x)$의 점근선은 y축이다.
> 로그함수 $y = \ln x$는 y축($x = 0$)을 점근선으로 가진다.
>
> ⑤ (참) $y = f(x)$의 정의역은 $\{x | x > 0\}$,
> 치역은 $\{y | y \in \mathbb{R}\}$이다.

5. ②

> **풀이** $f(x) = -|x-1| + 1$라고 하자.
> 정의역 $\{x | 0 \leq x \leq 3\}$에서 $f(x)$를 정리하면
> $f(x) = -|x-1| + 1 = \begin{cases} -x+2 & (1 \leq x \leq 3) \\ x & (0 \leq x < 1) \end{cases}$이므로
> $-1 \leq f(x) \leq 1$의 값을 갖는다.
> 따라서 밑수가 e인 지수함수는
> 지수인 $f(x)$가 클수록 큰 값을 가지므로
> $e^{-1} \leq e^{f(x)} \leq e$의 범위를 갖는다.
> 따라서 주어진 함수의 치역은 $\left\{y \,\middle|\, \dfrac{1}{e} \leq y \leq e\right\}$이다.
>
> **TIP** 주어진 $f(x)$는 $x = 1$일 때 최댓값 1을 갖고
> $x = 3$일 때 최솟값 -1을 갖는다.
> $f(x) = 1$일 때 최댓값 $y = e$,
> $f(x) = -1$일 때 최솟값 $y = 1/e$을 갖는다.

6. ④

> **풀이** $\ln x + \ln(x-4) < \ln 5$에 대하여 로그의 진수는 항상 양수이므로 정의역은 $x > 0$, $x - 4 > 0$이다. 즉 $x > 4$이다.

$\ln x + \ln(x-4) < \ln 5 \Leftrightarrow \ln x(x-4) < \ln 5 \Leftrightarrow x(x-4) < 5$
$\Leftrightarrow x^2 - 4x - 5 < 0 \Leftrightarrow (x-5)(x+1) < 0 \Leftrightarrow -1 < x < 5$
따라서 정의역 $x > 4$와 $-1 < x < 5$를 동시에 만족하는 영역인
$4 < x < 5$가 x의 범위이다.

$\sqrt[3]{(x-2)^3} + \sqrt[5]{(x-3)^5} + \sqrt[7]{(x-4)^7}$
$+ \sqrt[4]{(x-5)^4} + \sqrt[6]{(x-6)^6} + \sqrt[8]{(x-7)^8}$
$= (x-2) + (x-3) + (x-4) + |x-5| + |x-6| + |x-7|$
$= (3x-9) + (5-x) + (6-x) + (7-x)$
$= 9$

2. 삼각함수

7. ④

우함수는 $f(-x) = f(x)$ 를 만족한다.

① $f(-x) = (-x)^2 | -x | = x|x|$이므로 $f(-x) = f(x)$이다.
　즉 우함수이다.

② $f(-x) = \dfrac{1}{9 + 4(-x)^2} = \dfrac{1}{9 + 4x^2}$이므로
　$f(-x) = f(x)$이다. 즉 우함수이다.

③ $f(-x) = \ln|-x| + (-x)^2 = \ln|x| + x^2$이므로
　$f(-x) = f(x)$이다. 즉 우함수이다.

④ $f(-x) = \dfrac{1}{2}(e^{-x} - e^{-(-x)}) = -\dfrac{1}{2}(e^x - e^{-x})$이므로
　$f(-x) = -f(x)$이다. 즉 우함수가 아니다.

8. ②

(가) (기함수) $f(-x) = (-x)^2 | -x | \sin(-x) = -x^2 |x| \sin x$

(나) (우함수) $f(-x) = \dfrac{\ln|-x|}{9 + 4(-x)^2} = \dfrac{\ln|x|}{9 + 4x^2}$

(다) (우함수) $f(-x) = \ln|-x| + (-x)^2 = \ln|x| + x^2$

(라) (기함수) $f(-x) = \dfrac{1}{3}(e^{-x} - e^x) = -\dfrac{1}{3}(e^x - e^{-x})$

9. ④

$\tan\theta + \cot\theta = 6$에서

$\dfrac{\sin\theta}{\cos\theta} + \dfrac{\cos\theta}{\sin\theta} = 6$, $\dfrac{\sin^2\theta + \cos^2\theta}{\cos\theta \sin\theta} = 6$, $\dfrac{1}{\cos\theta \sin\theta} = 6$이다.

$\therefore \cos\theta \sin\theta = \dfrac{1}{6}$

$\therefore \sec^2\theta + \csc^2\theta = \dfrac{1}{\cos^2\theta} + \dfrac{1}{\sin^2\theta} = \dfrac{\sin^2\theta + \cos^2\theta}{\cos^2\theta \sin^2\theta} = 36$

[다른 풀이]
$(\tan\theta + \cot\theta)^2 = 36$
$\Rightarrow \tan^2\theta + 2 + \cot^2\theta = 36$
$\Rightarrow (\sec^2\theta - 1) + 2 + (\csc^2\theta - 1) = 36$
$\Rightarrow \sec^2\theta + \csc^2\theta = 36$

10. 풀이 참조

(1) θ의 범위가 $\pi < \theta < \dfrac{3}{2}\pi$이므로 $\tan\theta$만 양수이다.

$$\sqrt{\sin^2\theta} + \sqrt{\cos^2\theta} + \sqrt{\tan^2\theta}$$
$$= |\sin\theta| + |\cos\theta| + |\tan\theta|$$
$$= -\sin\theta - \cos\theta + \tan\theta$$

(2) θ의 범위가 $\dfrac{\pi}{2} < \theta < \pi$이므로 $\sin\theta$만 양수이다.

$\sqrt{\sin^2\theta} + \sqrt{(\tan\theta - \sin\theta)^2} = |\sin\theta| + |\tan\theta - \sin\theta|$ 고,

$\tan\theta$는 음수, $-\sin\theta$도 음수, $\tan\theta - \sin\theta$는 음수이다.

$$|\sin\theta| + |\tan\theta - \sin\theta| = \sin\theta - \tan\theta + \sin\theta$$
$$= 2\sin\theta - \tan\theta$$

(3) θ의 범위가 $\dfrac{3}{2}\pi < \theta < 2\pi$이므로 $\cos\theta$만 양수이다.

$$\sqrt{\sin^2\left(\theta + \frac{\pi}{2}\right)} + \sqrt[3]{\cos^3\left(\theta + \frac{3}{2}\pi\right)} + \sqrt[4]{\sin^4(\theta + \pi)}$$
$$= \left|\sin\left(\theta + \frac{\pi}{2}\right)\right| + \cos\left(\theta + \frac{3}{2}\pi\right) + |\sin(\theta + \pi)|$$
$$= |\cos\theta| + \sin\theta + |-\sin\theta|$$
$$= \cos\theta - \sin\theta - \sin\theta$$
$$= \cos\theta - 2\sin\theta$$

11. (1) 2   (2) 1   (3) 2

(1) $(\sin\theta - \cos\theta)^2 + (\sin\theta + \cos\theta)^2$
$$= (\sin^2\theta + \cos^2\theta - 2\sin\theta\cos\theta) + (\sin^2\theta + \cos^2\theta + 2\sin\theta\cos\theta)$$
$$= (1 - 2\sin\theta\cos\theta) + (1 + 2\sin\theta\cos\theta)$$
$$= 2$$

(2) $\tan^2\theta\cos^2\theta + \dfrac{\sin^2\theta}{\tan^2\theta} = \dfrac{\sin^2\theta}{\cos^2\theta} \cdot \cos^2\theta + \dfrac{\sin^2\theta}{\dfrac{\sin^2\theta}{\cos^2\theta}}$

$$= \sin^2\theta + \cos^2\theta$$
$$= 1$$

(3) $\left(1 + \tan\theta + \dfrac{1}{\cos\theta}\right)\left(1 + \dfrac{1}{\tan\theta} - \dfrac{1}{\sin\theta}\right)$

$$= \left(1 + \dfrac{\sin\theta}{\cos\theta} + \dfrac{1}{\cos\theta}\right)\left(1 + \dfrac{\cos\theta}{\sin\theta} - \dfrac{1}{\sin\theta}\right)$$
$$= \dfrac{(\cos\theta + \sin\theta + 1)}{\cos\theta} \cdot \dfrac{(\sin\theta + \cos\theta - 1)}{\sin\theta}$$
$$= \dfrac{(\cos\theta + \sin\theta)^2 - 1}{\sin\theta\cos\theta}$$
$$= \dfrac{(\sin^2\theta + \cos^2\theta + 2\sin\theta\cos\theta) - 1}{\sin\theta\cos\theta}$$

$$= \dfrac{2\sin\theta\cos\theta}{\sin\theta\cos\theta}$$
$$= 2$$

12. ①

$\tan\alpha + \tan\beta = \dfrac{5}{2}$, $\tan\alpha\tan\beta = \dfrac{1}{2}$

$$\therefore \tan(\alpha + \beta) = \dfrac{\tan\alpha + \tan\beta}{1 - \tan\alpha\tan\beta} = \dfrac{\dfrac{5}{2}}{1 - \dfrac{1}{2}} = 5$$

13. ④

$-1 \le \cos x \le 1$이므로

$-3 \le 2\cos x - 1 \le 1$, $0 \le |2\cos x - 1| \le 3$이다.

$\therefore 1 \le |2\cos x - 1| + 1 \le 4$

최댓값 M은 4, 최솟값 m은 1이므로 $M^2 + m^2 = 4^2 + 1^2 = 17$

14. ①

$f(x) = \sin^2 x + 4\sin x\cos x + 3\cos^2 x$
$$= \dfrac{1 - \cos 2\theta}{2} + 2\sin 2\theta + \dfrac{3 + 3\cos 2\theta}{2}$$
$$= 2 + 2\sin 2\theta + \cos 2\theta$$

$-\sqrt{5} \le 2\sin 2\theta + \cos 2\theta \le \sqrt{5}$ 이므로

$2 - \sqrt{5} \le 2 + 2\sin 2\theta + \cos 2\theta \le 2 + \sqrt{5}$ 이다.

$f(x)$의 최댓값은 $2 + \sqrt{5}$, 최솟값은 $2 - \sqrt{5}$ 이므로

$M + m = 4$이다.

■ 3. 역삼각함수

15. ①

$$\sin^{-1}\left(\sin\left(\frac{7\pi}{3}\right)\right) = \sin^{-1}\left(\frac{\sqrt{3}}{2}\right) = \frac{\pi}{3}$$

16. ③

$\sin^{-1}\left(\sin\frac{6\pi}{7}\right) = \alpha$ 라 하자.$\left(단, -\frac{\pi}{2} \le \alpha \le \frac{\pi}{2}\right)$

$\sin\left(\frac{6\pi}{7}\right) = \sin\alpha$, $\alpha = \frac{\pi}{7}$ 이다.

TIP $\sin^{-1}(\sin x) = x\left(-\frac{\pi}{2} \le x \le \frac{\pi}{2}\right)$,

$\sin(\sin^{-1}x) = x(-1 \le x \le 1)$

17. ④

$\cos^{-1}\frac{1}{5} = \theta \Leftrightarrow \cos\theta = \frac{1}{5}$

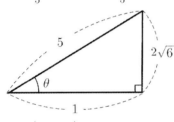

$\therefore \tan\left(\cos^{-1}\frac{1}{5}\right) = \tan\theta = 2\sqrt{6}$

18. ①

$\tan^{-1}t + \cot^{-1}t = \frac{\pi}{2}$ 이 항등식이므로

$\tan^{-1}(\tan 1) + \cot^{-1}(\tan 1) = \frac{\pi}{2}$ 가 성립하여

$\cot^{-1}(\tan 1) = \frac{\pi}{2} - 1$ 이다.

19. ②

$\tan^{-1}\frac{3x}{2} = \alpha$ 라 하면 $\tan\alpha = \frac{3x}{2}$, $\cos\alpha = \frac{2}{\sqrt{9x^2+4}}$ 이다.

$\therefore \sec\left(\tan^{-1}\frac{3x}{2}\right) = \sec\alpha = \frac{\sqrt{9x^2+4}}{2}$

20. ③

$\sin^2\left(\frac{\cos^{-1}x}{2}\right) = \frac{1}{5}$ 에서

$\frac{1-\cos(\cos^{-1}x)}{2} = \frac{1}{5}$, $\frac{1-x}{2} = \frac{1}{5}$ 이다.

$\therefore x = \frac{3}{5}$

21. ①

오른쪽 직각삼각형에서 $\tan^{-1}\left(\frac{x}{2}\right) = \theta$ 이므로

$\sin\theta = \frac{x}{\sqrt{x^2+4}}$ 이다.

22. ①

$\sin^{-1}(-\sqrt{1-x}) = \alpha$, $\sin\alpha = -\sqrt{1-x}$

$\sin\alpha < 0$ 이므로 $-\frac{\pi}{2} < \alpha < 0$ 이고, 따라서 $\cos\alpha = \sqrt{x}$ 이다.

$\left(단, -\frac{\pi}{2} < \alpha < 0$ 이므로 $\cos\alpha > 0\right)$

23. ③

$f\left(\frac{1}{3}\right) + f(1) + f(3) = \cot^{-1}\frac{1}{3} + \cot^{-1}1 + \cot^{-1}3$

$= \frac{\pi}{2} + \frac{\pi}{4}$

$= \frac{3}{4}\pi$

$\left(\because \cot^{-1}\frac{1}{3} + \cot^{-1}3 = \frac{\pi}{2}, \cot^{-1}1 = \frac{\pi}{4}\right)$

24. ②

풀이 $f^{-1}\left(\dfrac{1}{3}\right) = \alpha$, $g^{-1}\left(\dfrac{3}{4}\right) = \beta$라 하면

$f(\alpha) = \dfrac{1}{3}$, $g(\beta) = \dfrac{3}{4}$이므로 $\sin\alpha = \dfrac{1}{3}$, $\cos\beta = \dfrac{3}{4}$이다.

$0 < x < \dfrac{\pi}{2}$에서 $\cos\alpha > 0$, $\sin\beta > 0$이므로

$\cos\alpha = \dfrac{2\sqrt{2}}{3}$, $\sin\beta = \dfrac{\sqrt{7}}{4}$

$\therefore f\left(f^{-1}\left(\dfrac{1}{3}\right) + g^{-1}\left(\dfrac{3}{4}\right)\right) = f(\alpha+\beta)$

$\qquad = \sin(\alpha+\beta)$

$\qquad = \sin\alpha\cos\beta + \cos\alpha\sin\beta$

$\qquad = \dfrac{1}{3} \cdot \dfrac{3}{4} + \dfrac{2\sqrt{2}}{3} \cdot \dfrac{\sqrt{7}}{4}$

$\qquad = \dfrac{2\sqrt{14}+3}{12}$

25. ④

풀이 $\cos^{-1}\left(\dfrac{3}{5}\right) = \alpha$, $\cos^{-1}\left(-\dfrac{2}{\sqrt{13}}\right) = \beta$라 두면

$\cos\alpha = \dfrac{3}{5}$, $\cos\beta = -\dfrac{2}{\sqrt{13}}$이다.

주치범위에 의해 α는 1사분면, β는 2사분면이고

삼각비의 정의에 의해 $\tan\alpha = \dfrac{4}{3}$, $\tan\beta = -\dfrac{3}{2}$이다.

$\therefore \tan\theta = \tan(\alpha-\beta) = \dfrac{\dfrac{4}{3}+\dfrac{3}{2}}{1+\dfrac{4}{3}\left(-\dfrac{3}{2}\right)} = -\dfrac{17}{6}$

26. ③

풀이 $\tan^{-1}\alpha = x \Leftrightarrow \tan x = \alpha$, $\tan^{-1}\beta = y \Leftrightarrow \tan y = \beta$라고 하면

$x + y = \tan^{-1}(f(\alpha,\ \beta))$

$\Leftrightarrow \tan(x+y) = f(\alpha,\ \beta)$

$\Leftrightarrow \dfrac{\tan x + \tan y}{1 - \tan x \tan y} = f(\alpha,\ \beta)$

$\Leftrightarrow f(\alpha,\ \beta) = \dfrac{\alpha+\beta}{1-\alpha\beta}$이다.

$\therefore f(1,\ 2) = \dfrac{1+2}{1-2} = -3$

27. ①

풀이 역함수 성질에 의해서 $\cos^{-1}(x) + \cos^{-1}(-x) = \pi$이다.

$f(x) = \cos^{-1}(\cos x)$,

$f(x+\pi) = \cos^{-1}(\cos(x+\pi)) = \cos^{-1}(-\cos x)$이다.

위에서 언급한 역함수 성질에 $\cos x$를 합성하면

$\cos^{-1}(\cos x) + \cos^{-1}(-\cos x) = \pi$

$\Leftrightarrow \cos^{-1}(-\cos x) = \pi - \cos^{-1}(\cos x) = \pi - f(x)$

$\Leftrightarrow f(x+\pi) = \pi - f(x)$가 성립한다.

■ 4. 쌍곡선함수 & 역쌍곡선함수

28. ③

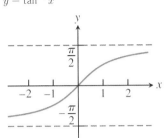

$y = \tan^{-1} x$

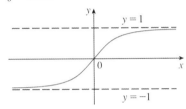

$y = \tanh x$

$\lim\limits_{x \to \infty} \tan^{-1} x = \dfrac{\pi}{2}$, $\lim\limits_{x \to -\infty} \tanh x = -1$이므로

$\lim\limits_{x \to -\infty} \tan^{-1} x + \lim\limits_{x \to \infty} \tanh x = \dfrac{\pi}{2} - 1$이다.

29. ⑤

$\cosh(\ln 2) = \dfrac{e^{\ln 2} + e^{-\ln 2}}{2} = \dfrac{1}{2}\left(2 + \dfrac{1}{2}\right) = \dfrac{5}{4}$

30. ①

$(\text{준식}) = \ln\{(\cosh x + \sinh x)(\cosh x - \sinh x)\}$
$\qquad\quad = \ln(\cosh^2 x - \sinh^2 x) = \ln 1 = 0$

31. ①

주어진 $f(x) = \sinh^{-1} x$이므로

역함수 $f^{-1}(x) = \sinh x = \dfrac{e^x - e^{-x}}{2}$ 이다.

$\therefore f^{-1}(\ln 2) = \dfrac{2 - \dfrac{1}{2}}{2} = \dfrac{3}{4}$

32. ①

$\sinh^{-1} x = \ln(x + \sqrt{x^2 + 1})$이므로
$\sinh^{-1} 1 = \ln(1 + \sqrt{2})$이다.

$\cosh(\sinh^{-1} 1) = \dfrac{e^{\ln(1 + \sqrt{2})} + e^{-\ln(1 + \sqrt{2})}}{2}$

$\qquad\qquad = \dfrac{1 + \sqrt{2} + \dfrac{1}{1 + \sqrt{2}}}{2}$

$\qquad\qquad = \dfrac{1 + \sqrt{2} + \sqrt{2} - 1}{2} = \sqrt{2}$

[다른 풀이]
$\sinh^{-1} 1 = a \Leftrightarrow \sinh a = 1$이다.
또한 $\cosh^2 a - \sinh^2 a = 1$이 성립하므로
$\cosh^2 a = 2 \Leftrightarrow \cosh a = \sqrt{2}$이다.

33. ①

$\sinh^{-1} x = \ln(x + \sqrt{x^2 + 1})$이므로
$\sinh^{-1} \dfrac{1}{2} = \ln\left(\dfrac{1}{2} + \sqrt{\dfrac{1}{4} + 1}\right) = \ln\left(\dfrac{1 + \sqrt{5}}{2}\right)$이다.

$\tanh^{-1} x = \dfrac{1}{2} \ln \dfrac{1 + x}{1 - x}$이므로

$\tanh^{-1} x = \dfrac{1}{2} \ln \dfrac{1 + \dfrac{1}{2}}{1 - \dfrac{1}{2}} = \dfrac{1}{2} \ln 3 = \ln\sqrt{3}$이다.

$\therefore \sinh^{-1} x + \tanh^{-1} x = \ln\left(\dfrac{1 + \sqrt{5}}{2}\right) + \ln\sqrt{3}$

$\qquad\qquad\qquad\qquad = \ln\left(\dfrac{\sqrt{3} + \sqrt{15}}{2}\right)$

34. ②, ④

① $\sin^{-1} x = \alpha$라 하면 $\cos\alpha = \sqrt{1 - x^2}$이다.

② $\sinh^{-1} \dfrac{1}{\sqrt{2}} = \ln\left(\dfrac{1}{\sqrt{2}} + \sqrt{\dfrac{1}{2} + 1}\right) = \ln\left(\dfrac{1 + \sqrt{3}}{\sqrt{2}}\right)$

③ $\sin^{-1} x + \cos^{-1} x = \dfrac{\pi}{2}$

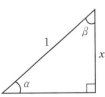

$\sin^{-1} x = \alpha$, $\cos^{-1} x = \beta$라 하면 $\sin\alpha = x$, $\cos\beta = x$이므로
$\alpha + \beta = \dfrac{\pi}{2}$가 성립한다.

④ $\tan^{-1}\dfrac{1}{x}=\alpha$라 하면 $\tan\alpha=\dfrac{1}{x}$이고

$\cot\alpha=x$, $\cot^{-1}x=\alpha$이다.

$x>0$일 때 $\cot^{-1}x=\tan^{-1}\dfrac{1}{x}$ 가 성립한다.

■ **5. 극좌표 & 극곡선**

35. ①

[풀이] 극좌표에서의 점을 직교좌표로 바꾸어 나타내자.

$P\left(1,\dfrac{\pi}{3}\right)=\left(\dfrac{1}{2},\dfrac{\sqrt{3}}{2}\right)$, $Q\left(\sqrt{2},\dfrac{\pi}{6}\right)=\left(\dfrac{\sqrt{6}}{2},\dfrac{\sqrt{2}}{2}\right)$이므로

두 점 사이의 거리는

$$\overline{PQ}=\sqrt{\left(\dfrac{\sqrt{6}}{2}-\dfrac{1}{2}\right)^2+\left(\dfrac{\sqrt{2}}{2}-\dfrac{\sqrt{3}}{2}\right)^2}$$

$$=\sqrt{\dfrac{12-4\sqrt{6}}{4}}$$

$$=\sqrt{3-\sqrt{6}}\text{ 이다.}$$

36. ②

[풀이]

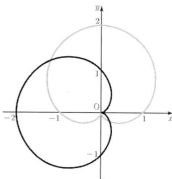

$$1+\sin\theta=1-\cos\theta \Rightarrow \tan\theta=-1 \Rightarrow \theta=\dfrac{3\pi}{4},\dfrac{7\pi}{4}$$

따라서 두 곡선 $r=1+\sin\theta$, $r=1-\cos\theta$ 의 교점은

$\left(1+\dfrac{\sqrt{2}}{2},\dfrac{3\pi}{4}\right)$, $\left(1-\dfrac{\sqrt{2}}{2},\dfrac{7\pi}{4}\right)$이고

일직선상에 있으므로 두 점 사이의 거리는 2 이다.

37. ②

[풀이] 두 극곡선 $r=2\sin\theta$와 $r=1+\cos2\theta$의 그래프를 그리면 다음과 같으므로 교점의 개수는 3개다.

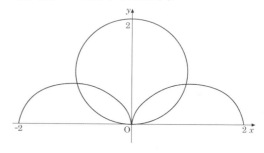

38. ④

$x = r\cos\theta$, $y = r\sin\theta$를 이용하여 나타낸다.

① $r = \tan\theta \Rightarrow x\sqrt{x^2+y^2} = y$

② $r = 3\sec\theta \Rightarrow x = 3$

③ $r = 2\sin\theta \Rightarrow x^2 + y^2 = 2y$

39. ④

$r = \dfrac{a}{3 + \cos\theta}$를 직교좌표방정식으로 바꾸면

$3r + r\cos\theta = a$

$\Rightarrow 3\sqrt{x^2+y^2} + x = a$

$\Rightarrow 3\sqrt{x^2+y^2} = a - x$

$\Rightarrow 9x^2 + 9y^2 = x^2 - 2ax + a^2$

$\Rightarrow 8x^2 + 2ax + 9y^2 = a^2$

$\Rightarrow 8\left(x + \dfrac{a}{8}\right)^2 + 9y^2 = \dfrac{9a^2}{8}$

$\Rightarrow \dfrac{\left(x + \dfrac{a}{8}\right)^2}{\dfrac{9a^2}{64}} + \dfrac{y^2}{\dfrac{a^2}{8}} = 1$이다.

따라서 장축의 길이가 $\dfrac{3a}{4}$ 이다.

$\therefore \dfrac{3a}{4} = 9 \Rightarrow a = 12$

40. ①

양변에 r을 곱하면 $r^2 = r\sin\theta + r\cos\theta$이다.
직교좌표로 변환하면

$x^2 + y^2 = y + x \Rightarrow \left(x - \dfrac{1}{2}\right)^2 + \left(y - \dfrac{1}{2}\right)^2 = \dfrac{1}{2}$,

즉 중심이 $\left(\dfrac{1}{2}, \dfrac{1}{2}\right)$, 반지름 $\dfrac{1}{\sqrt{2}}$인 원이므로 넓이는 $\dfrac{\pi}{2}$ 이다.

■ 6. 함수의 극한 & 연속

41. ③

$a_{n+1} = 5a_n + 1 \Rightarrow a_{n+1} + 1 = 5(a_n + 1)$이므로

$a_n + 1 = b_n$으로 놓으면 $\{b_n\} = 5 \cdot 5^{n-1} = 5^n$이고

$b_{2019} = 5^{2019}$이다.

$\therefore a_{2019} = 5^{2019} - 1$

42. ⑤

$a_2 = \dfrac{1}{a_1 - 3} + 3 = \dfrac{1}{6 - 3} + 3 = \dfrac{1}{3} + 3 = \dfrac{10}{3}$이고

$a_3 = \dfrac{1}{a_2 - 3} + 3 = \dfrac{1}{\dfrac{10}{3} - 3} + 3 = \dfrac{1}{\dfrac{1}{3}} + 3 = 3 + 3 = 6$이므로

$a_{2n} = \dfrac{10}{3}$이고 $a_{2n-1} = 6$이다.

따라서 $\{a_n\}$의 극한값 $\lim\limits_{n \to \infty} a_n$은 진동한다.

43. ④

$x_1 = \dfrac{\sqrt{5}}{5} + \dfrac{\dfrac{\sqrt{5}}{5} - \left(\dfrac{\sqrt{5}}{5}\right)^3}{3\left(\dfrac{\sqrt{5}}{5}\right)^2 - 1} = -\dfrac{\sqrt{5}}{5}$,

$x_2 = -\dfrac{\sqrt{5}}{5} + \dfrac{-\dfrac{\sqrt{5}}{5} - \left(-\dfrac{\sqrt{5}}{5}\right)^3}{3\left(-\dfrac{\sqrt{5}}{5}\right)^2 - 1} = \dfrac{\sqrt{5}}{5}$이므로

수열 $\{x_n\}$은 $x_n = \begin{cases} \dfrac{\sqrt{5}}{5} & (n = 2k) \\ -\dfrac{\sqrt{5}}{5} & (n = 2k+1) \end{cases}$ $(k = 0, 1, 2, 3, \cdots)$

다. 따라서 극한값은 존재하지 않는다.

44. ④

ㄱ. $x \neq 0$인 모든 실수 x에 대하여 $-1 \leq \sin\dfrac{1}{x} \leq 1$이므로

$0 \leq \left|\sin\dfrac{1}{x}\right| \leq 1$이다.

이때 $|\tan x| > 0$이므로 $0 \leq |\tan x| \cdot \left|\sin\dfrac{1}{x}\right| \leq |\tan x|$이다.

$\therefore -|\tan x| \leq \tan x \sin\dfrac{1}{x} \leq |\tan x|$

$\lim_{x \to 0}(-|\tan x|) = \lim_{x \to 0}|\tan x| = 0$이므로

스퀴즈 정리에 의해 $\lim_{x \to 0}\tan x \sin\dfrac{1}{x} = 0$이다.

ㄴ. $x \neq 0$인 모든 실수 x에 대하여 $-1 \le \sin\dfrac{1}{x} \le 1$이므로

$0 \le \left|\sin\dfrac{1}{x}\right| \le 1$이다.

이때 $|x| > 0$이므로 $0 \le |x| \cdot \left|\sin\dfrac{1}{x}\right| \le |x|$이다.

$\therefore -|x| \le x\sin\dfrac{1}{x} \le |x|$

$\lim_{x \to 0}(-|x|) = \lim_{x \to 0}|x| = 0$이므로

스퀴즈 정리에 의해 $\lim_{x \to 0}x\sin\dfrac{1}{x} = 0$이다.

ㄷ. $-1 < x < 1$일 때 $0 \le x^2 < 1$이므로 $[x^2] = 0$이다.

$\therefore \lim_{x \to 0}[x^2] = 0$

따라서 ㄱ, ㄴ, ㄷ 모두 $x \to 0$일 때의 극한값이 존재한다.

45. ③

(i) $\lim_{x \to n-}\dfrac{[x]^2 + x}{2[x]} = \dfrac{(n-1)^2 + n}{2(n-1)}$

　　$(\because n-1 \le x < n$이므로 $[x] = n-1$이다.)

(ii) $\lim_{x \to n+}\dfrac{[x]^2 + x}{2[x]} = \dfrac{n+1}{2}$

　　$(\because n \le x < n+1$이므로 $[x] = n$이다.)

이때 주어진 식의 극한값이 존재하므로

$\dfrac{n^2 - n + 1}{2(n-1)} = \dfrac{n+1}{2}$에서 $n = 2$이다.

46. ①

$f(x)$가 $x = 0$에서 연속이려면 $\lim_{x \to 0}f(x) = f(0)$이어야 한다.

$\lim_{x \to 0}f(x) = \lim_{x \to 0}\dfrac{(x^2 + 2x)(\sqrt{1+2x} + \sqrt{1-2x})}{(\sqrt{1+2x} - \sqrt{1-2x})(\sqrt{1+2x} + \sqrt{1-2x})}$

$= \lim_{x \to 0}\dfrac{x(x+2)(\sqrt{1+2x} + \sqrt{1-2x})}{4x}$

$= \lim_{x \to 0}\dfrac{(x+2)(\sqrt{1+2x} + \sqrt{1-2x})}{4}$

$= 1$

$f(0) = a$이므로 $a = 1$이다.

47. ②

$f(x)$가 $x = 0$에서 연속이려면

$\lim_{x \to 0}\dfrac{\sqrt{x^2 + 4} + a}{x^2} = b$이어야 한다.

위의 식에서 $\lim_{x \to 0}x^2 = 0$이므로

$\lim_{x \to 0}(\sqrt{x^2 + 4} + a) = 2 + a = 0$이다.

$\therefore a = -2$

이를 주어진 식에 대입하면

$\lim_{x \to 0}\dfrac{\sqrt{x^2 + 4} - 2}{x^2} = \lim_{x \to 0}\left(\dfrac{\sqrt{x^2 + 4} - 2}{x^2} \times \dfrac{\sqrt{x^2 + 4} + 2}{\sqrt{x^2 + 4} + 2}\right)$

$\qquad\qquad\qquad\qquad = \dfrac{1}{4} = b$이다.

$\therefore b = \dfrac{1}{4}$

$\therefore ab = -\dfrac{1}{2}$

48. ③

ㄱ. (거짓) $f(x)$는 $(0, 1)$, $(1, \infty)$에서 연속이다.

ㄴ. (참) $f(x) = 4x^3 - 6x^2 + 3x - 2$는 $[1, 2]$에서 연속이고
$f(1) < 0$, $f(2) > 0$이므로 중간값 정리에 의해
$(1, 2)$에서 적어도 하나의 실근을 가진다.

ㄷ. (참) $f(x)$는 열린 구간 $((2n-1)\pi, (2n+1)\pi)$에서 연속이다.(단, n은 정수)

ㄹ. (거짓) $f(x) = \begin{cases} 0, & x \ge 0 \\ 1, & x < 0 \end{cases}$, $g(x) = \begin{cases} 1, & x \ge 0 \\ 0, & x < 0 \end{cases}$이라 하면
$f(x)$, $g(x)$는 $x = 0$에서 불연속이지만
$f(g(x))$는 $x = 0$에서 연속이다.

■ 7. 미분공식

49. ②

접선의 기울기가 1이므로
$$y' = \sinh x = 1 \Leftrightarrow x = \sinh^{-1} 1 = \ln(1+\sqrt{2}),$$
즉 접선의 기울기가 1이 되는 x좌표는 $\ln(1+\sqrt{2})$이다.
이를 $y = \cosh x$에 대입하면
$$
\begin{aligned}
y &= \cosh x \\
&= \left. \frac{e^x + e^{-x}}{2} \right|_{x = \ln(1+\sqrt{2})} \\
&= \frac{e^{\ln(1+\sqrt{2})} + e^{-\ln(1+\sqrt{2})}}{2} \\
&= \frac{1+\sqrt{2} + \dfrac{1}{1+\sqrt{2}}}{2} \\
&= \frac{1+\sqrt{2} + \sqrt{2} - 1}{2} \\
&= \sqrt{2} \ \text{이다.}
\end{aligned}
$$
따라서 접선의 기울기가 1이 되는 점은 $(\ln(1+\sqrt{2}),\ \sqrt{2})$다.

50. ④

$\sinh a = \dfrac{12}{5}$일 때, $\cosh a$의 값을 구하는 문제이다.

$\cosh^2 a - \sinh^2 a = 1$이므로
$$\cosh^2 a = 1 + \frac{12^2}{5^2} = \frac{5^2 + 12^2}{5^2} = \frac{13^2}{5^2} \ \text{이다.}$$
$$\cosh a = \frac{13}{5} \ (\cosh a \geq 1) \text{이다.}$$

[다른 풀이]
$$f^{-1}\left(\frac{12}{5}\right) = \ln\left(\frac{12}{5} + \sqrt{\left(\frac{12}{5}\right)^2 + 1}\right) = \ln 5 = a \text{이므로}$$
$$f'(\ln 5) = \cosh(\ln 5) = \frac{13}{5} \ \text{이다.}$$

51. ②

(ㄱ), (ㄴ)에서
$$f(x) = f(x) + xf'(x) + \sin x + x\cos x - \sin x$$
$$\Rightarrow f'(x) = -\cos x$$
$$\Rightarrow f(x) = -\sin x + C \text{이다.}$$
(ㄷ)에서 $f\left(\dfrac{\pi}{2}\right) = -1$이므로 $C = 0$이다.
$$\therefore f(x) = -\sin x$$
$$\therefore f\left(\frac{\pi}{4}\right) = -\frac{\sqrt{2}}{2}$$

52. ③

$$g(x) = \begin{cases} h(x) = \dfrac{1}{1 + x(x + 2019)} & (x \geq 0) \\[2mm] j(x) = \dfrac{1}{1 + x(-x + 2019)} & (x < 0) \end{cases} \text{이다.}$$

$x = 0$에서 $h(x)$, $j(x)$는 $h(0) = j(0)$이 성립하며,
각각은 연속이고 미분가능하다.
$$\therefore g'(0) = h'(0) = j'(0) = -2019$$

53. ③

$$\left. f_1{}'(x) \right|_{x=1} = \left. -\frac{3}{(x-2)^2} \right|_{x=1} = -3$$
$$\left. f_2{}'(x) \right|_{x=e} = \left. \ln(3x) + 1 \right|_{x=e} = 2 + \ln 3$$
$$\left. f_3{}'(x) \right|_{x=1} = \left. e^x \ln x + \frac{e^x}{x} \right|_{x=1} = e$$
$$\left. f_4{}'(x) \right|_{x=0} = \left. \frac{1}{\sqrt{1-x^2}} \right|_{x=0} = 1$$
$$\therefore f_1{}'(1) < f_4{}'(0) < f_3{}'(1) < f_2{}'(e)$$

54. ④

ㄱ. (거짓) $\sinh^2 x - \cosh^2 = -1$

ㄴ. (참) $\dfrac{d}{dx}(\sinh x) = \dfrac{d}{dx}\left(\dfrac{e^x - e^{-x}}{2}\right) = \dfrac{e^x + e^{-x}}{2} = \cosh x$

ㄷ. (참) $\dfrac{d}{dx}(\sinh^{-1} x) = \dfrac{d}{dx}(\ln(x + \sqrt{x^2+1}))$

$\qquad\qquad = \dfrac{1}{x + \sqrt{x^2+1}}\left(1 + \dfrac{x}{\sqrt{x^2+1}}\right)$

$\qquad\qquad = \dfrac{1}{\sqrt{x^2+1}}$

55. ②

$y' = \dfrac{2x-2}{x^2-2x+1}$ 에서 $y'|_{x=2} = \dfrac{2\cdot 2-2}{2^2-2\cdot 2+1} = 2$이므로
접선의 식은 $y = 2(x-2) = 2x-4$이다.
$\therefore a-b = 2-(-4) = 6$

56. ③

$y' = \sec^2\left(\dfrac{\pi}{4}x^2\right) \cdot \dfrac{\pi}{2}x$이므로 $y'_{x=1} = \pi$
따라서 접선의 방정식은 $y-1 = \pi(x-1)$이고
이때 y절편은 $-\pi+1$이다.

57. ③

$\dfrac{dy}{dt} = \dfrac{dy}{dx}\dfrac{dx}{dt} = (4x+3)e^{2x^2+3x+1} \cdot \cos t \Big|_{t=0} = 3e$
($\because t=0$일 때, $x=0$)

58. ②

$h(x) = f(f(f(x)))$라 하면
$h'(x) = f'(\,f(f(x))\,) \times f'(f(x)) \times f'(x)$
$h'(0) = f'(\,f(f(0))\,) \times f'(f(0)) \times f'(0)$
$\qquad = f'(f(1)) \times f'(1) \times (-3)$
$\qquad = f'(-1) \times 1 \times (-3)$
$\qquad = 2 \times 1 \times (-3) = -6$

59. ②

$\dfrac{\displaystyle\int_\alpha^\beta (2x^3 - 6x^2 + 3x)\,dx}{\displaystyle\int_\alpha^\beta (2x^2 - 6x + 3)\,dx}$

$= \dfrac{\left[\dfrac{1}{2}x^4 - 2x^3 + \dfrac{3}{2}x^2\right]_\alpha^\beta}{\left[\dfrac{2}{3}x^3 - 3x^2 + 3x\right]_\alpha^\beta}$

$= \dfrac{\dfrac{1}{2}(\beta^4 - \alpha^4) - 2(\beta^3 - \alpha^3) + \dfrac{3}{2}(\beta^2 - \alpha^2)}{\dfrac{2}{3}(\beta^3 - \alpha^3) - 3(\beta^2 - \alpha^2) + 3(\beta - \alpha)} \cdots \textcircled{\scriptsize ㄱ}$

주어진 조건으로부터 $\alpha + \beta = 3$, $\alpha\beta = \dfrac{3}{2}$ $(\alpha < \beta)$이므로

$(\alpha - \beta)^2 = (\alpha + \beta)^2 - 4\alpha\beta = 9 - 4\cdot\dfrac{3}{2} = 3$에서

$\beta - \alpha = \sqrt{3}$ $(\because \alpha < \beta)$이다.

$\alpha^2 + \beta^2 = (\alpha + \beta)^2 - 2\alpha\beta = 3^2 - 2\cdot\dfrac{3}{2} = 6$,

$\beta^2 - \alpha^2 = (\beta + \alpha)(\beta - \alpha) = 3\sqrt{3}$,

$\beta^3 - \alpha^3 = (\beta - \alpha)(\beta^2 + \alpha\beta + \alpha^2) = \sqrt{3}\left(6 + \dfrac{3}{2}\right) = \dfrac{15}{2}\sqrt{3}$,

$\beta^4 - \alpha^4 = (\beta^2 + \alpha^2)(\beta^2 - \alpha^2) = 6\cdot 3\sqrt{3} = 18\sqrt{3}$ 이므로

$\textcircled{\scriptsize ㄱ}$에 대입하면 $\dfrac{\dfrac{1}{2}\cdot 18\sqrt{3} - 2\cdot\dfrac{15}{2}\sqrt{3} + \dfrac{3}{2}\cdot 3\sqrt{3}}{\dfrac{2}{3}\cdot\dfrac{15}{2}\sqrt{3} - 3\cdot 3\sqrt{3} + 3\sqrt{3}} = \dfrac{3}{2}$

60. ①

$\displaystyle\int_{-1}^1 f(x)\,dx = \int_{-1}^0 f(x)\,dx + \int_0^1 f(x)\,dx$에서

$\displaystyle\int_{-1}^0 f(x)\,dx = \int_0^1 f(-t)\,dt$ $(\because x = -t)$이므로

$\displaystyle\int_{-1}^1 f(x)\,dx = \int_0^1 f(-t)\,dt + \int_0^1 f(x)\,dx$

$\qquad = \displaystyle\int_0^1 \{f(-x) + f(x)\}\,dx$

$\qquad = \displaystyle\int_0^1 (x^2 - 1)\,dx$

$\qquad = \left[\dfrac{1}{3}x^3 - x\right]_0^1$

$\qquad = -\dfrac{2}{3}$

61. ①

$$\int_0^{\frac{\pi}{12}} -(2\sin2x-1)dx + \int_{\frac{\pi}{12}}^{\frac{5\pi}{12}} (2\sin2x-1)dx$$

$$+ \int_{\frac{5}{12}\pi}^{\frac{\pi}{2}} -(2\sin2x-1)dx$$

$$= [\cos2x+x]_0^{\pi/12} + [-\cos2x-x]_{\pi/12}^{5\pi/12} + [\cos2x+x]_{5\pi/12}^{\pi/2}$$

$$= \frac{\sqrt{3}}{2} + \frac{\pi}{12} - 1 + \sqrt{3} - \frac{\pi}{3} + \frac{\sqrt{3}}{2} - 1 + \frac{\pi}{12}$$

$$= 2\sqrt{3} - 2 - \frac{\pi}{6}$$

62. ②

$$\int_0^3 f(x)dx = \int_0^1 f(x)dx + \int_1^3 f(x)dx$$

$$= \left\{ \int_0^2 f(x)dx - \int_1^2 f(x)dx \right\} + \int_1^3 f(x)dx$$

$$= (A-C) + B$$

$$= A + B - C$$

63. ④

$f(x) = |\sin2x|$로 놓으면 $f(x)$는 주기가 $\frac{\pi}{2}$ 인 주기함수이다.

$$\int_0^{2\pi} |\sin2x|dx = 4\int_0^{\frac{\pi}{2}} \sin2x\,dx = 4\left[-\frac{1}{2}\cos2x\right]_0^{\frac{\pi}{2}} = 4$$

64. ①

$$\int_0^5 x[x]\,dx = \int_0^1 x\cdot0\,dx + \int_1^2 x\cdot1\,dx + \int_2^3 x\cdot2\,dx$$

$$+ \int_3^4 x\cdot3\,dx + \int_4^5 x\cdot4\,dx$$

$$= 0 + \frac{1}{2}[x^2]_1^2 + [x^2]_2^3 + \frac{3}{2}[x^2]_3^4 + 2[x^2]_4^5$$

$$= 0 + \frac{3}{2} + 5 + \frac{21}{2} + 18$$

$$= 35$$

65. ④

적분구간 $[-a, a]$에서 기함수의 적분값은 0이고 우함수의 적분값은 $[0, a]$상의 적분값의 2배이다.

$\dfrac{x^2}{1+x^2}$ 은 우함수이고 $x^2\tan^{-1}x, \sin x\cos x$은 기함수이므로 주어진 적분은 다음과 같다.

$$\int_{-1}^1 \left(\frac{x^2}{1+x^2} - x^2\tan^{-1}x + \sin x\cos x \right)dx = 2\int_0^1 \frac{x^2}{1+x^2}dx$$

$$= 2\int_0^1 1 - \frac{1}{1+x^2}dx$$

$$= 2[x - \tan^{-1}x]_0^1$$

$$= 2\left(1 - \frac{\pi}{4}\right)$$

$$= 2 - \frac{\pi}{2}$$

66. ②

음함수 미분법에 의해 $\dfrac{dy}{dx} = -\dfrac{y^2+2xy}{2xy+x^2} = -1$이므로

$y^2+2xy = 2xy+x^2 \Leftrightarrow x^2 = y^2$을 만족한다.

$y = x$인 경우 곡선에 대입하면 $2x^3 = 2 \Rightarrow x = 1$이고,

$(1,1)$에서 $\dfrac{dy}{dx} = -1$이다.

$y = -x$일 때 곡선에 대입하면 $x^3 - x^3 = 2$이므로 모순이다.

$x = y \,(\because x = -y$일 때 $x^3 - x^3 = 2)$이므로 $ab = 1$이다.

67. ②

음함수 미분법을 이용한다.

$f(x, y) = x^2 + y^2 - (2x^2 + 2y^2 - x)^2$

$\Rightarrow \dfrac{dy}{dx} = -\dfrac{2x - 2(2x^2+2y^2-x)(4x-1)}{2y - 2(2x^2+2y^2-x)(4y)}$

$\Rightarrow \dfrac{dy}{dx} = -\dfrac{x - (2x^2+2y^2-x)(4x-1)}{y - (2x^2+2y^2-x)(4y)}$

$\Rightarrow \dfrac{dy}{dx}\bigg|_{\left(0, \frac{1}{2}\right)} = -\dfrac{\dfrac{1}{2}}{-\dfrac{1}{2}} = 1$

따라서 접선의 방정식은 $y - \dfrac{1}{2} = x \Leftrightarrow y = x + \dfrac{1}{2}$ 이다.

[다른 풀이]

극곡선을 이용한 미분법을 이용한다.

$x^2 + y^2 = (2x^2 + 2y^2 - x)^2 \Leftrightarrow r^2 = (2r^2 - r\cos\theta)^2$

$\qquad\qquad\qquad\qquad \Leftrightarrow r = 2r^2 - r\cos\theta$

$\qquad\qquad\qquad\qquad \Leftrightarrow r = \dfrac{1 + \cos\theta}{2}$

심장형 그래프이다.

$r' = -\dfrac{1}{2}\sin\theta$이고,

$\theta = 0$일 때 $\dfrac{dy}{dx} = \dfrac{r'\sin\theta + r\cos\theta}{r'\cos\theta - r\sin\theta}\bigg|_{\theta=\frac{\pi}{2}} = -\dfrac{r'}{r} = 1$이다.

따라서 접선의 방정식은 $y = x + \dfrac{1}{2}$ 이다.

68. ①

$f : x^2 - y^3 + y - 3 = 0$

$\dfrac{dy}{dx} = -\dfrac{f_x}{f_y} = -\dfrac{2x}{-3y^2+1}\bigg]_{(3,2)} = \dfrac{6}{11}$

69. ①

$f'(x) = \arctan x^3 + (x+a) \cdot \dfrac{3x^2}{1+x^6}$

$\therefore \dfrac{\pi}{4} + (1+a) \cdot \dfrac{3}{2} = (1+a)\dfrac{\pi}{4}$

$\Rightarrow \dfrac{3}{2}(1+a) = \dfrac{\pi}{4}a$

$\Rightarrow a = \dfrac{6}{\pi - 6}$

70. ①

$y' = \dfrac{1}{2\sqrt{x}}\cos^{-1}\sqrt{x} - \dfrac{1}{2\sqrt{1-x}}$

$\therefore y'\left(\dfrac{1}{4}\right) = \cos^{-1}\left(\dfrac{1}{2}\right) - \dfrac{1}{\sqrt{3}} = \dfrac{\pi}{3} - \dfrac{1}{\sqrt{3}}$

■ 11. 역함수 미분법

71. ①

$f(4)=2$이므로 $g'(2)=\dfrac{1}{f'(4)}$ 이다.

$$g'(x)\big|_{x=4}=\dfrac{1}{\dfrac{1}{2\sqrt{y}}+\dfrac{1}{y-3}}\bigg|_{y=4}=\dfrac{1}{\dfrac{1}{4}+1}=\dfrac{4}{5}$$

72. ②

$f(0)=3$, $f^{-1}(3)=0$이므로 $(f^{-1})'(3)=\dfrac{1}{f'(0)}=\dfrac{1}{2}$

$\therefore f'(0)=2$

73. ②

$f(-1)=3$이고, $f'(x)=2e^{x+1}-2-2x$, $f'(-1)=2$이다.

$g'(3)=g'(f(-1))=\dfrac{1}{f'(-1)}=\dfrac{1}{2}$

74. ②

$g(2018)=f^{-1}(2018)=a$라고 하면

$f(a)=2018 \Leftrightarrow a^7+a+2020=2018$이므로

$a=-1 \Leftrightarrow g(2018)=-1$이다.

역함수 미분법에 의해

$g'(2018)=g'(f(-1))=\dfrac{1}{f'(-1)}=\dfrac{1}{8}(\because f'(-1)=8)$이다.

$\therefore h'(x)=f'(2\{g(x)\}^{11}+g(x)+2)\times\{22(g(x))^{10}g'(x)+g'(x)\}$

$\therefore h'(2018)=f'(2\{g(2018)\}^{11}+g(2018)+2)$
$\qquad\times\{22(g(2018))^{10}g'(2018)+g'(2018)\}$

$\qquad=f'(-2-1+2)\times\left(22\times\dfrac{1}{8}+\dfrac{1}{8}\right)$

$\qquad=f'(-1)\times\dfrac{23}{8}=23$

75. ③

f의 역함수를 g라 할 때, 역함수 미분법에 의해

$g''(x)=-\dfrac{f''(y)}{\{f'(y)\}^3}$ 이 성립한다.

따라서 $y=g(x)$를 대입하면 $g''(x)=-\dfrac{f''(g(x))}{\{f'(g(x))\}^3}$이다.

$\therefore \alpha=-1$, $\beta=3$, $\alpha+\beta=2$

■ 12. 매개함수 미분법

76. ①

$\dfrac{dy}{dx}\bigg|_{\theta=\frac{5}{4}\pi}=\dfrac{-2\sin\theta}{3\cos\theta}\bigg|_{\theta=\frac{5}{4}\pi}=-\dfrac{2}{3}$이고

$\theta=\dfrac{5\pi}{4}$ 일 때 $(x,y)=\left(-\dfrac{3\sqrt{2}}{2}-4, 5-\sqrt{2}\right)$이므로

접선의 방정식은 다음과 같다.

$y=-\dfrac{2}{3}\left(x+\dfrac{3\sqrt{2}}{2}+4\right)+5-\sqrt{2}=-\dfrac{2}{3}x-2\sqrt{2}+\dfrac{7}{3}$

77. ②

$\dfrac{dx}{dt}=2t$, $\dfrac{dy}{dt}=\dfrac{2}{\sqrt{t}}$. 점 $(2,4)$에서 $t=1$이므로

접선의 방향벡터는 $\vec{v}=\langle 2,2\rangle$이다.

따라서 접선의 방정식은 $x(t)=2+2t$, $y(t)=4+2t$이다.

78. ④

곡선이 쌍곡선 $x^2-y^2=1$이므로

음함수 미분을 사용하면 $2x-2yy'=0$, 즉 $y'=\dfrac{x}{y}$이다.

따라서 기울기는 $\sqrt{2}$이다.

79. ④

$\begin{cases}x'=1+\dfrac{1}{t} & y'=1-\dfrac{1}{t}\\ x''=-\dfrac{1}{t^2} & y''=\dfrac{1}{t^2}\end{cases}$이고

$t=1$일 때, $\begin{cases}x'=2 & y'=0\\ x''=-1 & y''=1\end{cases}$이므로

매개변수 미분법에 의해 $\dfrac{d^2y}{dx^2}=\dfrac{x'y''-x''y'}{(x')^3}=\dfrac{2}{8}=\dfrac{1}{4}$이다.

80. ②

$\dfrac{dy}{dx}=\dfrac{dy/dt}{dx/dt}=\dfrac{2t+1}{2t}$,

$\dfrac{d^2y}{dx^2}=\dfrac{d}{dt}\left(\dfrac{dy}{dx}\right)\times\dfrac{dt}{dx}$

$\qquad=\dfrac{d}{dt}\left(\dfrac{2t+1}{2t}\right)\times\dfrac{1}{2t}$

$$= \left(-\frac{1}{2t^2}\right) \times \frac{1}{2t}$$

$$= -\frac{1}{4t^3}$$

$t = 2$일 때, $x = 5$, $y = 6$이므로 $\left.\dfrac{d^2y}{dx^2}\right|_{t=2} = -\dfrac{1}{32}$

81. ②

매개변수 미분법에 의해

$$\frac{dy}{dx} = \frac{\dfrac{dy}{dt}}{\dfrac{dx}{dt}} = \frac{19\cos t}{-20\sin t} = -\frac{19}{20}\cot t$$

$$\Rightarrow \left.\frac{dy}{dx}\right|_{t=\frac{7}{4}\pi} = -\frac{19}{20}(-1) = \frac{19}{20} \text{이고}$$

$$\frac{d^2y}{dx^2} = \frac{d}{dx}\left(\frac{dy}{dx}\right) = \frac{d}{dt}\left(\frac{dy}{dx}\right)\frac{1}{\dfrac{dx}{dt}}$$

$$= -\frac{19}{20}(-\csc^2 t) \times \frac{1}{-20\sin t}$$

$$= \frac{19}{20^2}2\sqrt{2} \text{ 이다.}$$

$$\therefore \frac{dy}{dx} \Big/ \frac{d^2y}{dx^2} = \frac{\dfrac{19}{20}}{\dfrac{19}{20^2}2\sqrt{2}} = \frac{20}{2\sqrt{2}} = \frac{10}{\sqrt{2}}$$

82. ①

$$\frac{dy}{dx} = \frac{dy/d\theta}{dx/d\theta}$$

$$= \frac{r'\sin\theta + r\cos\theta}{r'\cos\theta - r\sin\theta} \left(\because \begin{cases} y = r\sin\theta \\ x = r\cos\theta \end{cases}\right)$$

$$= \left.\frac{-\sin\theta\sin\theta + (1+\cos\theta)\cos\theta}{-\sin\theta\cos\theta - (1+\cos\theta)\sin\theta}\right|_{\theta=\frac{\pi}{3}}$$

$$= \frac{-\dfrac{\sqrt{3}}{2} \cdot \dfrac{\sqrt{3}}{2} + \left(1+\dfrac{1}{2}\right)\dfrac{1}{2}}{-\dfrac{\sqrt{3}}{2} \cdot \dfrac{1}{2} - \left(1+\dfrac{1}{2}\right)\dfrac{\sqrt{3}}{2}} = 0$$

[다른 풀이]
접선과 극축(x축)의 양의 방향이 이루는 각을 α,

동경과 접선의 사잇각을 ϕ라 하면 $\phi = \tan^{-1}\left|\dfrac{r}{r'}\right|$ 이므로

$$\tan\phi = \left.\frac{1+\cos\theta}{-\sin\theta}\right]_{\theta=\frac{\pi}{3}} = \frac{1+\dfrac{1}{2}}{-\dfrac{\sqrt{3}}{2}} = -\sqrt{3} \text{ 이다.}$$

$$\therefore \tan\alpha = \tan(\theta + \phi) = \frac{\tan\theta + \tan\phi}{1 - \tan\theta\tan\phi} = 0$$

83. ①

$r = 2\sin\theta \Rightarrow \begin{cases} x = 2\sin\theta\cos\theta = \sin 2\theta \\ y = 2\sin^2\theta \end{cases}$ 일 때

$\dfrac{dx}{d\theta} = 2\cos 2\theta$, $\dfrac{dy}{d\theta} = 4\sin\theta\cos\theta = 2\sin 2\theta$이므로

접선의 기울기 $\dfrac{dy}{dx} = \dfrac{\dfrac{dy}{d\theta}}{\dfrac{dx}{d\theta}} = \dfrac{2\sin 2\theta}{2\cos 2\theta} = \tan 2\theta$이다.

따라서 $\theta = \dfrac{\pi}{3}$일 때 $\dfrac{dy}{dx} = \tan\dfrac{2\pi}{3} = -\sqrt{3}$ 이다.

84. ②

$x = (1+2\cos\theta)\cos\theta$, $y = (1+2\cos\theta)\sin\theta$

$$\Rightarrow \frac{dy}{dx} = \frac{-2\sin^2\theta + (1+2\cos\theta)\cos\theta}{-2\sin\theta\cos\theta - (1+2\cos\theta)\sin\theta} = \frac{2\cos 2\theta + \cos\theta}{-2\sin 2\theta - \sin\theta}$$

$(1, \sqrt{3})$을 극좌표계상의 점으로 표현하면 $\left(2, \dfrac{\pi}{3}\right)$이므로

$$\left.\frac{dy}{dx}\right|_{\theta=\frac{\pi}{3}} = \frac{2\cos\dfrac{2\pi}{3} + \cos\dfrac{\pi}{3}}{-2\sin\dfrac{2\pi}{3} - \sin\dfrac{\pi}{3}} = \frac{1}{3\sqrt{3}} = \frac{\sqrt{3}}{9}$$

■ 14. 거듭제곱 함수의 미분법

85. ④

$f(x) = e^{\sqrt{x}\,\ln(3x-2)}$,

$f'(x) = e^{\sqrt{x}\,\ln(3x-2)}\left(\dfrac{1}{2\sqrt{x}}\ln(3x-2) + \sqrt{x}\,\dfrac{3}{3x-2}\right)$

$\therefore f'(1) = 3$

86. ①

$y' = x^{e^x}\left(e^x \ln x + e^x \dfrac{1}{x}\right)$이므로 $y'(1) = e$이다.

접선의 기울기는 e이고 점 $(1, 1)$을 지나므로
접선의 방정식은 $y = ex - e + 1$이다.

$\therefore b - \ln a = (-e+1) - \ln e = -e$

87. ④

$f(x) = x^{\sin x} = e^{\sin x \ln x}$이므로

$f'(x) = x^{\sin x}\left(\cos x \ln x + \dfrac{\sin x}{x}\right)$이다.

$\therefore f'\left(\dfrac{3\pi}{2}\right) = \left(\dfrac{3\pi}{2}\right)^{-1}\left(0 - \dfrac{2}{3\pi}\right) = -\dfrac{4}{9\pi^2}$

■ 15. 정적분의 도함수

88. ④

$\dfrac{d}{dx}\displaystyle\int_a^x (x-t)f(t)\,dt = \int_a^x f(t)\,dt$이므로

$f'(x) = -\displaystyle\int_1^x \cos(t^2)\,dt = -\dfrac{d}{dx}\int_1^x (x-t)\cos(t^2)\,dt$,

$f(x) = -\displaystyle\int_1^x (x-t)\cos(t^2)\,dt$

$\qquad = -\left\{x\displaystyle\int_1^x \cos(t^2)\,dt - \int_1^x t\cos(t^2)\,dt\right\}$

$\qquad = \dfrac{1}{2}\displaystyle\int_1^x 2t\cos(t^2)\,dt - x\int_1^x \cos(t^2)\,dt$

$\qquad = \dfrac{1}{2}\sin(x^2) + C - x\displaystyle\int_1^x \cos(t^2)\,dt$이다.

$f(0) = 0$이므로 $C = 0$이고 $f(1) = \dfrac{\sin 1}{2}$이다.

[다른 풀이]

$\displaystyle\int_0^1 f'(x)\,dx = \int_0^1 \int_x^1 \cos(t^2)\,dt\,dx$

$\Rightarrow f(1) - f(0) = \displaystyle\int_0^1 \int_0^t \cos(t^2)\,dx\,dt$

$\Rightarrow f(1) = \displaystyle\int_0^1 t\cos(t^2)\,dt \quad (\because f(0) = 0)$

$\Rightarrow f(1) = \left[\dfrac{1}{2}\sin(t^2)\right]_0^1 = \dfrac{1}{2}\sin 1$

89. ②

$f'(x) = e^{x^2}$이므로 $f'(-1) = e$이고 $f(-1) = 0$이므로
구하는 접선은 기울기 e이고 점 $(-1, 0)$을 지나는 직선이다.

$y = e(x+1)$이므로 y절편은 e이다.

90. ①

$\displaystyle\int_a^{x^2} f(t)\,dt = 2\ln x + x^2 - 1 \cdots \text{㉠}$

$\Rightarrow 2x f(x^2) = \dfrac{2}{x} + 2x$

$\Rightarrow x f(x^2) = \dfrac{1}{x} + x \cdots \text{㉡}$

㉠에 $x = \sqrt{a}$(단, $x > 0$)을 대입하면
정적분의 정의에 의해 $0 = \ln a + a - 1$이므로 $a = 1$이다.
$a = 1$을 ㉡에 대입하면 $f(1) = 1 + 1 = 2$이다.

91. ①

$|x-t| = \begin{cases} x-t, & t \le x \\ t-x, & t > x \end{cases}$ 이므로

$g(x)$

$= \int_{-1}^{1} f(t)|x-t|dt$

$= \int_{-1}^{x} f(t)(x-t)dt + \int_{x}^{1} f(t)(t-x)dt$

$= x\int_{-1}^{x} f(t)dt - \int_{-1}^{x} tf(t)dt + \int_{x}^{1} tf(t)dt - x\int_{x}^{1} f(t)dt$

$g'(x)$

$= \int_{-1}^{x} f(t)dt + xf(x) - xf(x) - xf(x) - \int_{x}^{1} f(t)dt + xf(x)$

$= \int_{-1}^{x} f(t)dt - \int_{x}^{1} f(t)dt$,

$g''(x) = f(x) + f(x) = 2f(x)$ 이다.

92. ①

$f(x) = x - \int_{0}^{x} \ln(x-t)\,dt$

$= x - \int_{0}^{x} \ln u\,du (\because x-t = u$ 로 치환$)$

$\Rightarrow f'(x) = 1 - \ln x$

$\Rightarrow f'(1) = 1$

$\int f'(x)dx = f(x) = x - x\ln x + x + C$ 에서

$f(0) = 0$ 이므로 $C = 0$ 이다.

따라서 $f(1) = 2$ 이고

접선의 방정식은 $y - 2 = x - 1 \Leftrightarrow y = x + 1$ 이다.

93. ③

$f'(0) = \lim_{h \to 0} \frac{f(0+h) - f(0)}{h}$

$= \lim_{h \to 0} \dfrac{\dfrac{\int_{0}^{h} \sin(t^2)dt}{h^2}}{h}$

$= \lim_{h \to 0} \dfrac{\int_{0}^{h} \sin(t^2)dt}{h^3}$

$= \lim_{h \to 0} \dfrac{\sin(h^2)}{3h^2} \left(\because \dfrac{0}{0}\right)$

$= \lim_{u \to 0} \dfrac{\sin u}{3u} (\because h^2 = u$ 로 치환$)$

$= \lim_{u \to 0} \dfrac{\cos u}{3} \left(\because \dfrac{0}{0}\right) = \dfrac{1}{3}$

---

16. 치환 적분

94. ①

$-2x^2 = t$, $-4xdx = dt$ 로 치환하자.

$\int_{0}^{\infty} 2xe^{-2x^2}dx = -\dfrac{1}{2}\int_{0}^{-\infty} e^t dt$

$= \dfrac{1}{2}\int_{-\infty}^{0} e^t dt$

$= \dfrac{1}{2}\left[e^t\right]_{-\infty}^{0}$

$= \dfrac{1}{2}(1-0) = \dfrac{1}{2}$

95. ④

$\int_{0}^{\frac{\pi}{3}} \sec x \tan x(1 + \sec x)dx = \int_{1}^{2}(1+t)dt$

$(\because \sec x = t$ 로 치환$)$

$= \left[t + \dfrac{1}{2}t^2\right]_{1}^{2}$

$= 4 - \dfrac{3}{2} = \dfrac{5}{2}$

96. ②

$\ln x = u$ 로 놓으면 $\dfrac{1}{x}dx = du$ 이다.

$\therefore \int \dfrac{(\ln x)^2}{x}dx = \int u^2 du = \dfrac{1}{3}u^3 + C = \dfrac{1}{3}(\ln x)^3 + C$

97. ①

$\int_{0}^{\frac{\pi}{2}} \dfrac{\cos\theta}{1 + \sin^2\theta}d\theta = \int_{0}^{1} \dfrac{1}{1+t^2}dt$

$(\because \sin\theta = t, \cos\theta d\theta = dt)$

$= [\tan^{-1} t]_{0}^{1}$

$= \dfrac{\pi}{4}$

98. ④

$\tan x = t \Rightarrow dt = \sec^2 x dx$

$\therefore \int \dfrac{\sec^2 x}{\sqrt{1 - \tan^2 x}}dx = \int \dfrac{dt}{\sqrt{1-t^2}}$

$= \sin^{-1} t + C$

$= \sin^{-1}(\tan x) + C$

| 한아름 익힘책

99. ③

$\sqrt{x}=t$, $\dfrac{1}{\sqrt{x}}dx=2dt$ 로 치환하자.

$$\int_1^4 \frac{\sin(\pi\sqrt{x})}{\sqrt{x}}\,dx = \int_1^2 2\sin(\pi t)\,dt$$
$$= \left[-\frac{2}{\pi}\cos(\pi\sqrt{x})\right]_1^4$$
$$= -\frac{4}{\pi}$$

100. ③

$\sqrt{x}=t$ 로 치환하자.

$$\int_0^1 \frac{t}{t^2+1}2t\,dt = 2\int_0^1 \frac{t^2}{t^2+1}dt$$
$$= 2\int_0^1\left(1-\frac{1}{t^2+1}\right)dt$$
$$= 2\left[t-\tan^{-1}t\right]_0^1$$
$$= 2\left(1-\frac{\pi}{4}\right)$$
$$= 2-\frac{\pi}{2}$$

101. ①

$\sqrt{x-1}=t$ 로 치환하자.

$$\int_5^{10}\frac{2x+3}{\sqrt{x-1}}dx = \int_2^3\frac{2t^2+2+3}{t}\cdot 2t\,dt$$
$$= 2\int_2^3 (2t^2+5)dt$$
$$= \left[\frac{4}{3}t^3+10t\right]_2^3$$
$$= 36+30-\left(\frac{32}{3}+20\right)$$
$$= 66-\frac{92}{3}$$
$$= \frac{198-92}{3}$$
$$= \frac{106}{3}$$

17. 삼각치환 적분

102. ③

$$\int_{-1}^1 \sqrt{3+2x-x^2}\,dx = \int_{-1}^1\sqrt{4-(x-1)^2}\,dx$$

$y=\sqrt{4-(x-1)^2}$ 의 반원이고,
$-1\le x\le 1$까지 적분을 하는 것은 사분원의 면적과 같다.

따라서 적분값은 $\dfrac{4\pi}{4}=\pi$이다.

[다른 풀이]
$$\int_{-1}^1\sqrt{3+2x-x^2}\,dx = \int_{-1}^1\sqrt{4-(x-1)^2}\,dx$$
$$= \int_{-\frac{\pi}{2}}^0 \sqrt{4-4\sin^2\theta}\cdot 2\cos\theta\,d\theta$$
$$(\because x-1=2\sin\theta\text{로 치환})$$
$$= 4\int_{-\frac{\pi}{2}}^0 \cos^2\theta\,d\theta$$
$$= 4\times\frac{1}{2}\times\frac{\pi}{2}$$
$$= \pi(\because \text{왈리스 공식})$$

103. ②

$$\int\frac{1}{\sqrt{a^2-x^2}}dx = \sin^{-1}\left(\frac{x}{a}\right)+C$$
$$\int\frac{1}{a^2+x^2}dx = \frac{1}{a}\tan^{-1}\left(\frac{x}{a}\right)+C$$
$$\therefore \int\left(\frac{2}{\sqrt{1-x^2}}-\frac{3}{1+x^2}\right)dx = 2\sin^{-1}x-3\tan^{-1}x+C$$

104. ③

$$\int\frac{1}{\sqrt{x^2+25}}dx = \int\frac{1}{5\sqrt{\left(\frac{x}{5}\right)^2+1}}dx = \sinh^{-1}\left(\frac{x}{5}\right)+C$$

역쌍곡선함수를 자연로그로 나타내면
$$\ln\left(\frac{x}{5}+\sqrt{\left(\frac{x}{5}\right)^2+1}\right)+C = \ln\frac{x+\sqrt{x^2+25}}{5}+C\text{이다.}$$

105. ②

$$\int_0^1\frac{dx}{\sqrt{1-x^2}} = \left[\sin^{-1}x\right]_0^1 = \sin^{-1}1 = \frac{\pi}{2}$$

106. ⑤

풀이 $x = \sin u$, $dx = \cos u\, du$로 치환하자.

$$\int_0^{\frac{\pi}{6}} \frac{\sin^2 u}{\sqrt{1-\sin^2 u}} \cos u\, du = \int_0^{\frac{\pi}{6}} \sin^2 u\, du$$

$$= \int_0^{\frac{\pi}{6}} \frac{1-\cos 2u}{2}\, du$$

$$= \left[\frac{1}{2}u - \frac{1}{4}\sin 2u\right]_0^{\frac{\pi}{6}}$$

$$= \frac{\pi}{12} - \frac{\sqrt{3}}{8}$$

107. ③

풀이 $\displaystyle\int_{\frac{1}{2}}^1 \frac{dx}{x^2\sqrt{4x^2-1}}$ 에서 $2x = \sec\theta$로 치환하자.

$$\int_{\frac{1}{2}}^1 \frac{dx}{x^2\sqrt{4x^2-1}} = \int_0^{\frac{\pi}{3}} \frac{\frac{1}{2}\sec\theta \tan\theta}{\frac{1}{4}\sec^2\theta\sqrt{\sec^2\theta-1}}\, d\theta$$

$$= 2\int_0^{\frac{\pi}{3}} \frac{\tan\theta}{\sec\theta \tan\theta}\, d\theta$$

$$= 2\int_0^{\frac{\pi}{3}} \cos\theta\, d\theta$$

$$= 2\sin\theta\big]_0^{\pi/3}$$

$$= \sqrt{3}$$

108. ①

풀이 $\sqrt{1+x^2} = t$라고 치환하자.

$$\int_0^1 x^3\sqrt{1+x^2}\, dx = \int_1^{\sqrt{2}} (t^2-1)t^2\, dt$$

$$= \int_1^{\sqrt{2}} t^4 - t^2\, dt$$

$$= \left[\frac{1}{5}t^5 - \frac{1}{3}t^3\right]_1^{\sqrt{2}}$$

$$= \frac{2\sqrt{2}+2}{15}$$

109. ②

풀이 $2x = \tan\theta$로 치환하자.

$$\int_0^{\sqrt{3}/2} \frac{\tan^3\theta}{\sec^3\theta} \frac{\sec^2\theta}{2}\, d\theta = \frac{1}{2}\int_0^{\pi/3} \frac{\sin^3\theta}{\cos^2\theta}\, d\theta$$

$$= \frac{1}{2}\int_0^{\pi/3} \frac{1-\cos^2\theta}{\cos^2\theta}\sin\theta\, d\theta = \frac{1}{2}\int_0^{1/2} (1-u^{-2})\, du$$

$$= \frac{1}{2}\left[u + \frac{1}{u}\right]_1^{1/2}$$

$$= \frac{1}{4}$$

[다른 풀이]

$u = 4x^2 + 1$로 치환하자.

$$\int_1^4 \frac{(u-1)/4}{u^{3/2}}\, du = \frac{1}{4}\int_1^4 u^{-1/2} - u^{-3/2}\, du$$

$$= \frac{1}{4}(4+1-2-2)$$

$$= \frac{1}{4}$$

110. ③

풀이 $\sqrt{x^2+4} = t$로 치환하자.

$x^2 + 4 = t^2 \Rightarrow x\, dx = t\, dt$, $x^2 = t^2 - 4$

$$\therefore \int_0^{\sqrt{5}} \frac{x^3}{\sqrt{x^2+4}}\, dx = \int_2^3 \frac{t^2-4}{t}\cdot t\, dt$$

$$= \frac{1}{3}t^3 - 4t\Big]_2^3$$

$$= \frac{27-8}{3} - 4$$

$$= \frac{7}{3}$$

■ 18. 유리함수 적분

111. ⑤

$$\int_0^4 \frac{3x}{1+2x}\,dx = \int_0^4\left(\frac{3}{2} - \frac{3}{2}\cdot\frac{1}{1+2x}\right)dx$$
$$= \left[\frac{3}{2}x - \frac{3}{2}\cdot\frac{1}{2}\ln(1+2x)\right]_0^4$$
$$= 6 - \frac{3}{2}\ln 3$$

112. ③

$$\int_1^2 \frac{x^2+1}{3x-x^2}\,dx = \int_1^2\left\{\frac{1}{3}\left(\frac{1}{x}+\frac{10}{3-x}\right)-1\right\}dx$$
$$= \frac{1}{3}\{\ln x - 10\ln(3-x)\} - x\Big]_1^2$$
$$= -1 + \frac{11}{3}\ln 2$$
$$\therefore a+b = -1 + \frac{11}{3} = \frac{8}{3}$$

113. ③

$$\int_0^\infty \frac{dx}{(x+1)(x^2+1)}\,dx$$
$$= \frac{1}{2}\int_0^\infty \frac{1}{x+1} + \frac{-x+1}{x^2+1}\,dx$$
$$= \frac{1}{2}\int_0^\infty \frac{1}{x+1} - \frac{x}{x^2+1} + \frac{1}{x^2+1}\,dx$$
$$= \frac{1}{2}\left[\ln(x+1) - \frac{1}{2}\ln(x^2+1) + \tan^{-1}x\right]_0^\infty$$
$$= \frac{1}{2}\left[\ln\left(\frac{x+1}{\sqrt{x^2+1}}\right) + \tan^{-1}x\right]_0^\infty$$
$$= \frac{\pi}{4}$$

114. ②

ㄱ. $\displaystyle\int \frac{2x}{x^2-1}\,dx = \ln|x^2-1| + C$
$$= \ln|x-1| + \ln|x+1| + C$$

ㄴ. $\displaystyle\int \frac{x^2+1}{x(x+1)^2}\,dx = \int \frac{1}{x} - \frac{2}{(x+1)^2}\,dx$

(∵ 부분분수 변환)
$$= \ln|x| + \frac{2}{x+1} + C$$

ㄷ. $\displaystyle\int \frac{2}{x(x+1)(x+2)}\,dx$
$$= \int\left(\frac{1}{x} - \frac{2}{x+1} + \frac{1}{x+2}\right)dx$$
$$= \ln|x| - 2\ln|x+1| + \ln|x+2| + C$$

115. ④

$\sqrt{x} = t$, $\dfrac{1}{2\sqrt{x}}dx = dt$ 로 치환하자.

$$\int_1^\infty \frac{dx}{\sqrt{x}(1+x)} = \int_1^\infty \frac{2dt}{1+t^2}$$
$$= 2\tan^{-1}t\Big]_1^\infty$$
$$= 2\left(\frac{\pi}{2} - \frac{\pi}{4}\right)$$
$$= \frac{\pi}{2}$$

116. 18

$$\int_{1+\sqrt{3}}^\infty\left(\frac{12}{x-1} - \frac{12(x+2)}{x^2+x+1}\right)dx$$
$$= \lim_{t\to\infty}\left[\int_{1+\sqrt{3}}^t\left(\frac{12}{x-1} - \frac{6(2x+1)}{x^2+x+1} - \frac{18}{\left(x+\frac{1}{2}\right)^2 + \left(\frac{\sqrt{3}}{2}\right)^2}\right)dx\right]$$
$$= \lim_{t\to\infty}\left[12\ln|x-1| - 6\ln|x^2+x+1| - 18\times\frac{2}{\sqrt{3}}\tan^{-1}\frac{2x+1}{\sqrt{3}}\right]_{1+\sqrt{3}}^t$$
$$= \lim_{t\to\infty}\left[6\ln\frac{(x-1)^2}{x^2+x+1} - 12\sqrt{3}\tan^{-1}\frac{2x+1}{\sqrt{3}}\right]_{1+\sqrt{3}}^t$$
$$= \lim_{t\to\infty}6\left\{\ln\frac{(t-1)^2}{t^2+t+1} - \ln\frac{\sqrt{3}^2}{(1+\sqrt{3})^2 + (1+\sqrt{3}) + 1}\right\}$$
$$\quad - 12\sqrt{3}\lim_{t\to\infty}\left\{\tan^{-1}\frac{2t+1}{\sqrt{3}} - \tan^{-1}\frac{2(1+\sqrt{3})+1}{\sqrt{3}}\right\}$$
$$= 6\ln(2+\sqrt{3}) - 12\sqrt{3}\left(\frac{\pi}{2} - \tan^{-1}\frac{3+2\sqrt{3}}{\sqrt{3}}\right)$$
$$= 6\ln(2+\sqrt{3}) - 12\sqrt{3}\left(\frac{\pi}{2} - \tan^{-1}(2+\sqrt{3})\right)$$
$$= 6\ln(2+\sqrt{3}) - 6\sqrt{3}(\pi - 2\tan^{-1}(2+\sqrt{3}))$$

이때 $\tan^{-1}(2+\sqrt{3}) = X \Leftrightarrow \tan X = 2+\sqrt{3}$ 라 하면

$$\tan(\pi - 2\tan^{-1}(2+\sqrt{3})) = \tan(\pi - 2X)$$
$$= -\tan 2X$$
$$= -\frac{2\tan X}{1-\tan^2 X}$$
$$= -\frac{2(2+\sqrt{3})}{1-(2+\sqrt{3})^2}$$
$$= \frac{1}{\sqrt{3}}$$

즉 $\pi - 2\tan^{-1}(2+\sqrt{3}) = \tan^{-1}\dfrac{1}{\sqrt{3}} = \dfrac{\pi}{6}$ 이므로

$$6\ln(2+\sqrt{3}) - 6\sqrt{3}(\pi - 2\tan^{-1}(2+\sqrt{3}))$$
$$= 6\ln(2+\sqrt{3}) - 6\sqrt{3} \times \frac{\pi}{6}$$
$$= -\sqrt{3}\pi + 6\ln(2+\sqrt{3}) \text{이다.}$$
$$\therefore a = 3,\ b = 6,\ ab = 18$$

■ **19. 부분 적분법**

117. ④

풀이 부분 적분법을 사용하자.

$$\int_1^e x^2 \ln x\, dx = \left[\frac{1}{3}x^3 \ln x\right]_1^e - \frac{1}{3}\int_1^e x^3 \cdot \frac{1}{x}\, dx$$
$$= \frac{1}{3}e^3 - \frac{1}{9}\left[x^3\right]_1^e$$
$$= \frac{1}{3}e^3 - \frac{1}{9}(e^3 - 1)$$
$$= \frac{2}{9}e^3 + \frac{1}{9}$$

118. ①

풀이 $f = (\ln x)^2,\ g' = 1$이라 하고 부분 적분법을 사용하자.

$$\int_1^e (\ln x)^2\, dx = [x(\ln x)^2]_1^e - 2\int_1^e \ln x\, dx$$

$f = \ln x,\ g' = 1$이라 하고 부분 적분법을 사용하자.

$$= e - 2[x\ln x - x]_1^e = e - 2$$

[다른 풀이]

$\ln x = t,\ \dfrac{1}{x}dx = dt$로 치환 적분하자.

$$\int_1^e (\ln x)^2\, dx = \int_0^1 t^2 e^t\, dt \left(\because \frac{1}{x}dx = dt \Rightarrow dx = e^t dt\right)$$
$$= \left[t^2 e^t - 2te^t + 2e^t\right]_0^1 = e - 2$$

119. ④

풀이 부분 적분법을 사용하자.

$$\int_0^{\sqrt{3}} x\tan^{-1}x\, dx$$
$$= \left[\frac{1}{2}x^2\tan^{-1}x\right]_0^{\sqrt{3}} - \frac{1}{2}\int_0^{\sqrt{3}} \frac{x^2}{1+x^2}\, dx$$
$$= \frac{1}{2}\cdot 3 \cdot \frac{\pi}{3} - \frac{1}{2}\int_0^{\sqrt{3}}\left(1 - \frac{1}{1+x^2}\right)dx$$
$$= \frac{\pi}{2} - \frac{1}{2}[x - \tan^{-1}x]_0^{\sqrt{3}}$$
$$= \frac{\pi}{2} - \frac{1}{2}\left(\sqrt{3} - \frac{\pi}{3}\right)$$
$$= \frac{2}{3}\pi - \frac{\sqrt{3}}{2}$$

120. ①

$u' = 1$, $v = \sin^{-1}x$으로 놓고 부분 적분을 사용하자.

$$\int_{\frac{1}{2}}^{\frac{\sqrt{2}}{2}} \arcsin x\,dx = \left[x\sin^{-1}x\right]_{\frac{1}{2}}^{\frac{\sqrt{2}}{2}} - \int_{\frac{1}{2}}^{\frac{\sqrt{2}}{2}} \frac{x}{\sqrt{1-x^2}}\,dx$$

$$(\because x = \sin t \text{로 치환})$$

$$= \frac{\sqrt{2}}{2}\frac{\pi}{4} - \frac{1}{2}\frac{\pi}{6} - \int_{\frac{\pi}{6}}^{\frac{\pi}{4}} \frac{\sin t}{\cos t}\cos t\,dt$$

$$= \frac{\sqrt{2}}{8}\pi - \frac{\pi}{12} + \left[\cos t\right]_{\frac{\pi}{6}}^{\frac{\pi}{4}}$$

$$= \frac{3\sqrt{2}-2}{24}\pi + \frac{\sqrt{2}}{2} - \frac{\sqrt{3}}{2}$$

$$= \frac{3\sqrt{2}-2}{24}\pi - \frac{\sqrt{3}-\sqrt{2}}{2}$$

121. ③

$\sqrt{x} = t$로 치환하자.

$$\int_1^3 \tan^{-1}\sqrt{x}\,dx = \int_1^{\sqrt{3}} 2t\tan^{-1}t\,dt$$

$u' = 2t$, $v = \tan^{-1}t$로 두고 부분 적분을 사용하자.

$$= \left[t^2\tan^{-1}t\right]_1^{\sqrt{3}} - \int_1^{\sqrt{3}} \frac{t^2}{1+t^2}\,dt$$

$$= \left(3\tan^{-1}\sqrt{3} - \tan^{-1}1\right) - \int_1^{\sqrt{3}}\left(1 - \frac{1}{1+t^2}\right)dt$$

$$= 3\times\frac{\pi}{3} - \frac{\pi}{4} - \left[t - \tan^{-1}t\right]_1^{\sqrt{3}}$$

$$= \pi - \frac{\pi}{4} - \left\{\sqrt{3} - \tan^{-1}\sqrt{3} - (1 - \tan^{-1}1)\right\}$$

$$= \frac{3}{4}\pi - \left(\sqrt{3} - 1 - \frac{\pi}{3} + \frac{\pi}{4}\right)$$

$$= \frac{5}{6}\pi - \sqrt{3} + 1$$

122. ①

$x = \dfrac{2-u}{2u+1}$, $\dfrac{2-x}{1+2x} = u$로 치환하자.

$$\int_0^2 \arctan\frac{2-x}{1+2x}\,dx$$

$$= \int_2^0 \left(\frac{2-u}{2u+1}\right)'\tan^{-1}u\,du$$

$$= \frac{2-u}{2u+1}\tan^{-1}x\Big|_2^0 - \int_2^0 \frac{2-u}{2u+1}\times\frac{1}{1+u^2}\,du(\because \text{부분 적분})$$

$$= \int_0^2 \frac{2-u}{(2u+1)(1+u^2)}\,du$$

$$= \int_0^2 \frac{2}{2u+1} + \frac{-u}{u^2+1}\,du$$

$$= \ln(2u+1) - \frac{1}{2}\ln(u^2+1)\Big|_0^2$$

$$= \ln 5 - \frac{1}{2}\ln 5 = \frac{1}{2}\ln 5$$

[다른 풀이]

$$\int_0^2 \arctan\frac{2-x}{1+2x}\,dx$$

$$= \int_0^2 \tan^{-1}\left(\frac{2-x}{1+2x}\right)dx(\because \text{부분 적분})$$

$$= \left[x\tan^{-1}\left(\frac{2-x}{1+2x}\right)\right]_0^2 - \int_0^2 x\frac{\dfrac{-(1+2x)-(2-x)2}{(1+2x)^2}}{1+\left(\dfrac{2-x}{1+2x}\right)^2}\,dx$$

$$= \left[x\tan^{-1}\left(\frac{2-x}{1+2x}\right)\right]_0^2 - \int_0^2 x\left(-\frac{1}{1+x^2}\right)dx$$

$$= \int_0^2 \frac{x}{1+x^2}\,dx$$

$$= \left[\frac{1}{2}\ln(1+x^2)\right]_0^2$$

$$= \frac{1}{2}\ln 5$$

[다른 풀이]

$\tan a = 2$, $\tan b = x$라고 하자.

$\tan(a-b) = \dfrac{\tan a - \tan b}{1 + \tan a\tan b} = \dfrac{2-x}{1+2x}$ 이다.

$$\therefore \tan^{-1}\left(\frac{2-x}{1+2x}\right) = \tan^{-1}(\tan(a-b))$$

$$= a - b = \tan^{-1}2 - \tan^{-1}x$$

$\displaystyle\int_0^2 \arctan\frac{2-x}{1+2x}\,dx = \int_0^2 \tan^{-1}2 - \tan^{-1}x\,dx$로 적분한다.

123. ①

$$\int_0^\pi e^{-x}\cos x\,dx = \left[e^{-x}\sin x\right]_0^\pi + \int_0^\pi e^{-x}\sin x\,dx$$

$$(\because \text{부분 적분})$$

$$\int_0^\pi e^{-x}\sin x\,dx = \left[-e^{-x}\cos x\right]_0^\pi - \int_0^\pi e^{-x}\cos x\,dx$$

$\displaystyle\int_0^\pi e^{-x}\cos x\,dx = I$라 하자.

$$I = \left[e^{-x}\sin x\right]_0^\pi + \left[-e^{-x}\cos x\right]_0^\pi - I,$$

$$2I = \left[e^{-x}\sin x\right]_0^\pi + \left[-e^{-x}\cos x\right]_0^\pi = -e^{-\pi}\cos\pi + e^0\cos 0 = e^{-\pi} + 1$$

$$\therefore I = \frac{e^{-\pi}+1}{2}$$

124. ⑤

풀이

$$\int \left(2x + \frac{1}{x}\right) \ln x \, dx = \int 2x \ln x \, dx + \int \frac{\ln x}{x} \, dx$$

$$= x^2 \ln x - \int x \, dx + \int \frac{\ln x}{x} \, dx$$

$$\left(\because \begin{matrix} u' = 2x, & v = \ln x \\ u = x^2, & v' = \dfrac{1}{x} \end{matrix} \right)$$

$$= x^2 \ln x - \frac{1}{2} x^2 + \frac{1}{2} (\ln x)^2 + C$$

$$\therefore a = 1, \ b = \frac{1}{2}, \ c = -\frac{1}{2}, \ a + b + c = 1$$

125. ③

풀이

부분 적분법을 사용하자.

$$\int_0^1 f(x) f'''(x) dx = \left[f(x) f''(x) \right]_0^1 - \int_0^1 f''(x) f'(x) dx$$

$$= f(1) f''(1) - f(0) f''(0) - \int_0^1 f''(x) f'(x) dx$$

$$= 1 - \int_0^1 f''(x) f'(x) dx$$

$f'(x) = t$ 라 하면

$$\int_0^1 f''(x) f'(x) dx = \int_{f'(0)}^{f'(1)} t \, dt = \int_0^1 t \, dt = \frac{1}{2} \text{ 이다.}$$

$$\therefore \int_0^1 f(x) f'''(x) dx = \frac{1}{2}$$

■ 20. 삼각함수 적분

126. ②

풀이

$$(\text{준식}) = \int \tan^2 x \, dx - \int \frac{1}{\cos^2 x} + 1 \, dx$$

$$= \int \tan^2 x \, dx - \int \sec^2 x + 1 \, dx$$

$$= - \int 2 \, dx$$

$$= -2x + C$$

127. ④

풀이

$$\int_{\frac{\pi}{6}}^{\frac{\pi}{2}} \left(\sin^2 x - \cos^2 x \right) dx$$

$$= \int_{\frac{\pi}{6}}^{\frac{\pi}{2}} \left(\frac{1 - \cos 2x}{2} - \frac{1 + \cos 2x}{2} \right) dx$$

$$= \frac{1}{2} \int_{\frac{\pi}{6}}^{\frac{\pi}{2}} (-2\cos 2x) \, dx$$

$$= - \int_{\frac{\pi}{6}}^{\frac{\pi}{2}} \cos 2x \, dx$$

$$= - \frac{1}{2} \left[\sin 2x \right]_{\frac{\pi}{6}}^{\frac{\pi}{2}}$$

$$= - \frac{1}{2} \left(0 - \frac{\sqrt{3}}{2} \right)$$

$$= \frac{\sqrt{3}}{4}$$

[다른 풀이]

$$\int_{\frac{\pi}{6}}^{\frac{\pi}{2}} \left(\sin^2 x - \cos^2 x \right) dx$$

$$= - \int_{\frac{\pi}{6}}^{\frac{\pi}{2}} \cos 2x \, dx \, (\because \cos^2 x - \sin^2 x = \cos 2x)$$

$$= - \frac{1}{2} \left[\sin 2x \right]_{\frac{\pi}{6}}^{\frac{\pi}{2}}$$

$$= - \frac{1}{2} \left(0 - \frac{\sqrt{3}}{2} \right)$$

$$= \frac{\sqrt{3}}{4}$$

128. ②

$$\int_0^{\pi/6} 6\cos^3 x\,dx = \int_0^{\pi/3} 6\cos^2 x \cos x\,dx$$

$u=\sin x$로 치환하자.

$$6\int_0^{1/2}(1-u^2)du = 6\left[u-\frac{u^3}{3}\right]_0^{1/2}=6\left(\frac12-\frac{1}{24}\right)=\frac{11}{4}$$

129. ②

$$\int_{\frac{\pi}{2}}^{\frac{3\pi}{2}}\cos^5\theta\,d\theta = \int_{\frac{\pi}{2}}^{\frac{3\pi}{2}}(1-\sin^2\theta)^2\cos\theta\,d\theta$$
$$=\int_1^{-1}(1-u^2)^2\,du$$
$$(\because \sin\theta=u,\ \cos\theta\,d\theta=du)$$
$$=-\left[u-\frac23 u^3+\frac15 u^5\right]_{-1}^1$$
$$=-\frac{16}{15}$$

130. ②

$$\int_0^{\frac{\pi}{2}}\sin 2x\sin^6 x\,dx = \int_0^{\frac{\pi}{2}}2\sin x\cos x\sin^6 x\,dx$$
$$=2\int_0^{\frac{\pi}{2}}\sin^7 x\cos x\,dx$$
$$=2\int_0^1 t^7\,dt\,(\because \sin x=t\text{로 치환})$$
$$=\frac28\left[t^8\right]_0^1$$
$$=\frac14$$

131. ③

$$\int \sin x\sin^7 x\,dx\left(\begin{array}{l}\because f'=\sin x,\ g=\sin^7 x\\ f=-\cos x,\ g'=7\sin^6 x\cos x\end{array}\right)$$
$$=-\cos x\sin^7 x+7\int\sin^6 x\cos^2 x\,dx$$
$$=-\cos x\sin^7 x+7\int(\sin^6 x-\sin^8)x\,dx$$
$$\therefore 8\int\sin^8 x\,dx = -\cos x\sin^7 x+7\int\sin^6 x\,dx$$
$$\therefore \int\sin^8 x\,dx = -\frac18\cos x\sin^7 x+\frac78\int\sin^6 x\,dx$$
$$\therefore A=\frac18,\ B=\frac78,\ A+B=1$$

132. ①

$$\sin^{-1}\frac{x}{\sqrt{1+x^2}}=\alpha \Leftrightarrow \sin\alpha=\frac{x}{\sqrt{1+x^2}}$$
$$\therefore \cos\alpha=\frac{1}{\sqrt{1+x^2}}$$
$$\int_0^{\frac{\pi}{4}}\cos^2\left(\sin^{-1}\frac{x}{\sqrt{1+x^2}}\right)dx=\int_0^{\frac{\pi}{4}}\frac{1}{1+x^2}dx$$
$$=\tan^{-1}x\Big]_0^{\frac{\pi}{4}}$$
$$=\tan^{-1}\frac{\pi}{4}$$

133. ②

① $\int\sinh^2\frac{x}{2}dx=\int\frac{\cosh x-1}{2}dx=\frac12\sinh x-\frac{x}{2}+C$

② $\int\cot^2 x\,dx=\int(\csc^2 x-1)dx=-\cot x-x+C$

③ $\int\frac{1}{4+3x^2}dx=\int\frac{1}{2^2+(\sqrt3 x)^2}dx$
$$=\frac{1}{2\sqrt3}\tan^{-1}\left(\frac{\sqrt3}{2}x\right)+C$$

④ $\int\tanh^2 x-1\,dx=\int-\text{sech}^2 x\,dx=-\tanh x+C$

134. ②

$$\int_0^{\frac{\pi}{3}}\frac{1}{\sqrt3\sin\theta+\cos\theta}d\theta$$
$$=\int_0^{\frac{\pi}{3}}\frac{1}{2\sin\left(\theta+\frac{\pi}{6}\right)}d\theta$$
$$=\frac12\int_0^{\frac{\pi}{3}}\csc\left(\theta+\frac{\pi}{6}\right)d\theta$$
$$=\frac12\left[\ln\left|\csc\left(\theta+\frac{\pi}{6}\right)-\cot\left(\theta+\frac{\pi}{6}\right)\right|\right]_0^{\frac{\pi}{3}}$$
$$=\frac12\left\{\ln\left|\csc\left(\frac{\pi}{2}\right)-\cot\left(\frac{\pi}{2}\right)\right|-\ln\left|\csc\left(\frac{\pi}{6}\right)-\cot\left(\frac{\pi}{6}\right)\right|\right\}$$
$$=\frac12(\ln 1-\ln|2-\sqrt3|)$$
$$=\frac12\ln\left|\frac{1}{2-\sqrt3}\right|$$
$$=\frac12\ln(2+\sqrt3)$$

[다른 풀이]

$$\int_0^{\frac{\pi}{3}} \frac{1}{\sqrt{3}\sin\theta + \cos\theta}\,d\theta = \int_0^{\frac{\pi}{3}} \frac{1}{2\sin\left(\theta + \frac{\pi}{6}\right)}\,d\theta$$

$$= \int_{\frac{\pi}{6}}^{\frac{\pi}{2}} \frac{1}{2\sin x}\,dx$$

$$\left(\because \theta + \frac{\pi}{6} = x \text{로 치환}\right)$$

$$= \int_{\tan\frac{\pi}{12}}^{\tan\frac{\pi}{4}} \frac{1}{2 \cdot \frac{2t}{1+t^2}} \cdot \frac{2}{1+t^2}\,dt$$

$$\left(\because \tan\frac{x}{2} = t \text{로 치환}\right)$$

$$= \int_{\tan\frac{\pi}{12}}^{1} \frac{1}{2t}\,dt = \left[\frac{1}{2}\ln t\right]_{\tan\frac{\pi}{12}}^{1}$$

$$= -\frac{1}{2}\ln\left(\tan\frac{\pi}{12}\right)$$

$$= -\frac{1}{2}\ln\left\{\tan\left(\frac{\pi}{3} - \frac{\pi}{4}\right)\right\}$$

$$= -\frac{1}{2}\ln\left(\frac{\tan\frac{\pi}{3} - \tan\frac{\pi}{4}}{1 + \tan\frac{\pi}{3} \cdot \tan\frac{\pi}{4}}\right)$$

$$= -\frac{1}{2}\ln\left(\frac{\sqrt{3}-1}{1+\sqrt{3}}\right)$$

$$= \frac{1}{2}\ln\left(\frac{\sqrt{3}+1}{\sqrt{3}-1}\right)$$

$$= \frac{1}{2}\ln(2+\sqrt{3})$$

135. ②

$$\tan\frac{\theta}{2} = t, \quad \cos\theta = \frac{1-t^2}{1+t^2}, \quad d\theta = \frac{2dt}{1+t^2}$$

$$\int_0^{\pi} \frac{d\theta}{3+2\cos\theta} = \int_0^{\infty} \frac{1}{3 + 2\frac{1-t^2}{1+t^2}} \frac{2dt}{1+t^2}$$

$$= \int_0^{\infty} \frac{2}{3(1+t^2) + 2(1-t^2)}\,dt$$

$$= \int_0^{\infty} \frac{2}{t^2+5}\,dt$$

$$= 2\int_0^{\infty} \frac{1}{t^2+5}\,dt$$

$$= 2\left[\frac{1}{\sqrt{5}}\tan^{-1}\frac{t}{\sqrt{5}}\right]_0^{\infty}$$

$$= 2\times\left(\frac{\pi}{2\sqrt{5}} - 0\right) = \frac{\pi}{\sqrt{5}}$$

21. 여러 가지 적분법

136. ⑤

$I = \int_0^1 \frac{\sin x}{\sin x + \sin(1-x)}\,dx$ 라 두고 $x = 1-t$로 치환하자.

$$I = \int_1^0 \frac{\sin(1-t)}{\sin(1-t) + \sin t}\,(-dt) = \int_0^1 \frac{\sin(1-t)}{\sin(1-t) + \sin t}\,dt$$

$$2I = \int_0^1 \frac{\sin(1-x) + \sin x}{\sin(1-x) + \sin x}\,dx = \int_0^1 1\,dx = 1 \quad \therefore I = \frac{1}{2}$$

137. ②

$f(1) = 0$, $f(2) = 32$이므로 $\int_0^{32} g(x)\,dx$는 $f(x)$와 직선

$y = 0$, $y = 32$, $x = 0$으로 둘러싸인 부분의 정적분 값이다.

$$\therefore \int_0^{32} g(x)\,dx = 64 - \int_1^2 x^5 + x - 2\,dx = 54$$

138. ④

$f^{-1}(y) = x$라 하면 $y = f(x)$, $dy = f'(x)dx$이고

$y \to 1$일 때 $x \to 0$, $y \to 3$일 때 $x \to 1$이다.

$$(\text{준식}) = \int_0^1 \pi x^2 (1+3x^2)\,dx$$

$$= \pi \int_0^1 x^2 + 3x^4\,dx = \pi\left(\frac{1}{3} + \frac{3}{5}\right) = \frac{14}{15}\pi$$

139. ②

$f'(x) + \pi f(x)\cos(\pi x) = 0$은 1계 선형미분방정식이므로

$$f(x) = e^{-\int \pi\cos(\pi x)dx}\left\{\int 0 \cdot e^{\int \pi\cos(\pi x)dx}\,dx + c\right\}$$

$\Leftrightarrow f(x) = ce^{-\sin(\pi x)}$ 이다.

초기조건 $f(0) = 1$을 대입하면 $c = 1$이므로

$f(x) = e^{-\sin(\pi x)}$ 이고 $f\left(\frac{1}{2}\right) = e^{-\sin\left(\frac{\pi}{2}\right)} = e^{-1}$ 이다.

140. ③

1계 선형미분방정식이므로 일반해는 $f(t) = Ce^{\int 2t\,dt} = Ce^{t^2}$

이다. $f(1) = 1$이므로 $C = \frac{1}{e}$이다.

따라서 $f(t) = \frac{1}{e}e^{t^2} = e^{t^2-1}$이다. $\therefore f(0) = \frac{1}{e}$

22. 미적분의 기하학적 활용

141. ①

기울기를 벡터화하고 내적을 이용하자.

(i) 곡선 $y=x^2$ 위의 점 $\left(\frac{1}{2}, \frac{1}{4}\right)$에서의

접선의 방정식은 $y=x-\frac{1}{4}$이다.

접선의 기울기 1을 벡터화하면 $m=(1,1)$이다.

(ii) 주어진 직선 $y=\frac{3}{2}x-\frac{1}{2}$의 기울기 $\frac{3}{2}$을

벡터화하면 $k=(2,3)$이다.

$m \cdot k=|m||k|\cos\theta \Leftrightarrow 5=\sqrt{2}\sqrt{13}\cos\theta$

(iii) 직선 l의 기울기를 벡터화하면 $l=(a,b)$이다.

$m \cdot l=|m||l|\cos\theta \Leftrightarrow a+b=\sqrt{2}\sqrt{a^2+b^2}\cos\theta$

(iv) 보기를 통해 $a+b=\sqrt{2}\sqrt{a^2+b^2}\cos\theta$와

$5=\sqrt{2}\sqrt{13}\cos\theta$를 만족하는 (a,b)는 $(3,2)$이다.

[다른 풀이]

곡선 $y=x^2$ 위의 점 $\left(\frac{1}{2}, \frac{1}{4}\right)$에서의

접선의 방정식은 $y=x-\frac{1}{4}$이다.

이때, 세 직선 $y=\frac{3}{2}x-\frac{1}{2}$, m, l이

x축의 양의 방향과 이루는 각을 각각 θ_1, θ_2, θ_3이라 하면

$\theta_1-\theta_2=\theta_2-\theta_3$이다.

즉 $\tan(\theta_1-\theta_2)=\tan(\theta_2-\theta_3)$가 성립한다.

$$\frac{\tan\theta_1-\tan\theta_2}{1+\tan\theta_1\tan\theta_2}=\frac{\tan\theta_2-\tan\theta_3}{1+\tan\theta_2\tan\theta_3}$$

$$\Rightarrow \frac{\frac{3}{2}-1}{1+\frac{3}{2}\cdot 1}=\frac{1-\tan\theta_3}{1+1\cdot tan\theta_3}$$

$$\Rightarrow \tan\theta_3=\frac{2}{3}$$

직선 l의 방정식은 $y-\frac{1}{4}=\frac{2}{3}\left(x-\frac{1}{2}\right)$, $y=\frac{2}{3}x-\frac{1}{12}$이다.

[다른 풀이]

점 $\left(\frac{1}{2}, \frac{1}{4}\right)$을 원점으로 이동시켜 생각하면

접선 m은 $m':y=x$이고,

직선 $y=\frac{3}{2}x-\frac{1}{2}$ $\Rightarrow$ $y+\frac{1}{4}=\frac{3}{2}\left(x+\frac{1}{2}\right)-\frac{1}{2}$ $\Rightarrow$ $y=\frac{3}{2}x$

이다. 직선 $y=\frac{3}{2}x$를 $y=x$에 대칭이동한 직선을 l'이라 하면

$l' : y=\frac{2}{3}x$이다.

l'을 x축 방향으로 $\frac{1}{2}$, y축 방향으로 $\frac{1}{4}$만큼 이동시키면

$l : y-\frac{1}{4}=\frac{2}{3}\left(x-\frac{1}{2}\right) \Rightarrow y=\frac{2}{3}x-\frac{1}{12}$이다.

142. ②

두 접점을 $A(x_1, y_1)$, $B(x_1, -y_1)$라 하면
각 점을 지나고 그 점에서의 법선을 기울기로 갖는 직선의
x절편을 구하면 된다.

포물선의 방정식을 $x-y^2=0$으로 놓으면
점 A에서의 법선의 기울기는 $-2y_1$이므로

$y=-2y_1(x-x_1)+y_1$이다.

점 B에서의 법선의 기울기는 $-2y_2=2y_1$이므로

$y=2y_1(x-x_1)-y_1$이다.

두 직선의 x절편은 모두 $x_1+\frac{1}{2}$이다.

두 직선은 서로 수직이므로

$-4{y_1}^2=-1$에서 ${y_1}^2=\frac{1}{4}$, $y_1=\frac{1}{2}(y_1>0)$이다.

$x_1={y_1}^2=\frac{1}{4}$이므로 $x_1+\frac{1}{2}=\frac{3}{4}$이다.

143. ⑤

ㄱ. (참) $f'(x)=6x^2-6x+2=6\left(x-\frac{1}{2}\right)^2+\frac{1}{2}\geq\frac{1}{2}$

ㄴ. (참) $g'(y)=\frac{1}{f'(x)}$가 성립하므로 $0<g'(x)\leq 2$이다.

ㄷ. (참) 함수 $g(x)$는 미분가능하므로
구간 (x, y)에 대하여 평균값 정리를 적용하면
$\frac{g(y)-g(x)}{y-x}=g'(c)$가 성립한다.(단, $x<c<y$)
ㄴ에서 $0<g'(x)\leq 2$이 성립하므로
$0<\frac{g(y)-g(x)}{y-x}=g'(c)\leq 2$이고
$0<g(y)-g(x)\leq 2(y-x)$이다.

144. ②

$f(x)=x^3+x+a$라 하면
$f'(x)=3x^2+1$, $f'(1)=4$이므로

$x_2=x_1-\frac{f(x_1)}{f'(x_2)} \Leftrightarrow \frac{3}{4}=1-\frac{f(1)}{f'(1)}=1-\frac{2+a}{4}$이다.

$\therefore a=-1$

145. ④

풀이 f는 모든 실수에 대하여 미분가능하므로
구간 $[1, 5]$에서 평균값 정리가 성립한다.

$$\frac{f(5)-f(1)}{5-1} = f'(k), \ k \in (1, 5)$$

$$\Leftrightarrow \frac{f(5)-3}{4} = f'(k) \leq 3$$

$$\Leftrightarrow f(5)-3 \leq 12$$

$$\Leftrightarrow f(5) \leq 15$$

$f(5)$의 최댓값이 15이므로 정수 a의 최솟값은 16이다.

146. ④

풀이 적분의 평균값 정리를 이용하자.

$$\int_2^{e^2+1} \ln(x-1)\,dx = \left(e^2+1-2\right)f(c)$$

$$(좌변) = \int_1^{e^2} \ln t\,dt = t\ln t - t\Big|_1^{e^2} = 2e^2-e^2+1 = e^2+1$$

따라서 평균값 $f(c) = \dfrac{e^2+1}{e^2-1}$ 이다.

147. ④

풀이 $$\tan^{-1}2x = (2x) - \frac{1}{3}(2x)^3 + \frac{1}{5}(2x)^5 - \cdots$$

따라서 x^5의 계수는 $\dfrac{2^5}{5}$ 이다.

148. ⑤

풀이 $$\tan^{-1}(x^2) = x^2 - \frac{1}{3}x^6 + \frac{1}{5}x^{10} - \cdots$$

$$\therefore \sum_{n=0}^{10} a_n = 1 - \frac{1}{3} + \frac{1}{5} = \frac{13}{15}$$

149. ②

풀이 $|x| < 1$일 때

$$\sin^{-1}x = x + \frac{1}{2}\cdot\frac{1}{3}x^3 + \frac{1}{2}\cdot\frac{3}{4}\cdot\frac{1}{5}x^5 + \cdots 이다.$$

$$\therefore a_0 + a_1 + a_2 + a_3 + a_4 = 1 + \frac{1}{6} = \frac{7}{6}$$

150. ②

풀이 $$\ln\cos x = -\int \tan x\,dx = -\int x + \frac{1}{3}x^3 + \cdots dx$$

$$= C - \left(\frac{1}{2}x^2 + \frac{1}{3}\cdot\frac{1}{4}x^4 + \cdots\right)$$

양변에 $x=0$을 대입하면 $\ln 1 = C = 0$이다.

$$\ln\cos x = -\left(\frac{1}{2}x^2 + \frac{1}{3}\cdot\frac{1}{4}x^4 + \cdots\right)이고$$

x^2의 계수는 $-\dfrac{1}{2}$, x^3의 계수는 0이므로

계수의 합은 $-\dfrac{1}{2}$ 이다.

[다른 풀이]

$$\cos x = 1 - \frac{1}{2}x^2 + \frac{1}{4!}x^4 - \cdots$$

$$\ln(1+x) = x - \frac{1}{2}x^2 + \frac{1}{3}x^3 - \cdots \ 이므로$$

$$\ln\cos x = \ln\left(1 - \frac{1}{2}x^2 + \frac{1}{4!}x^4 - \cdots\right)$$

$$= \left(-\frac{1}{2}x^2 + \frac{1}{4!}x^4 - \cdots\right) - \frac{1}{2}\left(-\frac{1}{2}x^2 + \frac{1}{4!}x^4 - \cdots\right)^2 + \cdots$$

$$= -\frac{1}{2}x^2 - \frac{1}{12}x^4 + \cdots 이다.$$

x^2의 계수는 $-\dfrac{1}{2}$, x^3의 계수는 0이므로

계수의 합은 $-\dfrac{1}{2}$이다.

151. ③

$\sin x = x - \dfrac{x^3}{3!} + \dfrac{x^5}{5!} - \dfrac{x^7}{7!} + \cdots$ 이므로

$\sin(2x) = 2x - \dfrac{2^3 x^3}{3!} + \dfrac{2^5 x^5}{5!} - \cdots$ 이고

$x\sin(2x) = 2x^2 - \dfrac{2^3 x^4}{3!} + \dfrac{2^5 x^6}{5!} - \cdots$ 이다.

따라서 x^6의 계수는 $\dfrac{2^5}{5!} = \dfrac{32}{5\times4\times3\times2\times1} = \dfrac{4}{15}$ 이다.

152. ③

$y = x^2 \ln(1+x^2)$

$\quad = x^2 \left(x^2 - \dfrac{x^4}{2} + \dfrac{x^6}{3} - \cdots \right)$

$\quad = x^4 - \dfrac{x^6}{2} + \dfrac{x^8}{3} - \cdots$

$\therefore \dfrac{d^6 y}{dx^6}(0) = 6! \cdot C_6 = -\dfrac{6!}{2} = -360$

153. ⑤

$f(x) = \dfrac{\cos x}{e^x}$

$\quad = e^{-x} \cos x$

$\quad = \left(1 - x + \dfrac{1}{2!}x^2 - \dfrac{1}{3!}x^3 + \cdots \right)\left(1 - \dfrac{1}{2!}x^2 + \dfrac{1}{4!}x^4 + \cdots \right)$

따라서 x^3의 계수는 $-\dfrac{1}{6} + \dfrac{1}{2} = \dfrac{1}{3}$ 이다.

154. ①

$f(x) = x^2 - \sin^{-1}x + \dfrac{x}{\sqrt{1-x^2}}$

$\quad = x^2 - \left(x + \dfrac{1}{6}x^3 + \dfrac{3}{40}x^5 + \cdots \right) + \left(x + \dfrac{1}{2}x^3 + \dfrac{3}{8}x^5 + \cdots \right)$

$\quad = x^2 + \dfrac{1}{3}x^3 + \dfrac{3}{10}x^5 + \cdots$

$\therefore 2a_2 - 3a_3 = 2 - 1 = 1$

155. ④

$f(x) = \cos(x^3) = 1 - \dfrac{1}{2!}x^6 + \dfrac{1}{4!}x^{12} - \dfrac{1}{6!}x^{18} + \cdots$ 이고

$\dfrac{f^{(i)}(0)}{i!}$ 은 i번째 항의 계수이다.

$\therefore \displaystyle\sum_{i=1}^{15} \dfrac{f^{(i)}(0)}{i!} = \dfrac{f^{(6)}(0)}{6!} + \dfrac{f^{(12)}(0)}{12!}$

$\qquad = \dfrac{-\dfrac{1}{2!}\times6!}{6!} + \dfrac{\dfrac{1}{4!}\times12!}{12!}$

$\qquad = -\dfrac{1}{2} + \dfrac{1}{24}$

$\qquad = -\dfrac{11}{24}$

156. ②

$P(x) = f(1) + f'(1)(x-1) + \dfrac{f''(1)}{2!}(x-1)^2$,

$P(2) = f(1) + f'(1) + \dfrac{f''(1)}{2}$

(i) $f(1) = -2$

(ii) $f'(x) = 5x^4 - 12x^2 + 6x + 4\sin^3(x-1)\cos(x-1)$,

$\qquad f'(1) = -1$

(iii) $f''(x) = 20x^3 - 24x + 6$

$\qquad\qquad + 4\{3\sin^2(x-1)\cos^2(x-1) - \sin^4(x-1)\}$,

$\qquad f''(1) = 2$

$\therefore P(2) = -2 + (-1) + \dfrac{2}{2} = -2$

157. ①

x축으로 -1만큼 평행이동하면

$\dfrac{x+1}{x-1} = \displaystyle\sum_{n=0}^{\infty} a_n x^n$,

$\dfrac{x-1+2}{x-1} = 1 - \dfrac{2}{1-x} = 1 - 2(1 + x + x^2 + \cdots)$이다.

이때 x^7의 계수 $a_7 = -20$이다.

158. ②

풀이 $e^{0.1} = 1 + 0.1 + \dfrac{0.1^2}{2!} + \dfrac{0.1^3}{3!} + \cdots$

$\qquad = 1 + 0.1 + 0.005 + 0.00016 + \cdots \approx 1.105 \cdots$

159. ①

풀이 $\cos x = 1 - \dfrac{1}{2!}x^2 + \dfrac{1}{4!}x^4 - \cdots$ 에서

$\cos \sqrt{x} = 1 - \dfrac{1}{2}x + \dfrac{1}{24}x^2 - \cdots$ 이다.

$\therefore \displaystyle\int_0^1 \cos\sqrt{x}\,dx \approx \int_0^1 \left(1 - \dfrac{1}{2}x + \dfrac{1}{24}x^2 - \cdots\right)dx$

$\qquad = \left[x - \dfrac{1}{4}x^2 + \dfrac{1}{72}x^3 - \cdots\right]_0^1$

$\qquad = 1 - \dfrac{1}{4} + \dfrac{1}{72} - \cdots$

보기 중 가장 적절한 것은 0.75이다.

160. ④

풀이 $(1+x)^p = 1 + px + \dfrac{p(p-1)}{2!}x^2 + \cdots$ 를 이용하자.

$\displaystyle\int_0^{\frac{1}{2}} \sqrt{1 - x^4}\,dx$

$= \displaystyle\int_0^{\frac{1}{2}} \left\{1 - \dfrac{1}{2}x^4 + \dfrac{\left(\dfrac{1}{2}\right)\left(-\dfrac{1}{2}\right)}{2!}x^8 + \cdots\right\}dx$

$= \dfrac{1}{2} - \dfrac{1}{10}\left(\dfrac{1}{2}\right)^5 + \cdots$

보기에서 가장 가까운 값은 ④ $\dfrac{1}{2}$ 이다.

161. ②

풀이 함수 $f(x) = x^{\frac{2}{3}}$ 의 $(8, 4)$에서의 접선을 이용하면

$f(x) \approx f(8) + f'(8)(x-8) = 4 + \dfrac{1}{3}(x-8)$ 이다.

$\therefore f(8.06) \approx 4 + 0.02 = 4.02$

162. ④

풀이 $f(1) = 2$,

$f'(x) = \dfrac{1}{1 + x^2 + x^{10}}(2x) - \dfrac{1}{1 + (2-x) + (2-x)^5}(-1)$

$f'(1) = \dfrac{2}{3} + \dfrac{1}{3} = 1$이므로

$x = 1$에서의 선형근사식은

$f(x) \approx f(1) + f'(1)(x-1) \approx 2 + (x-1)$이다.

$\therefore f(0.99) \approx 1.99$

163. ④

풀이 선형근사식은

$L(x) = f\left(\dfrac{\pi}{4}\right) + f'\left(\dfrac{\pi}{4}\right)\left(x - \dfrac{\pi}{4}\right) = 1 + 2\left(x - \dfrac{\pi}{4}\right)$이다.

$\therefore \tan\dfrac{3}{4} \approx 1 + 2\left(\dfrac{3}{4} - \dfrac{\pi}{4}\right) = \dfrac{5}{2} - \dfrac{\pi}{2}$

25. 극한 (로피탈 정리)

164. ③

$\frac{0}{0}$ 꼴이므로 로피탈 정리를 사용하자.

$$\lim_{x\to 1}\frac{x^{2019}+2x-3}{x-1}=\lim_{x\to 1}(2019x^{2018}+2)=2021$$

165. ③

$\frac{0}{0}$ 꼴이므로 로피탈 정리를 사용하자.

$$\lim_{t\to 1}\frac{t^2-e^{t-1}-\ln t}{\sin^2(\pi t)}=\lim_{t\to 1}\frac{2t-e^{t-1}-\frac{1}{t}}{2\pi\sin(\pi t)\cos(\pi t)}$$

$$=\lim_{t\to 1}\frac{2t-e^{t-1}-\frac{1}{t}}{\pi\sin(2\pi t)}$$

$$=\lim_{t\to 1}\frac{2-e^{t-1}+\frac{1}{t^2}}{2\pi^2\cos(2\pi t)}$$

$$=\frac{1}{\pi^2}$$

166. ③

$$\lim_{x\to\frac{\pi}{2}}\frac{\ln\sin x}{1-\sin x}=\lim_{x\to\frac{\pi}{2}}\frac{\frac{\cos x}{\sin x}}{-\cos x}\ (\because \text{로피탈 정리})$$

$$=\lim_{x\to\frac{\pi}{2}}\frac{1}{-\sin x}$$

$$=-1$$

167. ①

$$\lim_{x\to\infty}\frac{(\ln(x+1))^3}{x\ln x}$$

$$=\lim_{t\to\infty}\frac{t^3}{(e^t-1)\ln(e^t-1)}\ (\because \ln(x+1)=t)$$

$$=\lim_{t\to\infty}\frac{3t^2}{e^t\ln(e^t-1)+e^t}$$

$$=\lim_{t\to\infty}\frac{\frac{3t^2}{e^t}}{\ln(e^t-1)+1}$$

$$=0$$

168. ⑤

$$(\text{준식})=\lim_{x\to 0}\frac{x\left(-\frac{(2x)^2}{2!}+\frac{(4x)^2}{4!}\cdots\right)}{\left(x-\frac{x^3}{3}+\frac{x^5}{5}\cdots\right)-x}=\frac{-2}{-\frac{1}{3}}=6$$

169. ②

$\sin^{-1}x$의 매클로린 급수는

$x+\frac{1}{2}\cdot\frac{1}{3}x^3+\frac{1}{2}\cdot\frac{3}{4}\cdot\frac{1}{5}x^5+\cdots$이다.

$$\therefore \lim_{x\to 0}\frac{x-\sin^{-1}x}{x^3}$$

$$=\lim_{x\to 0}\frac{x-x-\frac{1}{2}\cdot\frac{1}{3}x^3-\frac{1}{2}\cdot\frac{3}{4}\cdot\frac{1}{5}x^5-\cdots}{x^3}$$

$$=\lim_{x\to 0}\left(-\frac{1}{6}-\frac{3}{40}x^2-\cdots\right)=-\frac{1}{6}$$

[다른 풀이]

$\lim_{x\to 0}\frac{x-\sin^{-1}x}{x^3}\left(\frac{0}{0}\right)$꼴이므로 로피탈 정리를 이용하자.

$$\lim_{x\to 0}\frac{1-\frac{1}{\sqrt{1-x^2}}}{3x^2}=\lim_{x\to 0}\frac{\sqrt{1-x^2}-1}{3x^2\sqrt{1-x^2}}$$

$\left(\frac{0}{0}\right)$꼴이므로 로피탈 정리를 한번 더 이용하자.

$$\lim_{x\to 0}\frac{\frac{-x}{\sqrt{1-x^2}}}{6x\sqrt{1-x^2}-\frac{3x^3}{\sqrt{1-x^2}}}=\lim_{x\to 0}\frac{-x}{6x-9x^3}$$

$$=\lim_{x\to 0}\frac{-1}{6-9x^2}$$

$$=-\frac{1}{6}$$

170. ②

매클로린 급수를 이용하자.

$$\lim_{x\to 0}\frac{x\sin(x^2)}{\tan^3 x}=\lim_{x\to 0}\frac{x\left(x^2-\frac{1}{3!}x^6+\cdots\right)}{x^3+\cdots}=1$$

171. ④

$x \to 0$일 때 $\sin x$의 매클로린 급수를 이용해서

$ax^3 - bx + \sin x = \dfrac{1}{5!}x^5 - \cdots$이 성립하면

$$\lim_{x \to 0}\frac{ax^3 - bx + \sin x}{x^3} = \lim_{x \to 0}\frac{\dfrac{1}{5!}x^5 - \cdots}{x^3} = \lim_{x \to 0}\frac{1}{5!}x^2 - \cdots = 0$$

$\therefore a = \dfrac{1}{3!}, \ b = 1$이다.

[다른 풀이]

$\dfrac{0}{0}$꼴이므로 로피탈 정리를 사용하자.

$$\lim_{x \to 0}\frac{ax^3 - bx + \sin x}{x^3} = \lim_{x \to 0}\frac{3ax^2 - b + \cos x}{3x^2}$$

여기서 다시 $\dfrac{0}{0}$꼴이어야 하므로 $\cos 0 - b = 0 \Leftrightarrow b = 1$이다.

$$\lim_{x \to 0}\frac{3ax^2 - 1 + \cos x}{3x^2} = \lim_{x \to 0}\frac{6ax - \sin x}{6x} = \lim_{x \to 0}\frac{6a - \cos x}{6}$$

$6a - \cos 0 = 0$이어야 하므로 $a = \dfrac{1}{6}$이다.

$\therefore a + b = \dfrac{7}{6}$

172. ③

$$\lim_{x \to 0}\left(\frac{\tan x}{x^2} + \alpha + \frac{\beta}{x}\right) = \alpha + \lim_{x \to 0}\frac{\tan x + \beta x}{x^2}$$
$$= \alpha + \lim_{x \to 0}\frac{x + \dfrac{1}{3}x^3 + \cdots + \beta x}{x^2}$$
$$= 3$$

$\beta = -1$이고 $\alpha = 3$이다. 따라서 $\alpha + \beta = 2$이다.

[다른 풀이]
$$\lim_{x \to 0}\left(\frac{\tan x}{x^2} + \alpha + \frac{\beta}{x}\right)$$
$$= \lim_{x \to 0}\left(\frac{\tan x + \alpha x^2 + \beta x}{x^2}\right)(\because \text{로피탈 정리})$$
$$= \lim_{x \to 0}\left(\frac{\sec^2 x + 2\alpha x + \beta}{2x}\right)$$
$$= \lim_{x \to 0}\left(\frac{\sec^2 x + 2\alpha x - 1}{2x}\right)(\because \text{(분모)} \to 0\text{일 때, (분자)} \to 0)$$
$$= \lim_{x \to 0}\left(\frac{2\sec x \sec x \tan x + 2\alpha}{2}\right)(\because \text{로피탈 정리})$$
$$= \alpha = 3$$
$\therefore \alpha + \beta = 2$

173. ②

$\dfrac{0}{0}$꼴이므로 로피탈 정리를 사용하자. $\displaystyle\lim_{x \to \infty}\dfrac{\dfrac{1}{1+x^2}}{-\dfrac{1}{x^2}} = -1$

174. ②

정의역에 맞추어 우극한만 생각하자.
$$\lim_{x \to 0}\frac{d}{dx}\left(\cos\sqrt{x} + \sqrt{\cos x} + \sqrt{\cos\sqrt{x}}\right)$$
$$= \lim_{x \to 0}\left\{-\sin\sqrt{x}\,\frac{1}{2\sqrt{x}} + \frac{-\sin x}{2\sqrt{\cos x}} + \frac{1}{2\sqrt{\cos\sqrt{x}}}(-\sin\sqrt{x})\frac{1}{2\sqrt{x}}\right\}$$
$$= \lim_{x \to 0}\left(-\frac{\sin\sqrt{x}}{2\sqrt{x}} + \frac{-\sin x}{2\sqrt{\cos x}} - \frac{1}{2\sqrt{\cos\sqrt{x}}}\frac{\sin\sqrt{x}}{2\sqrt{x}}\right)$$
$$= -\frac{1}{2} - \frac{1}{4}$$
$$= -\frac{3}{4}$$

175. ③

$$\lim_{a \to 0}\frac{\sqrt[4]{81+a} - 3}{a} = \lim_{a \to 0}\frac{(81+a)^{\frac{1}{4}} - 3}{a}$$
$$= \lim_{a \to 0}\frac{\dfrac{1}{4}(81+a)^{-\frac{3}{4}}}{1}(\because \text{로피탈 정리})$$
$$= \frac{1}{108}$$

176. 4

$$\lim_{x \to 0}\frac{1}{x^3}\int_0^{\sin x}\tan(t^2)\,dt$$
$$= \lim_{x \to 0}\frac{\tan(\sin^2 x)\cos x}{3x^2}\left(\because \frac{0}{0}\text{꼴 로피탈 정리}\right)$$
$$= \lim_{x \to 0}\frac{\tan(\sin^2 x)}{x^2}\lim_{x \to 0}\frac{\cos x}{3}$$
$$= \frac{1}{3}\lim_{x \to 0}\frac{\sec^2(\sin^2 x)2\sin x\cos x}{2x}\left(\because \frac{0}{0}\text{꼴 로피탈 정리}\right)$$
$$= \frac{1}{3}$$
$\therefore m + n = 4$

177. ③

$$\lim_{h \to 0} \frac{f(1+3h) - f(1-h)}{h}$$

$$= \lim_{h \to 0} f'(1+3h)3 - f'(1-h)(-1)$$

$$= 4f'(1)$$

$$f'(x) = \frac{1}{\sqrt{1+8x^3}} \times 2, \ f'(1) = \frac{2}{3}$$

$$\therefore \ 4f'(1) = 4 \times \frac{2}{3} = \frac{8}{3}$$

178. ①

$$\lim_{x \to a} \frac{\displaystyle\int_{\sqrt{a}}^{\sqrt{x}} t\,e^t \sin t \, dt}{x - a}$$

$$= \lim_{x \to a} \sqrt{x} \, e^{\sqrt{x}} \sin \sqrt{x} \cdot \frac{1}{2\sqrt{x}} \ (\because \text{로피탈 정리})$$

$$= \frac{1}{2} e^{\sqrt{a}} \sin \sqrt{a}$$

■ 26. 극한 (거듭제곱 형태)

179. ③

$y = (e^x - x)^{\frac{2}{x^2}}$ 으로 놓고 양변에 로그를 취하면

$\ln y = \dfrac{2\ln(e^x - x)}{x^2}$ 이다.

$$\lim_{x \to 0} \ln y = \lim_{x \to 0} \frac{2\ln(e^x - x)}{x^2}$$

$$= \lim_{x \to 0} \frac{\dfrac{2(e^x - 1)}{e^x - x}}{2x} \ (\because \text{로피탈 정리})$$

$$= \lim_{x \to 0} \frac{e^x - 1}{x(e^x - x)} \ (\because \text{로피탈 정리})$$

$$= \lim_{x \to 0} \frac{e^x}{e^x - x + x(e^x - 1)}$$

$$= 1$$

$$\therefore \ y = e$$

180. ①

$$\lim_{x \to \infty} \left(\cos \frac{1}{x}\right)^x = \lim_{x \to \infty} e^{\ln\left(\cos \frac{1}{x}\right)^x}$$

$$= e^{\lim_{x \to \infty} \ln\left(\cos \frac{1}{x}\right)^x} \ (\because \text{연속함수})$$

$$= e^0 = 1$$

181. ②

$\dfrac{1}{x} = t$ 로 치환하자.

$$\lim_{t \to 0} (\sin 2t + \cos 3t)^{\frac{1}{t}}$$

$$= \lim_{t \to 0} (1 + \sin 2t + \cos 3t - 1)^{\frac{1}{\sin 2t + \cos 3t - 1} \times \frac{\sin 2t + \cos 3t - 1}{t}}$$

$$\lim_{t \to 0} \frac{\sin 2t + \cos 3t - 1}{t} = \lim_{t \to 0} 2\cos 2t - 3\sin 3t = 2$$

$$\therefore (\text{준식}) = e^2$$

182. ③

$$\lim_{n \to \infty} (2^n + 3^n)^{\frac{1}{n}} = 3 \lim_{n \to \infty} \left\{\left(\frac{2}{3}\right)^n + 1\right\}^{\frac{1}{n}} = 3 \times 1 = 3$$

183. ④

$$\lim_{x \to \infty} x^{\frac{1}{3+\ln x}} = \lim_{x \to \infty} e^{\frac{\ln x}{3+\ln x}} = e^{\lim\limits_{x \to \infty} \frac{\ln x}{3+\ln x}} = e^{\lim\limits_{x \to \infty} \frac{1}{\frac{3}{\ln x}+1}} = e$$

184. ④

$$\lim_{x \to 0} \frac{(1+x^2)^{2/x} - 1}{\sin x}$$

$$= \lim_{x \to 0} \frac{(1+x^2)^{\frac{1}{x^2} \cdot 2x} - 1}{\sin x} \left(\because \lim_{x \to 0}(1+x^2)^{\frac{1}{x^2}} = e \right)$$

$$= \lim_{x \to 0} \frac{e^{2x} - 1}{\sin x}$$

$$= \lim_{x \to 0} \frac{2e^{2x}}{\cos x}$$

$$= 2 (\because \text{로피탈 정리})$$

■ 27. 상대적 비율

185. ①

t초 후의 벽 밑에서 사다리 위 끝까지의 거리를 xm라 하고, 아래 끝까지의 거리를 ym라고 하자.

$$x^2 + y^2 = 5^2 \cdots \text{㉠}$$

양변을 t에 관하여 미분하면 $2x \cdot \dfrac{dx}{dt} + 2y \cdot \dfrac{dy}{dt} = 0$이다.

문제의 조건에서 $\dfrac{dy}{dt} = 0.12(m/s)$이다.

$y = 3$일 때 ㉠에서 $x = 4$이다.

$$\therefore \frac{dx}{dt} = -\frac{3}{4} \cdot (0.12) = -0.09m/s$$

따라서 속력은 0.09이다.

186. ②

원뿔의 반지름을 r, 높이를 h라 하면 $V = \dfrac{1}{3}\pi r^2 h$이다.

또한 물의 유입량이 $4\,cm^3/sec$이므로 $\dfrac{dV}{dt} = 4$이다.

삼각함수의 닮음비를 이용하면

$3 : r = 6 : h \Leftrightarrow 6r = 3h \Leftrightarrow h = 2r$의 관계식을 가지므로

$$V = \frac{1}{3}\pi r^2 h = \frac{1}{3}\pi r^2(2r) = \frac{2}{3}\pi r^3 \text{이다.}$$

이것을 시간 t에 대하여 미분하면 $\dfrac{dV}{dt} = 2\pi r^2 \cdot \dfrac{dr}{dt}$이 된다.

$h = 4$일 때 $r = 2$와 $\dfrac{dV}{dt} = 4$를 $\dfrac{dV}{dt} = 2\pi r^2 \cdot \dfrac{dr}{dt}$에 대입하면

$$4 = 8\pi \cdot \frac{dr}{dt} \Leftrightarrow \frac{dr}{dt} = \frac{4}{8\pi} = \frac{1}{2\pi} \text{이다.}$$

따라서 수면의 반지름의 변화율은 $\dfrac{1}{2\pi}$이다.

187. ⑤

물의 깊이를 y, 수면의 반지름을 x, 수면의 넓이를 S라 하자.

$S = x^2\pi$, $y = x^4$의 관계식이므로 $S = \pi\sqrt{y}$이다.

이것을 시간 t에 대해 미분하면 $\dfrac{dS}{dt} = \dfrac{\pi}{2\sqrt{y}}\dfrac{dy}{dt}$이다.

$y = 4$, $\dfrac{dy}{dt} = 2$를 대입하면 $\dfrac{dS}{dt} = \dfrac{\pi}{2}$이다.

188. ④

원점에서 동점 $P(x, y)$까지의 거리를 $l(x)$라 하자.

직교 좌표평면에서 피타고라스의 정리에 의해

$l(x)=\sqrt{x^2+(2\sin\pi x)^2}$ 이고

$l'(t)=\dfrac{dl}{dx}\cdot\dfrac{dx}{dt}$

$\qquad=\dfrac{2x+2(2\sin\pi x)\cdot 2\pi\cos\pi x}{2\sqrt{x^2+(2\sin\pi x)^2}}\cdot\sqrt{7}$

$\qquad=\dfrac{x+4\pi\sin\pi x\cos\pi x}{\sqrt{x^2+(2\sin\pi x)^2}}\cdot\sqrt{7}$ 이다.

$\therefore l'(t)\big|_{x=\frac{1}{3}}=\dfrac{\frac{1}{3}+4\pi\cdot\frac{\sqrt{3}}{2}\cdot\frac{1}{2}}{\sqrt{\frac{1}{9}+3}}\cdot\sqrt{7}=\dfrac{1+3\sqrt{3}\,\pi}{2}$

189. ⑤

레이더 기지를 원점 $(0, 0)$으로 보자.

상공 1 km 지점에서 $\dfrac{\pi}{6}$ 각도로 상승하고 있으므로

$(0, 1)$에서 $\dfrac{\pi}{6}$ 각도로 상승하고 있는 것이며,

300 km/h 속력으로 움직이므로 분당 5 km를 움직인다.

$(0, 1)$에서 $\dfrac{\pi}{6}$ 각도로 5 km만큼 움직인 점의 좌표는

$\left(5\cos\dfrac{\pi}{6},\ 1+5\sin\dfrac{\pi}{6}\right)=\left(\dfrac{5\sqrt{3}}{2},\ \dfrac{7}{2}\right)$이므로

비행기와 레이더 기지 사이의 거리는 $\sqrt{31}$ km이다.

■ **28. 함수의 극대 & 극소**

190. ④

$f'(x)=2xe^{-x}-x^2e^{-x}=xe^{-x}(2-x)$이므로
증감표는 다음과 같다.

x	$\cdots$	0	$\cdots$	2	$\cdots$
f'	$-$	0	$+$	0	$-$
f	$\searrow$	0	$\nearrow$	$\dfrac{4}{e^2}$	$\searrow$

따라서 $x=0$일 때 극소, $x=2$일 때 극대이다.

191. ①

$f(x, y)=x^3+y^3-6xy$로 두고 음함수 미분법을 이용하여

점 $(3, 3)$에서의 $\dfrac{dy}{dx}$와 $\dfrac{d^2y}{dx^2}$의 값을 구하자.

$\dfrac{dy}{dx}=-\dfrac{f_x}{f_y}$

$\qquad=-\dfrac{3x^2-6y}{3y^2-6x}\bigg|_{(3,3)}$

$\qquad=-\dfrac{x^2-2y}{y^2-2x}\bigg|_{(3,3)}$

$\qquad=-\dfrac{9-6}{9-6}$

$\qquad=-1$

따라서 접선의 기울기는 음수이다.

$\dfrac{d^2y}{dx^2}=-\dfrac{\left(2x-2\dfrac{dy}{dx}\right)(y^2-2x)-(x^2-2y)\left(2y\dfrac{dy}{dx}-2\right)}{(y^2-2x)^2}\bigg|_{(3,3)}$

$\qquad=-\dfrac{(6+2)(9-6)-(9-6)(-6-2)}{(9-6)^2}$

$\qquad=-\dfrac{8\times3-3\times(-8)}{9}$

$\qquad=-\dfrac{16}{3}<0$

따라서 곡선 $f(x, y)$는 점 $(3, 3)$에서 위로 볼록이고
접선이 곡선의 위쪽에 존재한다.

192. ⑤

삼각함수와 다항함수의 합인 함수이므로
실수 전체에서 연속이다. 따라서 임계점이 되려면
$f'(x)=-2(a^2+a-6)\sin 2x+a-2=0$이어야 하므로
$\sin 2x=\dfrac{-(a-2)}{-2(a^2+a-6)}=\dfrac{1}{2a+6}$에서

$\sin 2x \neq \dfrac{1}{2a+6}$ 을 만족해야 한다

$-1 \leq \sin 2x \leq 1$이므로 임계점이 없으려면

$\dfrac{1}{2a+6}$ 이 구간 $[-1,\,1]$에 없어야 하므로

$\dfrac{1}{2a+6} < -1$에서 $-\dfrac{7}{2} < a < -3$,

$\dfrac{1}{2a+6} > 1$에서 $-3 < x < -\dfrac{5}{2}$,

$2a+6 = 0$에서 $a = -3$이다.

따라서 임계점을 갖지 않게 되는 a의 값의 범위는

$-\dfrac{7}{2} < a < -\dfrac{5}{2}$이다.

193. ④

풀이 (가) (참) $F'(x) = f(x)$이며 $f(x)$는 $(0,\,1)$에서 연속이므로
함숫값이 정의된다. 따라서 $F'(x)$는 미분가능하다.

[다른 풀이]
적분의 평균값 정리에 의해

$\dfrac{1}{x-0} \displaystyle\int_0^x f(t)dt = f(c)$, $0 \leq c \leq x$이다.

$\displaystyle\int_0^x f(t)dt = xf(c)$, $F(x) = xf(c)$

즉 $F(x)$는 일차함수이므로 미분가능하다.

(나) (참) $f(x)$가 $[0,\,1]$에서 연속이므로
적분의 평균값 정리에 의해

$\dfrac{1}{1-0} \displaystyle\int_0^1 f(x)dx = f(c)$, $0 \leq c \leq 1$이 성립한다.

$\displaystyle\int_0^1 f(x)dx = 0$이므로

$f(c) = 0$이 되는 c는 $0 \leq c \leq 1$에 존재한다.

(다) (참) (가)에서 $\displaystyle\int_0^x f(t)dt$은 미분가능하다.

$\displaystyle\int_0^x f(t)dt = 0$을 미분하면 $f(x) = 0$이므로
구간 $[0,\,1]$의 모든 x에서 $f(x) = 0$이다.

194. ②

풀이 ① $f(x) = e^x \displaystyle\int_0^x e^{-t}dt - \displaystyle\int_0^x te^{-t}\,dt$이므로

$f'(x) = e^x \displaystyle\int_0^x e^{-t}dt + 1 - xe^{-x} = e^x - xe^{-x}$이다.

② $f'(0) = 1 > 0$이므로 $f(x)$는 $x = 0$에서 증가상태이다.

③ $f'(x) = e^x \displaystyle\int_0^x e^{-t}dt + 1 - e^{-x} + xe^{-x}$이므로
$f'(0) = 0$이다.
따라서 $x = 0$에서 $f(x)$는 위로 볼록이 아니다.

④ $f(1) = \displaystyle\int_0^1 (e-t)e^{-t}dt$

$= \left[-e^{-t}(e-t) \right]_0^1 - \displaystyle\int_0^1 e^{-t}dt$

$= e + 2e^{-1} - 2$

■ 29. 실근의 개수 & 존재성

195. ②

중간값 정리의 따름 정리에 의해
$f(x)=0$은 구간 $(0, 2019)$에서 적어도 2019개의 근을 갖는다.

a. $f'(x)=0$은 평균값 정리에 따라
구간 $(0, 2019)$에서 적어도 2018개의 근을 갖는다.

b. $f''(x)=0$은 역시 평균값 정리에 따라
구간 $(0, 2019)$에서 적어도 2017개의 근을 갖는다.

c. $f(x)$가 2019차 다항함수일 경우
$f^{(2019)}(x)$는 상수함수가 된다. 따라서 근을 갖지 않는다.

옳은 것은 b이다.

196. ④

$x+2=1-x$에서 $x=-\dfrac{1}{2}$,

즉 $f\left(-\dfrac{1}{2}+2\right)=f\left(1+\dfrac{1}{2}\right)$이므로

$f\left(\dfrac{3}{2}\right)$의 함숫값은 유일하고

$x=\dfrac{3}{2}$에 대한 선대칭함수다.

방정식 $f(x)=0$의 실근은

$\dfrac{3}{2}-2\alpha$, $\dfrac{3}{2}-\alpha$, $\dfrac{3}{2}$, $\dfrac{3}{2}+\alpha$, $\dfrac{3}{2}+2\alpha$로 놓을 수 있으므로

모든 근의 합은 $\dfrac{15}{2}$이다.

197. ③

아래 그림과 같이 두 함수
$y=\sin|x|$, $y=|x|$의 그래프의 교점의 개수가 1이므로
$\sin|x|=|x|$의 서로 다른 실근의 개수는 1개다.

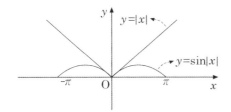

198. ④

$f(x)=\sqrt{a}\cos x+\sqrt{1-a}\sin x=\sin(x+\alpha)$
$(\because \sin\alpha=\sqrt{a}, \cos\alpha=\sqrt{1-a})$라 하면

$f(x+\alpha)=\dfrac{\sqrt{3}}{2}$이므로 $x+\alpha=\dfrac{\pi}{3}$이다.

해를 갖는 조건이 $0<x<\dfrac{\pi}{6}$이므로 $\alpha<x+\alpha<\dfrac{\pi}{6}+\alpha$이다.

$\therefore \alpha<\dfrac{\pi}{3}<\dfrac{\pi}{6}+\alpha\left(\because x+\alpha=\dfrac{\pi}{3}\right)$

$\Leftrightarrow \dfrac{\pi}{6}<\alpha<\dfrac{\pi}{3}$

$\Leftrightarrow \dfrac{1}{2}<\sin\alpha<\dfrac{\sqrt{3}}{2}$

$\Leftrightarrow \dfrac{1}{2}<\sqrt{a}<\dfrac{\sqrt{3}}{2}$

$\Leftrightarrow \dfrac{1}{4}<a<\dfrac{3}{4}$

199. ④

$\ln x=t$ $(-\infty<t<\infty)$로 치환하면

$e^t-1-t>\dfrac{1}{2}t^2$

$\Rightarrow e^t>\dfrac{1}{2}t^2+t+1$

$\Rightarrow e^t>\dfrac{1}{2}(t+1)^2+\dfrac{1}{2}$ ···㉠이다.

$f(t)=e^t$, $g(t)=\dfrac{1}{2}(t+1)^2+\dfrac{1}{2}$라 하면
그래프는 아래 그림과 같다.

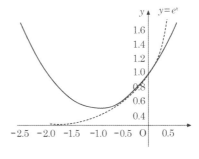

따라서 부등식 ㉠이 성립하는 범위는
$0<t<\infty$, 즉 $1<x<\infty$이다.

200. ①

풀이 $f(2) = 1$이므로 $2ae^{4b} = 1$,

$x = 2$에서 최댓값을 가지므로 $f'(2) = 0$이다.

$f'(x) = ae^{bx^2} + 2abx^2 e^{bx^2}$에서

$f'(2) = ae^{4b} + 8abe^{4b} = (a + 8ab)e^{4b} = 0$이므로

$a + 8ab = 0 \implies a(1 + 8b) = 0$이다.

이때 $a = 0$이 되면 $f(x) = 0$이므로 $f(2) = 1$에 모순이다.

$a \neq 0$이므로 $b = -\dfrac{1}{8}$이다.

즉 $2ae^{4b} = 2ae^{-\frac{1}{2}} = 1 \implies a = \dfrac{\sqrt{e}}{2}$이다.

$\therefore ab = -\dfrac{\sqrt{e}}{16}$

201. ②

풀이 $f'(x) = 4x^3 - 12x^2 + 4x + 20$

$f'(x) = 0$에서 $x = -1$

	$x < -1$	-1	$x > -1$
$f'(x)$	$-$	0	$+$
$f(x)$	$\searrow$	극소	$\nearrow$

$\therefore$ 최솟값 $f(-1) = 7$

202. ②

풀이 $f'(x) = \dfrac{\dfrac{\sqrt{x}}{x} - \dfrac{\ln x}{2\sqrt{x}}}{x} = \dfrac{2x - x\ln x}{2x^2\sqrt{x}}$

$f'(x) = 0$에서 $x = e^2$

	$0 < x < e^2$	e^2	$x > e^2$
$f'(x)$	$+$	0	$-$
$f(x)$	$\nearrow$	극대	$\searrow$

$\therefore$ 최댓값 $f(e^2) = \dfrac{2}{e}$

203. ②

풀이 $f(x) = x^{x^{-2}} = e^{\frac{1}{x^2}\ln x}$ 라고 할 때,

$f'(x) = e^{\frac{\ln x}{x^2}}\left\{\dfrac{\dfrac{1}{x}x^2 - 2x\ln x}{x^4}\right\} = e^{\frac{\ln x}{x^2}}\left\{\dfrac{1 - 2\ln x}{x^3}\right\} = 0$을

만족하는 임계점은 $x = e^{\frac{1}{2}}$이다.

$f\left(e^{\frac{1}{2}}\right) = \left(e^{\frac{1}{2}}\right)^{\left(e^{\frac{1}{2}}\right)^{-2}} = \left(e^{\frac{1}{2}}\right)^{e^{-1}} = e^{\frac{1}{2e}}$ 을 함숫값으로 갖는다.

$x = e^{1/2}$의 좌우에서 $f'(x)$의 부호가 양에서 음으로 바뀌므로

$e^{\frac{1}{2e}}$ 은 최댓값이다.

204. ②

풀이 포물선 위의 동점 P를 $(x, x^2 + 1)$이라 하고

$\overline{\mathrm{PA}}^2 = L$이라 하면, L이 최소일 때 l도 최소이다.

$L = (x - 5)^2 + (x^2 + 1)^2 = x^4 + 3x^2 - 10x + 26$이므로

$L' = 4x^3 + 6x - 10 = 2(x - 1)(2x^2 + 2x + 5)$이고

$x = 1$에서 극소이자 최솟값을 갖는다.

$\therefore l = \sqrt{(-4)^2 + 2^2} = \sqrt{20} = 2\sqrt{5}$

205. ③

풀이 $r + h = 10$이고 $V = \pi r^2 h$이므로 $h = 10 - r$을 대입한다.

$V = f(r) = \pi r^2(10 - r)$이므로

$f'(r) = \pi(20r - 3r^2) = 0$이다.

따라서 $r = 0$ 또는 $\dfrac{20}{3}$이므로 반지름은 $\dfrac{20}{3}$ cm이다.

■ 31. 이상적분의 계산

206. ③

$$\int_{\frac{1}{2}}^{\infty} \frac{dx}{1+4x^2} = \frac{1}{2}\tan^{-1}(2x)\Big|_{\frac{1}{2}}^{\infty} = \frac{1}{2}\left(\frac{\pi}{2} - \frac{\pi}{4}\right) = \frac{\pi}{8}$$

[다른 풀이]

$$\frac{1}{4}\int_{\frac{1}{2}}^{\infty} \frac{1}{\left(\frac{1}{2}\right)^2 + x^2}dx = \frac{1}{4}\left[2\tan^{-1}2x\right]_{1/2}^{\infty} = \frac{1}{4}\left[\pi - \frac{\pi}{2}\right] = \frac{\pi}{8}$$

207. ①

$$\int_0^{\infty}\left(\frac{1}{\sqrt{x^2+4}} - \frac{k}{x+2}\right)dx$$

$$= \lim_{t\to\infty}\int_0^{\infty}\left(\frac{1}{\sqrt{x^2+4}} - \frac{k}{x+2}\right)dx$$

$$= \lim_{t\to\infty}\left[\sinh^{-1}\left(\frac{x}{2}\right) - k\ln(x+2)\right]_0^t$$

$$= \lim_{t\to\infty}\left[\ln\left(\sqrt{\frac{x^2}{4}+1} + \frac{x}{2}\right) - \ln(x+2)^k\right]_0^t$$

$$= \lim_{t\to\infty}\left[\ln\frac{\sqrt{\frac{x^2}{4}+1} + \frac{x}{2}}{(x+2)^k}\right]_0^t$$

$$= \lim_{t\to\infty}\left\{\ln\frac{\sqrt{\frac{t^2}{4}+1} + \frac{t}{2}}{(t+2)^k} - \ln\left(\frac{1}{2^k}\right)\right\}$$

극한값이 존재하는 k의 값은 1뿐이고 이때 극한값은 $\ln 2$이다.

208. ①

$x = 3\sin\theta$라 하면 $\displaystyle\int_0^3 \frac{x^2}{\sqrt{9-x^2}}dx = \int_0^{\frac{\pi}{2}} 9\sin^2\theta d\theta = \frac{9\pi}{4}$

209. ②

$$\int_{-1}^{\infty} \frac{1}{x^2+2x+2}dx = \int_{-1}^{\infty} \frac{1}{(x+1)^2+1}dx$$

$$= \lim_{t\to\infty}\int_{-1}^t \frac{1}{(x+1)^2+1}dx$$

$$= \lim_{t\to\infty}\left[\tan^{-1}(x+1)\right]_{-1}^t$$

$$= \lim_{t\to\infty}\{\tan^{-1}(t+1) - \tan^{-1}0\} = \frac{\pi}{2}$$

210. ③

감마함수 $\displaystyle\int_0^{\infty} x^n e^{-x}dx = n!$ 이므로

$$\int_0^{\infty} x^3 e^{-x}dx = 3! = 6$$ 이다.

[다른 풀이]

$$\int x^3 e^{-x}dx = -e^{-x}(x^3+3x^2+6x+6)$$ 이므로

$$\int_0^{\infty} x^3 e^{-x}dx = \lim_{a\to\infty}\left[-e^{-x}(x^3+3x^2+6x+6)\right]_0^a = 6$$

211. ②

$2x = t$로 치환하면 $x = \dfrac{t}{2}$, $dx = \dfrac{1}{2}dt$,

$x\to0$일 때 $t\to0$이고 $x\to\infty$일 때 $t\to\infty$이다.

$$\therefore \int_0^{\infty} \frac{t^3}{8}e^{-t} \cdot \frac{1}{2} \cdot dt = \frac{1}{16}\int_0^{\infty} t^3 e^{-t}dt = \frac{1}{16}\times3! = \frac{3}{8}$$

[다른 풀이]

라플라스 변환의 정의에 의해 $\displaystyle\int_0^{\infty} e^{-2x}x^3 dx = \frac{3!}{2^4} = \frac{3}{8}$이다.

212. ②

$I = \displaystyle\int_{-\infty}^{\infty} e^{-x^2}dx$라 하자.

$$I^2 = \int_{-\infty}^{\infty} e^{-x^2}dx \cdot \int_{-\infty}^{\infty} e^{-y^2}dy$$

$$= \int_{-\infty}^{\infty}\int_{-\infty}^{\infty} e^{-(x^2+y^2)}dydx$$

$$= \int_0^{2\pi}\int_0^{\infty} e^{-r^2}rdrd\theta (\because 극좌표계상의 적분)$$

$$= \int_0^{2\pi}\left(\lim_{t\to\infty}\int_0^t e^{-r^2}rdr\right)d\theta$$

$$= \int_0^{2\pi} \frac{1}{2}d\theta$$

$$= \pi$$

[다른 풀이]

$$\int_0^{\infty} e^{-x^2}dx = \frac{\sqrt{\pi}}{2}$$ 이므로

$$I = \int_{-\infty}^{\infty} e^{-x^2}dx = 2\int_0^{\infty} e^{-x^2}dx = \sqrt{\pi}$$ 이고 $I^2 = \pi$이다.

213. ①

풀이 $\int_{-\infty}^{\infty} e^{-x^2} dx = \sqrt{\pi}$ 이면 $f(x) = e^{-x^2}$ 은 우함수이므로

$\int_{0}^{\infty} e^{-x^2} dx = \dfrac{\sqrt{\pi}}{2}$ 이다.

$\Gamma\left(\dfrac{1}{2}\right) = \int_{0}^{\infty} x^{-\frac{1}{2}} e^{-x} dx$

$\qquad = 2\int_{0}^{\infty} e^{-t^2} dt (\because \sqrt{x} = t \text{로 치환})$

$\qquad = \sqrt{\pi} \left(\because \int_{0}^{\infty} e^{-x^2} dx = \dfrac{\sqrt{\pi}}{2}\right)$

$\Gamma\left(\dfrac{3}{2}\right) = \int_{0}^{\infty} x^{\frac{1}{2}} e^{-x} dx = 2\int_{0}^{\infty} t^2 e^{-t^2} dt (\because \sqrt{x} = t \text{로 치환})$

$\Gamma\left(\dfrac{3}{2}\right) = \dfrac{1}{2}\Gamma\left(\dfrac{1}{2}\right) = \dfrac{1}{2}\sqrt{\pi}$ 이므로 $2\int_{0}^{\infty} t^2 e^{-t^2} dt = \dfrac{\sqrt{\pi}}{2}$ 다.

따라서 $\int_{0}^{\infty} x^2 e^{-x^2} dx = \dfrac{\sqrt{\pi}}{4}$ 이다.

[다른 풀이]

$\int_{0}^{\infty} x^2 e^{-x^2} dx = -\dfrac{1}{2}\int_{0}^{\infty} x(-2xe^{-x^2}) dx$

$\qquad = -\dfrac{1}{2}\left[xe^{-x^2}\right]_{0}^{\infty} + \dfrac{1}{2}\int_{0}^{\infty} e^{-x^2} dx$

$\qquad (\because x = v, \ -2xe^{-x^2} = u' \text{라 두고 부분 적분})$

$\qquad = \dfrac{\sqrt{\pi}}{4}$

214. ②

풀이 $\int_{0}^{\infty} \sqrt{t} e^{-t} dt = \int_{0}^{\infty} 2x^2 e^{-x^2} dx (\because \sqrt{t} = x \text{로 치환})$

$\qquad = \left[-xe^{-x^2}\right]_{0}^{\infty} + \int_{0}^{\infty} e^{-x^2} dx$

$\qquad (\because f = x, \ g' = 2xe^{-x^2} \text{으로 두고 부분 적분})$

$\qquad = \dfrac{\sqrt{\pi}}{2}$

215. ③

풀이 $x + b = t$ 로 놓으면 $dx = dt$ 이므로

$\int_{-\infty}^{\infty} e^{-a(x+b)^2} dx = \int_{-\infty}^{\infty} e^{-at^2} dt$ 이다.

다시 $\sqrt{a}\, t = u$ 로 치환하면 $\sqrt{a}\, dt = du$ 이므로

$\int_{-\infty}^{\infty} e^{-u^2} \dfrac{1}{\sqrt{a}} du = \sqrt{\dfrac{\pi}{a}} \left(\because \int_{-\infty}^{\infty} e^{-x^2} dx = \sqrt{\pi}\right)$ 이다.

216. ③

풀이 ① (발산) $\dfrac{1}{2}\int_{0}^{\infty} \dfrac{2x}{1+x^2} dx = \dfrac{1}{2}\left[\ln(1+x^2)\right]_{0}^{\infty} = \infty$

② (발산) $\ln x = t$ 로 치환하면

$\int_{0}^{\infty} \dfrac{1}{t} dt = \int_{0}^{1} \dfrac{1}{t} dt + \int_{1}^{\infty} \dfrac{1}{t} dt = \infty + \infty = \infty$ 이다.

③ (수렴) $\int_{0}^{1} \ln x \, dx = -1$

④ (발산) $\int_{1}^{2} \dfrac{1}{x-1} dx + \int_{2}^{\infty} \dfrac{1}{x-1} dx = \infty + \infty = \infty$

217. ⑤

풀이 a. (수렴) $\int_{0}^{\infty} \dfrac{1}{2+x^4} dx < \int_{1}^{\infty} \dfrac{1}{x^4} dx$ 이고

이상점이 ∞ 일 때 $p = 4 > 1$ 이므로 $\int_{1}^{\infty} \dfrac{1}{x^4} dx$ 는 수렴한다.

비교판정법에 의해 $\int_{0}^{\infty} \dfrac{1}{2+x^4} dx$ 은 수렴한다.

[다른 풀이]

유수적분을 사용하면 $z^4 = -2$ 에서 $z = \sqrt[4]{2}\, e^{\frac{\pi}{4} + \frac{\pi}{2}k}$ 이고

이중상반평면의 극은 $k = 0$, $k = 1$ 일 때이다.

$z_1 = \sqrt[4]{2}\, e^{\frac{\pi}{4}}$, $z_2 = \sqrt[4]{2}\, e^{\frac{3}{4}\pi}$ 라 하자.

$\operatorname{Res}_{z=z_1} f(z) = \left[\dfrac{1}{4z^3}\right]_{z=z_1} = \dfrac{1}{4\sqrt[4]{2^3}} e^{-\frac{3}{4}\pi}$

$\operatorname{Res}_{z=z_2} f(z) = \left[\dfrac{1}{4z^3}\right]_{z=z_2} = \dfrac{1}{4\sqrt[4]{2^3}} e^{-\frac{9}{4}\pi}$

$\therefore \int_{-\infty}^{\infty} \dfrac{dx}{2+x^4} = \dfrac{2\pi i}{4\sqrt[4]{2^3}}\left(e^{-\frac{3}{4}\pi} + e^{-\frac{9}{4}\pi}\right)$

$\qquad = \dfrac{2\pi i}{4\sqrt[4]{2^3}}\left(-e^{\frac{\pi}{4}} + e^{-\frac{\pi}{4}}\right)$

$\qquad = \dfrac{2\pi i}{4\sqrt[4]{2^3}} \cdot \left(-2i\sin\dfrac{\pi}{4}\right)$

$\qquad = \dfrac{\pi}{8\sqrt[4]{2}}$

$\therefore \int_{0}^{\infty} \dfrac{dx}{2+x^4} = \dfrac{1}{2}\int_{-\infty}^{\infty} \dfrac{dx}{2+x^4} = \dfrac{\pi}{4\sqrt[4]{2}}$

b. (수렴) $u'=xe^{-x^2}$, $v=x^3$으로 놓고 부분 적분을 사용하자.

$$2\int_0^\infty x^3(xe^{-x^2})dx$$

$$=-\frac{1}{2}x^3e^{-x^2}\Big]_0^\infty+\frac{1}{2}\int_0^\infty 3x^2\cdot e^{-x^2}dx$$

$$=0+\frac{3}{2}\left\{\left[-\frac{1}{2}xe^{-x^2}\right]_0^\infty+\frac{1}{2}\int_0^\infty e^{-x^2}dx\right\}$$

$$\left(\because xe^{-x^2}=u',\ x=v\right)$$

$$=2\times\frac{3}{2}\times\frac{1}{2}\times\frac{\sqrt{\pi}}{2}$$

$$=\frac{3}{4}\sqrt{\pi}$$

c. (수렴) $\cos(e^{x^2})\le 1$, $2+\sin x\le 3$이므로

$$\int_1^\infty\frac{\cos(e^{x^2})}{x^2(2+\sin x)}dx\le\int_1^\infty\frac{dx}{3x^2}\ \text{이다.}$$

$\int_1^\infty\frac{dx}{3x^2}$ 이 p급수판정법에 의해 수렴하므로
주어진 적분도 수렴한다.

d. (수렴) $\frac{1}{x^2}=u'$, $(\ln x)^2=v$로 놓고 부분 적분법을 사용하자.

$$\left[-\frac{(\ln x)^2}{x}\right]_1^\infty+\int_1^\infty 2\ln x\cdot\frac{1}{x^2}dx$$

$$=0+\left[-\frac{2\ln x}{x}\right]_1^\infty+2\int_1^\infty\frac{1}{x^2}dx\left(\because\frac{1}{x^2}=u',\ \ln x=v\right)$$

$$=2\left[-\frac{1}{x}\right]_1^\infty$$

$$=2$$

따라서 a, b, c, d 모두 수렴한다.

218. ③

가. $\displaystyle\lim_{t\to 0^+}\int_t^1\frac{1}{x(\ln x)}dx=\lim_{t\to 0^+}[\ln|\ln x|]_t^1=-\infty$

나. $\displaystyle\lim_{t\to 0^+}\int_t^1\frac{1}{x(\ln x)^2}dx=\lim_{t\to 0^+}\left[-\frac{1}{\ln x}\right]_t^1=\infty$

다. $x\ge 0$일 때, $\sin x\le x$이므로 $\frac{\sin x}{x}\le 1$이다.

이때 $\int_0^1 1dx=1$로 수렴하므로 $\int_0^1\frac{\sin x}{x}dx$도 수렴한다.

라. $\int_0^1\frac{1}{x^p}dx$에서 $p=\frac{1}{2}<1$이므로
p급수판정법에 의해 수렴한다.

219. ②

(ㄱ) (수렴) $\displaystyle\int_0^1\frac{dx}{\sqrt{x}+x^3}<\int_0^1\frac{dx}{\sqrt{x}}$

$\int_0^1\frac{dx}{\sqrt{x}}$ 는 수렴이므로

비교판정법에 의해서 $\int_0^1\frac{dx}{\sqrt{x}+x^3}$ 은 수렴한다.

(ㄴ) (발산) $\int_1^2\frac{dx}{x\ln x}$ 에서 $\ln x=t$로 치환하면 $\int_0^{\ln 2}\frac{dt}{t}$ 이고
p급수판정법에서 $p=1$이므로 발산한다.

(ㄷ) (수렴) $\displaystyle\int_2^\infty\frac{dx}{x^2-x}=\int_2^\infty\frac{dx}{x(x-1)}$

$$=\int_2^\infty\frac{-1}{x}+\frac{1}{x-1}dx$$

$$=-\ln x+\ln(x-1)]_2^\infty$$

$$=\ln\frac{x-1}{x}\Big]_2^\infty$$

$$=\ln 2$$

220. ③

ㄱ. (수렴) $\sqrt{x}=u$로 치환하면

$$\int_0^\infty x^2 e^{-\sqrt{x}}dx=2\int_0^\infty u^5 e^{-u}du=2\Gamma(6)=2\times 5!\ \text{다.}$$

ㄴ. (수렴) $1-x=t$로 치환하면

$$\int_0^1\frac{\sin(\pi x)}{1-x}dx=\int_1^0\frac{\sin(\pi(1-t))}{t}(-dt)$$

$$=\int_0^1\frac{\sin(\pi t)}{t}dt\ \text{이다.}$$

이때 $t\ge 0$에 대하여 $\sin(\pi t)\le\pi t$이므로

$\frac{\sin(\pi t)}{t}\le\pi$가 성립한다.

$$\int_0^1\frac{\sin(\pi t)}{t}dt\le\int_0^1\pi dt=\pi\text{이므로}$$

주어진 적분은 수렴한다.

ㄷ. (발산) $\ln x=t$로 치환하면

$$\int_0^1\frac{1}{x\ln x}dx=\int_{-\infty}^0\frac{1}{t}dt=-\infty$$

221. ③

ㄱ. (수렴) $\displaystyle\int_{-a}^{b}\dfrac{1}{x^{p}}dx(a>0,\ b>0)$는 $p<1$이어야 수렴하므로

$p=\dfrac{1}{2}<1$이고 $\displaystyle\int_{0}^{4}\dfrac{1}{\sqrt{|x-2|}}dx$는 수렴한다.

ㄴ. (발산) $\displaystyle\int_{a}^{\infty}\dfrac{1}{x^{p}}dx(a>0)$는 $p>1$이어야 수렴하므로

$p=\dfrac{2}{3}<1$이고 $\displaystyle\int_{1}^{\infty}\dfrac{1}{\sqrt[3]{x^{2}}}dx$는 발산한다.

ㄷ. (수렴) $x>1$이므로 $\dfrac{1}{x}<1$이고

$\displaystyle\int_{1}^{\infty}\dfrac{e^{-x}}{x}dx<\int_{1}^{\infty}e^{-x}dx$이다.

$\displaystyle\int_{1}^{\infty}e^{-x}dx$는 수렴하므로 비교판정법에 의해

$\displaystyle\int_{1}^{\infty}\dfrac{e^{-x}}{x}dx$는 수렴한다.

ㄹ. (수렴) $\displaystyle\lim_{x\to\infty}\dfrac{\dfrac{x-2}{\sqrt{x^{5}+2x^{3}+4}}}{\dfrac{1}{x^{\frac{3}{2}}}}=1$이고

$\displaystyle\int_{1}^{\infty}\dfrac{1}{x^{\frac{3}{2}}}dx$는 수렴하므로

극한의 비교판정법에 의해

$\displaystyle\int_{1}^{\infty}\dfrac{x-2}{\sqrt{x^{5}+2x^{3}+4}}dx$는 수렴한다.

ㅁ. (발산) $\displaystyle\int_{0}^{1}\dfrac{\ln x}{x^{p}}dx$는 $p<1$이어야 수렴하므로

$p=3>1$이고 $\displaystyle\int_{0}^{1}\dfrac{\ln x}{x^{3}}dx$는 발산한다.

■ 33. 면적 (1)

222. ③

$\displaystyle\lim_{n\to\infty}\left\{\dfrac{\pi}{n}\sin^{2}\left(\dfrac{\pi}{n}\right)+\dfrac{\pi}{n}\sin^{2}\left(\dfrac{2\pi}{n}\right)+\cdots+\dfrac{\pi}{n}\sin^{2}\left(\dfrac{2n\pi}{n}\right)\right\}$

$=\displaystyle\lim_{n\to\infty}\sum_{k=1}^{2n}\sin^{2}\left(\dfrac{k\pi}{n}\right)\dfrac{\pi}{n}$

$\dfrac{k\pi}{n}=x$라 두면 $\displaystyle\int_{0}^{2\pi}\sin^{2}x\,dx=4\times\dfrac{\pi}{4}=\pi$이다.

($\because$ 왈리스 공식)

223. ②

$\dfrac{k}{n}=x$라 두면 $\dfrac{1}{n}=dx$이고 적분구간은 $[0,\ 1]$이다.

$\displaystyle\lim_{n\to\infty}\sum_{k=1}^{n}\sqrt[3]{\dfrac{k}{n^{4}}}=\lim_{n\to\infty}\sum_{k=1}^{n}\sqrt[3]{\dfrac{k}{n}}\dfrac{1}{n}=\int_{0}^{1}\sqrt[3]{x}\,dx=\dfrac{3}{4}$다.

우변은 $\alpha\displaystyle\int_{0}^{1}\sqrt{x}\,dx=\dfrac{2}{3}\alpha$이므로 $\alpha=\dfrac{9}{8}$이다.

224. ④

$\displaystyle\lim_{n\to\infty}\left(\dfrac{1}{n^{2}+1^{2}}+\dfrac{2}{n^{2}+2^{2}}+\cdots+\dfrac{n}{n^{2}+n^{2}}\right)$

$=\displaystyle\lim_{n\to\infty}\sum_{k=1}^{n}\dfrac{k}{n^{2}+k^{2}}$

$=\displaystyle\lim_{n\to\infty}\sum_{k=1}^{n}\dfrac{\dfrac{k}{n}}{1+\left(\dfrac{k}{n}\right)^{2}}\cdot\dfrac{1}{n}$

$=\displaystyle\int_{0}^{1}\dfrac{x}{1+x^{2}}dx$

$=\left[\dfrac{1}{2}\ln(1+x^{2})\right]_{0}^{1}$

$=\ln\sqrt{2}$

225. ②

$\displaystyle\lim_{n\to\infty}\sum_{k=1}^{n}\dfrac{\ln\left(\dfrac{n+(e-1)k}{n}\right)}{1+(e-1)\dfrac{k}{n}}\cdot\dfrac{1}{n}$

$=\dfrac{1}{e-1}\displaystyle\int_{0}^{1}\dfrac{\ln(1+(e-1)x)}{1+(e-1)x}(e-1)dx$

$=\dfrac{1}{e-1}\left[\dfrac{1}{2}\{\ln(1+(e-1)x)\}^{2}\right]_{0}^{1}=\dfrac{1}{2(e-1)}$

226. ④

$f(x) = ne^{-x} + (n-1)e^{-2x} + \cdots + 2e^{-(n-1)x} + e^{-nx}$

$e^x f(x) = n + (n-1)e^{-x} + (n-2)e^{-2x} + \cdots + e^{-(n-1)x}$

$\therefore (e^x - 1)f(x) = n - e^{-x} - e^{-2x} - \cdots - e^{-(n-1)x} + e^{-nx}$

$\therefore f(x) = \dfrac{1}{e^x - 1}\left(n - e^{-x} - e^{-2x} - \cdots - e^{-(n-1)x} + e^{-nx}\right)$

$\therefore \lim_{n \to \infty} \dfrac{1}{n} f(x) = \dfrac{1}{e^x - 1}$

227. ②

$\displaystyle\lim_{n \to \infty} \frac{1}{n^2} \prod_{k=1}^{n} (n^2 + k^2)^{\frac{1}{n}}$

$= \displaystyle\lim_{n \to \infty} \frac{1}{n^2}\left\{(n^2 + 1^2)^{\frac{1}{n}} \times (n^2 + 2^2)^{\frac{1}{n}} \times \cdots \times (n^2 + n^2)^{\frac{1}{n}}\right\}$

$= \displaystyle\lim_{n \to \infty} \frac{1}{n^2}\left\{n^{\frac{2}{n} \times n}\left(1 + \frac{1}{n^2}\right)^{\frac{1}{n}} \times \left(1 + \frac{2^2}{n^2}\right)^{\frac{1}{n}} \times \cdots \right.$

$\left. \times \left(1 + \frac{n^2}{n^2}\right)^{\frac{1}{n}}\right\}$

$= \displaystyle\lim_{n \to \infty}\left\{\left(1 + \frac{1}{n^2}\right)^{\frac{1}{n}} \times \left(1 + \frac{2^2}{n^2}\right)^{\frac{1}{n}} \times \cdots \times \left(1 + \frac{n^2}{n^2}\right)^{\frac{1}{n}}\right\}$

$= e^{\lim\limits_{n\to\infty}\ln\left\{\left(1 + \frac{1}{n^2}\right)^{\frac{1}{n}} \times \left(1 + \frac{2^2}{n^2}\right)^{\frac{1}{n}} \times \cdots \times \left(1 + \frac{n^2}{n^2}\right)^{\frac{1}{n}}\right\}}$

$= e^{\lim\limits_{n\to\infty}\left[\frac{1}{n}\sum\limits_{k=1}^{n}\ln\left(1 + \left(\frac{k}{n}\right)^2\right)\right]}$

$\displaystyle\lim_{n \to \infty}\left[\frac{1}{n}\sum_{k=1}^{n}\ln\left(1 + \left(\frac{k}{n}\right)^2\right)\right] = \int_0^1 \ln(1 + x^2)\,dx$를 적분하자.

$\displaystyle\int_0^1 \ln(1 + x^2)\,dx = \left[\ln(1 + x^2) \cdot x\right]_0^1 - \int_0^1 \frac{2x}{1 + x^2} \cdot x\,dx$

$= \ln 2 - \displaystyle\int_0^1\left(2 - \frac{2}{1 + x^2}\right)dx$

$= \ln 2 - \left[2x - 2\tan^{-1}x\right]_0^1$

$= \ln 2 - 2 + \dfrac{\pi}{2}$

$\therefore e^{\lim\limits_{n\to\infty}\left[\frac{1}{n}\sum\limits_{k=1}^{n}\ln\left(1 + \left(\frac{k}{n}\right)^2\right)\right]} = e^{\ln 2 - 2 + \frac{\pi}{2}} = 2e^{-2 + \frac{\pi}{2}}$

■ **34. 면적 (2)**

228. ④

그래프를 그려서 확인하자.

$\left(\dfrac{\pi}{2}\right)^2 - 2\displaystyle\int_0^{\frac{\pi}{2}} \sin x\,dx = \dfrac{\pi^2}{4} - 2$

229. ③

$2\displaystyle\int_0^1 (2 - y - y^2)\,dy = 2\left[2y - \frac{1}{2}y^2 - \frac{1}{3}y^3\right]_0^1$

$= 2\left(2 - \dfrac{1}{2} - \dfrac{1}{3}\right)$

$= \dfrac{7}{3}$

230. ④

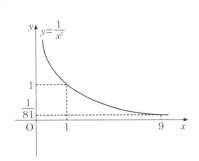

$\displaystyle\int_1^9 \frac{1}{x^2}\,dx = \frac{8}{9}$ 이고

직선 $y = a$가 이 영역의 넓이를 이등분해야 하므로

$\dfrac{1}{81} < a < 1$이다.

$\displaystyle\int_1^{\frac{1}{\sqrt{a}}}\left(\frac{1}{x^2} - a\right)dx = \left[-\frac{1}{x} - ax\right]_1^{\frac{1}{\sqrt{a}}}$

$= -2\sqrt{a} + 1 + a$

$= (1 - \sqrt{a})^2 (1 - \sqrt{a})^2$

$= \dfrac{4}{9}$

$1 - \sqrt{a} = \pm\dfrac{2}{3}\left(\because \dfrac{1}{81} < a < 1\right)$

$\therefore a = \dfrac{1}{9}$

231. ④

풀이 두 함수의 그래프는 $x = 0, 4$일 때 만난다.
따라서 두 곡선으로 둘러싸인 영역의 넓이는 다음과 같다.

$$\int_0^4 \left\{ \sin\left(\frac{\pi}{4}x\right) - (x^2 - 4x) \right\} dx$$

$$= \left[-\frac{4}{\pi}\cos\left(\frac{\pi}{4}x\right) - \frac{1}{3}x^3 + 2x^2 \right]_0^4$$

$$= \frac{8}{\pi} + \frac{32}{3}$$

232. ⑤

풀이
$$\int_{-1}^{-\frac{1}{2}} e^{2x}\, dx + \int_{-\frac{1}{2}}^{0} \left\{ e^{2x} - (2x+1) \right\} dx$$

$$= \left[\frac{1}{2}e^{2x} \right]_{-1}^{-\frac{1}{2}} + \left[\frac{1}{2}e^{2x} - x^2 - x \right]_{-\frac{1}{2}}^{0}$$

$$= \frac{1}{2}(e^{-1} - e^{-2}) + \frac{1}{2} - \left(\frac{1}{2}e^{-1} - \frac{1}{4} + \frac{1}{2} \right)$$

$$= \frac{1}{4} - \frac{1}{2e^2}$$

233. ②

풀이 주어진 함수는 성망형으로
제1사분면상의 x축과 둘러싸인 면적의 4배이다.

$$S = 4\int_0^a |y|\, dx$$

$$= 4\int_{\frac{\pi}{2}}^{0} \left| \sqrt{2}\sin^3 t \right| \times 3\sqrt{2}\cos^2 t(-\sin t)\, dt$$

$$= 24\int_0^{\frac{\pi}{2}} \sin^4 t \cos^2 t\, dt$$

$$= 24\int_0^{\frac{\pi}{2}} \sin^4 t (1 - \sin^2 t)\, dt$$

$$= 24\left(\frac{3}{4} \times \frac{\pi}{4} - \frac{5}{6} \times \frac{3}{4} \times \frac{\pi}{4} \right)$$

$$= \frac{3}{4}\pi \ (\because \text{왈리스 공식})$$

234. ③

풀이
$$S = \int_0^{4\pi} y\, dx$$

$$= \int_0^{4\pi} (1 - \cos t)^2\, dt$$

$$= \int_0^{4\pi} (1 - 2\cos t + \cos^2 t)\, dt$$

$$= \int_0^{4\pi} \left(1 - 2\cos t + \frac{1 + \cos 2t}{2} \right) dt$$

$$= \int_0^{4\pi} \left(\frac{3}{2} - 2\cos t + \frac{1}{2}\cos 2t \right) dt$$

$$= \left[\frac{3}{2}t - 2\sin t + \frac{1}{4}\sin 2t \right]_0^{4\pi}$$

$$= 6\pi$$

[다른 풀이]

사이클로이드 $\begin{cases} x = a(t - \sin t) \\ y = a(1 - \cos t) \end{cases} (0 \le t \le 2\pi)$와

x축으로 둘러싸인 면적은 $3\pi a^2$이므로
주어진 사이클로이드와 $y = 0$으로 둘러싸인 영역의 넓이는
$2 \times 3\pi = 6\pi$이다.

■ 35. 면적 (3)

235. ④

$r = 2\cos 3\theta$의 넓이를 구하는 것은

θ가 0에서 $\dfrac{\pi}{6}$까지 그려지는 부분의 넓이의 6배를 하면 되므로

$$S = 6 \times \frac{1}{2} \int_0^{\frac{\pi}{6}} 4\cos^2 3\theta \, d\theta$$

$$= 12 \int_0^{\frac{\pi}{6}} \cos^2 3\theta \, d\theta$$

$$= 4 \int_0^{\frac{\pi}{2}} \cos^2 t \, dt \ (\because 3\theta = t, \ 3d\theta = dt)$$

$$= 4 \times \frac{1}{2} \frac{\pi}{2}$$

$$= \pi$$

[다른 풀이]

$r = a\cos 3\theta$의 내부 면적은 $\dfrac{\pi a^2}{4}$이므로 $\dfrac{\pi}{4} \times 2^2 = \pi$이다.

236. ②

$$\frac{1}{2} \int_0^{2\pi} (1 + \sin\theta)^2 \, d\theta = \frac{1}{2} \int_0^{2\pi} (1 + 2\sin\theta + \sin^2\theta) \, d\theta$$

$$= \frac{1}{2} \int_0^{2\pi} \left(\frac{3}{2} + 2\sin\theta - \frac{1}{2}\cos 2\theta \right) d\theta$$

$$= \frac{1}{2} \left[\frac{3}{2}\theta - 2\cos\theta - \frac{1}{4}\sin 2\theta \right]_0^{2\pi}$$

$$= \frac{3}{2}\pi$$

TIP 심장형 $r = a(1 + \sin\theta)$로 둘러싸인 영역의 넓이는 $\dfrac{3}{2}\pi a^2$

237. ②

$$\frac{1}{2} \int_0^{2\pi} (5 + 4\cos\theta)^2 \, d\theta$$

$$= \frac{1}{2} \int_0^{2\pi} (25 + 40\cos\theta + 16\cos^2\theta) \, d\theta$$

$$= \frac{1}{2} \left\{ [25\theta + 40\sin\theta]_0^{2\pi} + 16 \times 4 \times \frac{1}{2} \times \frac{\pi}{2} \right\} (\because 왈리스 공식)$$

$$= \frac{1}{2} \{ 50\pi + 16\pi \}$$

$$= 33\pi$$

238. ①

$$S = \frac{1}{2} \int_0^{\pi} (\sqrt{\sin^3\theta})^2 \, d\theta$$

$$= \frac{1}{2} \int_0^{\pi} \sin^3\theta \, d\theta$$

$$= \frac{1}{2} \left(2 \int_0^{\frac{\pi}{2}} \sin^3\theta \, d\theta \right)$$

$$= \frac{2}{3} (\because 왈리스 공식)$$

239. ③

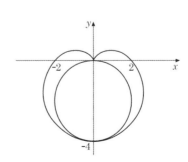

$$S = 2 \times \frac{1}{2} \int_0^{\frac{\pi}{3}} (4\cos\theta)^2 - 4 \, d\theta$$

$$= \int_0^{\frac{\pi}{3}} (16\cos^2\theta - 4) \, d\theta$$

$$= \int_0^{\frac{\pi}{3}} (4 + 8\cos 2\theta) \, d\theta$$

$$= [4\theta + 4\sin 2\theta]_0^{\pi/3}$$

$$= \frac{4}{3}\pi + 4\sin\left(\frac{2}{3}\pi \right)$$

$$= \frac{4}{3}\pi + 2\sqrt{3}$$

240. ②

$$S = \frac{1}{2}\int_0^{2\pi}(2-2\sin\theta)^2 d\theta - \frac{1}{2}\int_0^{\pi}(-4\sin\theta)^2 d\theta$$

$$= 2\int_0^{2\pi}(1-2\sin\theta+\sin^2\theta)d\theta - 8\int_0^{\pi}\sin^2\theta d\theta$$

$$= 2[\theta+2\cos\theta]_0^{2\pi} + 2\int_0^{2\pi}\sin^2\theta d\theta - 8\int_0^{\pi}\sin^2\theta d\theta$$

$$= 4\pi + 2\pi - 4\pi \,(\because \text{월리스 공식})$$

$$= 2\pi$$

[다른 풀이]

심장형과 원의 넓이 구하는 공식을 이용하면

$S = \dfrac{3\pi}{2}\cdot 4 - 4\pi = 2\pi$ 이다.

241. ②

풀이

$$2\times\frac{1}{2}\int_{\frac{\pi}{4}}^{\frac{\pi}{2}}(4\cos\theta)^2 d\theta = 16\int_{\frac{\pi}{4}}^{\frac{\pi}{2}}\cos^2\theta d\theta$$

$$= 8\int_{\frac{\pi}{4}}^{\frac{\pi}{2}}(1+\cos2\theta)d\theta$$

$$= 8\left[\theta + \frac{1}{2}\sin2\theta\right]_{\frac{\pi}{4}}^{\frac{\pi}{2}}$$

$$= 2\pi - 4$$

242. ③

풀이 극곡선의 대칭성을 이용하자.

$$A = 2\times\frac{1}{2}\int_{\frac{\pi}{6}}^{\frac{\pi}{2}}\{(3\sin\theta)^2-(1+\sin\theta)^2\}d\theta$$

$$= \int_{\frac{\pi}{6}}^{\frac{\pi}{2}}(8\sin^2\theta-2\sin\theta-1)d\theta$$

$$= \int_{\frac{\pi}{6}}^{\frac{\pi}{2}}\{4(1-\cos2\theta)-2\sin\theta-1\}d\theta$$

$$= [3\theta-2\sin2\theta+2\cos\theta]_{\pi/6}^{\pi/2}$$

$$= \pi$$

243. ①

풀이 $n\to\infty$일 때 $r=\left(\dfrac{1}{2^n}+3\right)\sin\theta \Rightarrow r=3\sin\theta$이므로

$r=1+\sin\theta$의 외부, $r=3\sin\theta$의 내부에 해당하는 영역의 넓이를 구하면 된다.

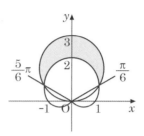

$$2\times\frac{1}{2}\int_{\frac{\pi}{6}}^{\frac{\pi}{2}}\{(3\sin\theta)^2-(1+\sin\theta)^2\}d\theta$$

$$= \int_{\frac{\pi}{6}}^{\frac{\pi}{2}}(8\sin^2\theta-2\sin\theta-1)d\theta$$

$$= \int_{\frac{\pi}{6}}^{\frac{\pi}{2}}\left(8\cdot\frac{1-\cos2\theta}{2}-2\sin\theta-1\right)d\theta$$

$$= \int_{\frac{\pi}{6}}^{\frac{\pi}{2}}(3-4\cos2\theta-2\sin\theta)d\theta$$

$$= [3\theta-2\sin2\theta+2\cos\theta]_{\frac{\pi}{6}}^{\frac{\pi}{2}}$$

$$= \pi$$

244. ⑤

풀이

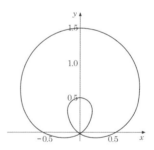

작은 고리 내부의 면적을 A,

작은 고리와 큰 고리 사이의 면적을 B라 하자.

$$A = 2\times\frac{1}{2}\int_{\frac{7}{6}\pi}^{\frac{3}{2}\pi}\left(\frac{1}{2}+\sin\theta\right)^2 d\theta$$

$$= \int_{\frac{7}{6}\pi}^{\frac{3}{2}\pi}\left(\frac{1}{4}+\sin\theta+\sin^2\theta\right)d\theta$$

$$= \int_{\frac{7}{6}\pi}^{\frac{3}{2}\pi}\left(\frac{3}{4}+\sin\theta-\frac{1}{2}\cos2\theta\right)d\theta$$

$$= \left[\frac{3}{4}\theta-\cos\theta-\frac{1}{4}\sin2\theta\right]_{\frac{7}{6}\pi}^{\frac{3}{2}\pi}$$

$$= \frac{\pi}{4}-\frac{3\sqrt{3}}{8}$$

$$B = 2\left\{\frac{1}{2}\int_{-\frac{\pi}{6}}^{\frac{\pi}{2}}\left(\frac{1}{2}+\sin\theta\right)^2 d\theta - \frac{1}{2}\int_{\frac{7}{6}\pi}^{\frac{3}{2}\pi}\left(\frac{1}{2}+\sin\theta\right)^2 d\theta\right\}$$

$$= \left[\frac{3}{4}\theta - \cos\theta - \frac{1}{4}\sin 2\theta\right]_{-\frac{\pi}{6}}^{\frac{\pi}{2}} - \left(\frac{\pi}{4} - \frac{3\sqrt{3}}{8}\right)$$

$$= \frac{\pi}{2} + \frac{3}{8}\sqrt{3} - \left(\frac{\pi}{4} - \frac{3\sqrt{3}}{8}\right)$$

$$= \frac{\pi}{4} + \frac{3}{4}\sqrt{3}$$

$$\therefore |A-B| = \left|\frac{\pi}{4} + \frac{3}{4}\sqrt{3} - \left(\frac{\pi}{4} - \frac{3}{8}\sqrt{3}\right)\right| = \frac{9}{8}\sqrt{3}$$

■ 36. 길이

245. ④

$$\int_{-\frac{1}{2}}^{0}\sqrt{1+\left(\frac{-2x}{1-x^2}\right)^2}\,dx = \int_{-\frac{1}{2}}^{0}\sqrt{1+\frac{4x^2}{(1-x^2)^2}}\,dx$$

$$= \int_{-\frac{1}{2}}^{0}\sqrt{\frac{1-2x^2+x^4+4x^2}{(1-x^2)^2}}\,dx$$

$$= \int_{-\frac{1}{2}}^{0}\sqrt{\frac{(1+x^2)^2}{(1-x^2)^2}}\,dx$$

$$= \int_{-\frac{1}{2}}^{0}\frac{1+x^2}{1-x^2}\,dx$$

$$= \int_{-\frac{1}{2}}^{0}\left(\frac{2}{1-x^2}-1\right)dx$$

$$= \left[2\tanh^{-1}x - x\right]_{-1/2}^{0}$$

$$= \left[\ln\left(\frac{1+x}{1-x}\right)-x\right]_{-\frac{1}{2}}^{0}$$

$$= 0 - \left\{\ln\left(\frac{1}{3}\right)+\frac{1}{2}\right\}$$

$$= \ln 3 - \frac{1}{2}$$

246. ④

$y' = \sqrt{\sqrt{x}-1}$, $(y')^2 = \sqrt{x}-1$에서 $\sqrt{1+(y')^2} = x^{\frac{1}{4}}$이다.
구하는 길이를 L이라 하자.

$$L = \int_{1}^{16}\sqrt{1+(y')^2}\,dx$$

$$= \int_{1}^{16}x^{\frac{1}{4}}\,dx$$

$$= \left[\frac{4}{5}x^{\frac{5}{4}}\right]_{1}^{16}$$

$$= \frac{4}{5}(32-1)$$

$$= \frac{124}{5}$$

247. ④

$y' = x - \frac{1}{4x}$, $(y')^2 = x^2 - \frac{1}{2} + \frac{1}{16x^2}$,

$$1+(y')^2 = x^2 + \frac{1}{2} + \frac{1}{16x^2} = \left(x + \frac{1}{4x}\right)^2$$

$$\therefore L = \int_1^2 \sqrt{1+(y')^2}\,dx$$
$$= \int_1^2 x + \frac{1}{4x}\,dx$$
$$= \left[\frac{1}{2}x^2 + \frac{1}{4}\ln x\right]_1^2$$
$$= \frac{3}{2} + \frac{1}{4}\ln 2$$

248. ②

[풀이] 우리가 알고 있는 사이클로이드 그래프를
$y = x$ 축에 대칭시키면 문제에서 제시하고 있는 함수이다.
이 곡선과 $x = 2, y = 0$으로 둘러싸인 영역의 면적은
직사각형의 면적(2π)에서

사이클로이드 면적의 절반($\frac{3\pi}{2}$)를 빼서 계산한다.

[다른 풀이]
$t = \pi$일 때 $x = 2$이므로 적분영역은 $[0, 2]$이다.
$$\therefore A = \int_0^\pi (t - \sin t)(\sin t)\,dt$$
$$= \int_0^\pi (t\sin t - \sin^2 t)\,dt$$
$$= \int_0^\pi \left(t\sin t - \frac{1-\cos 2t}{2}\right)dt$$
$$= \left[t(-\cos t) + \sin t - \frac{1}{2}\left(t - \frac{1}{2}\sin 2t\right)\right]_0^\pi$$
$$= \frac{\pi}{2}$$

249. ④

[풀이]
$$\frac{dx}{dt} = 6\cos^2\theta(-\sin\theta),\quad \frac{dy}{dt} = 6\sin^2\theta\cos\theta$$
$$\therefore l = \int_0^{\frac{\pi}{2}} \sqrt{(-6\cos^2\theta\sin\theta)^2 + (6\sin^2\theta\cos\theta)^2}\,d\theta$$
$$= 6\int_0^{\frac{\pi}{2}} \sin\theta\cos\theta\sqrt{\cos^2\theta + \sin^2\theta}\,d\theta$$
$$= 6\left[\frac{1}{2}\sin^2\theta\right]_0^{\frac{\pi}{2}}$$
$$= 3$$

250. ③

[풀이]
$$\gamma'(t) = \left(\frac{t^2+1-(t+1)2t}{(t^2+1)^2}, \frac{(2t+1)(t^2+1)-(t^2+t)2t}{(t^2+1)^2}\right)$$
$$= \left(\frac{-t^2-2t+1}{(t^2+1)^2}, \frac{-t^2+2t+1}{(t^2+1)^2}\right)$$
$0 \le t \le 1$에서 곡선의 길이를 l이라 하자.
$$l = \int_0^1 |r'(t)|\,dt$$
$$= \int_0^1 \sqrt{\left\{\frac{-t^2-2t+1}{(t^2+1)^2}\right\}^2 + \left\{\frac{-t^2+2t+1}{(t^2+1)^2}\right\}^2}\,dt$$
$$= \int_0^1 \frac{\sqrt{2t^4+4t^2+2}}{(t^2+1)^2}\,dt$$
$$= \int_0^1 \frac{\sqrt{2(t^2+1)^2}}{(t^2+1)^2}\,dt$$
$$= \sqrt{2}\int_0^1 \frac{t^2+1}{(t^2+1)^2}\,dt$$
$$= \sqrt{2}\int_0^1 \frac{1}{t^2+1}\,dt$$
$$= \sqrt{2}\left[\tan^{-1}t\right]_0^1$$
$$= \sqrt{2}\frac{\pi}{4}$$
$$= \frac{\pi}{2\sqrt{2}}$$

[다른 풀이]
$$y = xt \iff t = \frac{y}{x}$$
$$x = \frac{\frac{y}{x}+1}{\frac{y^2}{x^2}+1}$$
$$\iff x = \frac{xy+x^2}{y^2+x^2}$$
$$\iff x^2 + y^2 = x + y$$
$$\iff \left(x^2 - x + \frac{1}{4}\right) + \left(y^2 - y + \frac{1}{4}\right) = \frac{1}{2}$$
$$\iff \left(x - \frac{1}{2}\right)^2 + \left(y - \frac{1}{2}\right)^2 = \frac{1}{2}$$
따라서 중심이 $\left(\frac{1}{2}, \frac{1}{2}\right)$이고 반지름이 $\frac{1}{\sqrt{2}}$인 원이며
$0 \le t \le 1$은 $(1, 0)$에서 $(1, 1)$에 해당하는 부분이므로
곡선(부채꼴)의 길이는 $\frac{1}{\sqrt{2}} \times \frac{\pi}{2} = \frac{\pi}{2\sqrt{2}}$ 이다.

251. ⑤

대칭성을 이용하자.

$$L = 2 \times \left[\int_0^\pi \sqrt{(1+2\cos\theta+\cos^2\theta)+(-\sin\theta)^2}\,d\theta \right]$$

$$= 2 \times \left[\int_0^\pi \sqrt{(1+2\cos\theta+\cos^2\theta+\sin^2\theta)}\,d\theta \right]$$

$$= 2 \int_0^\pi \sqrt{(2+2\cos\theta)}\,d\theta$$

$$= 4 \int_0^\pi \sqrt{\cos^2\frac{\theta}{2}}\,d\theta$$

$$= 4 \int_0^\pi \cos\frac{\theta}{2}\,d\theta$$

$$= 8 \left[\sin\frac{\theta}{2} \right]_0^\pi$$

$$= 8$$

252. ⑤

공식을 이용하자. 심장형 $r=a(1\pm\cos\theta)$ 또는 $r=a(1\pm\sin\theta)$의 곡선의 길이는 $8a$이므로 $8 \times 1 = 80$이다.

[다른 풀이]
길이 공식을 이용한다.

$$L = 2 \times \left[\int_0^\pi \sqrt{(1-2\cos\theta+\cos^2\theta)+(\sin\theta)^2}\,d\theta \right]$$

$$= 2 \times \left[\int_0^\pi \sqrt{(1-2\cos\theta+\cos^2\theta+\sin^2\theta)}\,d\theta \right]$$

$$= 2 \int_0^\pi \sqrt{(2-2\cos\theta)}\,d\theta = 4 \int_0^\pi \sqrt{\sin^2\frac{\theta}{2}}\,d\theta$$

$$= 4 \int_0^\pi \sin\frac{\theta}{2}\,d\theta$$

$$= -8 \left[\cos\frac{\theta}{2} \right]_0^\pi$$

$$= 8$$

253. ⑤

$r' = 2\sin\theta$이다. 곡선의 대칭성을 이용하자.

$$l = 2 \int_0^\pi \sqrt{4(1-\cos\theta)^2+(2\sin\theta)^2}\,d\theta$$

$$= 4 \int_0^\pi \sqrt{(1-\cos\theta)^2+\sin^2\theta}\,d\theta$$

$$= 4 \int_0^\pi \sqrt{2-2\cos\theta}\,d\theta$$

$$= 4\sqrt{2} \int_0^\pi \sqrt{1-\cos\theta}\,d\theta$$

$$= 8 \int_0^\pi \sqrt{\frac{1-\cos\theta}{2}}\,d\theta$$

$$= 8 \int_0^\pi \left| \sin\frac{\theta}{2} \right| d\theta$$

$$= 8 \left[-2\cos\frac{\theta}{2} \right]_0^\pi$$

$$= 16$$

TIP 심장형 $r=a(1\pm\cos\theta)$, $r=a(1\pm\sin\theta)$의 길이는 $8a$

254. ③

$$A = 3 \int_{-\pi/6}^{\pi/6} \frac{1}{2}\cos^2 3\theta\,d\theta$$

$$= 3 \int_0^{\pi/6} \frac{1+\cos6\theta}{2}\,d\theta$$

$$= 3\frac{\pi}{12}$$

$$= \frac{\pi}{4}$$

■ 37. 회전체의 부피

255. ④

> x축에 수직인 평면으로 자른 단면이 정사각형이라 하면
> 단면적은 $S=(2y)^2$이다. 따라서 부피는
> $$V=\int Sdx=\int_{-2}^{2}4y^2dx=\int_{-2}^{2}4(4-x^2)dx=\frac{128}{3}\text{이다.}$$
> $$\therefore y^2=4-x^2$$

256. ①

> 원판법칙을 이용하자.
> 부피 $V=\pi\int_{0}^{1}\left(\sqrt{x}\right)^2-\left(x^2\right)^2dx$
> $$=\pi\left[\frac{1}{2}x^2-\frac{1}{5}x^5\right]_{0}^{1}$$
> $$=\pi\left(\frac{1}{2}-\frac{1}{5}\right)$$
> $$=\frac{3}{10}\pi$$

257. ①

> $V=\pi\int_{0}^{2\pi}y^2\,dx$
> $$=\pi\int_{0}^{2\pi}(1-\cos\theta)^2(1-\cos\theta)\,d\theta$$
> $$=\pi\int_{0}^{2\pi}(1-3\cos\theta+3\cos^2\theta-\cos^3\theta)\,d\theta$$
> $$=\pi\left([\theta]_{0}^{2\pi}-0+4\times3\times\frac{1}{2}\times\frac{\pi}{2}-0\right)(\because \text{왈리스 공식})$$
> $$=5\pi^2$$

258. ②

> $\dfrac{V_x}{V_y}=\dfrac{\pi\displaystyle\int_{0}^{2}(2x-x^2)^2\,dx}{2\pi\displaystyle\int_{0}^{2}x(2x-x^2)\,dx}$
> $$=\dfrac{\displaystyle\int_{0}^{2}\left(4x^2-4x^3+x^4\right)dx}{2\displaystyle\int_{0}^{2}\left(2x^2-x^3\right)dx}$$

> $$=\dfrac{\left[\frac{4}{3}x^3-x^4+\frac{1}{5}x^5\right]_{0}^{2}}{2\left[\frac{2}{3}x^3-\frac{1}{4}x^4\right]_{0}^{2}}$$
> $$=\dfrac{\frac{16}{15}}{2\cdot\frac{4}{3}}$$
> $$=\frac{2}{5}$$

259. ②

> $V=\displaystyle\int_{0}^{1}2\pi(1-x)(x-x^2)\,dx$
> $$=2\pi\int_{0}^{1}(x-2x^2+x^3)\,dx$$
> $$=2\pi\frac{1}{12}$$
> $$=\frac{\pi}{6}$$

260. ①

> $y=f(x)$을 y축으로 회전시켜 생기는
> 입체의 부피를 V_y라고 하자.
> $V_y=2\pi\displaystyle\int_{0}^{1}x\left(1-\sqrt{2x-x^2}\right)dx$
> $$=2\pi\int_{0}^{1}x-x\sqrt{2x-x^2}\,dx$$
> $$=2\pi\int_{0}^{1}xdx-2\pi\int_{0}^{1}x\sqrt{1-(x-1)^2}\,dx$$
> $$=2\pi\left[\frac{1}{2}x^2\right]_{0}^{1}-2\pi\int_{-\frac{\pi}{2}}^{0}(\sin\theta+1)\cos\theta\cos\theta\,d\theta$$
> $$=\pi-2\pi\int_{-\frac{\pi}{2}}^{0}\sin\theta\cos^2\theta+\cos^2\theta d\theta$$
> $$=\pi-2\pi\left[-\frac{1}{3}\cos^3\theta+\frac{1}{2}\theta+\frac{1}{4}\sin2\theta\right]_{-\frac{\pi}{2}}^{0}$$
> $$=\pi-2\pi\left\{-\frac{1}{3}-\left(-\frac{\pi}{4}\right)\right\}$$
> $$=\pi\left(1+\frac{2}{3}-\frac{\pi}{2}\right)$$
> $$=\pi\left(\frac{5}{3}-\frac{\pi}{2}\right)$$

[다른 풀이]

$(x-1)^2+(y-1)^2=1 \Leftrightarrow x=1+\cos t,\ y=1+\sin t$ 이고,

매개변수 곡선의 $\pi \le t \le \dfrac{3\pi}{2}$ 부분과 x, y축으로 둘러싸인 영역을 y축을 둘레로 회전한 회전체와 같다.

방향성을 이용하자.

$$V = -\int_{\pi}^{\frac{3\pi}{2}} \pi x^2\, dy$$

$$= -\int_{\pi}^{\frac{3\pi}{2}} \pi (1+\cos t)^2 (\cos t)\, dt$$

$$= -\pi \int_{\pi}^{\frac{3\pi}{2}} (\cos t + 2\cos^2 t + \cos^3 t)\, dt$$

$$= -\pi \left\{ \int_{\pi}^{\frac{3\pi}{2}} \cos t\, dt + 2\int_{\pi}^{\frac{3\pi}{2}} \cos^2 t\, dt + \int_{\pi}^{\frac{3\pi}{2}} \cos^3 t\, dt \right\}$$

$$= -\pi \left(-1 + 2\cdot \frac{1}{2}\cdot \frac{\pi}{2} - \frac{2}{3} \right) (\because \text{왈리스 공식})$$

$$= \pi \left(\frac{5}{3} - \frac{\pi}{2} \right)$$

261. ④

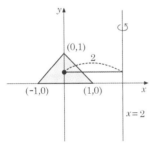

파푸스 정리를 이용하자.

(i) 도형의 넓이 : $S = \dfrac{1}{2} \times 2 \times 1 = 1$

(ii) 도형의 중심 : $\left(\dfrac{0+(-1)+1}{3},\ \dfrac{1+0+0}{3} \right) = \left(0,\ \dfrac{1}{3} \right)$

(iii) 도형 중심과 회전축과의 거리 : $d = 2$

$\therefore V =$ (도형의 넓이) $\times 2\pi d = 4\pi$

262. ④

타원의 중심은 $(0,\ 0)$이고, 넓이는 $2\cdot 3\cdot \pi$이다.

중심에서 직선까지의 거리는 $\dfrac{12}{\sqrt{9+16}} = \dfrac{12}{5}$ 이다.

파푸스 정리를 이용하면

회전체의 부피는 $6\pi \times 2\pi \times \dfrac{12}{5} = \dfrac{144\pi^2}{5}$ 이다.

38. 회전체의 표면적

263. ②

$$2\pi \int_0^1 y\sqrt{1+(y')^2}\, dx = 2\pi \int_0^1 2x^3 \sqrt{1+(6x^2)^2}\, dx$$

$$= \frac{\pi}{36} \int_0^1 144x^3 \sqrt{1+36x^4}\, dx$$

$$= \frac{\pi}{36} \cdot \frac{2}{3} \left[(1+36x^4)^{\frac{3}{2}} \right]_0^1$$

$$= \frac{\pi}{54} \left(37^{\frac{3}{2}} - 1 \right)$$

264. ①

$x^2+y^2=1$에서 $y\ge 0$인 부분은 $y=\sqrt{1-x^2}$ 이다.

이 곡선을 $y=1$을 축으로 회전시킨 곡면의 겉넓이는

$$S = 2\times 2\pi \int_0^1 (1-y)\sqrt{1+(y')^2}\, dx$$

$$= 4\pi \int_0^1 (1-\sqrt{1-x^2})\sqrt{1+\frac{x^2}{1-x^2}}\, dx$$

$$= 4\pi \int_0^1 (1-\sqrt{1-x^2})\frac{1}{\sqrt{1-x^2}}\, dx$$

$$= 4\pi \int_0^1 \frac{1}{\sqrt{1-x^2}} - 1\, dx$$

$$= 4\pi \left[\sin^{-1} x - x \right]_0^1$$

$$= 4\pi \left(\frac{\pi}{2} - 1 \right)$$

$$= 2\pi(\pi - 2) \text{이다.}$$

265. ⑤

곡면의 넓이를 S라 하자. $y' = \dfrac{x}{2} - \dfrac{1}{2x}$ 이다.

$$S = 2\pi \int_1^2 x\sqrt{1+\frac{1}{4}\left(x-\frac{1}{x}\right)^2}\, dx$$

$$= 2\pi \int_1^2 x\sqrt{\frac{1}{4}\left(x+\frac{1}{x}\right)^2}\, dx$$

$$= \pi \int_1^2 x\left(x+\frac{1}{x}\right)\, dx$$

$$= \pi \left[\frac{1}{3}x^3 + x \right]_1^2$$

$$= \frac{10}{3}\pi$$

266. ③

[풀이]

(1) (발산) $n \geq 3$일 때, $\dfrac{\ln n}{n} > \dfrac{1}{n}$ 이고 $\displaystyle\sum_{n=1}^{\infty} \dfrac{1}{n}$ 이 발산하므로

비교판정법에 의해 $\displaystyle\sum_{n=1}^{\infty} \dfrac{\ln n}{n}$ 은 발산한다.

(2) (발산) $a_n = \dfrac{4n^2 + 10^5 n}{\sqrt{2 + 10 n^5}}$, $b_n = \dfrac{1}{\sqrt{n}}$ 이라 하면

$\displaystyle\lim_{n \to \infty} \dfrac{a_n}{b_n} = \lim_{n \to \infty} \dfrac{10 n^2 \sqrt{n} + 10^5 n \sqrt{n}}{\sqrt{2 + 10 n^5}} = \sqrt{10}$ 이고

$\displaystyle\sum_{1}^{\infty} \dfrac{1}{\sqrt{n}} = \infty$ 이므로 극한비교판정법에 의해 발산한다.

(3) (수렴) $\displaystyle\lim_{n \to \infty} \dfrac{n}{10^n} = 0$ 이므로

교대급수판정법에 의해 수렴한다.

(4) (수렴)

$$\sum_{n=0}^{\infty} \dfrac{\sin(n+0.5)\pi}{2 + \sqrt[3]{2n}} = \sum_{n=0}^{\infty} \dfrac{\sin\left(n\pi + \dfrac{\pi}{2}\right)}{2 + \sqrt[3]{2n}} = \sum_{n=0}^{\infty} \dfrac{(-1)^n}{2 + \sqrt[3]{2n}}$$

이고 $\displaystyle\lim_{n \to \infty} \dfrac{1}{2 + \sqrt[3]{2n}} = 0$ 이므로

교대급수판정법에 의해 수렴한다.

(5) (수렴)

$$\lim_{n \to \infty} \dfrac{a_{n+1}}{a_n} = \lim_{n \to \infty} \dfrac{(n+1)^{1000} 1000^{n+1}}{(n+1)!} \cdot \dfrac{n!}{n^{1000} 1000^n}$$

$$= \lim_{n \to \infty} \dfrac{1000}{n+1} \cdot \left(\dfrac{n+1}{n}\right)^{1000}$$

$$= \lim_{n \to \infty} \dfrac{1000}{n+1} \left(1 + \dfrac{1}{n}\right)^{1000}$$

$$= 0 < 1$$ 이므로

비판정법에 의해 수렴한다.

따라서 수렴하는 것은 (3),(4),(5)의 3개이다.

267. ③

[풀이]

ㄱ. (발산) $a_n = \dfrac{n!}{2^n}$ 이라 하고 비율판정법을 이용하자.

$$\lim_{n \to \infty} \dfrac{a_{n+1}}{a_n} = \lim_{n \to \infty} \dfrac{\dfrac{(n+1)!}{2^{n+1}}}{\dfrac{n!}{2^n}} = \lim_{n \to \infty} \dfrac{n+1}{2} = \infty > 1$$

따라서 $\displaystyle\sum_{n=1}^{\infty} \dfrac{n!}{2^n}$ 은 발산한다.

ㄴ. (발산) $a_n = \dfrac{1}{n+1} \cos\left(\dfrac{\pi}{n}\right)$, $b_n = \dfrac{1}{n}$ 이라 하고

극한비교판정법을 이용하자.

$$\lim_{n \to \infty} \dfrac{a_n}{b_n} = \lim_{n \to \infty} \dfrac{\dfrac{1}{n+1} \cos\left(\dfrac{\pi}{n}\right)}{\dfrac{1}{n}} = 1$$ 이므로

$\displaystyle\sum_{n=1}^{\infty} a_n$ 과 $\displaystyle\sum_{n=1}^{\infty} b_n$ 은 동시에 수렴하고 발산한다.

또한 $\displaystyle\sum_{n=1}^{\infty} b_n$ 이 p급수판정법에 의해 발산하므로

$\displaystyle\sum_{n=1}^{\infty} a_n$ 도 발산한다.

따라서 $\displaystyle\sum_{n=1}^{\infty} \dfrac{1}{n+1} \cos\left(\dfrac{\pi}{n}\right)$ 은 발산한다.

ㄷ. (수렴) $a_n = \dfrac{\ln n}{(n+1)(n+2)}$, $b_n = \dfrac{\ln n}{n^2}$ 라 하고

극한비교판정법을 이용하자.

$$\lim_{n \to \infty} \dfrac{a_n}{b_n} = \lim_{n \to \infty} \dfrac{\dfrac{\ln n}{(n+1)(n+2)}}{\dfrac{\ln n}{n^2}} = 1$$ 이므로

$\displaystyle\sum_{n=2}^{\infty} a_n$ 과 $\displaystyle\sum_{n=2}^{\infty} b_n$ 은 동시에 수렴하고 발산한다.

또한 $\displaystyle\sum_{n=2}^{\infty} b_n$ 이 적분판정법에 의해 수렴하므로

$\displaystyle\sum_{n=2}^{\infty} a_n$ 도 수렴한다.

따라서 $\displaystyle\sum_{n=2}^{\infty} \dfrac{\ln n}{(n+1)(n+2)}$ 은 수렴한다.

268. ④

[풀이]

(ㄱ) (발산) $\displaystyle\int_2^{\infty} \dfrac{\ln x}{x} dx = \dfrac{1}{2} \left[(\ln x)^2 \right]_2^{\infty} = \infty$ 이므로

적분판정법에 의해 급수 $\displaystyle\sum_{n=2}^{\infty} \dfrac{\ln n}{n}$ 은 발산한다.

(ㄴ) (수렴) $a_n = \dfrac{n^2}{2^n}$ 이라 할 때 비율판정값을 구하면

$$\lim_{n \to \infty} \dfrac{a_{n+1}}{a_n} = \lim_{n \to \infty} \dfrac{\dfrac{(n+1)^2}{2^{n+1}}}{\dfrac{n^2}{2^n}} = \lim_{n \to \infty} \dfrac{(n+1)^2}{2n^2} = \dfrac{1}{2} < 1$$

이므로 비율판정법에 의해 급수 $\displaystyle\sum_{n=1}^{\infty}\dfrac{n^2}{2^n}$ 은 수렴한다.

(ㄷ) (수렴) $a_n=\dfrac{n!}{n^n}$ 이라 할 때 비율판정값은 다음과 같다.

$$\lim_{n\to\infty}\frac{a_{n+1}}{a_n}=\lim_{n\to\infty}\frac{\dfrac{(n+1)!}{(n+1)^{n+1}}}{\dfrac{n!}{n^n}}$$

$$=\lim_{n\to\infty}\frac{(n+1)n^n}{(n+1)^{n+1}}$$

$$=\lim_{n\to\infty}\left(\frac{n}{n+1}\right)^n$$

$$=\lim_{n\to\infty}\left(1-\frac{1}{n+1}\right)^n$$

$$=e^{-1}<1$$

이므로
비율판정법에 의해 급수 $\displaystyle\sum_{n=1}^{\infty}\dfrac{n!}{n^n}$ 은 수렴한다.

269. ⑤

a. (수렴) n승근판정법을 사용하면
$$\lim_{n\to\infty}\frac{1}{\dfrac{1}{n^n}\ln n}=0<1$$
이므로 수렴한다.

b. (수렴) 주어진 급수는 감소수열이고 $\displaystyle\lim_{n\to\infty}\dfrac{1}{\ln n}=0$ 이므로
교대급수판정법에 의해 수렴한다.

c. (수렴) $f(x)=\dfrac{1}{x\{1+(\ln x)^2\}}$ 라 하면
$$f'(x)=-\frac{(\ln x+1)^2}{x^2(1+(\ln x)^2)^2}<0$$ 이므로 감소함수이고
$$\int_2^\infty f(x)dx=\int_2^\infty\frac{1}{x\{1+(\ln x)^2\}}dx$$
$$=\int_{\ln 2}^\infty\frac{1}{1+t^2}dt$$
$$=\tan^{-1}t\Big|_{\ln 2}^\infty$$
$$=\frac{\pi}{2}-\tan^{-1}(\ln 2)$$ 이므로
적분판정법에 의해 주어진 급수는 수렴한다.

d. (수렴)
$$\sum_{n=6}^\infty\frac{1}{n^2-6n+5}$$
$$=\frac{1}{4}\sum_{n=6}^\infty\left(\frac{1}{n-5}-\frac{1}{n-1}\right)$$

$$=\frac{1}{4}\left\{\left(1-\frac{1}{5}\right)+\left(\frac{1}{2}-\frac{1}{6}\right)+\left(\frac{1}{3}-\frac{1}{7}\right)+\left(\frac{1}{4}-\frac{1}{8}\right)\right.$$
$$\left.+\left(\frac{1}{5}-\frac{1}{9}\right)+\left(\frac{1}{6}-\frac{1}{10}\right)+\cdots\right\}$$
$$=\frac{1}{4}\left(1+\frac{1}{2}+\frac{1}{3}+\frac{1}{4}\right)$$
$$=\frac{25}{48}$$

따라서 a, b, c, d 모두 수렴한다.

270. ③

(가) (수렴) $\displaystyle\lim_{n\to\infty}\dfrac{7n+1}{n\sqrt{n}}=0$ 이므로 교대급수판정법에 의해
$$\sum_{n=1}^\infty(-1)^{n+1}\frac{7n+1}{n\sqrt{n}}$$ 은 수렴한다.

(나) (수렴) $\displaystyle\sum_{n=1}^\infty\dfrac{\ln n}{n\sqrt{n}}$ 은 적분판정법에 의해 수렴한다.

(다) (발산)
$$\sum_{n=2}^\infty\frac{3}{n\sqrt{2\ln n+3}}>\sum_{n=2}^\infty\frac{3}{n\sqrt{9\ln n}}=\sum_{n=2}^\infty\frac{1}{n\sqrt{\ln n}}$$ 이고
$$\sum_{n=2}^\infty\frac{1}{n\sqrt{\ln n}}$$ 은 적분판정법에 의해 발산한다.
따라서 비교판정법에 의해 $\displaystyle\sum_{n=2}^\infty\dfrac{3}{n\sqrt{2\ln n+3}}$ 은 발산한다.

(라) (수렴)
$$\lim_{n\to\infty}\frac{\sin^{-1}\left(\dfrac{1}{n\sqrt{n}}\right)}{\dfrac{1}{n\sqrt{n}}}=\lim_{t\to 0}\frac{\sin^{-1}t}{t}=1$$ 이고
$$\left(\because\frac{1}{n\sqrt{n}}=t\text{로 치환}\right)$$
$$\sum_{n=1}^\infty\frac{1}{n\sqrt{n}}$$ 은 p급수판정법에 의해 수렴한다.
따라서 극한비교판정법에 의해
$$\sum_{n=1}^\infty\arcsin\left(\frac{1}{n\sqrt{n}}\right)$$ 은 수렴한다.

271. ③

ㄱ. (조건수렴)
$$\left(\frac{\ln n}{\sqrt{n}}\right)'=\frac{2-\ln x}{2n\sqrt{n}}<0\,(n>e^2)$$ 이므로 감소함수이고

$$\lim_{n \to \infty} \frac{\ln n}{\sqrt{n}} = \lim_{n \to \infty} \frac{\dfrac{1}{n}}{\dfrac{1}{2\sqrt{n}}} = \lim_{n \to \infty} \frac{2}{\sqrt{n}} = 0$$

이므로 수렴한다.

$\displaystyle\sum_{n=1}^{\infty} \frac{\ln n}{n^{\frac{1}{2}}}$ 은 p급수판정법에 의해 $\dfrac{1}{2} < 1$이므로 발산한다.

따라서 주어진 교대급수는 조건수렴한다.

ㄴ. (발산) $a_n = \tan\left(\dfrac{1}{n}\right)$, $b_n = \dfrac{1}{n}$ 이라 하면

$$\lim_{n \to \infty} \frac{a_n}{b_n} = \lim_{n \to \infty} \frac{\tan\left(\dfrac{1}{n}\right)}{\dfrac{1}{n}} = \lim_{t \to 0} \frac{\tan t}{t} = 1$$이고

$$\sum_{n=1}^{\infty} b_n = \sum_{n=1}^{\infty} \frac{1}{n} = \infty$$ 이므로

극한비교판정법에 의해 $\displaystyle\sum_{n=1}^{\infty} a_n$ 도 발산한다.

ㄷ. (절대수렴) $a_n = \dfrac{\sqrt[3]{n}-1}{n(\sqrt{n}+1)}$, $b_n = \dfrac{1}{n\sqrt[6]{n}}$ 라 하면

$$\begin{aligned} \lim_{n \to \infty} \frac{a_n}{b_n} &= \lim_{n \to \infty} \frac{\dfrac{\sqrt[3]{n}-1}{n(\sqrt{n}+1)}}{\dfrac{1}{n\sqrt[6]{n}}} \\ &= \lim_{n \to \infty} \frac{\sqrt[6]{n}(\sqrt[3]{n}-1)}{\sqrt{n}+1} \\ &= \lim_{n \to \infty} \frac{\sqrt{n}-\sqrt[6]{n}}{\sqrt{n}+1} \\ &= 1 \end{aligned}$$

극한비교판정법에 의해 주어진 급수는 절대수렴한다.

ㄹ. (절대수렴) $a_n = \left(\dfrac{2n+1}{n^2}\right)^n$ 라 하면

$\{a_n\}$은 감소수열이고 $\displaystyle\lim_{n \to \infty} a_n = 0$이므로

주어진 교대급수는 수렴한다.

$$\begin{aligned} \lim_{n \to \infty} \frac{a_{n+1}}{a_n} &= \lim_{n \to \infty} \frac{(2n+3)^{n+1}}{(n+1)^{2n+2}} \cdot \frac{n^{2n}}{(2n+1)^n} \\ &= \lim_{n \to \infty} \left(\frac{2n+3}{2n+1}\right)^n \left(\frac{n}{n+1}\right)^{2n} \frac{2n+3}{(n+1)^2} \\ &= e \times e^{-2} \times 0 \\ &= 0 < 1 \end{aligned}$$

주어진 급수의 절댓값 급수가 비판정법에 의해 수렴하므로 주어진 급수는 절대수렴한다.

ㅁ. (절대수렴) $a_n = \dfrac{10^n n^2}{n!}$ 라 하면

$$\lim_{n \to \infty} \frac{a_{n+1}}{a_n} = \lim_{n \to \infty} \frac{10(n+1)^2}{(n+1)n^2} = 0 < 1$$이므로

주어진 급수는 절대수렴한다.

절대수렴하는 급수는 ㄷ, ㄹ, ㅁ이고 조건수렴하는 급수는 ㄱ, 발산하는 급수는 ㄴ이므로 $a+b-c = 3+1-1 = 3$이다.

272. ①

풀이 급수 $\displaystyle\sum_{n=0}^{\infty} (n+1)^p$ 가 수렴하려면 $p < -1$이어야 한다. 즉

$$\ln\sqrt{a} < -1 \Rightarrow \frac{1}{2}\ln a < -1 \Rightarrow \ln a < -2 \Rightarrow a < e^{-2}$$이고

진수조건에 의해 $a > 0$이므로 실수 a의 범위는 $0 < a < e^{-2}$다.

273. ④

풀이 ①, ②, ③은 교대급수판정법에 의해서 수렴하고 ④, ⑤는 양항급수의 극한비교판정법으로 판정한다.

① (수렴) $\displaystyle\sum_{n=1}^{\infty} \frac{(-1)^n}{n^3\sqrt{\ln(n+2019)}}$ 교대급수이며

$$\lim_{n \to \infty} \frac{1}{n^3\sqrt{\ln(n+2019)}} = 0$$이므로 수렴한다.

② (수렴) $\displaystyle\sum_{n=1}^{\infty} \frac{(-1)^{2019n}}{n^2\ln(n+2019)^{2019/2}}$ 교대급수이며

$$\lim_{n \to \infty} \frac{1}{n^2\ln(n+2019)^{2019/2}} = 0$$이므로 수렴한다.

③ (수렴) $\displaystyle\sum_{n=1}^{\infty} \frac{(-1)^n}{n\sqrt{\ln(n+2019)}}$ 교대급수이며

$$\lim_{n \to \infty} \frac{1}{n\sqrt{\ln(n+2019)}} = 0$$이므로 수렴한다.

④ (발산) $\displaystyle\sum_{n=1}^{\infty} \frac{(-1)^{2n}}{n\ln(n+2019)} = \sum_{n=1}^{\infty} \frac{1}{n\ln(n+2019)}$

극한비교판정법 $\displaystyle\lim_{n \to \infty} \frac{\dfrac{1}{n\ln(n+2019)}}{\dfrac{1}{n\ln n}} = 1$이고

$\displaystyle\sum_{n=1}^{\infty} \frac{1}{n\ln n}$ 은 발산하므로 $\displaystyle\sum_{n=1}^{\infty} \frac{1}{n\ln(n+2019)}$ 은 발산한다.

⑤ (수렴) $\displaystyle\sum_{n=1}^{\infty} \frac{(-1)^{4n}}{n(\ln(n+2019))^2} = \sum_{n=1}^{\infty} \frac{1}{n(\ln(n+2019))^2}$

극한비교판정법에 의해 $\displaystyle\lim_{n\to\infty} \frac{\dfrac{1}{n(\ln(n+2019))^2}}{\dfrac{1}{n(\ln n)^2}} = 1$,

$\displaystyle\sum_{n=1}^{\infty} \frac{1}{n(\ln n)^2}$ 은 수렴하므로

$\displaystyle\sum_{n=1}^{\infty} \frac{1}{n(\ln(n+2019))^2}$ 은 수렴한다.

■ **40. 무한급수의 수렴반경 & 구간**

274. ③

$a_n = \dfrac{(x+3)^{n-1}}{n^2}$ 이라 하면

$\displaystyle\lim_{n\to\infty}\left|\frac{a_{n+1}}{a_n}\right| = \lim_{n\to\infty}\left|\frac{(x+3)^n}{(n+1)^2} \cdot \frac{n^2}{(x+3)^{n-1}}\right|$

$\qquad\qquad = \displaystyle\lim_{n\to\infty}\left|\frac{n^2}{(n+1)^2}(x+3)\right|$

$\qquad\qquad = |x+3| < 1$이다.

따라서 $x=-3$을 중심으로 수렴반경은 1이다.

$x=-4$일 때 $\displaystyle\sum_{n=1}^{\infty}\frac{(-1)^{n-1}}{n^2}$ 은 교대급수판정법에 의해 수렴.

$x=-2$일 때 $\displaystyle\sum_{n=1}^{\infty}\frac{1}{n^2}$ 은 p급수판정법에 의해 수렴한다.

따라서 수렴구간은 $-4 \le x \le -2$이다.

275. ②

$a_n = \dfrac{(-2)^n}{\sqrt{n^2+n+1}}$ 라 하면

멱급수의 수렴반경 정리에 의해 $\displaystyle\lim_{n\to\infty}\left|\frac{a_n}{a_{n+1}}\right| = \frac{1}{2}$ 이다.

$|x^2| < \dfrac{1}{2}$, $|x| < \dfrac{1}{\sqrt{2}}$ 이므로 수렴반경은 $\dfrac{1}{\sqrt{2}}$ 이다.

276. ③

$\displaystyle\lim_{n\to\infty} \frac{|2x-1|^{n+1} 4^n \ln(n+1)}{4^{n+1}\ln(n+2)|2x-1|^n} = \frac{|2x-1|}{4}$ 이고

$\left|x-\dfrac{1}{2}\right| < 2$일 때 급수가 수렴하므로, 수렴반지름은 2이다.

277. ①

$x + \dfrac{1}{2}\cdot\dfrac{x^3}{3} + \dfrac{1}{2}\cdot\dfrac{3}{4}\cdot\dfrac{x^5}{5} + \dfrac{1}{2}\cdot\dfrac{3}{4}\cdot\dfrac{5}{6}\cdot\dfrac{x^7}{7} + \cdots$

$= x + \displaystyle\sum_{n=1}^{\infty}\frac{1\cdot3\cdots(2n-1)}{2\cdot4\cdots 2n}\cdot\frac{x^{2n+1}}{2n+1}$

$a_n = \dfrac{1\cdot3\cdot\,\cdots\,\cdot(2n-1)}{2\cdot4\cdot\,\cdots\,\cdot2n}\cdot\dfrac{x^{2n+1}}{2n+1}$ 이라 하면

$\displaystyle\lim_{n\to\infty}\left|\frac{\dfrac{1\cdot3\cdots(2n-1)(2n+1)}{2\cdot4\cdots2n\cdot(2n+2)}\cdot\dfrac{x^{2n+3}}{2n+3}}{\dfrac{1\cdot3\cdots(2n-1)}{2\cdot4\cdots2n}\cdot\dfrac{x^{2n+1}}{2n+1}}\right| = |x^2| < 1$

일 때 수렴한다. 따라서 수렴반경은 1이다.

278. ③

풀이 $a_n = \left(\dfrac{1}{2}\right)^{\sqrt{n}}$ 이라 하자.

$$\lim_{n \to \infty}\left|\dfrac{a_{n+1}}{a_n}\right| = \lim_{n \to \infty}\left|\dfrac{\left(\dfrac{1}{2}\right)^{\sqrt{n+1}}}{\left(\dfrac{1}{2}\right)^{\sqrt{n}}}\right|$$

$$= \lim_{n \to \infty}\left(\dfrac{1}{2}\right)^{\sqrt{n+1}-\sqrt{n}}$$

$$= \left(\dfrac{1}{2}\right)^{0}$$

$$\left(\because \lim_{n \to \infty}\sqrt{n+1}-\sqrt{n} = \lim_{n \to \infty}\dfrac{1}{\sqrt{n+1}+\sqrt{n}} = 0\right)$$

비율판정법에 의해서 $1 \cdot |x| < 1$에서 절대수렴한다.
따라서 수렴반경은 1이다.

279. ④

풀이 $a_n = \dfrac{n!\,x^n}{1 \times 3 \times \cdots \times (2n+1)}$ 이라 하자.

비율판정법을 이용하면

$$\lim_{n \to \infty}\left|\dfrac{a_{n+1}}{a_n}\right| = \lim_{n \to \infty}\left(\dfrac{n+1}{2n+3}\right)|x| = \dfrac{1}{2}|x| < 1$$이므로

수렴반경 $R = 2$이다.

280. ④

풀이 $a_n = \dfrac{(n!)^2}{(2n)!}x^n$ 이라 하면

$$\lim_{n \to \infty}\left|\dfrac{a_{n+1}}{a_n}\right| = \lim_{n \to \infty}\left|\dfrac{\{(n+1)!\}^2 x^{n+1}}{(2n+2)!} \cdot \dfrac{(2n)!}{(n!)^2 x^n}\right|$$

$$= \lim_{n \to \infty}\left|\dfrac{(n+1)^2}{(2n+2)(2n+1)}x\right|$$

$$= \left|\dfrac{1}{4}x\right| < 1$$

이어야 하므로 $|x| < 4$이다.

281. 87

풀이 $a_n = \dfrac{(n!)^3}{(3n)!}(x-30)^n$ 이라 하면

$$\lim_{n \to \infty}\left|\dfrac{\dfrac{((n+1)!)^3}{(3(n+1))!}(x-30)^{n+1}}{\dfrac{(n!)^3}{(3n)!}(x-30)^n}\right|$$

$$= \lim_{n \to \infty}\dfrac{(n+1)^3}{(3n+3)(3n+2)(3n+1)}|x-30|$$

$$= \dfrac{1}{27}|x-30| < 1$$

일 때 수렴하므로
$|x-30| < 27$에서 수렴반경 $r = 27$이다.
이때 수렴구간은 $-27 < x-30 < 27 \Rightarrow 3 < x < 57$이다.
$$\therefore r+a+b = 27+3+57 = 87$$

282. ①

풀이

$$\lim_{n \to \infty}\left|\dfrac{(n+1)(2x+4)^{n+1}}{6^{n+2}} \cdot \dfrac{6^{n+1}}{n(2x+4)^n}\right|$$

$$= \lim_{n \to \infty}\left|\dfrac{n+1}{6n}(2x+4)\right| < 1$$에서

$|2x+4| < 6 \Rightarrow -5 < x < 1$

$x = -5$일 때 $\dfrac{1}{6}\displaystyle\sum_{n=0}^{\infty}(-1)^n n$은

교대급수판정법에 의해 발산한다.

$x = 1$일 때 $\dfrac{1}{6}\displaystyle\sum_{n=0}^{\infty}n$은 발산하므로 수렴구간은 $(-5, 1)$이다.

283. ①

풀이 $a_n = \dfrac{n^2(x-2)^n}{3 \times 7 \times 11 \times \cdots \times (4n-1)}$ (단, n은 자연수)라 하면

$$\lim_{n \to \infty}\left|\dfrac{a_{n+1}}{a_n}\right|$$

$$= \lim_{n \to \infty}\left|\dfrac{(n+1)^{n+1}(x-2)^{n+1}}{7 \cdot 11 \cdot 15 \cdot \cdots \cdot (4n-1) \cdot (4n+3)}\right.$$

$$\left.\times \dfrac{3 \cdot 7 \cdot 11 \cdot \cdots \cdot (4n-1)}{n^n(x-2)^n}\right|$$

$$= \lim_{n \to \infty}\dfrac{n+1}{4n+3}\left(1+\dfrac{1}{n}\right)^n|x-2|$$

$$= \dfrac{e|x-2|}{4} < 1$$

이어야 하므로 $|x-2| < \dfrac{4}{e}$이다.

$1 < \dfrac{4}{e} < 2$이므로 조건을 만족하는 정수는 1, 2, 3이고
그 합은 6이다.

284. ⑤

(가) $a_n = \dfrac{(-2)^n x^n}{\sqrt{n+1}}$ 이라 할 때

$$\lim_{n \to \infty} \left| \dfrac{a_{n+1}}{a_n} \right| = |2x| \text{이므로}$$

비율판정법에 의해 $|2x| < 1$, 수렴반경은 $\dfrac{1}{2}$ 이다.

$x = \dfrac{1}{2}$ 일 때 교대급수판정법에 의해 수렴하고

$x = -\dfrac{1}{2}$ 일 때 p급수판정법에 의해 발산하므로

수렴구간은 $-\dfrac{1}{2} < x \leq \dfrac{1}{2}$ 이다.

(나) $a_n = \dfrac{(x-1)^n}{\ln n}$ 이라 할 때

$$\lim_{n \to \infty} \left| \dfrac{a_{n+1}}{a_n} \right| = |x-1| \text{이므로 비율판정법에 의해}$$

$|x-1| < 1 \Leftrightarrow 0 < x < 2$ 에서 수렴한다.

(다) $a_n = \dfrac{n(x+1)^n}{2^{n+1}}$ 이라 할 때

$$\lim_{n \to \infty} \left| \dfrac{a_{n+1}}{a_n} \right| = \left| \dfrac{x+1}{2} \right| \text{이므로 비율판정법에 의해}$$

$\left| \dfrac{x+1}{2} \right| < 1 \Leftrightarrow -3 < x < 1$ 에서 수렴한다.

따라서 $-2 < x < -1$ 가 수렴범위에 속하는 것은 (다)뿐이다.

285. ③

$a_n = \dfrac{1}{n} \left(\dfrac{x-5}{2} \right)^n$ 라 하자.

주어진 급수가 절대수렴하려면
비율판정값이 1보다 작아야 하므로

$$\lim_{n \to \infty} \left| \dfrac{a_{n+1}}{a_n} \right| = \lim_{n \to \infty} \left| \dfrac{\dfrac{1}{n+1}\left(\dfrac{x-5}{2}\right)^{n+1}}{\dfrac{1}{n}\left(\dfrac{x-5}{2}\right)^n} \right|$$

$$= \lim_{n \to \infty} \left| \dfrac{n}{n+1}\left(\dfrac{x-5}{2}\right) \right|$$

$$= \left| \dfrac{x-5}{2} \right| < 1$$

일 때 주어진 급수는 절대수렴한다.

$\left| \dfrac{x-5}{2} \right| < 1$

$\Rightarrow -1 < \dfrac{x-5}{2} < 1$

$\Rightarrow -2 < x-5 < 2$

$\Rightarrow 3 < x < 7$

따라서 $a = 3$, $b = 7$이므로 $a + b = 10$

286. ①

$f(x) = \ln x = \ln(x - 3 + 3)$

$= \ln\left\{ 3 \cdot \left(1 + \dfrac{x-3}{3} \right) \right\}$

$= \ln 3 + \ln\left(1 + \dfrac{x-3}{3} \right)$이고

$x - 3 = t$ 라고 치환하면 $f(t) = \ln 3 + \ln\left(1 + \dfrac{t}{3} \right)$이므로

$f(t) = \ln 3 + \dfrac{t}{3} - \dfrac{1}{2}\left(\dfrac{t}{3}\right)^2 + \dfrac{1}{3}\left(\dfrac{t}{3}\right)^3 + \cdots$이다.

$f(x) = \ln 3 + \dfrac{x-3}{3} - \dfrac{1}{2}\left(\dfrac{x-3}{3}\right)^2 + \dfrac{1}{3}\left(\dfrac{x-3}{3}\right)^3 + \cdots$

$= \ln 3 + \sum_{n=1}^{\infty} \dfrac{(-1)^{n-1}}{n}\left(\dfrac{x-3}{3}\right)^n$이므로

$a_1 + a_2 = \dfrac{1}{3} - \dfrac{1}{18} = \dfrac{5}{18}$이다.

또한 $a_n = \dfrac{(-1)^{n-1}}{n}\left(\dfrac{x-3}{3}\right)^n$ 이라 할 때

$$\lim_{n \to \infty} \left| \dfrac{a_{n+1}}{a_n} \right| = \left| \dfrac{x-3}{3} \right| \text{이므로 비율판정법에 의해}$$

$\left| \dfrac{x-3}{3} \right| < 1 \Leftrightarrow |x-3| < 3$일 때 수렴한다.

따라서 수렴반경 $R = 3$이다.

$\therefore (a_1 + a_2)R = \dfrac{5}{18} \times 3 = \dfrac{5}{6}$

287. ④

[풀이] $e^{-x} = 1 - x + \dfrac{x^2}{2!} - \dfrac{x^3}{3!} + \cdots$ 에 $x = 2\ln 3$ 을 대입하면

$e^{-2\ln 3} = 1 - 2\ln 3 + \dfrac{(2\ln 3)^2}{2!} - \dfrac{(2\ln 3)^3}{3!} + \cdots = \dfrac{1}{9}$ 이다.

288. ⑤

[풀이]
$$\sum_{n=0}^{\infty} \frac{(-1)^n}{2n+1} \frac{1}{3^n} = \sum_{n=0}^{\infty} \frac{(-1)^n}{2n+1} \left(\frac{1}{\sqrt{3}}\right)^{2n} \cdot \left(\frac{1}{\sqrt{3}}\right) \cdot \sqrt{3}$$
$$= \sqrt{3} \sum_{n=0}^{\infty} \frac{(-1)^n}{2n+1} \left(\frac{1}{\sqrt{3}}\right)^{2n+1}$$
$$= \sqrt{3} \tan^{-1}\left(\frac{1}{\sqrt{3}}\right)$$
$$= \frac{\sqrt{3}}{6} \pi$$

289. ②

[풀이] 기하급수 전개에 의해 $|x| < 1$일 때

$$\sum_{n=0}^{\infty} x^n = \frac{1}{1-x} = 1 + x + x^2 + x^3 + \cdots$$ 이다.

양변에 x를 곱하자.

$$\sum_{n=0}^{\infty} x^{n+1} = \frac{x}{1-x} = x + x^2 + x^3 + x^4 + \cdots$$

양변을 x에 대하여 미분하자.

$$\sum_{n=0}^{\infty} (n+1)x^n = \frac{1}{(1-x)^2} = 1 + 2x + 3x^2 + \cdots$$

다시 양변을 x에 대하여 미분하자.

$$\sum_{n=1}^{\infty} n(n+1)x^{n-1} = \frac{2}{(1-x)^3} = 2 + 6x + 12x^2 + \cdots$$

다시 양변에 x를 곱하자.

$$\sum_{n=1}^{\infty} n(n+1)x^n = \frac{2x}{(1-x)^3} = 2x + 6x^2 + 12x^3 + \cdots$$

$x = \dfrac{1}{2}$을 대입하자.

$$\sum_{n=1}^{\infty} \frac{n(n+1)}{2^n} = \frac{2 \cdot \dfrac{1}{2}}{\left(1 - \dfrac{1}{2}\right)^3} = 8$$

290. ④

[풀이] $|x| < 1$일 때 $\displaystyle\sum_{n=0}^{\infty} x^n = 1 + x + x^2 + x^3 + \cdots = \dfrac{1}{1-x}$ 이다.

양변을 미분하자.

$$\sum_{n=1}^{\infty} nx^{n-1} = 1 + 2x + 3x^2 + 4x^3 + \cdots = \frac{1}{(1-x)^2}$$

다시 양변을 미분하자.

$$\sum_{n=2}^{\infty} n(n-1)x^{n-2} = 2 + 6x + 12x^2 + \cdots = \frac{2}{(1-x)^3}$$

$x = \dfrac{1}{3}$을 대입하자.

$$\sum_{n=2}^{\infty} n(n-1)\left(\frac{1}{3}\right)^{n-2} = \frac{2}{\left(\dfrac{2}{3}\right)^3} = \frac{27}{4}$$

291. $\dfrac{3}{2}$

[풀이]
$$\sum_{n=0}^{\infty} x^n = \frac{1}{1-x} \quad (|x| < 1)$$

양변을 미분하자.

$$\Rightarrow \sum_{n=1}^{\infty} nx^{n-1} = \frac{1}{(1-x)^2}$$

양변에 x를 곱하자.

$$\Rightarrow \sum_{n=1}^{\infty} nx^n = \frac{x}{(1-x)^2}$$

다시 양변을 미분하자.

$$\Rightarrow \sum_{n=1}^{\infty} n^2 x^{n-1} = \frac{x+1}{(1-x)^3}$$

다시 양변에 x를 곱하자.

$$\Rightarrow \sum_{n=1}^{\infty} n^2 x^n = \frac{x(x+1)}{(1-x)^3}$$

$x = \dfrac{1}{3}$을 대입하자.

$$\Rightarrow \sum_{n=1}^{\infty} \frac{n^2}{3^n} = \frac{3}{2}$$

292. ①

[풀이]
$$\sum_{n=2}^{\infty} \frac{2}{n^2 - 1}$$
$$= \sum_{n=2}^{\infty} \left(\frac{1}{n-1} - \frac{1}{n+1}\right)$$
$$= \lim_{n \to \infty} \left\{\left(\frac{1}{1} - \frac{1}{3}\right) + \left(\frac{1}{2} - \frac{1}{4}\right) + \left(\frac{1}{3} - \frac{1}{5}\right) + \cdots + \left(\frac{1}{n-1} - \frac{1}{n+1}\right)\right\}$$
$$= \frac{3}{2}$$

293. ⑤

(준식)$= \displaystyle\sum_{n=1}^{\infty} \frac{(n+2)(n+1)-1}{(n+2)!}$

$= \displaystyle\sum_{n=1}^{\infty} \frac{1}{n!} - \frac{1}{(n+2)!}$

$= \displaystyle\sum_{n=1}^{\infty} \frac{1}{n!} - \sum_{n=1}^{\infty} \frac{1}{(n+2)!}$

$= e^x - 1 - \left. \left(e^x - 1 - x - \frac{x^2}{2!} \right) \right|_{x=1}$

$= 1 + \dfrac{1}{2}$

$= \dfrac{3}{2}$

294. ②

(1) $f'(x) = \displaystyle\sum_{n=1}^{\infty} 2n(n+1)x^{2n-1}$,

$xf'(x) = \displaystyle\sum_{n=1}^{\infty} (2n^2+2n)x^{2n}$

$\dfrac{x}{2}f'(x) = \displaystyle\sum_{n=1}^{\infty} (n^2+n)x^{2n} \cdots \text{㉠}$

(2) $x^2 f(x) = \displaystyle\sum_{n=0}^{\infty} (n+1)x^{2(n+1)} = \sum_{n=1}^{\infty} nx^{2n} \cdots \text{㉡}$

$\therefore \text{㉠}-\text{㉡} = \dfrac{x}{2}f'(x) - x^2 f(x)$

$= \displaystyle\sum_{n=1}^{\infty} (n^2+n)x^{2n} - \sum_{n=1}^{\infty} nx^{2n}$

$= \displaystyle\sum_{n=1}^{\infty} n^2 x^{2n}$

$= \displaystyle\sum_{n=0}^{\infty} n^2 x^{2n}$

295. ③

선형대수 6단원 직교함수 참고!!

$x \in [-\pi, \pi]$에서 다음 집합은 직교함수이다.

$\{1, \cos x, \cos 2, \cos 3x, \cdots, \sin x, \sin 2x, \sin 3x, \cdots\}$

$\displaystyle\int_{-\pi}^{\pi} (\sin x + \cos x)(\sin nx + \cos nx)dx$

$= \displaystyle\int_{-\pi}^{\pi} \sin x \sin nx + \sin x \cos nx + \cos x \sin nx + \cos x \cos nx \, dx$

$= \displaystyle\int_{-\pi}^{\pi} \sin x \sin nx + \cos x \cos nx \, dx$

$n \ge 2$인 경우 직교함수의 정의에 의해서 적분값은 0이다.

$n = 10$이면 $= \displaystyle\int_{-\pi}^{\pi} \sin^2 x + \cos^2 x \, dx = 2\pi$이다.

따라서 $\displaystyle\sum_{n=1}^{\infty} \int_{-\pi}^{\pi} (\sin x + \cos x)(\sin nx + \cos nx)dx = 2\pi$

[다른 풀이]

직접 적분을 통해서 확인한다.

(i) $n \ge 2$인 경우

$\displaystyle\int_{-\pi}^{\pi} (\sin x + \cos x)(\sin nx + \cos nx)dx$

$= \displaystyle\int_{-\pi}^{\pi} \sin x \sin nx + \cos x \cos nx \, dx$

$= 2\displaystyle\int_{0}^{\pi} \sin x \sin nx + \cos x \cos nx \, dx$

$= \displaystyle\int_{0}^{\pi} \{-\cos(x+nx) + \cos(x - nx) + \cos(x+nx)$
$\qquad + \cos(x - nx)\} dx$

$= \left[-\dfrac{1}{n+1}\sin(x+nx) + \dfrac{1}{1-n}\sin(x-nx) \right.$
$\qquad \left. + \dfrac{1}{n+1}\sin(x+nx) + \dfrac{1}{1-n}\sin(x-nx) \right]_0^{\pi}$

$= 0$

(ii) $n = 1$인 경우

$\displaystyle\int_{-\pi}^{\pi} (\sin x + \cos x)(\sin x + \cos x)dx$

$= \displaystyle\int_{-\pi}^{\pi} (\sin^2 x + \cos^2 x)dx$

$= 2\pi$

$\therefore \displaystyle\sum_{n=1}^{\infty} \int_{-\pi}^{\pi} (\sin x + \cos x)(\sin nx + \cos nx)dx = 2\pi$

296. ①

$a_1 = 2$,

$a_2 = \dfrac{2}{1+1} \cdot 2$,

$a_3 = \dfrac{2}{1+2} \cdot \dfrac{2}{1+1} \cdot 2$

$a_4 = \dfrac{2}{1+3} \cdot \dfrac{2}{1+2} \cdot \dfrac{2}{1+1} \cdot 2$

$\vdots$

$a_n = \dfrac{2^n}{n!}$

$\therefore \displaystyle\sum_{n=1}^{\infty} a_n = \sum_{n=1}^{\infty} \frac{2^n}{n!} = \sum_{n=0}^{\infty} \frac{2^n}{n!} - 1 = e^2 - 1$

$\left(\because \displaystyle\sum_{n=0}^{\infty} \frac{x^n}{n!} = e^x \right)$

297. ②

[풀이]

ㄱ. (거짓) $\displaystyle\sum \frac{\ln n}{n^p}$ 는 $p>1$일 때 수렴하므로

$\displaystyle\sum_{n=1}^{\infty} \frac{\ln n}{n^2}$ 은 수렴한다.

ㄴ. (참) $a_n = n!$이라 두고 비율판정법을 사용하면

$$\lim_{n\to\infty}\left|\frac{a_{n+1}}{a_n}\right| = \lim_{n\to\infty}\left|\frac{(n+1)!}{n!}\right| = \lim_{n\to\infty} n+1 = \infty$$

이므로 수렴반지름 $R = \displaystyle\lim_{n\to\infty}\left|\frac{a_n}{a_{n+1}}\right| = \frac{1}{\infty} = 0$이다.

ㄷ. (참) $f(x) = \ln x$이므로

$f'(x) = x^{-1}$, $f''(x) = -x^{-2}$, $f^{(3)}(x) = 2x^{-3}$이므로

$f^{(n)}(x) = (-1)^{n-1}(n-1)! x^{-n}$이므로

$\Rightarrow f^{(n)}(2) = \dfrac{(-1)^{n-1}(n-1)!}{2^n}$이므로

$f(x)$를 $x=2$에서 테일러 전개를 사용하면

$$f(x) = \sum_{n=1}^{\infty} \frac{f^{(n)}(2)}{n!}(x-2)^n + \ln 2$$

$$= \sum_{n=1}^{\infty} \frac{(-1)^{n-1}}{n2^n}(x-2)^n + \ln 2$$

$a_n = \dfrac{(-1)^{n-1}}{n2^n}$이라 두면

$$\lim_{n\to\infty}\left|\frac{a_{n+1}}{a_n}\right| = \lim_{n\to\infty}\left|\frac{n2^n}{(n+1)2^{n+1}}\right| = \frac{1}{2}$$이므로

수렴반지름 $R = \displaystyle\lim_{n\to\infty}\left|\frac{a_n}{a_{n+1}}\right| = 2$이다.

298. ③

[풀이]

$\displaystyle\lim_{n\to\infty}\left|\frac{a_{n+1}}{a_n}x\right| = \lim_{n\to\infty}\left|\frac{a_{n+1}}{a_n}\right||x|$에서

$|x| < R$일 때 수렴하므로 $-R < x < R$에서 절대수렴한다.

$x = -2$에서 수렴하고, $x = 3$에서 발산한다고 했으므로

수렴구간의 범위를 최소화하면 $-2 \leq x < 2$라고 할 수 있다.

즉 $\displaystyle\lim_{n\to\infty}\left|\frac{a_{n+1}}{a_n}\right| = \frac{1}{2}$인 경우이다.

따라서 $x=1$을 대입한 경우인 $\displaystyle\sum_{n=1}^{\infty} a_n$은 절대수렴한다.

또한 $\displaystyle\sum_{n=1}^{\infty} na_n$도 비율판정값이 $\dfrac{1}{2}$이므로 수렴한다.

그러나 $\displaystyle\sum_{n=1}^{\infty}(-4)^n a_n$의 비율판정값은 2이므로 발산한다.

[다른 풀이]

$\displaystyle\lim_{n\to\infty}\left|\frac{a_{n+1}}{a_n}x\right| = \lim_{n\to\infty}\left|\frac{a_{n+1}}{a_n}\right||x|$에서

$\displaystyle\lim_{n\to\infty}\left|\frac{a_{n+1}}{a_n}\right| = \rho$라 하면 조건에서 $\dfrac{1}{3} < \rho < \dfrac{1}{2}$이다.

수렴반경 $r = \dfrac{1}{\rho}$이므로

중심 $x=0$으로부터 수렴반경은 $2 < r < 3$이다.

ㄱ, ㄴ. $2 < r < 3$이다. 따라서 수렴한다.

ㄷ. $\dfrac{4}{3} < 4\rho < 2$이므로 $\dfrac{1}{2} < r < \dfrac{3}{4}$이다. 따라서 발산한다.

ㄹ. $\displaystyle\lim_{n\to\infty}\left|\frac{(n+1)a_{n+1}}{na_n}\right| = r\,(2 < r < 3)$ 따라서 수렴한다.

299. ②

[풀이]

① (참) 발산 정리에 의해

$\displaystyle\sum_{n=0}^{\infty} a_n y^n$ 이 수렴하면 $\displaystyle\lim_{n\to\infty} a_n y^n = 0$이다.

② (거짓) (반례) $a_n = (-1)^n \dfrac{1}{n}$, $y = 1$일 때

$\displaystyle\sum_{n=0}^{\infty}(-1)^n \frac{1}{n}(-1)^n = \sum_{n=0}^{\infty} \frac{1}{n}$ 은 발산한다.

③ (참) $\displaystyle\lim_{n\to\infty}\left|\frac{a_{n+1}y^{n+1}}{a_n y^n}\right| = \lim_{n\to\infty}\left|\frac{a_{n+1}}{a_n}\right| y < 1$이다.

$(\because \sum a_n y^n$은 수렴. $y > 0)$

$b_n = a_n x^n$ 이라 하면 비율판정법에 의해

$$\lim_{n\to\infty}\left|\frac{b_{n+1}}{b_n}\right| = \lim_{n\to\infty}\left|\frac{a_{n+1}x^{n+1}}{a_n x^n}\right|$$

$$= \lim_{n\to\infty}\left|\frac{a_{n+1}}{a_n}\right||x| < 1\,(\because |x| < y)$$

따라서 $\displaystyle\sum_{n=0}^{\infty} a_n x^n$은 수렴한다.

④ (참) $b_n = na_n x^n$ 이라 하면 비율판정법에 의해

$$\lim_{n\to\infty}\left|\frac{b_{n+1}}{b_n}\right| = \lim_{n\to\infty}\left|\frac{(n+1)a_{n+1}x^{n+1}}{na_n x^n}\right|$$

$$= \lim_{n\to\infty}\left|\frac{n+1}{n}\right|\left|\frac{a_{n+1}}{a_n}\right||x| < 1\,(\because |x| < y)$$

따라서 $\displaystyle\sum_{n=0}^{\infty} a_n x^n$은 수렴한다.

300. ④

가. (참) (준식)$= \sum_{n=0}^{\infty} \frac{(-1)^n}{(2n+1)!}(\pi)^{2n+1} = \sin(\pi) = 0$

나. (거짓) $\displaystyle\int_0^4 \frac{2x}{(x+1)(x-1)}dx$은 발산하는 특이적분이다.

다. (참)

$$S = 1 - \frac{1}{2} + \frac{1}{3} - \frac{1}{4} + \cdots + \frac{1}{2019} - \frac{1}{2020} + \frac{1}{2021} \cdots$$

$$S_{2019} = 1 - \frac{1}{2} + \frac{1}{3} - \frac{1}{4} + \cdots + \frac{1}{2019}$$

$$S - S_{2019}$$

$$= \left(1 - \frac{1}{2} + \frac{1}{3} - \frac{1}{4} + \cdots + \frac{1}{2019} - \frac{1}{2020} + \frac{1}{2021} \cdots\right)$$

$$\quad - \left(1 - \frac{1}{2} + \frac{1}{3} - \frac{1}{4} + \cdots + \frac{1}{2019}\right)$$

$$= -\frac{1}{2020} + \frac{1}{2021} - \cdots < 0$$

$$\therefore S < S_{2019}$$

라. (참) $\displaystyle\sum_{n=1}^{\infty} \left| (-1)^n \sin^3\left(\frac{1}{\sqrt{n}}\right) \right| = \sum_{n=1}^{\infty} \sin^3\left(\frac{1}{\sqrt{n}}\right)$

극한비교판정법에 의해

$$\lim_{n \to \infty} \frac{\sin^3\left(\dfrac{1}{\sqrt{n}}\right)}{\left(\dfrac{1}{\sqrt{n}}\right)^3} = 1, \ \sum \frac{1}{n^{3/2}} \text{ 이고}$$

수렴이므로 급수는 수렴한다. 따라서 절대수렴한다.

■ **1. 이변수 함수의 극한 & 연속**

1. ②

[풀이] ① x축을 따라 접근할 때 $\lim\limits_{x\to 0^-}\dfrac{4x^2}{x^3}=-\infty$, $\lim\limits_{x\to 0^+}\dfrac{4x^2}{x^3}=\infty$

이므로 원점에서 극한값은 존재하지 않는다.

② $\lim\limits_{y\to 0}\left(\dfrac{x\sin y^2}{x^2+y^2}\cdot\dfrac{y^2}{y^2}\right)=\lim\limits_{(x,\,y)\to(0,\,0)}\dfrac{xy^2}{x^2+y^2}\cdot\dfrac{\sin y^2}{y^2}$

$=\lim\limits_{(x,\,y)\to(0,\,0)}\dfrac{xy^2}{x^2+y^2}$

$=\lim\limits_{r\to 0}\dfrac{r\cos\theta\cdot r^2\sin^2\theta}{r^2}$

$=0$

③ 직선 $x=my$를 따라 접근할 때, $\lim\limits_{y\to 0}\dfrac{me^y}{m^3y+2}=\dfrac{m}{2}$ 이므로

극한값은 m의 값에 따라 결정된다.

따라서 극한값은 존재하지 않는다.

④ x축을 따라 접근할 때, $\lim\limits_{x\to 0^-}\dfrac{\sin x}{x^2}=-\infty$, $\lim\limits_{x\to 0^+}\dfrac{\sin x}{x^2}=\infty$

이므로 극한값은 존재하지 않는다.

⑤ y축을 따라 접근할 때, $\lim\limits_{y\to 0^-}\dfrac{-y^2}{y^3}=\infty$, $\lim\limits_{y\to 0^+}\dfrac{-y^2}{y^3}=-\infty$

이므로 극한값은 존재하지 않는다.

2. ④

[풀이] ① $\lim\limits_{(x,\,y)\to(0,\,0)}\dfrac{x^2y^2}{x^2+y^2}=0$이고 $f(0,\,0)=0$이므로

$\dfrac{x^2y^2}{x^2+y^2}$은 $(x,\,y)=(0,\,0)$에서 연속이다.

② $\lim\limits_{(x,\,y)\to(0,\,0)}\dfrac{xy}{x^2+y^2}$ 의 극한값이 존재하지 않으므로

$\dfrac{xy}{x^2+y^2}$은 $(x,\,y)=(0,\,0)$에서 불연속이다.

③ $\lim\limits_{(x,\,y)\to(0,\,0)}\dfrac{xy^2}{x^2+y^4}$ 의 극한값이 존재하지 않으므로

$\dfrac{xy^2}{x^2+y^4}$은 $(x,\,y)=(0,\,0)$에서 불연속이다.

④ 극좌표계로 변경하여 극한을 계산하면

$\lim\limits_{(x,\,y)\to(0,\,0)}xy\ln(x^2+y^2)=\lim\limits_{r\to 0}(r^2\sin\theta\cos\theta)\ln(r^2)=0$

이고 $f(0,\,0)=0$이므로

$xy\ln(x^2+y^2)$은 $(x,\,y)=(0,\,0)$에서 연속이다.

⑤ 극좌표계로 변경하여 극한을 계산하면

$\lim\limits_{(x,\,y)\to(0,\,0)}|x|^y=\lim\limits_{r\to 0}|r\cos\theta|^{r\sin\theta}=\lim\limits_{r\to 0}e^{r\sin\theta\ln|r\cos\theta|}=1$

이고 $f(0,\,0)=0$이므로

$|x|^y$은 $(x,\,y)=(0,\,0)$에서 불연속이다. $\left(\because\lim\limits_{r\to 0}r\ln|r|=0\right)$

3. ②

[풀이] ① (i) $x=0$일 때, $\lim\limits_{y\to 0}f(0,\,y)=0$

(ii) $y=0$일 때, $\lim\limits_{x\to 0}f(x,\,0)=0$

(iii) $y=mx$일 때, $\lim\limits_{x\to 0}\dfrac{5m^2x^3}{x^2+m^2x^2}=0$

(i)～(iii)에 의해 극한값이 존재한다.

② (i) $x=0$일 때, $\lim\limits_{y\to 0}f(0,\,y)=0$

(ii) $y=0$일 때, $\lim\limits_{x\to 0}f(x,\,0)=0$

(iii) $y=mx$일 때, $\lim\limits_{x\to 0}\dfrac{mx^2}{x^2+m^2x^2}\neq 0$

(i)～(iii)에 의해 극한값은 존재하지 않는다.

③ $f(x,\,y)=\dfrac{x^2-xy}{\sqrt{x}-\sqrt{y}}$

$=\dfrac{x(x-y)(\sqrt{x}+\sqrt{y})}{x-y}$

$=x(\sqrt{x}+\sqrt{y})$

따라서 $\lim\limits_{(x,\,y)\to(0,0)}\dfrac{x^2-xy}{\sqrt{x}-\sqrt{y}}=0$으로 존재한다.

④ $x^2+y^2=t$라 하면 $\lim\limits_{t\to 0^+}\dfrac{e^t-1}{t}=1$이므로 존재한다.

4. ②

[풀이] 극방정식을 이용하면 극한을 쉽게 구할 수 있다.

$x=r\cos\theta,\ y=r\sin\theta$

(가) (참) (준식)$=\lim_{r\to 0}\dfrac{\sin r^2}{r^2}(1+r\cos\theta)=1$

(나) (거짓) (준식)$=\lim_{r\to 0}\dfrac{r^3\cos\theta\sin^2\theta}{r^2\cos^2\theta+r^4\sin^4\theta}$

$\qquad\qquad\qquad=\lim_{r\to 0}\dfrac{r\cos\theta\sin^2\theta}{\cos^2\theta+r^2\sin^4\theta}$

$\qquad\qquad\qquad=\dfrac{0}{\cos^2\theta}$

극한값이 θ값에 따라 분모가 0이 될 수 있으므로
극한값은 존재하지 않는다.

(다) (거짓) (준식)$=\lim_{r\to 0}\dfrac{r^2(\cos^2\theta+2\sin^2\theta)}{r^2(\cos\theta\sin\theta+(\cos\theta-\sin\theta)^2)}$

$\qquad\qquad\qquad=\dfrac{(\cos^2\theta+2\sin^2\theta)}{(\cos\theta\sin\theta+(\cos\theta-\sin\theta)^2)}$

극한값이 θ값에 따라 다르므로 극한값은 존재하지 않는다.

(라) (거짓) (준식)$=\lim_{r\to 0}\dfrac{r^2\cos\theta\sin\theta}{r^2}=\cos\theta\sin\theta$

극한값이 θ값에 따라 다르므로 극한값은 존재하지 않는다.

■ 2. 편도함수의 정의

5. ③

$\dfrac{\partial f}{\partial x}=f_x=\sin(xy)+xy\cos(xy)$

6. ④

$\dfrac{\partial z}{\partial x}=\dfrac{1}{1+\left(\dfrac{y}{x}\right)^2}\left(-\dfrac{y}{x^2}\right)=-\dfrac{y}{x^2+y^2}$.

$\dfrac{\partial^2 z}{\partial y\partial x}=\dfrac{\partial}{\partial y}\left(\dfrac{\partial z}{\partial x}\right)=\dfrac{\partial}{\partial y}\left(-\dfrac{y}{x^2+y^2}\right)=\dfrac{y^2-x^2}{(x^2+y^2)^2}$

따라서 $(1,0)$에서의 $\dfrac{\partial^2 z}{\partial y\partial x}$ 의 값은 -1이다.

7. ③

$f(1,y)=(1+y)^y=e^{y\ln(1+y)}$

$f_y(1,y)=e^{y\ln(1+y)}\left(\ln(1+y)+\dfrac{y}{1+y}\right)$

$\therefore f_y(1,1)=e^{\ln 2}\left(\ln 2+\dfrac{1}{2}\right)=2\left(\ln 2+\dfrac{1}{2}\right)=1+2\ln 2$

8. ②

$f_x(x,y)=\begin{cases}\dfrac{y^3(x^2+y^2)-xy^3\cdot 2x}{(x^2+y^2)^2} & (x,y)\neq(0,0)\\[2mm] 0 & (x,y)=(0,0)\end{cases}$

(여기서 $f_x(0,0)=\lim_{h\to 0}\dfrac{f(h,0)-f(0,0)}{h}=\lim_{h\to 0}\dfrac{0}{h}=0$)

$f_{xy}(0,0)=\lim_{h\to 0}\dfrac{f_x(0,h)-f_x(0,0)}{h}=\lim_{h\to 0}\dfrac{\dfrac{h^5}{h^4}}{h}=1$

9. ④

① $x=0$일 때 $\lim_{y\to 0}\dfrac{0}{y^2}=0$, $y=0$일 때 $\lim_{x\to 0}\dfrac{0}{x^2}=0$,

$\quad y=mx$일 때 $\lim_{x\to 0}\dfrac{2m^3x^4}{(1+m^2)x^2}=0$이므로 극한값은 0이다.

② $f(0,0)=0$이고, $\lim_{(x,y)\to(0,0)}\dfrac{2xy^3}{x^2+y^2}=0$이므로 연속이다.

③ $f_x(0,0)=\lim_{h\to 0}\dfrac{f(0+h,0)-f(0,0)}{h}=0$이다.

④ $(x, y) \neq (0, 0)$일 때

$$f_x(x, y) = \frac{2y^3(x^2 + y^2) - 2xy^3(2x)}{(x^2 + y^2)^2} \text{ 이므로}$$

$$f_{xy}(0, 0) = \lim_{h \to 0} \frac{f_x(0, 0+h) - f_x(0, 0)}{h} = \lim_{h \to 0} \frac{2h}{h} = 2$$

10. ④

풀이

$$\int_0^x (x^2 - t^2) f(t) dt = x^4 \ln\left(\frac{x^4}{e}\right)$$

$$\Rightarrow x^2 \int_0^x f(t) dt - \int_0^x t^2 f(t) dt = x^4 (4\ln x - 1)$$

양변을 x에 대하여 미분하자.

$$\Rightarrow 2x \int_0^x f(t) dt = 16x^3 \ln x$$

양변을 x로 나누자.

$$\Rightarrow 2 \int_0^x f(t) dt = 16x^2 \ln x$$

양변을 x에 대하여 미분하자.

$$\Rightarrow 2f(x) = 32x \ln x + 16x$$

$$\Rightarrow f(x) = 16x \ln x + 8x$$

$$\therefore f(1) = 8$$

■ 3. 합성함수 미분법

11. ④

풀이

$$\frac{dz}{dt} = \nabla z \cdot \langle x'(t), y'(t) \rangle$$

$$= \langle y \cos(xy), x \cos(xy) \rangle_{(t, t^2)} \cdot \langle 1, 2t \rangle$$

$$= \langle t^2 \cos(t^3), t \cos(t^3) \rangle \cdot \langle 1, 2t \rangle$$

$$= 3t^2 \cos(t^3)$$

12. ④

풀이

$$\frac{\partial w}{\partial x} = 2x, \quad \frac{\partial w}{\partial y} = 2y, \quad \frac{\partial w}{\partial z} = 2z,$$

$$\frac{\partial x}{\partial s} = t, \quad \frac{\partial y}{\partial s} = \cos t, \quad \frac{\partial z}{\partial s} = \sin t, \quad \frac{\partial x}{\partial t} = s, \quad \frac{\partial y}{\partial t} = -s \sin t, \quad \frac{\partial z}{\partial t} = s \cos t$$

$$\Rightarrow \frac{\partial w}{\partial s} = \frac{\partial w}{\partial x} \frac{\partial x}{\partial s} + \frac{\partial w}{\partial y} \frac{\partial y}{\partial s} + \frac{\partial w}{\partial z} \frac{\partial z}{\partial s}$$

$$= 2xt + 2y \cos t + 2z \sin t$$

$$= 2st^2 + 2s \cos^2 t + 2s \sin^2 t$$

$$\therefore \left. \frac{\partial w}{\partial s} \right|_{\substack{s=3 \\ t=0}} = 6$$

13. ①

풀이

$$\frac{\partial u}{\partial r} = \frac{\partial u}{\partial x} \frac{\partial x}{\partial r} + \frac{\partial u}{\partial y} \frac{\partial y}{\partial r} + \frac{\partial u}{\partial z} \frac{\partial z}{\partial r}$$

$$= 4x^3 y + (x^4 + 2y) \cdot s^2 \ln(1+t) + 3z^2 \cdot 2r \sin t$$

$r = 2, \ s = 1, \ t = 0$일 때 $x = 3, \ y = 0, \ z = 0$이므로

$$\frac{\partial u}{\partial r} = 0 \text{ 이다.}$$

14. ⑤

풀이

$p(t) = f(g(t), h(t))$에서 $x = g(t), \ y = h(t)$이므로

$$p'(t) = \frac{\partial f}{\partial x} \frac{\partial x}{\partial t} + \frac{\partial f}{\partial y} \frac{\partial y}{\partial t} \text{ 이다.}$$

$$\therefore p'(2) = 2(-1) + 1 \cdot 5 = 3$$

15. ②

풀이

$$\left. \frac{\partial w}{\partial y} \right]_{x=1, y=1}$$

$$= f_u(x+2y-1, 2x-y)2 + f_v(x+2y-1, 2x-y)(-1) \big]_{x=1, y=1}$$

$$= 2f_u(2, 1) - f_v(2, 1) = 2 \times (-1) - (-1) = -1$$

■ 4. 합성함수 & 2계 도함수

16. ①

$$z_s z_r = (z_x \cdot x_s + z_y \cdot y_s)(z_x \cdot x_r + z_y \cdot y_r)$$
$$= (z_x \cdot 1 + z_y \cdot 1)(z_x \cdot (-2) + z_y \cdot 1)$$
$$= -2(z_x)^2 - z_x z_y + (z_y)^2$$
$$\therefore ABC = -2$$

17. ③

$x = r\cos\theta,\ y = r\sin\theta$ 이고 $(x, y) = (0, 1)$ 이므로

$r = 1,\ \theta = \dfrac{\pi}{2}$ 이다.

$\dfrac{\partial z}{\partial r} = \dfrac{\partial z}{\partial x} \cdot \dfrac{\partial x}{\partial r} + \dfrac{\partial z}{\partial y} \cdot \dfrac{\partial y}{\partial r}$ 다시 양변을 r에 대하여 미분하면

$$\dfrac{\partial^2 z}{\partial r^2} = \dfrac{\partial^2 z}{\partial x^2} \cdot \left(\dfrac{\partial x}{\partial r}\right)^2 + \dfrac{\partial z}{\partial x} \cdot \dfrac{\partial^2 x}{\partial r^2}$$
$$+ \dfrac{\partial^2 z}{\partial y^2} \cdot \left(\dfrac{\partial y}{\partial r}\right)^2 + \dfrac{\partial z}{\partial y} \cdot \dfrac{\partial^2 y}{\partial r^2}$$

여기서 $\dfrac{\partial x}{\partial r}\bigg|_{\left(1, \frac{\pi}{2}\right)} = \cos\dfrac{\pi}{2} = 0$, $\dfrac{\partial y}{\partial r}\bigg|_{\left(1, \frac{\pi}{2}\right)} = \sin\dfrac{\pi}{2} = 1$,

$\dfrac{\partial^2 x}{\partial r^2} = 0,\ \dfrac{\partial^2 y}{\partial r^2} = 0$ 이므로 $\dfrac{\partial^2 z}{\partial r^2} = \dfrac{\partial^2 z}{\partial y^2}\ (0, 1)$

18. ①

연쇄법칙에 의해

$$\dfrac{\partial z}{\partial r} = \dfrac{\partial z}{\partial x}\dfrac{\partial x}{\partial r} + \dfrac{\partial z}{\partial y}\dfrac{\partial y}{\partial r} = \dfrac{\partial z}{\partial x}(2s) + \dfrac{\partial z}{\partial y}(2)$$

$$\dfrac{\partial}{\partial s}\dfrac{\partial z}{\partial r} = \dfrac{\partial}{\partial s}\left(2s\dfrac{\partial z}{\partial x} + 2\dfrac{\partial z}{\partial y}\right)$$

$$= 2\dfrac{\partial z}{\partial x} + 2s\dfrac{\partial}{\partial s}\dfrac{\partial z}{\partial x} + 2\dfrac{\partial}{\partial s}\dfrac{\partial z}{\partial y}$$

$$= 2\dfrac{\partial z}{\partial x} + 2s\left(\dfrac{\partial}{\partial x}\left(\dfrac{\partial z}{\partial x}\right)2r\right) + 2\left(\dfrac{\partial}{\partial x}\left(\dfrac{\partial z}{\partial y}\right)2r\right)$$

$$= 2\dfrac{\partial z}{\partial x} + 4rs\dfrac{\partial^2 z}{\partial x^2} + (4r)\dfrac{\partial^2 z}{\partial x\partial y}\ \text{이다.}$$

따라서 $(r, s) = (1, 1)$에서 $\dfrac{\partial^2 z}{\partial s\partial r} = -2$

19. ⑤

$$u(x, t) = \dfrac{1}{\sqrt{t}}f\left(\dfrac{x}{\sqrt{t}}\right)$$

$$\dfrac{\partial u(x, t)}{\partial t} = -\dfrac{1}{2}t^{-\frac{3}{2}}f\left(\dfrac{x}{\sqrt{t}}\right) - \dfrac{x}{2t^2}f'\left(\dfrac{x}{\sqrt{t}}\right)$$

$$\dfrac{\partial u(x, t)}{\partial x} = \dfrac{1}{t}f'\left(\dfrac{x}{\sqrt{t}}\right)$$

$$\dfrac{\partial^2 u(x, t)}{\partial x^2} = t^{-\frac{3}{2}}f''\left(\dfrac{x}{\sqrt{t}}\right).$$

여기서 $\dfrac{\partial u}{\partial t} = \dfrac{\partial^2 u}{\partial x^2} \Leftrightarrow \dfrac{\partial^2 u}{\partial x^2} - \dfrac{\partial u}{\partial t} = 0$이므로

$$t^{-\frac{3}{2}}f''\left(\dfrac{x}{\sqrt{t}}\right) + \dfrac{1}{2}t^{-\frac{3}{2}}f\left(\dfrac{x}{\sqrt{t}}\right) + \dfrac{x}{2t^2}f'\left(\dfrac{x}{\sqrt{t}}\right) = 0$$이고

양변에 $2t^{\frac{3}{2}}$ 을 곱하면

$$2f''\left(\dfrac{x}{\sqrt{t}}\right) + f\left(\dfrac{x}{\sqrt{t}}\right) + \dfrac{x}{\sqrt{t}}f'\left(\dfrac{x}{\sqrt{t}}\right) = 0$$이다.

또한 $\dfrac{x}{\sqrt{t}} = y$로 치환하면

$$2f''(y) + f(y) + yf'(y) = 0 \Leftrightarrow 2f''(y) + yf'(y) + f(y) = 0$$

20. ④

[풀이]

$$V = \frac{1}{3}\pi r^2 h, \quad dV = \frac{2}{3}\pi r h\, dr + \frac{1}{3}\pi r^2\, dh$$

이때 $r = 2$, $h = 3$, $dr = 0.1$, $dh = 0.1$이므로

$$V = \frac{1}{3}\pi \times 4 \times 3 = 4\pi$$

$$dV = \frac{2}{3}\pi \cdot 2 \cdot 3(0.1) + \frac{1}{3}\pi \cdot (2)^2 \cdot (0.1) = \frac{1.6}{3}\pi$$

따라서 $\dfrac{dV}{V} \times 100 = \dfrac{\frac{1.6}{3}\pi}{4\pi} \times 100 = \dfrac{1.6}{12} \times 100 = \dfrac{160}{12} = \dfrac{40}{3}$

21. ①

[풀이] $f(x, y) = x^2 + 4y^2 - 5$라고 할 때, 음함수 미분법에 의해

$$\frac{dy}{dx} = -\frac{f_x}{f_y} = -\frac{2x}{8y} = -\frac{x}{4y} \text{이므로}$$

점 (a, b)에서의 기울기는 $-\dfrac{a}{4b}$이다.

또한 점 (a, b)를 지나므로

접선의 방정식은 $y = -\dfrac{a}{4b}(x-a) + b$이고

접선은 $(3, 2)$를 지나므로 $2 = -\dfrac{a}{4b}(3-a) + b$를 만족한다.

$\Rightarrow 8b = -3a + a^2 + 4b^2 \Leftrightarrow 3a + 8b = 5 \, (\because a^2 + 4b^2 = 5)$

$\begin{cases} 3a + 8b = 5 \\ a^2 + 4b^2 = 5 \end{cases}$를 연립해서 a, b를 구하자.

$\Rightarrow 2b = \dfrac{5-3a}{4} \Rightarrow 4b^2 = \dfrac{25 - 30b + 9a^2}{16}$

$\Leftrightarrow a^2 + \dfrac{25 - 30b + 9a^2}{16} = 5$

$\Leftrightarrow 25a^2 - 30a - 55 = 0$

$\Leftrightarrow 5a^2 - 6a - 11 = 0$

$\Leftrightarrow (a+1)(5a-11) = 0$

$a = -1 (\because a < 0)$이고 $b = 1$이다.

접선의 방정식은 $y = \dfrac{1}{4}(x+1) + 1 \Leftrightarrow y = \dfrac{1}{4}x + \dfrac{5}{4}$이므로

$c = -5$이다.

$\therefore a + b + c = -1 + 1 - 5 = -5$

[TIP] 타원 $\dfrac{x^2}{a^2} + \dfrac{y^2}{b^2} = 1$ 위의 점 (x_1, y_1)에서의

접선의 방정식은 $\dfrac{x_1 x}{a^2} + \dfrac{y_1 y}{b^2} = 1$이다.

여기에서는 접선의 방정식을 $ax + 4by = 5$로 두면 된다.

22. ⑤

[풀이] $x = 1$, $y = 0$을 $x - z = \tan^{-1}(yz)$에 대입하면 $z = 1$이다.

$f(x, y, z) = -x + z + \tan^{-1}(yz)$라고 할 때,

음함수 미분법에 의해

$$\frac{\partial z}{\partial x} = -\frac{f_x}{f_z} = -\frac{-1}{1 + \dfrac{y}{1 + (yz)^2}}$$

$$\Rightarrow \frac{\partial z}{\partial x}(1, 0, 1) = \frac{1}{1+0} = 1 \text{이고}$$

$$\frac{\partial z}{\partial y} = -\frac{f_y}{f_z} = -\frac{\dfrac{z}{1 + (yz)^2}}{1 + \dfrac{y}{1 + (yz)^2}}$$

$$\Rightarrow \frac{\partial z}{\partial y}(1, 0, 1) = -\frac{1}{1+0} = -1 \text{이다.}$$

따라서 $\dfrac{\partial z}{\partial x}(1, 0) + \dfrac{\partial z}{\partial y}(1, 0) = 0$이다.

23. ②

[풀이] $f = yz - \ln(x+z)$라 하면 음함수 미분법에 의해

$$\frac{\partial z}{\partial x} = -\frac{f_x}{f_z} = -\frac{-\dfrac{1}{x+z}}{y - \dfrac{1}{x+z}} \text{이므로}$$

점 $(e-1, 1, 1)$에서 $\dfrac{\partial z}{\partial x} = \dfrac{1}{e-1}$이다.

24. ③

[풀이] $F = x^3 + y^3 + z^3 + 6xyz - 9$라 하면

$$\frac{\partial z}{\partial x} = -\frac{F_x}{F_z} = -\frac{3x^2 + 6yz}{3z^2 + 6xy}$$

따라서 $\dfrac{\partial z}{\partial x}(1, 1, 1) = -1$이다.

6. 방향도함수

25. ③

$\boxed{\text{풀이}}$ $\nabla f(1, 2) = (a, b)$라 하자.

(i) 벡터 $i + j$ 방향으로의 단위벡터는

$$u_1 = \left(\frac{1}{\sqrt{2}}, \frac{1}{\sqrt{2}} \right)$$이므로

$$D_{u_1}f(1, 2) = \nabla f(1, 2) \cdot \left(\frac{1}{\sqrt{2}}, \frac{1}{\sqrt{2}} \right)$$
$$= (a, b) \cdot \left(\frac{1}{\sqrt{2}}, \frac{1}{\sqrt{2}} \right)$$
$$= \frac{a}{\sqrt{2}} + \frac{b}{\sqrt{2}} = 2\sqrt{2}$$ 이다.

$$\therefore a + b = 4$$

(ii) 벡터 $-2j$ 방향으로의 단위벡터는 $u_2 = (0, -1)$이므로

$$D_{u_2}f(1, 2) = \nabla f(1, 2) \cdot (0, -1)$$
$$= (a, b) \cdot (0, -1)$$
$$= -b = -3$$에서 $b = 3$이다.

(i),(ii)에 의해 $a = 1$, $b = 3$이다. 즉, $\nabla f(1, 2) = (1, 3)$이다.

$3i + 4j$ 방향으로의 단위벡터는 $u = \left(\frac{3}{5}, \frac{4}{5} \right)$이므로

방향도함수 $D_u f(1, 2) = \nabla f(1, 2) \cdot u = 3$이다.

26. ②

$\boxed{\text{풀이}}$ 방향도함수를 구하기 위해서는 경도와 단위벡터를 알아야 한다.

$f : z = x\sin(xy)$이므로

$$\nabla f(x, y) = (f_x, f_y) = (\sin(xy) + xy\cos(xy), x^2\cos(xy))$$

가 성립하고 주어진 점을 대입하면

경도는 $\nabla f\left(1, \frac{\pi}{2} \right) = (1, 0)$이다. 단위벡터를 구해보자.

자른 평면의 기울기는 단위벡터와 x축이 이루는 각도와 같다.

따라서 $\vec{u} = \left(\cos\frac{\pi}{4}, \sin\frac{\pi}{4} \right) = \left(\frac{1}{\sqrt{2}}, \frac{1}{\sqrt{2}} \right)$이 된다.

$$D_u\left(1, \frac{\pi}{2} \right) = \nabla f\left(1, \frac{\pi}{2} \right) \cdot \left(\cos\frac{\pi}{4}, \sin\frac{\pi}{4} \right)$$이므로

$$D_u\left(1, \frac{\pi}{2} \right) = (1, 0) \cdot \left(\frac{1}{\sqrt{2}}, \frac{1}{\sqrt{2}} \right) = \frac{1}{\sqrt{2}}$$이다.

27. ②

$\boxed{\text{풀이}}$ $f_x(0, \pi) = \left[e^x\cos(\pi x) - e^x\pi\sin(\pi x) \right]_{x=0} = 1$,

$f_y(0, \pi) = \left[e^{\sin y}\cos y \right]_{y=\pi} = -1$이므로

$$D_u f(0, \pi) = \nabla f(0, \pi) \cdot \vec{u}$$
$$= (1, -1) \cdot \frac{1}{\sqrt{5}}(1, 2)$$
$$= \frac{1}{\sqrt{5}}(1 - 2) = -\frac{1}{\sqrt{5}}$$

28. ③

$\boxed{\text{풀이}}$ $\nabla f = (\sin(yz), xz\cos(yz), xy\cos(yz))$

$$\Rightarrow \nabla f(1, 3, 0) = (0, 0, 3), \frac{u}{|u|} = \left(\frac{1}{\sqrt{6}}, \frac{2}{\sqrt{6}}, -\frac{1}{\sqrt{6}} \right)$$

$$\therefore \nabla f(1, 3, 0) \cdot \frac{u}{|u|} = -\frac{3}{\sqrt{6}} = -\frac{\sqrt{6}}{2}$$

29. ④

$\boxed{\text{풀이}}$ $\nabla f = \langle \cos(yz), 2y - zx\sin(yz), -xy\sin(yz) \rangle$ 이므로

$\nabla f(2, 1, \pi) = \langle -1, 2, 0 \rangle$ 이고

벡터 v방향으로의 단위벡터는 $\left\langle \frac{2}{7}, \frac{3}{7}, -\frac{6}{7} \right\rangle$ 이므로

방향도함수는 $\langle -1, 2, 0 \rangle \cdot \left\langle \frac{2}{7}, \frac{3}{7}, -\frac{6}{7} \right\rangle = \frac{4}{7}$ 이다.

30. $\frac{5}{3}$

$\boxed{\text{풀이}}$ $\nabla f(1, 1, 0) \cdot (a, b, c)$

$$= \langle 1 + y + yze^{xz}, x + e^{xz}, xye^{xz} \rangle \cdot \langle a, b, c \rangle|_{(1, 1, 0)}$$
$$= \langle 2, 2, 1 \rangle \cdot \langle a, b, c \rangle$$
$$= 2a + 2b + c$$

$g(a, b, c) = 2a + 2b + c$로 놓고

단위벡터의 조건 $a^2 + b^2 + c^2 = 1$로부터

$h(a, b, c) = a^2 + b^2 + c^2 - 1$로 놓으면

제약 조건 $h(a, b, c)$를 만족하는

$g(a, b, c)$의 최댓값을 구하면 된다.

$\lambda\nabla g = \nabla h$에서 $\lambda(2, 2, 1) = (2a, 2b, 2c)$이므로

$\lambda = a = b = 2c$ $h(a, b, c)$에 대입하면 $4c^2 + 4c^2 + c^2 = 1$

$$\therefore c = \pm\frac{1}{3}, a = b = \pm\frac{2}{3}$$

최댓값은 $a = b = \frac{2}{3}$, $c = \frac{1}{3}$일 때이므로 $a + b + c = \frac{5}{3}$이다.

31. ②

풀이 $\nabla f(1, 0) = \langle e^{-xy} - xye^{-xy}, \ -x^2 e^{-xy} \rangle_{(1,0)}$

$\qquad\qquad = \langle 1, \ -1 \rangle$

따라서 방향도함수의 최댓값은 $|\nabla f(1, 0)| = \sqrt{2}$ 이고

최솟값은 $-|\nabla f(1, 0)| = -\sqrt{2}$ 이다.

최댓값과 최솟값의 곱은 -2이다.

32. ②

풀이 점 $\mathrm{P}(2, 1)$에서 물방울이 흘러내려가는 방향은 가장 빨리 감소하는 방향, 즉 방향도함수가 최소인 방향이다.

$\nabla f(2, 1) = \langle 2x, \ 2y \rangle_{(2, 1)} = \langle 4, \ 2 \rangle$이므로

$-\nabla f(2, 1) = \langle -4, \ -2 \rangle$이다. 즉, $\langle -2, \ -1 \rangle$이다.

33. ④

풀이 주어진 점 (a, b)에서

이변수 함수의 가장 빠른 변화의 방향은 경도 방향이다.

즉 $\nabla f(a, b) = \langle 2a - 2, 2b - 4 \rangle$

이 방향이 $\vec{i} + \vec{j}$와 같은 방향이 되는 것은 ④번뿐이다.

34. ①

풀이 $\nabla T(0, 1, -1)$

$= \left(\pi y e^{xy}, \ \pi x e^{xy} - \pi z \cos(\pi yz), \ -\pi y \cos(\pi yz) \right)]_{(0,1,-1)}$

$= (\pi, \ -\pi, \ \pi)$

가장 빠르게 낮아지는 방향은

$-\nabla T(0,1,-1) = (-\pi, \pi, -\pi)$이므로

이와 평행한 벡터는 ①뿐이다.

35. ⑤

풀이 $(1, 1, 1)$에서 방향도함수의 최댓값은

$|\nabla f(1, 1, 1)|$을 구하면 된다.

$\nabla f(x, y, z) = \langle 10x - 3y + yz, \ -3x + xz, \ xy \rangle$

$\nabla f(1, 1, 1) = \langle 8, \ -2, \ 1 \rangle$이므로

방향도함수의 최댓값은 $|\nabla f(1, 1, 1)| = \sqrt{69}$ 이다.

36. ④

풀이 $\nabla T(x, y, z)$

$= \left(\dfrac{-160x}{(1+x^2+2y^2+3z^2)^2}, \ \dfrac{-320y}{(1+x^2+2y^2+3z^2)^2}, \ \dfrac{-480z}{(1+x^2+2y^2+3z^2)^2} \right)$

$\Rightarrow \nabla T(1, 1, -2) = \left(-\dfrac{5}{8}, \ -\dfrac{10}{8}, \ \dfrac{30}{8} \right) = \dfrac{-5}{8}(1, 2, -6)$

$|\nabla T(1, 1, -2)| = \dfrac{5\sqrt{41}}{8}$

37. ③

풀이 $u_1 = \overrightarrow{\mathrm{P}_0\mathrm{P}_1} = (1, 2, -2), \ u_2 = \overrightarrow{\mathrm{P}_0\mathrm{P}_2} = (1, -2, 2),$

$f_x(1, 2, 3) = a, \ f_y(1, 2, 3) = b$ 라 하면

$(1, 2, 3)$에서 $\nabla f(1, 2, 3) = (f_x, f_y, f_z) = (a, b, 0)$이다.

이때 방향도함수는

$D_{\overrightarrow{u_1}} = \dfrac{1}{3}(1, 2, -2) \cdot (a, b, 0) = \dfrac{1}{3}(a + 2b) = 1,$

$D_{\overrightarrow{u_2}} = \dfrac{1}{3}(1, -2, 2) \cdot (a, b, 0) = \dfrac{1}{3}(a - 2b) = -3$이므로

연립방정식 $\begin{cases} a + 2b = 3 \\ a - 2b = -9 \end{cases}$에 대해 $a = -3, \ b = 3$이다.

따라서 $\nabla f(1, 2, 3) = (-3, 3, 0)$이다.

이때 방향도함수의 최댓값은

$|\nabla f(1, 2, 3)| = \sqrt{3^2 + 3^2} = 3\sqrt{2}$ 이다.

38. ②

$t=0$일 때 $(x,y,z)=(0,-3,0)$이고

$$\frac{dr}{dt}=(3t^2+2)\mathrm{i}+(6e^{-2t})\mathrm{j}+(10\cos 5t)\mathrm{k}|_{t=0}=(2,6,10)$$

이므로 접선은 $x=\dfrac{y+3}{3}=\dfrac{z}{5}$,

법평면은 $x+3(y+3)+5z=0$이다.

39. ①

$\gamma(t)=e^{-t}<\cos t,\ \sin t,\ 1>$이므로 접선벡터는

$$\gamma'(t)=-e^{-t}\langle\cos t,\ \sin t,\ 1\rangle+e^{-t}\langle-\sin t,\ \cos t,\ 0\rangle$$
$$=-e^{-t}\langle\cos t+\sin t,\ \sin t-\cos t,\ 1\rangle$$
$$\therefore\ \gamma'(t)|_{t=0}=-\langle 1,\ -1,\ 1\rangle\text{이다.}$$

x축의 방향벡터는 $\langle 1,\ 0,\ 0\rangle$이므로

$$\cos\theta=\frac{\langle-1,1,-1\rangle\cdot\langle 1,0,0\rangle}{\sqrt{(-1)^2+1^2+(-1)^2}\cdot\sqrt{1^2+0^2+0^2}}=-\frac{1}{\sqrt{3}}$$

40. ②

$$l=\int_0^\pi\sqrt{\{x'(t)\}^2+\{y'(t)\}^2}\,dt$$

$$=\int_0^\pi\sqrt{(3\sin^2 t\cos t)^2+(3\cos^2 t(-\sin t)+3\sin t)^2}\,dt$$

$$=\int_0^\pi 3\sin^2 t\,dt$$

$$=2\times 3\times\frac{1}{2}\times\frac{\pi}{2}=\frac{3}{2}\pi$$

$$(\because\ (3\sin^2 t\cos t)^2+(3\cos^2 t(-\sin t)+3\sin t)^2$$

$$=9\sin^4 t\cos^2 t+9\cos^4 t\sin^2 t-18\cos^2 t\sin^2 t+9\sin^2 t$$

$$=9\sin^2 t\cos^2 t(\sin^2 t+\cos^2 t)-18\sin^2 t\cos^2 t+9\sin^2 t$$

$$=9\sin^2 t\cos^2 t-18\sin^2 t\cos^2 t+9\sin^2 t$$

$$=9\sin^2 t-9\sin^2 t\cos^2 t$$

$$=9\sin^2 t(1-\cos^2 t)=9\sin^4 t)$$

41. ①

$$x'(t)=(6\sinh(2t),6\cosh(2t),6)$$
$$\Rightarrow|x'(t)|=6\sqrt{\sinh^2(2t)+\cosh^2(2t)+1}$$
$$=6\sqrt{2}\sqrt{\cosh^2(2t)}$$
$$(\because\ \sinh^2(2t)=\cosh^2(2t)-1)$$
$$=6\sqrt{2}\cosh(2t)$$

⇒ 곡선의 길이는

$$l=6\sqrt{2}\int_0^\pi\cosh(2t)dt$$

$$=3\sqrt{2}\,[\sinh(2t)]_0^\pi$$

$$=3\sqrt{2}\sinh(2\pi)$$

42. ①

② 이 입자가 수평으로만 이동한다고 가정할 때,

2초 동안 오른쪽으로 $2m$를 이동한 후,

다음 2초간 왼쪽으로 $1m$를 이동하였다가,

그 다음 1초간 그 상태에서 정지 후,

그 다음 1초간 오른쪽으로 $3m$ 이동하였다고 할 수 있다.

③ 순간속도는 $-\dfrac{1}{2}$이다.

④ 위치를 미분하면 속도이므로

처음 2초 동안 속도는 1이 되어야 한다.

43. ①

풀이 양변을 x에 대하여 미분하면

$$3x^2 + 3y^2 y' = 0 \Rightarrow y' = -\frac{x^2}{y^2}$$

한번 더 미분하면 $y'' = -\frac{2xy^3 + 2x^4}{y^5}$

$$\therefore y'_{(0,\,1)} = 0,\ y''_{(0,\,1)} = 0$$
$$\therefore \kappa_{(0,\,1)} = 0$$

44. ④

풀이 $y = x^2$일 때, $y' = 2x$, $y'' = 2$이므로

곡률 $\kappa = \dfrac{|y''|}{\left[1 + (y')^2\right]^{\frac{3}{2}}} = \dfrac{2}{(1 + 4x^2)^{\frac{3}{2}}}$ 이다.

이때 $x = 1$에서 곡률 k는 $\dfrac{2}{5\sqrt{5}}$이다.

45. ①

풀이 $\vec{r}'(t) = (1,\ -2\sin t,\ 2\cos t)$,
$\vec{r}''(t) = (0,\ -2\cos t,\ -2\sin t)$

$$r' \times r'' = \begin{vmatrix} i & j & k \\ 1 & -2\sin t & 2\cos t \\ 0 & -2\cos t & -2\sin t \end{vmatrix}$$
$$= \langle 4,\ 2\sin t,\ -2\cos t \rangle$$

$$\therefore \kappa(t) = \frac{|r' \times r''|}{|r'|^3} = \frac{2\sqrt{5}}{5\sqrt{5}} = \frac{2}{5}$$

46. ③

풀이 $(-3,\ 0,\ \pi a + 1)$은 $t = \pi$일 때의 점이다.

즉, $t = \pi$에서 곡률을 구하면 되므로

$r'(t) = \langle -3\sin t,\ 3\cos t,\ a \rangle \Rightarrow r'(\pi) = \langle 0,\ -3,\ a \rangle$
$r''(t) = \langle -3\cos t,\ -3\sin t,\ 0 \rangle \Rightarrow r''(\pi) = \langle 3,\ 0,\ 0 \rangle$
$|r'(\pi)| = \sqrt{a^2 + 9}$
$r'(\pi) \times r''(\pi) = \langle 0,\ 3a,\ 9 \rangle$
$\Rightarrow |r'(\pi) \times r''(\pi)| = \sqrt{9a^2 + 81} = 3\sqrt{a^2 + 9}$

$$\kappa(\pi) = \frac{|r'(\pi) \times r''(\pi)|}{|r'(\pi)|^3}$$
$$= \frac{3\sqrt{a^2 + 9}}{(a^2 + 9)\sqrt{a^2 + 9}}$$

$$= \frac{3}{a^2 + 9}$$
$$= \frac{1}{6}$$
$$a^2 = 9 \Rightarrow a = 3\,(\because a > 0)$$

[다른 풀이]

$r(t) = (a\cos t,\ a\sin t,\ bt)$의 곡률은 $\dfrac{a}{a^2 + b^2}$이다.

주어진 벡터함수는 위 그래프를 z축 방향으로 평행이동한 그래프이고, 곡률은 동일하다.

$\dfrac{3}{9 + a^2} = \dfrac{1}{6}$ 이므로 $a^2 = 9 \Rightarrow a = 3\,(\because a > 0)$이다.

47. ④

풀이
$$r(t) = \langle \sin t \cos t,\ \sin^2 t,\ \cos t \rangle$$
$$= \left\langle \frac{1}{2}\sin 2t,\ \sin^2 t,\ \cos t \right\rangle$$
$$r'(t) = \langle \cos 2t,\ 2\sin t \cos t,\ -\sin t \rangle$$
$$= \langle \cos 2t,\ \sin 2t,\ -\sin t \rangle$$
$$r''(t) = \langle -2\sin 2t,\ 2\cos 2t,\ -\cos t \rangle \text{이므로}$$
$$r'(0) = \langle 1,\ 0,\ 0 \rangle,\ r''(0) = \langle 0,\ 2,\ -1 \rangle$$
$$r'(0) \times r''(0) = \begin{vmatrix} i & j & k \\ 1 & 0 & 0 \\ 0 & 2 & -1 \end{vmatrix} = \langle 0,\ 1,\ 2 \rangle$$
$$\therefore \kappa(0) = \frac{|r'(0) \times r''(0)|}{|r'(0)|^3} = \sqrt{5}\ \text{이다.}$$

48. ①

풀이 $r'(t) = (\sinh t, \cosh t, 1)$, $r''(t) = (\cosh t, \sinh t, 0)$에 대해

$$r' \times r'' = \begin{vmatrix} i & j & k \\ \sinh t & \cosh t & 1 \\ \cosh t & \sinh t & 0 \end{vmatrix} = (-\sinh t,\ \cosh t,\ -1)\ \text{이다.}$$

공간상의 곡률은 $\kappa = \dfrac{|r' \times r''|}{|r'|^3}$ 이므로

$$\kappa = \frac{\sqrt{\sinh^2 t + \cosh^2 t + 1}}{\left(\sqrt{\sinh^2 t + \cosh^2 t + 1}\right)^3} = \frac{1}{\sinh^2 t + \cosh^2 t + 1}\ \text{이다.}$$

$t = 0$일 때, $\kappa = \dfrac{1}{2}$ 이다.

49. ①

풀이 점 $(1, 0)$은 $t = 0$일 때이므로

이 점으로부터의 거리가 $\sqrt{2}$ 가 되는 점을 $t = a$일 때라 하면

$x'(t) = e^t(\cos t - \sin t)$, $y'(t) = e^t(\sin t + \cos t)$이므로

$$r'(t) = e^t \langle \cos t - \sin t,\ \sin t + \cos t \rangle$$

$$\sqrt{2} = \int_0^a e^t \sqrt{(\cos t - \sin t)^2 + (\sin t + \cos t)^2}\, dt$$

$$= \int_0^a e^t \sqrt{2(\sin^2 t + \cos^2 t)}\, dt$$

$$= \sqrt{2}\,[e^t]_0^a$$

$$= \sqrt{2}(e^a - 1) \text{이다.}$$

$e^a = 2$, 즉 $a = \ln 2$이므로 $t = \ln 2$에서의 곡률을 구하면 된다.
곡률 공식을 이용하자.

$$x'(t) = e^t(\cos t - \sin t),\quad y'(t) = e^t(\sin t + \cos t)$$

$$x''(t) = e^t(-2\sin t),\quad y'(t) = e^t(2\cos t)$$

$$k = \frac{|x'y'' - x''y'|}{\left(\sqrt{(x')^2 + (y')^2}\right)^3}$$

$$= \frac{2e^{2t}}{\left(\sqrt{2}\,e^t\right)^3}$$

$$= \left. \frac{1}{\sqrt{2}\,e^t}\right|_{t=\ln 2}$$

$$= \frac{1}{2\sqrt{2}}$$

[다른 풀이]
곡률의 정의를 이용하자.

$$k = \left| \frac{dT}{ds} \right|$$

단위접선벡터 $T(t)$를 구하면

$$T(t) = \frac{r'(t)}{|r'(t)|} = \frac{1}{\sqrt{2}} \langle \cos t - \sin t,\ \sin t + \cos t \rangle \text{이고}$$

$$T'(t) = \frac{1}{\sqrt{2}} \langle -\sin t - \cos t,\ \cos t - \sin t \rangle \text{이므로}$$

곡률 $\kappa(t) = \left. \frac{|T'(t)|}{|r'(t)|} \right|_{t=\ln 2} = \frac{1}{2\sqrt{2}}$ 이다.

$$\left(\because |T'(t)| = \frac{1}{\sqrt{2}} \sqrt{2(\sin^2 t + \cos^2 t)} = 1, \right.$$

$$\left. |r'(t)|_{t=\ln 2} = \left| e^t \sqrt{2(\sin^2 t + \cos^2 t)} \right|_{t=\ln 2} = 2\sqrt{2} \right)$$

50. ③

곡면 $S : x^2 + y^4 + z^6 = 26$에 대하여
$$\nabla S = (2x,\ 4y^3,\ 6z^5)$$
$$\Rightarrow \nabla S(3, 2, 1) = (6, 32, 6) /\!/ (3, 16, 3)$$
따라서 접평면의 방정식은
$$3x + 16y + 3z = 44 \Leftrightarrow \frac{3}{44}x + \frac{16}{44}y + \frac{3}{44}z = 1 \text{이다.}$$
$$\therefore a + b + c = \frac{1}{2}$$

51. ②

$f(x, y, z) = xy + y\sin(z) + x^2 z$으로 놓으면
접평면의 법선벡터는 $(1, 0, 0)$에서의 경도벡터와 같다.
$$\nabla f(1, 0, 0) = \langle y + 2xz,\ x + \sin(z),\ y\cos(z) + x^2 \rangle |_{(1, 0, 0)}$$
$$= \langle 0, 1, 1 \rangle$$
평면의 방정식은 $y + z = 0$이고 $b = 1$, $c = 1$이므로 $\dfrac{b}{c} = 1$

52. ①

법선의 방향벡터는 경도벡터이므로
$f(x, y, z) = x^2 + y^2 - z$로 놓으면
$$\nabla f = \langle 2x, 2y, -1 \rangle,\quad \nabla f_{(1, 1, 2)} = \langle 2, 2, -1 \rangle$$
따라서 법선의 대칭방정식 $\dfrac{x-1}{2} = \dfrac{y-1}{2} = \dfrac{z-2}{-1} = t$에서
$$\langle x, y, z \rangle = \langle 2t+1,\ 2t+1,\ 2-t \rangle$$
이 점이 포물면에 있어야 하므로
$$2 - t = 2(2t+1)^2 \Rightarrow t = 0,\ -\frac{9}{8}$$
$t = 0$일 때, $(1, 1, 2)$
$t = -\dfrac{9}{8}$일 때, $\left(-\dfrac{5}{4},\ -\dfrac{5}{4},\ \dfrac{25}{8} \right)$
$$\therefore a + b + c = -\frac{5}{4} - \frac{5}{4} + \frac{25}{8} = \frac{5}{8}$$

53. ④

(i) 한 점 : $(1, 1, 1)$
(ii) 법선벡터 :
$$(2x - y^2 z,\ -2xyz,\ -xy^2 + 2z)_{(1, 1, 1)} = (1, -2, 1)$$
(iii) 평면의 방정식 :
$$(x-1) - 2(y-1) + (z-1) = 0,\quad x - 2y + z = 0$$
보기 중 평면 $x - 2y + z = 0$위에 있는 점은 ④번뿐이다.

54. ④

$f(x, y, z) = xe^y \cos z - z - 1$이라 할 때,

$\nabla f(x, y, z) = (e^y \cos z, \ x e^y \cos z, \ -xe^y \sin z - 1)$

따라서 접평면의 법선벡터는 $\nabla f(1, 0, 0) = (1, 1, -1)$이고,

$2x + y + z = 2019$의 법선벡터 $\vec{n} = (2, 1, 1)$에서 또한

두 평면의 사잇각은 두 평면의 법선의 사잇각과 같으므로

두 평면의 사잇각을 θ라고 할 때,

$$\cos\theta = \frac{2 + 1 - 1}{\sqrt{1+1+1}\ \sqrt{4+1+1}} = \frac{2}{3\sqrt{2}} = \frac{\sqrt{2}}{3}$$ 이다.

$$\therefore \theta = \cos^{-1}\left(\frac{\sqrt{2}}{3}\right)$$

55. ②

곡선 $z = x^2 + 1$, $x \geq 0$을

z축 둘레로 회전시켰을 때 생기는 곡면은

$z = x^2 + y^2 + 1 \Leftrightarrow F(x, y, z) = x^2 + y^2 - z + 1 = 0$이다.

또한 곡면에 대한 접평면의 법선벡터를 구하면

$\nabla F(x, y, z) = (2x, 2y, -1)$, $\nabla F(1, 1, 3) = (2, 2, -1)$

이므로 점 $(1, 1, 3)$에서의 접평면은

$2(x-1) + 2(y-1) - (z-3) = 0$

$\Leftrightarrow 2x + 2y - z = 1$

$\Leftrightarrow z = 2x + 2y - 1$이다.

즉 $a = 2, b = 2, c = -1$이고 $3a + 4b + c = 13$이다.

■ 11. 두 곡면의 교선

56. ②

두 곡면의 교선 위의 한 점에서의 접선의 방향벡터는

두 곡면의 경도벡터와 모두 수직인 방향이다.

곡면 $xyz = 1$을 $f(x, y, z) = xyz - 1$이라 하면

$\nabla f = \langle yz, zx, xy \rangle|_{(1,1,1)} = \langle 1, 1, 1 \rangle$

곡면 $x^2 + 2y^2 + 3z^2 = 6$을 $g(x, y, z) = x^2 + 2y^2 + 3z^2 - 6$

이라 하면 $\nabla g = \langle 2x, 4y, 6z \rangle|_{(1,1,1)} = \langle 1, 2, 3 \rangle$이므로

접선의 방향벡터는

$\begin{vmatrix} i & j & k \\ 1 & 1 & 1 \\ 1 & 2 & 3 \end{vmatrix} = i\langle 1 \cdot 3 - 2 \cdot 1 \rangle - j\langle 1 \cdot 3 - 1 \cdot 1 \rangle + k\langle 1 \cdot 2 - 1 \cdot 1 \rangle$

$= \langle 1, -2, 1 \rangle$

57. ③

$f : x^2 + y^2 - z = 0$, $g : 2x^2 + y^2 + \dfrac{3}{2}z^2 - 9 = 0$

$(f_x, f_y, f_z) = (2x, 2y, -1)]_{(1, -1, 2)} = (2, -2, -1)$

$(g_x, g_y, g_z) = (4x, 2y, 3z)]_{(1, -1, 2)} = (4, -2, 6)$

접선벡터는 $\begin{vmatrix} i & j & k \\ 2 & -2 & -1 \\ 4 & -2 & 6 \end{vmatrix} = (-14, -16, 4)$이므로

이와 평행한 벡터는 $(7, 8, -2)$인 ③뿐이다.

58. ①

두 곡면의 교선 위의 한 점에서의 접선벡터는

그 점에서의 두 곡면의 경도벡터와 모두 수직인 벡터이다.

$F(x, y, z) = x^2 - y^2 - z$, $G(x, y, z) = xyz + 30$이라 하면

$\nabla F(x, y, z)|_{(-3, 2, 5)} = \langle 2x, -2y, -1 \rangle|_{(-3, 2, 5)}$

$\qquad\qquad = \langle -6, -4, -1 \rangle$

$\nabla G(x, y, z)|_{(-3, 2, 5)} = \langle yz, xz, xy \rangle|_{(-3, 2, 5)}$

$\qquad\qquad = \langle 10, -15, -6 \rangle$이므로

$\nabla F(-3, 2, 5) \times \nabla G(-3, 2, 5) = \begin{vmatrix} i & j & k \\ -6 & -4 & -1 \\ 10 & -15 & -6 \end{vmatrix}$

$\qquad\qquad = \langle 9, -46, 130 \rangle$

59. ④

교선의 접선벡터는

두 곡면의 그 점에서의 경도벡터에 모두 수직인 벡터이다.

두 곡면의 경도는 각각

$\langle 2x, 2y, 2z \rangle$, $\left\langle x - \dfrac{1}{2}, 4y, \dfrac{2}{3}\left(z - \dfrac{1}{2}\right) \right\rangle$이므로

$\left(\dfrac{1}{2},\ \dfrac{1}{\sqrt{2}},\ \dfrac{1}{2}\right)$에서의 경도벡터는 각각

$\langle 1,\ \sqrt{2},\ 1\rangle$, $\langle 0,\ 2\sqrt{2},\ 0\rangle$이고,

이 두 벡터에 모두 수직인 벡터는

$$\begin{vmatrix} i & j & k \\ 1 & \sqrt{2} & 1 \\ 0 & 2\sqrt{2} & 0 \end{vmatrix} = \langle -2\sqrt{2},\ 0,\ 2\sqrt{2}\rangle$$이다.

이 벡터와 평행한 벡터는 ④$\langle 1,\ 0,\ -1\rangle$이다.

60. ①

회전추면을 $f(x,\ y,\ z)=x^2+y^2-z^2$,

z축 위의 점을 $A(0,\ 0,\ 2)$, 추면 위의 점을 $P(a,\ b,\ c)$라 하면

점 P에서의 법선벡터는 $\langle 2a,\ 2b,\ -2c\rangle$이므로

$\overrightarrow{PA}=(a,\ b,\ c-2)\ /\!/\ (a,\ b,\ -c)$이고

따라서 $c-2=-c$에서 $c=1$이다.

61. ④

법평면은 접선벡터를 법선벡터로 갖는 평면이므로

두 곡면 $f:x^2+y^2+z^2=3$, $g:xy-z=0$의

교선에서 접하는 방향벡터 $\overrightarrow{u}$를 구하면

$$\overrightarrow{u}=\nabla f\times\nabla g$$

$$=\begin{vmatrix} i & j & k \\ 2x & 2y & 2z \\ y & x & -1 \end{vmatrix}_{(1,1,1)}$$

$$=2\begin{vmatrix} i & j & k \\ 1 & 1 & 1 \\ 1 & 1 & -1 \end{vmatrix}$$

$$=2(-2,\ 2,\ 0)$$

이므로 점 $P(1,\ 1,\ 1)$에서의 접선벡터는

$\overrightarrow{u}(1,\ 1,\ 1)=(-4,\ 4,\ 0)\ /\!/\ (-1,\ 1,\ 0)$이다.

$(-1,\ 1,\ 0)$을 법선벡터로 갖는 평면의 식은 $-x+y=0$이다.

이때 법평면 $-x+y=0$과 점 $Q(-1,\ 1,\ -2)$ 사이의 거리 d는

$$d=\dfrac{|1+1|}{\sqrt{1+1}}=\sqrt{2}$$ 이다.

■ 12. 이변수 함수의 선형근사식

62. ①

일차근사함수를 구하면

$$f(x,\ y)\approx f(1,\ 1)+f_x(1,\ 1)(x-1)+f_y(1,\ 1)(y-1)$$

(i) $f(1,\ 1)=2$

(ii) $f_x(x,\ y)=\dfrac{x}{\sqrt{x^2+3y^2}}\Big]_{(1,1)}=\dfrac{1}{2}$

(iii) $f_y(x,\ y)=\dfrac{3y}{\sqrt{x^2+3y^2}}\Big]_{(1,1)}=\dfrac{3}{2}$

$$f(x,\ y)\approx 2+\dfrac{1}{2}(x-1)+\dfrac{3}{2}(y-1)$$

$$f(1\cdot2,\ 0\cdot9)\approx 2+\dfrac{1}{2}(0\cdot2)+\dfrac{3}{2}(-0\cdot1)=1.95$$

63. ①

$f=\sqrt{y-x}-z$라 하면

법선벡터 $\nabla f(1,\ 2,\ 1)=\left\langle -\dfrac{1}{2},\ \dfrac{1}{2},\ -1\right\rangle$이고,

점 $(1,2,1)$ 을 지나므로 접평면의 방정식은

$$-\dfrac{1}{2}(x-1)+\dfrac{1}{2}(y-2)-(z-1)=0$$이다.

따라서 $z=L(x,\ y)=1-\dfrac{1}{2}(x-1)+\dfrac{1}{2}(y-2)$이다.

$$L(1.1,\ 1.2)=1-\dfrac{1}{2}\cdot\dfrac{1}{10}+\dfrac{1}{2}\cdot\dfrac{2}{10}=1+\dfrac{1}{20}=1.05$$

64. ④

$f_x = 3x^2 + 4x - 4y + 1 = 0 \cdots ㉠$

$f_y = -4x + 2y = 0 \Rightarrow y = 2x$

$y = 2x$를 ㉠에 대입하면 $3x^2 - 4x + 1 = 0 \Rightarrow x = \dfrac{1}{3}, 1$이다.

$\therefore$ 임계점 $(x_1, y_1) = \left(\dfrac{1}{3}, \dfrac{2}{3}\right), (1, 2) \Rightarrow 3y_1 y_2 = 4$

65. ④

$f_x(x, y) = 3x^2 - 6y + 6 = 3(x^2 - 2y + 2)$이고

$f_y(x, y) = 2y - 6x + 3$이므로

$\left(1, \dfrac{3}{2}\right)$와 $\left(5, \dfrac{27}{2}\right)$에서 임계점을 갖는다.

또한 $f_{xx}(x, y) = 6x$, $f_{yy}(x, y) = 2$, $f_{xy}(x, y) = -6$이다.

(i) $\triangle\left(1, \dfrac{3}{2}\right) = 6 \times 2 - (-6)^2 < 0$이므로

$\left(1, \dfrac{3}{2}\right)$에서 안장점을 갖는다.

(ii) $\triangle\left(5, \dfrac{27}{2}\right) = 30 \times 2 - (-6)^2 > 0$, $f_{xx}\left(5, \dfrac{27}{2}\right) > 0$

이므로 $\left(5, \dfrac{27}{2}\right)$에서 극솟점을 갖는다.

따라서 $a + b = 5 + \dfrac{27}{2} = \dfrac{37}{2}$이다.

66. ②

(i) $f_x = 2x + 2\sin y$, $f_y = 2x\cos y$에 대해

$\begin{cases} 2x + 2\sin y = 0 \\ 2x\cos y = 0 \end{cases}$ 을 동시에 만족시키는 임계점 (x, y)는

주어진 범위에서 $(0, 0)$, $\left(-1, \dfrac{\pi}{2}\right)$, $\left(1, -\dfrac{\pi}{2}\right)$이다.

(ii) $f_{xx} = 2$, $f_{yy} = -2x\sin y$, $f_{xy} = 2\cos y$에 대해

극대, 극소 판별식

$\triangle f = f_{xx} f_{yy} - (f_{xy})^2 = -4x\sin y - 4\cos^2 y$는

$\triangle f(0, 0) < 0$, $\triangle f\left(-1, \dfrac{\pi}{2}\right) > 0$, $\triangle f\left(1, -\dfrac{\pi}{2}\right) > 0$

이므로 두 점 $\left(-1, \dfrac{\pi}{2}\right)$, $\left(1, -\dfrac{\pi}{2}\right)$에서 극값을 갖는다.

(iii) $f_{xx} = 2 > 0$이므로

극솟점 $f\left(-1, \dfrac{\pi}{2}\right) = 1$, $f\left(1, -\dfrac{\pi}{2}\right) = 1$을 갖는다.

따라서 모든 극솟값의 합은 2이다.

67. ③

$\begin{cases} f_x = 2x - 6y = 0 \\ f_y = 3y^2 - 6x = 0 \end{cases}$, $x = 3y$을 $y^2 - 2x = 0$에 대입하면

$y^2 - 6y = 0$ $\begin{cases} y = 0 \\ x = 0 \end{cases}$, $\begin{cases} y = 6 \\ x = 18 \end{cases}$

$f_{xx} = 2$, $f_{yy} = 6y$, $f_{xy} = -6$

$\triangle(0, 0) = 2 \times (0) - (-6)^2 < 0$이므로 안장점이다.

$\triangle(18, 6) = 2 \times 36 - (-6)^2 > 0$이며 $f_{xx} > 0$이므로

$(18, 6)$에서 극솟값을 갖는다.

68. ①

$f_x = 4(x^3 - y)$, $f_y = 4(y^3 - x)$이므로

임계점은 $f_x = 0$, $f_y = 0$에서 $(0, 0)$, $(-1, -1)$, $(1, 1)$이고

$D(x, y) = f_{xx} f_{yy} - (f_{xy}^2) = 144x^2 y^2 - 16$이다.

$D(0, 0) = -16 < 0$이므로 $(0, 0)$은 안장점이고,

$D(1, 1) = D(-1, -1) = 128 > 0$,

$f_{xx}(1, 1) = f_{xx}(-1, -1) = 12 > 0$이므로

$(1, 1)$, $(-1, -1)$은 극솟점이다.

$f(-1, -1) = a - 2$, $f(1, 1) = a - 2$이므로

모든 극값의 합은 $2a - 4 = -2$

$\therefore a = 1$

14. 이변수 함수의 최대 & 최소

69. ①

평면의 법선벡터를 방향벡터로 하고
원점을 지나는 직선을 생각하면

대칭방정식은 $x = \dfrac{y}{2} = \dfrac{z}{3}$ 이다.

$x = t$, $y = 2t$, $z = 3t$로 놓으면

$(t, 2t, 3t)$는 평면 $x + 2y + 3z + 10$ 위의 점이므로

$t + 4t + 9t = 10$이다.

$\therefore t = \dfrac{5}{7}$

$\therefore a + b + c = \dfrac{5}{7} + \dfrac{10}{7} + \dfrac{15}{7} = \dfrac{30}{7}$

70. ④

평면 $2x - y + 2z = 10$에 수직이며
원점을 지나는 직선을 l이라 할 때,
l의 방정식은 $x = 2t$, $y = -t$, $z = 2t$이다.
직선 l과 평면 $2x - y + 2z = 10$의 교점 A를 구하면

$4t + t + 4t = 10 \Leftrightarrow t = \dfrac{10}{9}$이므로 $A = \left(\dfrac{20}{9}, -\dfrac{10}{9}, \dfrac{20}{9}\right)$다.

평면 $x + 2z = 0$에 수직이며 점 A를 지나는 직선을 m이라

할 때 m의방정식은 $x = t + \dfrac{20}{9}$, $y = -\dfrac{10}{9}$, $z = 2t + \dfrac{20}{9}$이다.

직선 m과 평면 $x + 2z = 0$의 교점 B를 구하면

$t + \dfrac{20}{9} + 4t + \dfrac{40}{9} = 0 \Leftrightarrow 5t = -\dfrac{60}{9} \Leftrightarrow t = -\dfrac{12}{9}$이므로

$B = \left(\dfrac{8}{9}, -\dfrac{10}{9}, \dfrac{-4}{9}\right)$이다.

$\therefore \sqrt{a^2 + b^2 + c^2} = \dfrac{1}{9}\sqrt{64 + 100 + 16}$

$= \dfrac{\sqrt{180}}{9}$

$= \dfrac{6\sqrt{5}}{9}$

$= \dfrac{2\sqrt{5}}{3}$

71. ③

$P_x = -6x + 4 - 2y = 0$, $P_y = -4y + 2 - 2x = 0$이므로

임계점은 $(x, y) = \left(\dfrac{3}{5}, \dfrac{1}{5}\right)$이다.

이 임계점에서 $P_{xx} = -6$, $P_{yy} = -4$, $P_{xy} = -2$이므로

$\triangle\left(\dfrac{3}{5}, \dfrac{1}{5}\right) = P_{xx}P_{yy} - (P_{xy})^2 > 0$, $P_{xx} < 0$이다.

따라서 $\left(\dfrac{3}{5}, \dfrac{1}{5}\right)$에서 극대이자 최댓값을 가진다

$\therefore a = \dfrac{3}{5}$, $b = \dfrac{1}{5} \Rightarrow a + b = \dfrac{4}{5}$

72. ⑤

두 곡선을 매개화하면

$\overrightarrow{OP} = (t+1, 2t, 3t+1)$(단, $-1 \leq t \leq 1$),

$\overrightarrow{OQ} = (2\cos\theta, \sin\theta, 0)$이다.

$\therefore \overrightarrow{OP} \cdot \overrightarrow{OQ} = (t+1)2\cos\theta + 2t\sin\theta = 2\{(t+1)\cos\theta + t\sin\theta\}$

$f(t, \theta) = 2(t+1)\cos\theta + 2t\sin\theta$라 하면

삼각함수의 합성에 의해

$-\sqrt{4(t+1)^2 + 4t^2} \leq f(t, \theta) \leq \sqrt{4(t+1)^2 + 4t^2}$

$\Leftrightarrow -2\sqrt{(t+1)^2 + t^2} \leq f(t, \theta) \leq 2\sqrt{(t+1)^2 + t^2}$

여기서 $g(t) = (t+1)^2 + t = 2t^2 + 2t + 1$라고 하면

$-1 \leq t \leq 1$에서 $\dfrac{1}{2} \leq g(t) \leq 5$이다.

$-2\sqrt{g(t)} \leq f(t, \theta) \leq 2\sqrt{g(t)}$

$-2\sqrt{5} \leq f(t, \theta) \leq 2\sqrt{5}$

73. ⑤

$y = \dfrac{1}{2}\ln 2 + \ln x \,(x > 0)$일 때, $y' = \dfrac{1}{x}$, $y'' = -\dfrac{1}{x^2}$이므로

$\kappa = \dfrac{\left|-\dfrac{1}{x^2}\right|}{\left\{1 + \left(\dfrac{1}{x}\right)^2\right\}^{\frac{3}{2}}} = \dfrac{\dfrac{1}{x^2}}{\left(\dfrac{x^2+1}{x^2}\right)^{\frac{3}{2}}} = \dfrac{x}{(x^2+1)^{\frac{3}{2}}}$이다.

$\kappa' = \dfrac{(x^2+1)^{\frac{3}{2}} - x\dfrac{3}{2}(x^2+1)^{\frac{1}{2}}2x}{(x^2+1)^3}$

$= \dfrac{(x^2+1)^{\frac{1}{2}}\{x^2+1-3x^2\}}{(x^2+1)^3}$

$= \dfrac{(x^2+1)^{\frac{1}{2}}\{1-2x^2\}}{(x^2+1)^3}$이므로

$x = \dfrac{1}{\sqrt{2}}$일 때 곡률이 최대가 된다.

74. ②

곡면 위의 임의의 점 P를 (x, y, z)라 하고
원점과 점 P사이의 거리를 d라고 할 때
$d = \sqrt{x^2 + y^2 + z^2}$이다.

(x, y, z)는 곡면 $z^2 = xy + x - y + 4$ 위의 점이므로
$$d = \sqrt{x^2 + y^2 + z^2} = \sqrt{x^2 + y^2 + xy + x - y + 4}$$ 이다.
$f(x, y) = x^2 + y^2 + xy + x - y + 4$ 라고 할 때
$f_x = 2x + y + 1$, $f_y = 2y + x - 1$ 이므로
$(x, y) = (-1, 1)$ 에서
최솟값 $f(-1, 1) = 1 + 1 - 1 - 1 - 1 + 4 = 3$ 을 갖는다.
따라서 거리 d의 최솟값은 $\sqrt{3}$ 이다.

75. ④

풀이 구의 중심 $O(0, 0, 0)$과 점 $A(3, 1, -1)$을 잇는 직선은
$l : \dfrac{x}{3} = y = -z$ 이다.

직선 l과 구의 두 교점 중 A에 가까운 점의 좌표를 찾는다.
교점을 $P(3t, t, -t)$라 하면 P는 구 위의 점이므로
$$9t^2 + t^2 + (-t)^2 = 4 \Rightarrow t = \pm\frac{2}{\sqrt{11}}$$ 이다.

$t = \dfrac{2}{\sqrt{11}}$ 일 때 $P\left(\dfrac{6}{\sqrt{11}}, \dfrac{2}{\sqrt{11}}, -\dfrac{2}{\sqrt{11}}\right)$

$t = -\dfrac{2}{\sqrt{11}}$ 일 때 $P\left(-\dfrac{6}{\sqrt{11}}, -\dfrac{2}{\sqrt{11}}, \dfrac{2}{\sqrt{11}}\right)$ 이다.

$A(3, 1, -1)$에 가까운 점은 $P\left(\dfrac{6}{\sqrt{11}}, \dfrac{2}{\sqrt{11}}, -\dfrac{2}{\sqrt{11}}\right)$ 이다.

15. 라그랑주 승수법 (조건식 1개)

76. ⑤

풀이 $f(x, y) = x^2 y$, $g(x, y) = x^4 + y^4 - \dfrac{3}{4}$ 라 하면
$\lambda \nabla f(x, y) = \nabla g(x, y)$.
즉 $\lambda \langle 2xy, x^2 \rangle = \langle 4x^3, 4y^3 \rangle$ 에서
$\lambda = \dfrac{2x^2}{y}$, $\lambda = \dfrac{4y^3}{x^2}$ 이므로 $2y^4 = x^4$ 이다.

이 식을 $g(x, y)$에 대입하면 $y^4 = \dfrac{1}{4}$, $y = \pm\dfrac{1}{\sqrt{2}}$ 다.

$\therefore x = \pm\dfrac{1}{\sqrt[4]{2}}$

따라서 임계점은 $\left(\pm\dfrac{1}{\sqrt[4]{2}}, \pm\dfrac{1}{\sqrt{2}}\right)$ 이고

$f(x, y)$의 최댓값은 $\dfrac{1}{2}$ 이다.

77. ③

풀이 e^{xy}는 증가함수이므로 지수 xy의 최댓값을 구하자.
$$\begin{cases} 4x^2 + y^2 + xy = 1 \\ (8x + y, \ 2y + x) = \lambda(y, \ x) \end{cases} \Rightarrow 8x + y = \lambda y, \ 2y + x = \lambda x$$
$8x + y = \lambda y$, $8x = (\lambda - 1)y$
$2y + x = \lambda x$, $2y = (\lambda - 1)x$

(i) $y \neq 0$, $x \neq 0$ 일 때 $\dfrac{8x}{y} = \dfrac{2y}{x}$, $8x^2 = 2y^2$, $y = \pm 2x$

$y = 2x$ 일 때 제한 조건에 의해
$$4x^2 + 4x^2 + 2x^2 = 1, \ x^2 = \frac{1}{10}, \ x = \pm\frac{1}{\sqrt{10}}$$

$$\begin{cases} x = \dfrac{1}{\sqrt{10}} \\ y = \dfrac{2}{\sqrt{10}} \end{cases}, \quad \begin{cases} x = -\dfrac{1}{\sqrt{10}} \\ y = -\dfrac{2}{\sqrt{10}} \end{cases}$$

$y = -2x$ 일 때 제한 조건에 의해
$$4x^2 + 4x^2 - 2x^2 = 1, \ x^2 = \frac{1}{6}, \ x = \pm\frac{1}{\sqrt{6}}$$

$$\begin{cases} x = \dfrac{1}{\sqrt{6}} \\ y = -\dfrac{2}{\sqrt{6}} \end{cases}, \quad \begin{cases} x = -\dfrac{1}{\sqrt{6}} \\ y = \dfrac{2}{\sqrt{6}} \end{cases}$$

(ii) $x = 0$ 일 때 제한 조건에 의해 $y^2 = 1$ 이므로
$$\begin{cases} x = 0 \\ y = 1 \end{cases}, \quad \begin{cases} x = 0 \\ y = -1 \end{cases}$$

(iii) $y = 0$ 일 때 제한 조건에 의해 $4x^2 = 1$ 이므로
$$\begin{cases} x = \dfrac{1}{2} \\ y = 0 \end{cases}, \quad \begin{cases} x = -\dfrac{1}{2} \\ y = 0 \end{cases}$$

xy의 최댓값은 $\dfrac{2}{10} = \dfrac{1}{5}$ 이므로 e^{xy}의 최댓값은 $e^{1/5}$ 이다.

78. ③

$f(a, b, c) = a+b+c = \dfrac{13}{4}$일 때

$g(a, b, c) = 8a^4 + 27b^4 + 64c^4$의 최솟값은

$\nabla f / / \nabla g$일 때 존재한다.

즉 $\lambda(1,1,1) = (8a^3,\ 27b^3,\ 64c^3)$인 λ가 존재한다.

이때 $\begin{cases} 8a^3 = \lambda = \mu^3 \\ 27b^3 = \lambda = \mu^3 \\ 64c^3 = \lambda = \mu^3 \end{cases} \Rightarrow \begin{cases} 2a = \mu \\ 3b = \mu \\ 4c = \mu \end{cases}$인 μ가 존재한다.

$f(a, b, c) = \dfrac{\mu}{2} + \dfrac{\mu}{3} + \dfrac{\mu}{4} = \dfrac{13}{4}$에서 $\mu = 3$이므로

$a = \dfrac{3}{2},\ b = 1,\ c = \dfrac{3}{4}$일 때 최솟값은

$8a^4 + 27b^4 + 64c^4 = 8\left(\dfrac{3}{2}\right)^4 + 27(1)^4 + 64\left(\dfrac{3}{4}\right)^4$

$\qquad = \dfrac{81}{2} + 27 + \dfrac{81}{4}$

$\qquad = \dfrac{351}{4}$ 이다.

79. ①

가로의 길이를 x, 세로의 길이를 y, 높이를 z라 하면

밑면의 넓이는 xy이고 이때 비용은 $3xy$이다.

앞면과 뒷면의 넓이의 합은 $2xz$이고 이때 비용은 $4xz$이다.

두 옆면의 넓이의 합은 $2yz$이고 이때 비용은 $2yz$이다.

이를 이용하여 구하면 부피 $f(x, y, z) = xyz$,

비용 $g(x, y, z) = 3xy + 4xz + 2yz - 450$이고

라그랑주 승수법에 의해

$\nabla f = \lambda \nabla g,\ g = 0$ 을 만족하는 λ가 존재한다.

(a) $yz = \lambda(3y + 4z)$

(b) $xz = \lambda(3x + 2z)$

(c) $xy = \lambda(4x + 2y)$

(d) $g(x, y, z) = 3xy + 4xz + 2yz = 450$

$\dfrac{(a)}{(b)}$에서 $3xy + 2yz = 3xy + 4xz$이므로 $y = 2x$이고

$\dfrac{(b)}{(c)}$에서 $4xz + 2yz = 3xy + 2yz$이므로 $4z = 3y$이다.

$x = \dfrac{1}{2}y,\ z = \dfrac{3}{4}y$를 g에 대입하면

$\dfrac{3}{2}y^2 + \dfrac{3}{2}y^2 + \dfrac{3}{2}y^2 = 450$이므로

$y = 10,\ x = 5,\ z = \dfrac{15}{2}$이고 최대 부피는 375 cm^3이다.

80. ②

코시-슈바르츠 부등식에 의해서

$(1^2 + 1^2 + 1^2)((x^2)^2 + (y^2)^2 + (z^2)^2) \geq (x^2 + y^2 + z^2)^2$

$(x^2 + y^2 + z^2)^2 \leq 3$이므로

$f(x, y, z) = x^2 + y^2 + z^2$의 최댓값은 $\sqrt{3}$ 이다.

81. ④

풀이 산술기하평균에 의해

$x^2+4y^2 \geq 2\sqrt{x^2 \cdot 4y^2} \Rightarrow 8 \geq 4|xy| \Rightarrow 2 \geq |xy|$ 이다.

따라서 xy의 최댓값은 2, 최솟값은 -2이므로 $ab=-4$이다.

[다른 풀이]

$\langle y, x \rangle = \lambda \langle 2x, 8y \rangle$ 에서 $2\lambda = \dfrac{y}{x}$, $8\lambda = \dfrac{x}{y}$

즉 $2\lambda = \dfrac{1}{8\lambda}$ 이므로 $\lambda = \pm\dfrac{1}{4}$

(i) $\lambda = \dfrac{1}{4}$일 때 $x=2y$이므로

$\quad (2y)^2 + 4y^2 = 8$에서 $y = \pm 1$, $x = \pm 2$

(ii) $\lambda = -\dfrac{1}{4}$일 때 $x=-2y$이므로

$\quad (-2y)^2 + 4y^2 = 8$에서 $y = \pm 1$, $x = \mp 2$

따라서 $(\pm 2, \pm 1)$에서 최댓값 2,

$(\pm 2, \mp 1)$에서 최솟값 -2를 갖는다.

$\therefore ab = -4$

82. ④

풀이 타원면 $8x^2 + 2y^2 + z^2 = 8$에 내접하는 제1팔분공간 위의 점을 (a, b, c), 내접하는 직육면체의 부피를 V라고 하면

$V = 8abc$이고 $8a^2 + 2b^2 + c^2 = 8$을 만족한다.

따라서 산술기하평균에 의해

$8a^2 + 2b^2 + c^2 \geq 3\left(16a^2b^2c^2\right)^{\frac{1}{3}}$

$\Leftrightarrow 8 \geq 3(4abc)^{\frac{2}{3}}$

$\Leftrightarrow (4abc)^{\frac{2}{3}} \leq \dfrac{8}{3}$

$\Leftrightarrow 4abc \leq \dfrac{16\sqrt{2}}{3\sqrt{3}}$

$\Leftrightarrow 8abc \leq \dfrac{32\sqrt{2}}{3\sqrt{3}}$

$\Leftrightarrow 8abc \leq \dfrac{32\sqrt{6}}{9}$ 가 성립한다.

따라서 부피 V의 최댓값은 $\dfrac{32\sqrt{6}}{9}$ 이다.

TIP 산술기하평균에서 곱의 최댓값을 갖는 경우는

$8x^2 = 2y^2 = z^2 = \dfrac{8}{3}$일 때이다.

$\Rightarrow 8x^2 \cdot 2y^2 \cdot z^2 = \dfrac{8 \cdot 8 \cdot 8}{27}$

$\Rightarrow x^2 \cdot y^2 \cdot z^2 = \dfrac{32}{27}$

$\Leftrightarrow |xyz| = \dfrac{4\sqrt{2}}{3\sqrt{3}}$

$\Rightarrow 8xyz \leq \dfrac{32\sqrt{6}}{9}$

83. ⑤

풀이 $g(x, y) = x^2 + y^2 - 4$, $f(x, y) = 2x - y$라 하자.

라그랑주 승수법을 이용하면

$\nabla g(x, y) = \lambda \nabla f(x, y) \Leftrightarrow (2x, 2y) = \lambda(2, -1)$

$x = \lambda$, $y = -\dfrac{\lambda}{2}$를 제약 조건 $g(x, y)$에 대입하면

$\lambda^2 + \dfrac{\lambda^2}{4} = 4$이고 $\lambda = \pm\dfrac{4}{\sqrt{5}}$ 이다.

따라서 $(x, y) = \left(\dfrac{4}{\sqrt{5}}, -\dfrac{2}{\sqrt{5}}\right)$, $\left(-\dfrac{4}{\sqrt{5}}, \dfrac{2}{\sqrt{5}}\right)$이다.

$\therefore 2x - y$의 최댓값은 $2\sqrt{5}$

[다른 풀이]

코시-슈바르츠 부등식에 의해

$(2^2 + (-1)^2)(x^2 + y^2) \geq (2x - y)^2$

$\Rightarrow (5)(4) \geq (2x - y)^2$

$\Rightarrow -2\sqrt{5} \leq 2x - y \leq 2\sqrt{5}$

$\therefore 2x - y$의 최댓값은 $2\sqrt{5}$

84. ③

풀이 제약 조건 $\begin{vmatrix} x^2 & y^2 & z^2 \\ 2 & 4 & -3 \\ -1 & -1 & 1 \end{vmatrix} = 10$을 풀면

제약 조건은 $x^2 + y^2 + 2z^2 = 10$이 된다.

이때 $x + y + z$의 최댓값과 최솟값을

코시-슈바르츠 부등식을 이용하여 구해보자. 공식을 적용하면

$(a^2 + b^2 + c^2)(\square^2 + \triangle^2 + ☆^2) \geq (a\square + b\triangle + c☆)^2$ 다.

$\square = x$, $\triangle = y$, $☆ = \sqrt{2}z$ 을 대입하면 주어진 식은

$(a^2 + b^2 + c^2)(x^2 + y^2 + 2z^2) \geq (ax + by + \sqrt{2}cz)^2$ 이다.

이것을 주어진 식과 동일하게 만들려면

$a = 1$, $b = 1$, $c = \dfrac{1}{\sqrt{2}}$ 을 대입하여야 한다.

$\left(1^2 + 1^2 + \left(\dfrac{1}{\sqrt{2}}\right)^2\right)(x^2 + y^2 + 2z^2) \geq (x + y + z)^2$ 이므로

$-5 \leq x + y + z \leq 5$ 이다.

$\therefore M - m = 5 - (-5) = 10$

85. ②

코시–슈바르츠 부등식을 이용하자.
$$(1^2+1^2+1^2)(x^2+y^2+z^2) \geq (x+y+z)^2$$
$$\Rightarrow 3(x^2+y^2+z^2) \geq 144$$
$$\Rightarrow x^2+y^2+z^2 \geq 48$$

86. ③

$g(x,y,z)=2x^2+4y^2+z^2-70$이라 하면
$\nabla f=(3,6,2)$, $\nabla g=(4x,8y,2z)//(2x,4y,z)$이므로
$\nabla g=\lambda \nabla f$에 대입하면

$(2x,4y,z)=\lambda(3,6,2) \Rightarrow x=\dfrac{3}{2}\lambda,\ y=\dfrac{3}{2}\lambda,\ z=2\lambda$

이를 g에 대입하면 $2\left(\dfrac{3}{2}\lambda\right)^2+4\left(\dfrac{3}{2}\lambda\right)+(2\lambda)^2=70$

$\therefore \lambda=\pm 2$

(i) $\lambda=2$일 때, $x=3,\ y=3,\ z=4$
   $\therefore f(3,3,4)=35=M$

(ii) $\lambda=-2$일 때, $x=-3,\ y=-3,\ z=-4$
   $\therefore f(-3,-3,-4)=-35=m$

$\therefore M-m=35-(-35)=70$

87. ④

$g=x+y-z,\ h=x^2+2z^2-1$라 하면
$g,\ h,\ f$는 미분가능하므로 라그랑주 승수법에 의해
$\nabla f=a\nabla g+b\nabla h$를 만족하는 $a,\ b$가 존재한다.
$(3,-1,-3)=a(1,1,-1)+b(2x,0,4z)$이므로

$\begin{cases} 3=a+2bx \\ -1=a \\ -3=-a+4bz \\ x+y-z=0 \\ x^2+2z^2=1 \end{cases}$ 를 연립하면 $bx=2,\ bz=-1$이다.

$x=\dfrac{2}{b},\ z=-\dfrac{1}{b}$를 $x^2+2z^2=1$에 대입하면
$b=\sqrt{6},\ -\sqrt{6}$ 이다.

(i) $b=\sqrt{6}$일 때 $x=\dfrac{2}{\sqrt{6}},\ z=-\dfrac{1}{\sqrt{6}}$이므로

$x+y-z=0$에 의해 $y=-\dfrac{3}{\sqrt{6}}$이다.

$\therefore f=2\sqrt{6}$

(ii) $b=-\sqrt{6}$일 때 $x=-\dfrac{2}{\sqrt{6}},\ z=\dfrac{1}{\sqrt{6}}$이므로

$x+y-z=0$에 의해 $y=\dfrac{3}{\sqrt{6}}$이다.

$\therefore f=-2\sqrt{6}$

(i), (ii)에 의해 최댓값은 $2\sqrt{6}$, 최솟값은 $-2\sqrt{6}$이다.
따라서 차는 $4\sqrt{6}$이다.

88. ②

라그랑주 승수법에 의해 $x+y+2z=2$와 $z=x^2+y^2$을
만족할 때, $x^2+y^2+z^2$가 최댓값을 갖는 점은
$a(1,1,2)+b(2x,2y,-1)=(2x,2y,2z)$
$\Leftrightarrow 2bx+a=2x,\ 2by+a=2y,\ 2a-b=2z$을 만족해야 한다.

(i) $a=0,\ b=1$일 때 $z=-\dfrac{1}{2}$이지만

   $z=x^2+y^2$을 만족할 수 없으므로 모순이다.

(ii) $y=x$일 때, $z=x^2+y^2$이므로 $z=2x^2$이고
   $x+y+2z=2$
   $\Leftrightarrow 2x+4x^2=2$
   $\Leftrightarrow 2x^2+x-1=0$
   $\Leftrightarrow (2x-1)(x+1)=0$이다.

① $x=\dfrac{1}{2},\ y=\dfrac{1}{2},\ z=\dfrac{1}{2}$일 때

   $x^2+y^2+z^2=\dfrac{3}{4}$이고 $e^{x^2+y^2+z^2}=e^{\frac{3}{4}}$

② $x=-1$, $y=-1$, $z=2$일 때
$x^2+y^2+z^2=6$이고 $e^{x^2+y^2+z^2}=e^6$이다.

그러므로 최댓값은 e^6이다.

89. ③

[풀이] $g(x, y, z)=x+y+z$, $h(x, y, z)=x^2+y^2+z^2-8$
라고 할 때, 라그랑주 승수법을 사용하면
$\nabla f=a\nabla g+b\nabla h$을 만족하는 (x, y, z)에 대하여
함수 $f(x, y, z)=x^2+y^2-4z$의 최댓값 또는 최솟값을 갖는다.
즉 $(2x, 2y, -4)=a(1, 1, 1)+b(2x, 2y, 2z)$
$\Leftrightarrow 2x=a+2bx$, $2y=a+2by$, $-4=a+2bz$을 만족할 때
최댓값 또는 최솟값을 갖는다.

(i) $z=-2$일 때
$x+y+z=0$과 $x^2+y^2+z^2=8$를 연립하면
$(x, y)=(0, 2)$, $(x, y)=(2, 0)$이다.
구한 점을 대입하면 $f(0, 2, -2)=f(2, 0, -2)=12$다.

(ii) $y=x$일 때 $x+y+z=0$과 $x^2+y^2+z^2=8$을 연립하면
$x^2=\dfrac{4}{3}$, $y^2=\dfrac{4}{3}$, $z^2=\dfrac{16}{3}$을 만족한다.
구한 점을 대입하면
$f\left(\dfrac{2}{\sqrt{3}}, \dfrac{2}{\sqrt{3}}, -\dfrac{4}{\sqrt{3}}\right)=\dfrac{4}{3}+\dfrac{4}{3}+\dfrac{16}{\sqrt{3}}=\dfrac{8+16\sqrt{3}}{3}$,
$f\left(-\dfrac{2}{\sqrt{3}}, \dfrac{-2}{\sqrt{3}}, \dfrac{4}{\sqrt{3}}\right)=\dfrac{4}{3}+\dfrac{4}{3}-\dfrac{16}{\sqrt{3}}=\dfrac{8-16\sqrt{3}}{3}$

(i), (ii)에 의해 최댓값은 12이다.

■ 18. 부등식의 영역이 제시된 경우

90. ①

[풀이] (i) $x^2+y^2<1$일 때 $f_x=4x^3$, $f_y=-4y^3$이므로
임계점은 $(0, 0)$이다.
(ii) $x^2+y^2=1$일 때 $x=\cos\theta$, $y=\sin\theta$라고 하면
$$x^4-y^4=\cos^4\theta-\sin^4\theta$$
$$=(\cos^2\theta+\sin^2\theta)(\cos^2\theta-\sin^2\theta)$$
$$=\cos^2\theta-\sin^2\theta=\cos2\theta$$이므로
최댓값은 1, 최솟값은 -1이다.

91. ⑤

[풀이] (i) 원 내부에서 임계점을 구하면
$f_x=ye^{xy}$, $f_y=xe^{xy}$에서 $(0, 0)$이고 $f(0, 0)=1$이다.
(ii) 원의 경계에서 xy의 최솟값을 구해보면
$\langle 2x, 2y\rangle=\lambda\langle y, x\rangle$에서 $\lambda=\dfrac{x}{y}=\dfrac{y}{x}$이므로 $x^2=y^2$,
원의 방정식에 대입하면 $2x^2=8$, $x^2=4$이므로 $x=\pm2$
따라서 임계점은 $(2, 2)$, $(2, -2)$, $(-2, 2)$, $(-2, -2)$고
xy의 최대, 최솟값은 각각 4, -4이다.
즉 e^{xy}의 최댓값은 e^4, 최솟값은 e^{-4}이다.
(i), (ii)에서 $M=e^4$, $m=e^{-4}$이므로 $\ln\dfrac{M}{m}=\ln e^8=8$

92. ③

[풀이] (i) 타원 내부에서 임계점을 구하면
$f_x=-ye^{-xy}$, $f_y=-xe^{-xy}$에서 $(0, 0)$이고
$f(0, 0)=1$이다.
(ii) 타원의 경계에서 xy의 최솟값을 구해보면
$\langle 2x, 4y\rangle=\lambda\langle y, x\rangle$에서 $\lambda=\dfrac{2x}{y}=\dfrac{4y}{x}$이다.
$\therefore x^2=2y^2$
타원의 방정식에 대입하면
$\left(-\dfrac{1}{\sqrt{2}}, -\dfrac{1}{2}\right)$, $\left(-\dfrac{1}{\sqrt{2}}, \dfrac{1}{2}\right)$, $\left(\dfrac{1}{\sqrt{2}}, -\dfrac{1}{2}\right)$, $\left(\dfrac{1}{\sqrt{2}}, \dfrac{1}{2}\right)$다.
xy의 최솟값은 $-\dfrac{1}{2\sqrt{2}}$이므로 e^{-xy}의 최댓값은 $e^{\frac{1}{2\sqrt{2}}}$이다.
$e^{\frac{1}{2\sqrt{2}}}>e^0=1$이므로(i), (ii)에서 최댓값은 $e^{\frac{1}{2\sqrt{2}}}$이다.

93. ③

$f_x = 2x - 2 = 0$, $f_y = 4y = 0$에서 $(1, 0)$은 임계점이다.

$g(x, y) = x^2 + y^2 - 10$이라 하면

$\nabla f(x, y) = \lambda \nabla g(x, y)$에서 $\langle 2x-2, 4y \rangle = \lambda \langle 2x, 2y \rangle$이다.

$2x - 2 = 2\lambda x$, $4y = 2\lambda y$이므로

$\lambda = \dfrac{x-1}{x} = 2$에서 $x = -1$이고

$(-1, 3)$, $(-1, -3)$은 임계점이다.

$g(x, y) = 0$을 만족하는

$(\sqrt{10}, 0)$, $(-\sqrt{10}, 0)$도 임계점이다.

각 임계점에서의 함숫값을 비교하면

$f(1, 0) = 1 - 2 + 3 = 2$,

$f(-1, 3) = 1 + 18 + 2 + 3 = 24$,

$f(-1, -3) = 1 + 18 + 2 + 3 = 24$,

$f(\sqrt{10}, 0) = 13 - 2\sqrt{10}$,

$f(-\sqrt{10}, 0) = 13 + 2\sqrt{10}$이다.

최댓값은 24, 최솟값은 2이므로 합은 26이다.

94. -4

$\begin{cases} f_x = 2xy = 0 \\ f_y = x^2 + 3y^2 = 0 \end{cases}$에서 임계점은 $(0, 0)$이고

이때 함숫값은 0이다. 경계에서의 함숫값을 살펴보자.

(i) $x = \pm 1$, $-1 \le y \le 1$일 때 $f(-1, y) = y + y^3 = f(1, y)$

이고 $f'(-1, y) = 1 + y^2 > 0$이므로

최솟값은 $f(-1, -1) = -2 = f(1, -1)$,

최댓값은 $f(-1, 1) = 2 = f(1, 1)$이다.

(ii) $y = -1$이고 $-1 \le x \le 1$일 때

$f(x, -1) = -x^2 - 1$이고 $f'(x, -1) = -2x$이므로

$-1 \le x < 0$일 때 증가함수, $0 < x \le 1$일 때 감소함수다.

따라서 최댓값은 $f(0, -1) = -1$,

최솟값은 $f(-1, -1) = -2 = f(1, -1)$이다.

(iii) $y = 1$이고 $-1 \le x \le 1$일 때

$f(x, 1) = x^2 + 1$, $f'(x, 1) = 2x$이므로

$-1 \le x < 0$일 때 감소함수, $0 < x \le 1$일 때 증가함수다.

따라서 최댓값은 $f(1, 1) = 2 = f(-1, 1)$,

최솟값은 $f(0, 1) = 1$이다.

(i), (ii), (iii)에서 $M = 2$, $m = -2$이다.

95. ⑤

$f(x, y) = 1 + \dfrac{x+y}{1!} + \dfrac{(x+y)^2}{2!} + \cdots = e^{x+y}$이고

$f_x = f_y = e^{x+y}$이므로

$f(x)$는 삼각형 내부에서 임계점을 갖지 않는다.

e^{x+y}는 $x, y > 0$에서 증가함수이므로

$(1, 1)$에서 최댓값 e^2을 갖는다.

---

96. ②

$$\int_0^1 \int_{y^2-1}^{1-y^2} y\, dx\, dy = \int_0^1 y [x]_{y^2-1}^{1-y^2}\, dy$$
$$= \int_0^1 (2y - 2y^3)\, dy$$
$$= \left[y^2 - \frac{1}{2} y^4 \right]_0^1$$
$$= \frac{1}{2}$$

97. ②

$$\int_0^1 \int_0^{x^2} \frac{\sin x}{x}\, dy\, dx = \int_0^1 x \sin x\, dx$$
$$= [-x \cos x]_0^1 - \int_0^1 (-\cos x)\, dx$$
$$= -\cos(1) + \sin(1)$$

98. ④

$$(준식) = \int_0^1 \sqrt{y - y^2}\, dy$$
$$= \int_0^1 \sqrt{\frac{1}{4} - \left(y - \frac{1}{2} \right)^2}\, dy \left(\because y - \frac{1}{2} = \frac{1}{2} \sin\theta \text{로 치환} \right)$$
$$= \int_{-\frac{\pi}{2}}^{\frac{\pi}{2}} \sqrt{\frac{1}{4} - \frac{1}{4} \sin^2\theta}\, \frac{1}{2} \cos\theta\, d\theta$$
$$= \frac{1}{4} \int_{-\frac{\pi}{2}}^{\frac{\pi}{2}} \cos^2\theta\, d\theta$$
$$= \frac{1}{2} \int_0^{\frac{\pi}{2}} \cos^2\theta\, d\theta$$
$$= \frac{\pi}{8}$$

99. ⑤

$$f(x) = \int_0^{x^2} \int_{\sqrt{x}}^1 e^{t^2} \cdot e^s\, dt\, ds = \int_0^{x^2} e^s\, dx \int_{\sqrt{x}}^1 e^{t^2}\, dt$$
$$f'(x) = 2x e^{x^2} \int_{\sqrt{x}}^1 e^{t^2}\, dt + \int_0^{x^2} e^s\, dx \left(-\frac{e^x}{2\sqrt{x}} \right)$$
$$\therefore f'(1) = 0 + \int_0^1 e^s\, ds \left(-\frac{e}{2} \right) = -\frac{e}{2}(e-1)$$

100. ①

$$\int_{\frac{1}{2}}^{1} f'(x)dx = f(1) - f\left(\frac{1}{2}\right) = -1 - f\left(\frac{1}{2}\right) = 5 \text{에서}$$

$$f\left(\frac{1}{2}\right) = -6 \text{이다.}$$

$$g(x) = \int_{0}^{x}\left(\int_{0}^{\cos t} f(u)\,du\right)dt \text{ 에서}$$

$$g'(x) = \int_{0}^{\cos x} f(u)\,du, \; g''(x) = f(\cos x)(-\sin x)$$

$$\therefore g''\left(\frac{\pi}{3}\right) = f\left(\frac{1}{2}\right)\left(-\frac{\sqrt{3}}{2}\right) = (-6)\times\left(-\frac{\sqrt{3}}{2}\right) = 3\sqrt{3}$$

■ **20. 이중적분의 적분순서변경**

101. ④

$$0 \le x \le y, \; 0 \le y \le 1$$
$$\int_{0}^{1}\int_{x}^{1} f(x,y)\,dy\,dx = \int_{0}^{1}\int_{0}^{y} f(x,y)\,dx\,dy$$

102. ③

$$\int_{0}^{2}\int_{0}^{\pi} x\sin(xy)\,dx\,dy = \int_{0}^{\pi}\int_{0}^{2} x\sin(xy)\,dy\,dx$$
$$= \int_{0}^{\pi}\left[-\cos(xy)\right]_{0}^{2}\,dx$$
$$= \int_{0}^{\pi}(-\cos 2x + 1)\,dx$$
$$= \left[-\frac{1}{2}\sin 2x + x\right]_{0}^{\pi}$$
$$= \pi$$

103. ④

$$\int_{0}^{1}\int_{\sqrt{x}}^{1} x\cos\left(\frac{\pi}{2}y^5\right)dy\,dx = \int_{0}^{1}\int_{0}^{y^2} x\cos\left(\frac{\pi}{2}y^5\right)dx\,dy$$
$$= \int_{0}^{1}\left[\frac{1}{2}x^2\right]_{0}^{y^2}\cos\left(\frac{\pi}{2}y^5\right)dy$$
$$= \frac{1}{2}\int_{0}^{1} y^4\cos\left(\frac{\pi}{2}y^5\right)dy$$
$$= \frac{1}{5\pi}\int_{0}^{1}\frac{5\pi}{2}y^4\cos\left(\frac{\pi}{2}y^5\right)dy$$
$$= \frac{1}{5\pi}\left[\sin\left(\frac{\pi}{2}y^5\right)\right]_{0}^{1}$$
$$= \frac{1}{5\pi}$$

104. ③

적분순서를 변경하자.
$$\int_{0}^{1}\int_{\sqrt{y}}^{1}\cos\left(\frac{y}{x}\right)dx\,dy = \int_{0}^{1}\int_{0}^{x^2}\cos\left(\frac{y}{x}\right)dy\,dx$$
$$= \int_{0}^{1}\left[x\sin\left(\frac{y}{x}\right)\right]_{0}^{x^2}dx$$
$$= \int_{0}^{1}(x\sin x)\,dx$$
$$= \left[-x\cos x + \sin x\right]_{0}^{1}$$
$$= -\cos 1 + \sin 1$$

105. ⑤

(준식)$=\int_0^1 \int_0^{y^2} \sin(\pi y^3) dx dy$

        (∵ 적분순서변경, 한 줄 세팅)

        $= \int_0^1 y^2 \sin(\pi y^3) dy (∵ \pi y^3 = t$ 로 치환)

        $= \dfrac{1}{3\pi} \int_0^\pi \sin t\, dt$

        $= \dfrac{2}{3\pi}$

106. $\dfrac{1}{2}$

적분순서를 변경하자.

$\int_0^{\sqrt{\pi/2}} \int_0^x \sin(x^2) dy dx = \int_0^{\sqrt{\pi/2}} \sin(x^2) [y]_0^x dx$

                             $= \int_0^{\sqrt{\pi/2}} x \sin(x^2) dx$

                             $= \left[-\dfrac{1}{2}\cos(x^2) \right]_0^{\sqrt{\pi/2}}$

                             $= \dfrac{1}{2}$

107. ④

적분순서를 변경하자.

$\int_0^4 \int_0^{\sqrt{4-y}} \dfrac{xe^{2y}}{4-y} dx dy = \int_0^4 \left[\dfrac{x^2 e^{2y}}{2(4-y)} \right]_0^{\sqrt{4-y}} dy$

                                $= \int_0^4 \dfrac{e^{2y}}{2} dy$

                                $= \dfrac{e^8 - 1}{4}$

108. ①

$0 \le y \le 1,\ \sqrt{y} \le x \le 1$ 과 $0 \le x \le 1,\ 0 \le y \le x^2$ 은 영역이 동일하므로 적분순서를 바꾸어 계산하자.

$\int_0^1 \int_{\sqrt{y}}^1 \dfrac{ye^{x^2}}{x^3} dx dy = \int_0^1 \int_0^{x^2} \dfrac{ye^{x^2}}{x^3} dy dx$

                        $= \int_0^1 \dfrac{e^{x^2}}{x^3} \left[\dfrac{1}{2}y^2 \right]_0^{x^2} dx$

                        $= \int_0^1 \dfrac{1}{2} xe^{x^2} dx (∵ x^2 = t$ 치환$)$

$= \dfrac{1}{4} \int_0^1 e^t dt$

$= \dfrac{1}{4}(e - 1)$

109. ②

$\int_{-\infty}^{\infty} \int_{-\infty}^{\infty} \dfrac{e^{-y^2}}{2x^2 + 2} dy dx = \dfrac{1}{2} \int_{-\infty}^{\infty} \int_{-\infty}^{\infty} \dfrac{e^{-y^2}}{x^2 + 1} dy dx$

                            $= \dfrac{1}{2} \int_{-\infty}^{\infty} \dfrac{1}{x^2 + 1} dx \times \int_{-\infty}^{\infty} e^{-y^2} dy$

                            $= \dfrac{1}{2} [\tan^{-1} x]_{-\infty}^{\infty} \times \sqrt{\pi}$

                            $= \dfrac{\pi \sqrt{\pi}}{2}$

110. ①

$$\iint_D e^{-x^2-y^2}dA = \int_0^{\pi/2}\int_0^1 e^{-r^2}r\,dr\,d\theta$$
$$= \int_0^{\pi/2}d\theta\int_0^1 e^{-r^2}r\,dr$$
$$= \frac{\pi}{2}\left[-\frac{1}{2}e^{-r^2}\right]_0^1$$
$$= \frac{\pi}{4}\left(1-e^{-1}\right)$$

111. ③

$$\iint_\Omega \sqrt{x^2+y^2}\,dxdy = \int_0^\pi\int_0^{\sin\theta}r^2dr\,d\theta(\because 극좌표변경)$$
$$= \int_0^\pi \frac{1}{3}\sin^3\theta\,d\theta$$
$$= \frac{1}{3}\times 2\times\frac{2}{3}$$
$$= \frac{4}{9}(\because 왈리스\ 공식)$$

112. ③

$x=r\cos\theta,\ y=r\sin\theta$로 치환한다.
$$\iint_D e^{x^2+y^2}dA = \int_0^{2\pi}\int_0^1 e^{r^2}\cdot r\,dr\,d\theta$$
$$= \int_0^{2\pi}d\theta\int_0^1 e^{r^2}\cdot r\,dr$$
$$= 2\pi\times\frac{1}{2}(e-1)$$
$$= \pi(e-1)$$

113. ③

영역 $\left\{(x,y)\mid -4\le x\le 4,\ 0\le y\le\sqrt{16-x^2}\right\}$를
극좌표로 바꾸면 $\{(r,\theta)\mid 0\le r\le 4,\ 0\le\theta\le\pi\}$이다.
$$\int_{-4}^4\int_0^{\sqrt{16-x^2}}\sqrt{x^2+y^2}\,dydx = \int_0^\pi\int_0^4 r\cdot r\,dr\,d\theta$$
$$= \int_0^\pi\left[\frac{1}{3}r^3\right]_0^4 d\theta$$
$$= \frac{64}{3}\int_0^\pi d\theta$$
$$= \frac{64}{3}\pi$$

114. ④

$$\int_0^\infty\int_0^\infty ye^{-x^2-y^2}dxdy = \int_0^\infty e^{-x^2}dx\int_0^\infty ye^{-y^2}dy$$
$$= \frac{\sqrt{\pi}}{2}\times\left(-\frac{1}{2}\right)\left[e^{-y^2}\right]_0^\infty$$
$$= -\frac{\sqrt{\pi}}{4}(-1)$$
$$= \frac{\sqrt{\pi}}{4}$$

115. ③

주어진 적분을 극좌표계로 변경하면
$$\int_0^{\frac{\pi}{2}}\int_0^\infty \frac{r}{(r^2+1)^2}dr\,d\theta = \int_0^{\frac{\pi}{2}}\int_1^\infty \frac{1}{2}\frac{1}{t^2}dt\,d\theta$$
$$(\because r^2+1=t)$$
$$= \frac{\pi}{2}\left[-\frac{1}{2t}\right]_1^\infty$$
$$= \frac{\pi}{4}$$

116. ①

주어진 적분을 극좌표 변환을 통해서 계산하자.
$$\iint_R (x+4y^2)\,dA$$
$$= \int_0^\pi\int_1^2 (r\cos\theta+4r^2\sin^2\theta)r\,dr\,d\theta$$
$$= \int_0^\pi\int_1^2 r^2\cos\theta+4r^3\sin^2\theta\,dr\,d\theta$$
$$= \int_0^\pi\int_1^2 r^2\cos\theta\,dr\,d\theta+\int_0^\pi\int_1^2 4r^3\sin^2\theta\,dr\,d\theta$$
$$= \int_0^\pi\cos\theta\,d\theta\int_1^2 r^2\,dr+\int_0^\pi\sin^2\theta\,d\theta\int_1^2 4r^3\,dr$$
$$= \int_0^\pi\sin^2\theta\,d\theta\int_1^2 4r^3\,dr$$
$$= \frac{\pi}{2}\times 15$$
$$= \frac{15\pi}{2}$$

117. ③

세 영역을 그림으로 나타내면 다음과 같다.

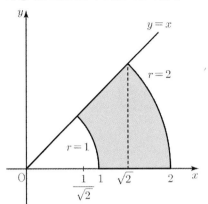

이를 극좌표계로 변경하면 $\int_0^{\frac{\pi}{4}}\int_1^2 (r\cos\theta)(r\sin\theta)rdrd\theta$

이므로 $a=0$, $c=1$, $f(r,\theta)=r^3\sin\theta\cos\theta$ 이다.

$\therefore a+c+f\left(2,\frac{\pi}{4}\right)=1+4=5$

118. ②

영역을 그려서 확인하면 극좌표 영역

$0\le r\le 2$, $-\frac{\pi}{4}\le\theta\le\frac{\pi}{4}$ 부분과 동일하다.

두 이중적분을 합하여 극좌표계로 변경하면

$\int_{-\frac{\pi}{4}}^{\frac{\pi}{4}}\int_0^2 r\cos(r^2)drd\theta=\int_{-\frac{\pi}{4}}^{\frac{\pi}{4}}\int_0^4 \frac{1}{2}\cos t\,dt\,d\theta=\frac{\pi}{4}\sin 4$

119. ②

$f(r\cos\theta, r\sin\theta)$

$=r^3\cos^3\theta-r^3\sin^3\theta+r^2\cos\theta\sin\theta+2r\cos\theta-4r\sin\theta+1$

$\cos\theta f(r\cos\theta, r\sin\theta)$

$=r^3\cos^4\theta-r^3\sin^3\theta\cos\theta+r^2\cos^2\theta\sin\theta$

$\qquad +2r\cos^2\theta-4r\sin\theta\cos\theta+\cos\theta$

(1) $\int_0^{2\pi}\cos^4\theta d\theta=4\int_0^{\frac{\pi}{2}}\cos^4\theta d\theta=4\left(\frac{3}{4}\frac{1}{2}\frac{\pi}{2}\right)=\frac{3\pi}{4}$

($\because$ 왈리스 공식)

(2) $\int_0^{2\pi}\sin^3\theta\cos\theta d\theta=0$

(3) $\int_0^{2\pi}\cos^2\theta\sin\theta d\theta=0$

(4) $\int_0^{2\pi}\cos^2\theta d\theta=4\int_0^{\frac{\pi}{2}}\cos^2\theta d\theta=4\left(\frac{1}{2}\frac{\pi}{2}\right)=\pi$

($\because$ 왈리스 공식)

(5) $\int_0^{2\pi}\sin\theta\cos\theta d\theta=0$

(6) $\int_0^{2\pi}\cos\theta d\theta=0$, 즉

$\int_0^{2\pi}(r^3\cos^4\theta-r^3\sin^3\theta\cos\theta+r^2\cos^2\theta\sin\theta$

$\qquad +2r\cos^2\theta-4r\sin\theta\cos\theta+\cos\theta)d\theta$

$=r^3\frac{3\pi}{4}+2r\pi$

$\therefore \lim_{r\to 0}\frac{1}{2\pi r}\left(r^3\frac{3\pi}{4}+2r\pi\right)=1$

120. ③

$0<x<\infty$, $0<y<\infty$ 이므로 θ 의 범위는 $0<\theta<\frac{\pi}{2}$ 이다.

$\therefore a=\frac{\pi}{2}$

121. ①

$\int_0^{\frac{\pi}{2}}\sin^2\theta(1-\sin^2\theta)d\theta=\int_0^{\frac{\pi}{2}}\sin^2\theta-\sin^4\theta d\theta$

$\qquad =\frac{1}{2}\frac{\pi}{2}-\frac{3}{4}\frac{1}{2}\frac{\pi}{2}$

$\qquad =\frac{4\pi-3\pi}{16}$

$\qquad =\frac{\pi}{16}$

122. ⑤

$I^2=b\times c$

(1) $b=\int_0^\infty r^5 e^{-r^2}dr$

$\qquad =\frac{1}{2}\int_0^\infty x^2 e^{-x}dx\,(\because r^2=x$ 로 치환$)=1$

(2) $c=\frac{\pi}{16}$

$I^2=\frac{\pi}{16}$, $I=\frac{\sqrt{\pi}}{4}$ ($\because x^2 e^{-x^2}\ge 0$ 이므로 $I>0$)

123. ②

> 주어진 영역이 타원이므로 변수변환을 이용하자.
>
> $x=u,\ 2y=v$ 이라 하면 $|J|=\dfrac{1}{2}$ 이고
>
> $D=\{(x,y)\in\mathbb{R}^2\mid 1\le x^2+4y^2\le 4\}$ 은
>
> $D'=\{(u,v)\in\mathbb{R}^2\mid 1\le u^2+v^2\le 4\}$ 으로 변환된다.
>
> $\therefore \displaystyle\iint_D \sqrt{x^2+4y^2}\,dxdy=\iint_{D'}\sqrt{u^2+v^2}\,|J|\,dudv$
>
> $\qquad =\dfrac{1}{2}\displaystyle\int_0^{2\pi}\int_1^2 r\cdot r\,drd\theta$
>
> $\qquad\quad (\because \text{극좌표 변환})$
>
> $\qquad =\dfrac{7\pi}{3}$

124. ②

> $\displaystyle\iint_\Omega \dfrac{y}{ab^2\sqrt{\dfrac{x^2}{a^2}+\dfrac{y^2}{b^2}}}\,dxdy(\because x=au,\ y=bv\text{로 치환})$
>
> $=\displaystyle\iint_D \dfrac{bv}{ab^2\sqrt{u^2+v^2}}\,abdudv$
>
> $\qquad (\text{단},\ D:u^2+v^2\le 1,\ u\ge 0,\ v\ge 0)$
>
> $=\displaystyle\iint_D \dfrac{v}{\sqrt{u^2+v^2}}\,dudv$
>
> $=\displaystyle\int_0^{\frac{\pi}{2}}\int_0^1 \dfrac{r\sin\theta}{r}\,rdrd\theta(\because \text{극좌표 변환})$
>
> $=\displaystyle\int_0^{\frac{\pi}{2}}\int_0^1 r\sin\theta\,drd\theta$
>
> $=\dfrac{1}{2}\times 1$
>
> $=\dfrac{1}{2}$

125. ④

> $x=u+2v,\ y=2u-3v$ 에서
>
> $u=\dfrac{1}{7}(3x+2y),\ v=\dfrac{1}{7}(2x-y)$ 이므로
>
> 적분영역은 $0\le u\le 2,\ 0\le v\le 1,\ |J|=\left\|\begin{matrix}1&2\\2&-3\end{matrix}\right\|=7$ 이다.
>
> $\therefore \displaystyle\iint_R e^{3x+2y}dA=\int_0^1\int_0^2 7e^{7u}dudv$
>
> $\qquad =\displaystyle\int_0^1 \left[e^{7u}\right]_0^2 dv$

$=\displaystyle\int_0^1 (e^{14}-1)\,dv$

$=e^{14}-1$

126. ②

> $u=2x-y,\ v=x-2y$ 로 놓으면
>
> $J=\dfrac{\partial(x,y)}{\partial(u,v)}=\dfrac{1}{\dfrac{\partial(u,v)}{\partial(x,y)}}=\dfrac{1}{\left|\begin{matrix}2&-1\\1&-2\end{matrix}\right|}=\dfrac{1}{-3}$ 이다.
>
> 또한 $R'=\{(u,v)\mid 0\le u\le 2,\ 1\le v\le 3\}$ 이다.
>
> $\displaystyle\iint_R \left(\dfrac{2x-y}{x-2y}\right)dA=\iint_{R'}\dfrac{u}{v}\,|J|\,dudv$
>
> $\qquad =\dfrac{1}{3}\displaystyle\int_1^3\int_0^2 \dfrac{u}{v}\,dudv$
>
> $\qquad =\dfrac{1}{3}\displaystyle\int_1^3 \dfrac{1}{v}\,dv\int_0^2 u\,du$
>
> $\qquad =\dfrac{1}{3}(\ln3-\ln1)\left\{\dfrac{1}{2}(4-0)\right\}$
>
> $\qquad =\dfrac{2}{3}\ln3$

127. ②

> $x+y=u,\ x-y=v$ 로 변수 변환하면
>
> 적분영역은 $-1\le u,\ v\le 1$ 이 되고
>
> 자코비안 행렬식은 $\dfrac{1}{\left\|\begin{matrix}1&1\\1&-1\end{matrix}\right\|}=\dfrac{1}{2}$ 이다.
>
> $\therefore \displaystyle\iint_D \sin(x+y)\cos(x-y)\,dxdy$
>
> $=\displaystyle\int_{-1}^1\int_{-1}^1 \sin u\cos v\cdot\dfrac{1}{2}\,du\,dv$
>
> $=\dfrac{1}{2}\displaystyle\int_{-1}^1 \sin u\,du\int_{-1}^1 \cos v\,dv$
>
> $=0(\because \sin u\text{는 기함수})$

128. ③

> $y-x=u,\ y+x=v$ 로 변수변환하면 적분영역은
>
> $-2\le u\le -1,\ u\le v\le -u$ 이고 자코비안 행렬식은
>
> $\dfrac{1}{\left\|\begin{matrix}-1&1\\1&1\end{matrix}\right\|}=\dfrac{1}{2}$ 이다.
>
> $\therefore \displaystyle\iint_R 2\cos\left(\dfrac{y+x}{y-x}\right)dA=\int_{-2}^{-1}\int_u^{-u}2\cos\left(\dfrac{v}{u}\right)\dfrac{1}{2}\,dv\,du$
>
> $\qquad =\displaystyle\int_{-2}^{-1}\left[u\sin\left(\dfrac{v}{u}\right)\right]_u^{-u}\,dv$

$$= \int_{-2}^{-1} (-2u\sin 1)\,du$$

$$= -2\sin 1\left[\frac{1}{2}u^2\right]_{-2}^{-1}$$

$$= 3\sin 1$$

129. ④

$u = x+y,\ v = x-y \Rightarrow |J| = \dfrac{1}{\left|\begin{vmatrix} 1 & 1 \\ 1 & -1 \end{vmatrix}\right|} = \dfrac{1}{2}$

uv좌표계로 변환된 영역은
$D = \{(u, v) : -v \le u \le v,\ 1 \le u \le 2\}$이다.

$$\therefore \iint_R e^{\left(\frac{x+y}{x-y}\right)}dxdy = \iint_D e^{\frac{u}{v}}\,|J|\,du\,dv$$

$$= \int_1^2 \int_{-v}^{v} \frac{1}{2}e^{\frac{u}{v}}\,du\,dv$$

$$= \int_1^2 \left[\frac{v}{2}e^{\frac{u}{v}}\right]_{-v}^{v}\,dv$$

$$= \frac{3}{4}\left(e - \frac{1}{e}\right)$$

130. ①

$x+y = u,\ \sqrt{3}\,y = v$로 치환하면

$|J^{-1}| = \dfrac{\partial(u,\,v)}{\partial(x,\,y)} = \begin{vmatrix} 1 & 1 \\ 0 & \sqrt{3} \end{vmatrix} = \sqrt{3}$ 이므로

$$\iint_D \left(1 - x^2 - 2xy - 4y^2\right)dxdy$$

$$= \iint_{D'} \left(1 - (u^2 + v^2)\right)|J|\,dudv\,(\text{단},\ D' : u^2 + v^2 \le 1)$$

$$= \frac{1}{\sqrt{3}} \int\int_{D'} 1 - (u^2 + v^2)\,dudv$$

$$= \frac{1}{\sqrt{3}} \int_0^{2\pi} \int_0^1 (1 - r^2)r\,dr\,d\theta$$

$$= \frac{2\pi}{\sqrt{3}} \left[\frac{1}{2}r^2 - \frac{1}{4}r^4\right]_0^1$$

$$= \frac{2\pi}{\sqrt{3}} \times \frac{1}{4}$$

$$= \frac{\pi}{2\sqrt{3}}$$

131. ①

$x+y = u,\ x = v$로 치환하면 $|J| = \left|\dfrac{1}{\begin{vmatrix} 1 & 1 \\ 1 & 0 \end{vmatrix}}\right| = 1$이다.

$$\iint_D e^{(x+y)^2}dA = \iint_{D'} e^{u^2}dudv$$

$$(\text{단},\ D' : 0 \le u \le 1,\ 0 \le v \le u)$$

$$= \int_0^1 \int_0^u e^{u^2}dvdu$$

$$= \int_0^1 ue^{u^2}du$$

$$= \frac{1}{2}\left[e^{u^2}\right]_0^1$$

$$= \frac{1}{2}(e - 1)$$

[다른 풀이]

$x+y = u,\ x-y = v$로 치환하면 $|J| = \left|\dfrac{1}{\begin{vmatrix} 1 & 1 \\ 1 & -1 \end{vmatrix}}\right| = \dfrac{1}{2}$다.

$$\iint_D e^{(x+y)^2}dA = \frac{1}{2}\iint_{D'} e^{u^2}dudv$$

$$(\text{단},\ D' : 0 \le u \le 1,\ -u \le v \le u)$$

$$= \frac{1}{2}\int_0^1 \int_{-u}^{u} e^{u^2}dvdu$$

$$= \frac{1}{2}\int_0^1 2ue^{u^2}du$$

$$= \frac{1}{2}\left[e^{u^2}\right]_0^1$$

$$= \frac{1}{2}(e - 1)$$

132. ④

$$\iint_\Omega f\left(\frac{x}{a} + \frac{y}{b}\right)dxdy = \int_0^a \int_0^{-\frac{b}{a}x+b} f\left(\frac{x}{a} + \frac{y}{b}\right)dydx$$

$$= \int_0^a \int_{\frac{x}{a}}^{1} f(u)b\,dudx$$

$$\left(\because \frac{x}{a} + \frac{y}{b} = u\text{로 치환}\right)$$

$$= \int_0^1 \int_0^{au} bf(u)dxdu$$

$$(\because \text{적분순서변경})$$

$$= \int_0^1 abu\,f(u)du$$

$\therefore g(u) = abu,\ g(ab) = a^2b^2$

133. ①

[풀이]

$$\int_0^1 \int_{\sin^{-1}y}^{\frac{\pi}{2}} \cos x \sqrt{1+\cos^2 x}\, dxdy$$

$$= \int_0^{\frac{\pi}{2}} \int_0^{\sin x} \cos x \sqrt{1+\cos^2 x}\, dydx\, (\because 적분순서변경)$$

$$= \int_0^{\frac{\pi}{2}} \sin x \cos x \sqrt{1+\cos^2 x}\, dx$$

$$= \int_0^1 u\sqrt{1+u^2}\, du\, (\because u=\cos x 로\ 치환)$$

$$= \frac{1}{3}\left[(1+u^2)^{\frac{3}{2}}\right]_0^1$$

$$= \frac{2\sqrt{2}-1}{3}$$

134. ⑤

[풀이]

$$\int_0^1 \int_0^{z^2} \int_0^{\sqrt{y}} \sqrt{4y^{\frac{3}{2}}-3y^2}\, dxdydz$$

$$= \int_0^1 \int_0^{z^2} \sqrt{y}\sqrt{4y^{\frac{3}{2}}-3y^2}\, dydz$$

적분순서를 변경하자.

$$\Rightarrow \int_0^1 \int_{\sqrt{y}}^1 \sqrt{y}\sqrt{4y^{\frac{3}{2}}-3y^2}\, dzdy$$

$$= \int_0^1 (\sqrt{y}-y)\sqrt{4y^{\frac{3}{2}}-3y^2}\, dy$$

$$= \int_0^1 \frac{1}{3}t^2 dt\left(\because \sqrt{4y^{\frac{3}{2}}-3y^2}=t\right)$$

$$= \frac{1}{9}$$

135. ①

[풀이]

$$\int_{-1}^1 \int_{1-x^2}^{x^2-1} \int_0^2 xydydzdx$$

$$= \int_{-1}^1 \int_{1-x^2}^{x^2-1} xdzdx \times \int_0^2 ydy\, (\because 푸비니\ 정리)$$

$$= \int_{-1}^1 x[z]_{1-x^2}^{x^2-1} dx \times 2$$

$$= 2\int_{-1}^1 2(x^3-x)dx$$

$$= 0\, (\because 기함수의\ 성질)$$

136. ①

[풀이]

$$\int_{-1}^1 \int_{x^2}^1 \int_0^{1-y} f(x,y,z)\, dzdydx$$

$$= \int_0^1 \int_{-\sqrt{1-z}}^{\sqrt{1-z}} \int_{x^2}^{1-z} f(x,y,z)\, dydxdz$$

$$\therefore a=\sqrt{1-z},\ b=x^2$$

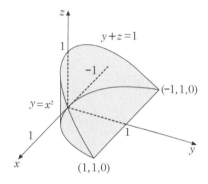

137. ②

[풀이]

$$\int_0^4 \int_0^1 \int_{2y}^2 dxdydz = \int_0^4 \int_0^2 \int_0^{\frac{x}{2}} dydxdz$$

$$A=2,\ B=\frac{x}{2}\ \Rightarrow\ AB=2\cdot\frac{x}{2}=x$$

138. ②

[풀이] 주어진 적분영역은
$0\leq x\leq 1,\ \sqrt{x}\leq y\leq 1,\ 0\leq z\leq 1-y$이므로
그림으로 나타내면 다음과 같다.

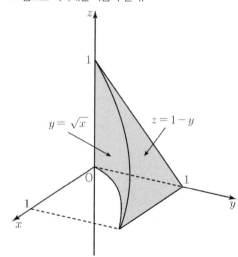

주어진 영역을 $zx-$평면 위로 정사영해보면

$0 \le x \le (1-z)^2$, $\sqrt{x} \le y \le 1-z$이므로

②는 $\int_0^1 \int_0^{(1-z)^2} \int_{\sqrt{x}}^{1-z} f(x,y,z)dydxdz$로 나타내야 한다.

■ 24. 원주좌표계

139. ②

$$\int_{-1}^{1} \int_{-\sqrt{1-x^2}}^{\sqrt{1-x^2}} \left(1 - \sqrt{x^2+y^2}\right)(x^2+y^2)dydx$$

$$= \int_0^{2\pi} \int_0^1 (1-r) \cdot r^2 \cdot r \, dr d\theta$$

$$= 2\pi \times \int_0^1 r^3 - r^4 \, dr$$

$$= 2\pi \left[\frac{1}{4} - \frac{1}{5} \right]$$

$$= \frac{\pi}{10}$$

140. ⑤

$D = \left\{(x,y) | (x+1)^2 + y^2 \le 1, y \ge 0\right\}$이라 하자.

$$\iiint_V xyz \, dxdydz = 2 \iint_D \int_0^2 xyz \, dz dy dx$$

$$= 2 \iint_D xy \, dy dx$$

$$= 2 \int_{-\frac{\pi}{2}}^{0} \int_0^{-2\cos\theta} r^3 \sin\theta\cos\theta \, dr d\theta$$

$$= \frac{1}{2} \int_{-\frac{\pi}{2}}^{0} 16\cos^5\theta \sin\theta \, d\theta$$

$$= -\frac{4}{3} \left[\cos^6\theta \right]_{-\frac{\pi}{2}}^{0}$$

$$= -\frac{4}{3}$$

[다른 풀이]

$D = \left\{(x,y) | (x+1)^2 + y^2 \le 1, y \ge 0\right\}$이라 하자.

$u = x+1$, $v = y$로 변수변환하면 $|J| = 1$이고

$E = \left\{(u,v) | u^2 + v^2 \le 1, v \ge 0\right\}$이다.

$$\iiint_V xyz \, dxdydz = 2 \iint_D \int_0^2 xyz \, dz dy dx$$

$$= 2 \iint_E (u-1)v \, du dv$$

$$= 2 \int_0^{\pi} \int_0^1 (r\cos\theta - 1)r^2 \sin\theta \, dr d\theta$$

$$= 2 \int_0^{\pi} \left[\frac{1}{4}r^4 \sin\theta\cos\theta - \frac{1}{3}r^3 \sin\theta \right]_0^1 d\theta$$

$$= 2 \int_0^{\pi} \left(\frac{1}{4} \sin\theta\cos\theta - \frac{1}{3} \sin\theta \right) d\theta$$

$$= 2 \left[\frac{1}{8} \sin^2\theta + \frac{1}{3} \cos\theta \right]_0^{\pi}$$

$$= 2\left(-\frac{1}{3} - \frac{1}{3} \right) = -\frac{4}{3}$$

141. ③

풀이

$$\int_0^1 \int_0^{\sqrt{1-x^2}} \int_{\sqrt{x^2+y^2}}^{\sqrt{2-x^2-y^2}} x\,dz\,dy\,dx$$

$$= \int_0^{\frac{\pi}{2}} \int_0^{\frac{\pi}{4}} \int_0^{\sqrt{2}} \rho\sin\phi\cos\theta\,\rho^2\sin\phi\,d\rho\,d\phi\,d\theta$$

$$= \int_0^{\frac{\pi}{2}} \int_0^{\frac{\pi}{4}} \int_0^{\sqrt{2}} \rho^3\sin^2\phi\cos\theta\,d\rho\,d\phi\,d\theta$$

$$= \left[\frac{\phi}{2} - \frac{1}{4}\sin2\phi\right]_0^{\frac{\pi}{4}} \left[\frac{1}{4}\rho^4\right]_0^{\sqrt{2}}$$

$$= \frac{\pi}{8} - \frac{1}{4}$$

$$= \frac{\pi-2}{8}$$

142. ④

풀이

$$\int_0^{2\pi} \int_0^{\pi} \int_0^{a} \left(\frac{2}{\rho^2} - \frac{2}{\rho}\right)\rho^2\sin\phi\,d\rho\,d\phi\,d\theta$$

$$= 2\pi \times \left[2\rho - \frac{1}{2}\rho^2\right]_0^{a} \times \left[-\cos\phi\right]_0^{\pi}$$

$$= 8\pi\left(2a - \frac{1}{2}a^2\right)$$

이때 $2a - \frac{1}{2}a^2 = -\frac{1}{2}(a-1)^2 + \frac{1}{2}$ 이므로

$a=1$ 일 때 최댓값 $\frac{1}{2}$ 을 갖는다.

따라서 삼중적분의 최댓값은 $8\pi \times \frac{1}{2} = 4\pi$ 이다.

143. ①

풀이

$$\int_{-\infty}^{\infty} \int_{-\infty}^{\infty} \int_{-\infty}^{\infty} \frac{e^{-\sqrt{x^2+y^2+z^2}}}{\sqrt{x^2+y^2+z^2}}\,dx\,dy\,dz$$

$$= \int_0^{2\pi} \int_0^{\pi} \int_0^{\infty} \frac{e^{-\rho}}{\rho} \cdot \rho^2\sin\phi\,d\rho\,d\phi\,d\theta$$
$$(\because \text{구면좌표계상의 적분})$$

$$= \int_0^{2\pi} \int_0^{\pi} \int_0^{\infty} \rho e^{-\rho}\sin\phi\,d\rho\,d\phi\,d\theta$$

$$= 4\pi$$

144. ③

풀이

$$\int_0^2 \int_0^{\sqrt{4-y^2}} \int_{\sqrt{x^2+y^2}}^{\sqrt{8-x^2-y^2}} z^2\,dz\,dx\,dy$$

$$= \int_0^{\frac{\pi}{2}} \int_0^{\frac{\pi}{4}} \int_0^{\sqrt{8}} \rho^4\cos^2\phi\sin\phi\,d\rho\,d\phi\,d\theta$$

$$= \int_0^{\frac{\pi}{2}} d\theta \int_0^{\frac{\pi}{4}} \cos^2\phi\,\sin\phi\,d\phi \int_0^{\sqrt{8}} \rho^4\,d\rho$$

$$= \frac{\pi}{2} \times \left[-\frac{1}{3}\cos\phi\right]_0^{\frac{\pi}{4}} \times \left[\frac{1}{5}\rho^5\right]_0^{2\sqrt{2}}$$

$$= \frac{32\pi}{15}(2\sqrt{2}-1)$$

145. ③

풀이

구면좌표계인 삼차원 극좌표변환으로 변환하면

$x = \rho\sin\phi\cos\theta$, $y = \rho\sin\phi\sin\theta$, $z = \rho\cos\phi$, $J = \rho^2\sin\phi$ 이다.

$V = \left\{(\rho, \phi, \theta) \,\middle|\, 0 \le \rho \le 1, 0 \le \phi \le \frac{\pi}{4}, 0 \le \theta \le 2\pi\right\}$ 이다.

$$\iiint_{V'} \rho\cos\phi \cdot \rho^2\sin\phi\,d\rho\,d\phi\,d\theta$$

$$= \int_0^1 \rho^3\,d\rho \int_0^{2\pi} d\theta \int_0^{\frac{\pi}{4}} \sin\phi\cos\phi\,d\phi$$

$$= \int_0^1 \rho^3\,d\rho \int_0^{2\pi} d\theta \int_0^{\frac{1}{\sqrt{2}}} t\,dt\,(\because \sin\phi = t)$$

$$= \frac{1}{4} \cdot 2\pi \cdot \left[\frac{1}{2}[t^2]_0^{\frac{\sqrt{2}}{2}}\right]$$

$$= \frac{\pi}{8}$$

146. ⑤

영역 $D = \{(x, y)|x^2 + y^2 \leq 4\}$에 대하여

$$\iint_D [20 - 5(x^2 + y^2)]dA = \int_0^{2\pi}\int_0^2 (20 - 5r^2)r\,dr\,d\theta$$

$$(\because 극좌표계상의 적분)$$

$$= 2\pi\left[10r^2 - \frac{5}{4}r^4\right]_0^2$$

$$= 2\pi(40 - 20)$$

$$= 40\pi$$

147. ③

$$\int_{-1}^1\int_{-\sqrt{1-y^2}}^{\sqrt{1-y^2}}\int_0^{1-x^2-y^2} dz\,dx\,dy$$

$$= \int_0^{2\pi}\int_0^1\int_0^{1-r^2} dz\,r\,dr\,d\theta$$

$$= 2\pi\int_0^1 r(1 - r^2)\,dr$$

$$= 2\pi\left[\frac{1}{2}r^2 - \frac{1}{4}r^4\right]_0^1$$

$$= 2\pi\left(\frac{1}{2} - \frac{1}{4}\right)$$

$$= 2\pi\frac{1}{4}$$

$$= \frac{\pi}{2}$$

148. ①

구하는 부피는 영역 $D = \{(x, y)|x^2 + y^2 \leq 1\}$ 위에서 포물면 $z = x^2 + y^2$과 평면 $z = 1$로 둘러싸인 입체의 부피와 같다.

$$V = \iint_D (1 - r^2)r\,dA$$

$$= \int_0^{2\pi}\int_0^1 (r - r^3)dr\,d\theta$$

$$= \int_0^{2\pi}\left[\frac{1}{2}r^2 - \frac{1}{4}r^4\right]_0^1 d\theta$$

$$= \frac{1}{4}\times 2\pi$$

$$= \frac{\pi}{2}$$

149. ④

$$V = \iint_D 8 - 4(x^2 + y^2)dA\left(\because D = \{(x, y)|x^2 + y^2 \leq 2\}\right)$$

$$= \int_0^{2\pi}\int_0^{\sqrt{2}} (8 - 4r^2)r\,dr\,d\theta(\because 극좌표계상의 적분)$$

$$= 2\pi\left[4r^2 - r^4\right]_0^{\sqrt{2}}$$

$$= 8\pi$$

150. ②

$$V = \int_0^{\pi}\int_0^{2\sin\theta} r \cdot r\,dr\,d\theta$$

$$= 2\int_0^{\frac{\pi}{2}}\int_0^{2\sin\theta} r^2\,dr\,d\theta$$

$$= 2\int_0^{\frac{\pi}{2}}\left[\frac{1}{3}r^3\right]_0^{2\sin\theta} d\theta$$

$$= \frac{16}{3}\int_0^{\frac{\pi}{2}}\sin^3\theta\,d\theta$$

$$= \frac{16}{3}\times\frac{2}{3}$$

$$= \frac{32}{9}(\because 왈리스 공식)$$

151. ③

구하는 입체는 원점을 중심으로 각각 반지름 3인 x축에 나란한 원주와 z축에 나란한 원주가 만나는 부분이다. 이들은 대칭이므로 $x, y, z > 0$인 부분의 부피를 구하여 그것을 8배 하면 된다.

$$\therefore V = 8\int_0^3\int_0^{(9-y^2)^{\frac{1}{2}}} (9 - y^2)^{\frac{1}{2}}\,dx\,dy$$

$$= 8\int_0^3 (9 - y^2)^{\frac{1}{2}}(9 - y^2)^{\frac{1}{2}}\,dy$$

$$= 8\int_0^3 (9 - y^2)\,dy$$

$$= 8\left[9y - \frac{1}{3}y^3\right]_0^3$$

$$= 144$$

152. $\frac{8}{5}\pi$

$$2\pi\int_0^1 (1 - x^4)dx = 2\pi\left[1 - \frac{1}{5}x^5\right]_0^1 = \frac{8}{5}\pi$$

153. ④

풀이 파푸스 정리를 사용하면 회전 영역의 넓이는 $\pi \times 1^2 = \pi$,
영역의 중심이 이동한 거리는 $2\pi \times 2 = 4\pi$이므로
회전체의 부피는 $\pi \times 2\pi = 4\pi^2$이다.

■ **27. 입체의 부피 (2)**

154. ③

풀이 공통영역의 xy평면으로 정사영한 영역은
$D : 4 \leq x^2 + y^2 \leq 16$이고 xy평면에 대하여 대칭이므로
구하는 부피 $V = 2\displaystyle\iint_D \sqrt{16 - x^2 - y^2}\, dA$이다.

따라서 극좌표로 변경하여 구하면

$$2\int_0^{2\pi}\int_2^4 \sqrt{16-r^2} \cdot r\, dr\, d\theta = 2\int_0^{2\pi}\int_{\sqrt{12}}^0 -t^2 dt\, d\theta$$
$$(\because \sqrt{16-r^2} = t \text{로 치환})$$
$$= 2\int_0^{2\pi} 8\sqrt{3}\, d\theta$$
$$= 32\sqrt{3}\,\pi$$

155. ⑤

풀이 $x^2 + y^2 + z^2 = 1$의 내부영역과
$z = \sqrt{x^2 + y^2}$의 내부영역의 공통영역을 D라고 하면
$$D = \left\{ (\rho,\ \phi,\ \theta) \,\middle|\, 0 \leq \rho \leq 1,\ 0 \leq \phi \leq \frac{\pi}{4},\ 0 \leq \theta \leq 2\pi \right\}$$
이므로 공통영역의 부피는

$$V = \int_0^{2\pi}\int_0^{\frac{\pi}{4}}\int_0^1 \rho^2 \sin\phi\, d\rho\, d\phi\, d\theta$$
$$= 2\pi \int_0^{\frac{\pi}{4}} \sin\phi\, d\phi \int_0^1 \rho^2\, d\rho$$
$$= \frac{2\pi}{3}\left[-\cos\phi\right]_0^{\frac{\pi}{4}}$$
$$= \frac{2\pi}{3}\left(1 - \frac{\sqrt{2}}{2}\right)$$

156. ①

풀이

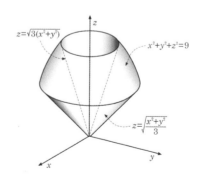

적분영역은 $0 \leq \theta \leq 2\pi$, $\dfrac{\pi}{6} \leq \phi \leq \dfrac{\pi}{3}$, $0 \leq \rho \leq 3$이다.

$$\int_0^{2\pi}\int_{\frac{\pi}{6}}^{\frac{\pi}{3}}\int_0^3 \rho^2 \sin\phi \, d\rho \, d\phi \, d\theta$$

$$= \int_0^{2\pi} d\theta \int_{\frac{\pi}{6}}^{\frac{\pi}{3}} \sin\phi \, d\phi \int_0^3 \rho^2 \, d\rho$$

$$= 2\pi \left[-\cos\phi\right]_{\frac{\pi}{6}}^{\frac{\pi}{3}} \left[\frac{\rho^3}{3}\right]_0^3$$

$$= 2\pi \cdot \left(-\frac{1}{2} + \frac{\sqrt{3}}{2}\right) \cdot 9$$

$$= 9\pi(\sqrt{3}-1)$$

157. ①

[해설] 대칭성에 의해 E의 부분 중
제1팔분공간상의 영역의 부피의 4배를 하면 된다.
따라서 부피는 $4\displaystyle\iint_D \sqrt{4-x^2-y^2}\,dA$ 이다.

(단, D는 제1사분면상의 원 $(x-1)^2+y^2 \leq 1$)
극좌표로 변경하여 입체의 부피를 구하면

$$4\int_0^{\frac{\pi}{2}}\int_0^{2\cos\theta}\sqrt{4-r^2}\cdot r\,dr\,d\theta = -4\int_0^{\frac{\pi}{2}}\int_2^{2\sin\theta} t^2\,dt\,d\theta$$

$$(\because \sqrt{4-r^2}=t \text{ 로 치환})$$

$$= -4\int_0^{\frac{\pi}{2}}\left[\frac{1}{3}t^3\right]_2^{2\sin\theta} d\theta$$

$$= -\frac{32}{3}\int_0^{\frac{\pi}{2}}(\sin^3\theta - 1)\,d\theta$$

$$= \frac{32}{3}\left(\frac{\pi}{2}-\frac{2}{3}\right)$$

158. ②

[해설]

$$D = \left\{(x,y,z) \,\middle|\, x^2+y^2+z^2 \geq 9, \ x^2+\left(y-\frac{9}{2}\right)^2+z^2 \leq \frac{81}{4}\right\}$$

의 부피는

$$D' = \left\{(x,y,z) \,\middle|\, x^2+y^2+z^2 \geq 9, \ x^2+y^2+\left(z-\frac{9}{2}\right)^2 \leq \frac{81}{4}\right\}$$

의 부피와 같다.

D'의 부피는 $x^2+y^2+z^2=9 \Leftrightarrow \rho=3$의 외부와

$x^2+y^2+\left(z-\dfrac{9}{2}\right)^2 \leq \dfrac{81}{4} \Leftrightarrow \rho=9\cos\phi$의 내부로

둘러싸인 부분의 부피이다.

두 구의 교점은 $z=1 \Leftrightarrow \phi=\cos^{-1}\dfrac{1}{3}$ 이므로

구면좌표계에 의한 부피 V는

$$V = \int_0^{2\pi}\int_0^{\cos^{-1}\frac{1}{3}}\int_3^{9\cos\phi} \rho^2 \sin\phi \, d\rho \, d\phi \, d\theta$$

$$= \frac{1}{3}\int_0^{2\pi}\int_0^{\cos^{-1}\frac{1}{3}} \sin\phi (9^3\cos^3\phi - 3^3)\,d\phi\,d\theta$$

$$= \int_0^{2\pi} 1\,d\theta \int_0^{\cos^{-1}\frac{1}{3}} 3^2(3^3\cos^3\phi - 1)\sin\phi\,d\phi$$

$$= 18\pi \int_0^{\cos^{-1}\frac{1}{3}}(27\sin\phi\cos^3\phi - \sin\phi)\,d\phi$$

$$= 18\pi \int_{\frac{1}{3}}^1 (27t^3 - 1)\,dt\,(\because \cos\phi = t)$$

$$= 18\pi \left[\frac{27}{4}t^4 - t\right]_{\frac{1}{3}}^1$$

$$= 18\pi \left\{\left(\frac{27}{4}-1\right) - \left(\frac{1}{12}-\frac{1}{3}\right)\right\}$$

$$= 108\pi$$

159. ②

풀이 곡면적 S 는 $S = \iint_D \sqrt{1 + f_x^2 + f_y^2}\, dA$ 이므로

$f(x, y) = 2 - x^2 - y^2$ 에 대하여

$S = \iint_D \sqrt{1 + 4x^2 + 4y^2}\, dA$, $D = \{(x, y) | x^2 + y^2 \le 2\}$ 다.

극좌표에서의 중적분을 이용하면

$S = \int_0^{2\pi} \int_0^{\sqrt{2}} \sqrt{1 + 4r^2} \cdot r\, dr\, d\theta$

$= 2\pi \times \frac{1}{12} \left[(1 + 4r^2)^{\frac{3}{2}} \right]_0^{\sqrt{2}}$

$= \frac{13}{3}\pi$ 이다.

160. ①

풀이 구하는 포물면의 넓이는 $z = 4 - x^2 - y^2$, $z \ge 0$ 의 넓이와 같다.

$\int_0^{2\pi} \int_0^2 \sqrt{4r^2 + 1} \cdot r\, dr\, d\theta = 2\pi \cdot \frac{1}{8} \left[\frac{2}{3} (4r^2 + 1)^{\frac{3}{2}} \right]_0^2$

$= \frac{\pi}{6} (17\sqrt{17} - 1)$

161. ①

풀이 xy평면과 $z = 1 - x^2 - y^2$ 으로

둘러싸인 영역의 넓이와 동일하므로

S_1 : 밑면의 넓이는 π 이고,

S_2 : $x^2 + y^2 \le 1$의 $z = 1 - x^2 - y^2$ 의 넓이를 구하면

$\iint_D \sqrt{1 + (2x)^2 + (2y)^2}\, dxdy$

$= \int_0^{2\pi} \int_0^1 \sqrt{1 + 4r^2} \cdot r\, dr\, d\theta \; (\because \text{극좌표 변환})$

$= \int_0^{2\pi} \int_1^{\sqrt{5}} \frac{1}{4} t^2\, dt\, d\theta \; (\because \sqrt{1 + 4r^2} = t \text{로 치환})$

$= 2\pi \left[\frac{1}{12} t^3 \right]_1^{\sqrt{5}}$

$= \frac{\pi}{6} (5\sqrt{5} - 1)$ 이다.

따라서 구하는 겉넓이는

$S_1 + S_2 = \pi + \frac{\pi}{6} (5\sqrt{5} - 1) = \frac{5}{6}\pi(\sqrt{5} + 1)$ 이다.

162. ④

풀이 곡면 $f : x^2 + y^2 = z^2$ 의 곡면적 S 는

$S = \iint_S dS = \iint_D \sqrt{1 + f_x^2 + f_y^2}\, dA$ 이므로

$\nabla f = (2x, \; 2y, \; -2z) // \left(-\frac{x}{z}, \; -\frac{y}{z}, \; 1 \right)$,

$D = \{ (x, y) \mid r \le 1 + \cos\theta \}$ 에 대해

$S = \iint_D \sqrt{1 + \frac{x^2}{z^2} + \frac{y^2}{z^2}}\, dA$

$= \iint_D \sqrt{1 + \frac{x^2 + y^2}{z^2}}\, dA$

$= \iint_D \sqrt{1 + \frac{x^2 + y^2}{x^2 + y^2}}\, dA$

$= \iint_D \sqrt{2}\, dA$

$= \sqrt{2} \times D$의 면적

$= \sqrt{2} \times \frac{3\pi}{2}$

만약 식을 세팅해야 한다면 다음과 같다.

$= \int_0^{2\pi} \int_0^{1 + \cos\theta} \sqrt{2} \cdot r\, dr\, d\theta$

$= \frac{\sqrt{2}}{2} \int_0^{2\pi} (1 + \cos\theta)^2\, d\theta$

$= \frac{\sqrt{2}}{2} \int_0^{2\pi} (1 + 2\cos\theta + \cos^2\theta)\, d\theta$

$= \frac{\sqrt{2}}{2} \left(\int_0^{2\pi} 1\, d\theta + \int_0^{2\pi} 2\cos\theta\, d\theta + \int_0^{2\pi} \cos^2\theta\, d\theta \right)$

$= \frac{\sqrt{2}}{2} (2\pi + 0 + \pi)$

$= \frac{3\sqrt{2}\,\pi}{2}$

163. ①

풀이 곡면의 넓이를 S라 하면

$S = \iint_D \sqrt{1 + x^2 + y^2}\, dA$

$= \int_0^{2\pi} \int_0^1 \sqrt{1 + r^2}\, r\, dr\, d\theta$

$(\because \text{극좌표계상의 적분})$

$= \frac{2\pi}{3} \left[(1 + r^2)^{\frac{3}{2}} \right]_0^1$

$= \frac{2}{3} (2\sqrt{2} - 1)\pi$

164. ②

$$S_r \times S_\theta = \begin{vmatrix} i & j & k \\ e^r\cos\theta & e^r\sin\theta & e^r \\ -e^r\sin\theta & e^r\cos\theta & 0 \end{vmatrix}$$

$$= e^{2r}\begin{vmatrix} i & j & k \\ \cos\theta & \sin\theta & 1 \\ -\sin\theta & \cos\theta & 0 \end{vmatrix}$$

$$= e^{2r}\{i(-\cos\theta)-j(\sin\theta)+k(1)\} \ 이고$$

$|S_r \times S_\theta| = e^{2r}\sqrt{2}$ 이므로 곡면 S의 넓이는

$$\int_0^\pi \int_0^1 e^{2r}\sqrt{2}\,dr\,d\theta = \pi\frac{\sqrt{2}}{2}\left[e^{2r}\right]_0^1 = \frac{\sqrt{2}}{2}\pi(e^2-1) \ 이다.$$

165. ①

곡면 $x^2+y^2+z^2=1$에서 $z \geq 0$인 부분 중

평면 $z = \dfrac{1}{2}$의 윗부분은 아래와 같다.

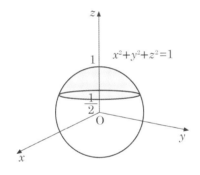

이때 윗부분의 곡면의 넓이는 $\dfrac{1}{2} \leq x \leq 1$에 대하여

$x^2+y^2=1$을 x축에 대하여 회전시킨 겉넓이와 같다.

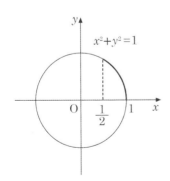

$$S_x = 2\pi \int_{\frac{1}{2}}^1 y\sqrt{1+(y')^2}\,dx$$

$$= 2\pi \int_{\frac{1}{2}}^1 \sqrt{1-x^2}\,\sqrt{1+\left(\frac{-2x}{2\sqrt{1-x^2}}\right)^2}\,dx$$

$$= 2\pi \int_{\frac{1}{2}}^1 \sqrt{1-x^2}\,\sqrt{1+\frac{x^2}{1-x^2}}\,dx$$

$$= 2\pi \int_{\frac{1}{2}}^1 1\,dx$$

$$= 2\pi \times \frac{1}{2}$$

$$= \pi$$

166. 20

구의 중심을 좌표공간의 원점으로 옮겨놓고

yz평면 위로의 정사영을 생각하면

원 $y^2+z^2=5^2$에서 $3 \leq y \leq 5$인 영역을

y축 둘레로 회전시킨 회전체의 겉넓이를 구하면 된다.

$$2\pi \int_3^5 \sqrt{25-y^2}\,\sqrt{1+\left\{\left(\sqrt{25-y^2}\right)'\right\}^2}\,dy$$

$$= 2\pi \int_3^5 \sqrt{25-y^2}\,\sqrt{1+\frac{y^2}{25-y^2}}\,dy$$

$$= 2\pi \int_3^5 5\,dy$$

$$= 10\pi \times \left[y\right]_3^5$$

$$= 20\pi$$

$$\therefore a = 20$$

167. ①

양 끝점이 점 $(-1, 1, -1)$과 $(1, 1, 1)$인 선분을

변수 t로 매개화하면

$x = 2t-1$, $y = 1$, $z = 2t-1$(단, $0 \leq t \leq 1$)이다.

이 직선을 회전한 곡면을

$X = r\cos\theta$, $Y = r\sin\theta$, $Z = z$로 매개화하면

$$\begin{cases} X = \sqrt{4t^2-4t+2}\cos\theta \\ Y = \sqrt{4t^2-4t+2}\sin\theta \\ Z = 2t-1 \end{cases}$$

$$\Leftrightarrow X^2+Y^2 = Z^2+1 \ (-1 \leq Z \leq 1)인 \ 곡면과 \ 같다.$$

(단, $r = \sqrt{x^2+y^2} = \sqrt{4t^2-4t+2}$)

이 곡면을 S라고 할 때, $\nabla S = \left\langle -\dfrac{X}{Z}, -\dfrac{Y}{Z}, 1 \right\rangle$이다.

구하고자 하는 곡면의 면적은

XY평면을 중심으로 대칭관계에 놓여 있다.

이 곡면의 정의역은 $D = \{(X, Y)|1 \leq X^2+Y^2 \leq 2\}$이다.

$$\iint_S dS = 2\iint_D |\nabla S| \, dXdY$$

$$= 2\iint_D \sqrt{\frac{X^2+Y^2+Z^2}{Z^2}} \, dXdY$$

$$= 2\iint_D \frac{\sqrt{2X^2+2Y^2-1}}{\sqrt{X^2+Y^2-1}} \, dXdY$$

$$(\because Z^2 = X^2+Y^2-1)$$

$$= 2\int_0^{2\pi}\int_1^{\sqrt{2}} \frac{\sqrt{2r^2-1}}{\sqrt{r^2-1}} \, r\,dr\,d\theta$$

$$= 4\pi\int_0^1 \sqrt{1+2t^2}\,dt \,(\because \sqrt{r^2-1}=t\,\text{로 치환})$$

$$= \frac{4\pi}{\sqrt{2}}\int_\alpha^\beta \sec^3\theta\,d\theta$$

$$(\because t = \frac{1}{\sqrt{2}}\tan\theta\text{로 치환},$$

$$\tan\alpha = 0,\, \tan\beta = \sqrt{2}\,\text{일 때}\, \sec\alpha = 1,\, \sec\beta = \sqrt{3})$$

$$= \frac{4\pi}{\sqrt{2}}\frac{1}{2}(\sec\beta\tan\beta + \ln(\sec\beta+\tan\beta))$$

$$= \sqrt{2}\pi(\sqrt{6}+\ln(\sqrt{3}+\sqrt{2}))$$

$$= \pi(2\sqrt{3}+\sqrt{2}\ln(\sqrt{3}+\sqrt{2}))$$

[다른 풀이]

양 끝점이 점 $(-1, 1, -1)$과 $(1, 1, 1)$인 선분을 변수 t로 매개화하면 $x = 2t-1$, $y = 1$, $z = 2t-1$ (단, $0 \le t \le 1$)이고 z축을 중심으로 회전하면

$$\begin{pmatrix} \cos\theta & -\sin\theta & 0 \\ \sin\theta & \cos\theta & 0 \\ 0 & 0 & 1 \end{pmatrix}\begin{pmatrix} 2t-1 \\ 1 \\ 2t-1 \end{pmatrix}$$이므로

곡면의 방정식은 $X(t,\theta) = \begin{cases} x = (2t-1)\cos\theta - \sin\theta \\ y = (2t-1)\sin\theta + \cos\theta \\ z = 2t-1 \end{cases}$이다.

$$X_t \times X_\theta = \begin{vmatrix} i & j & k \\ 2\cos\theta & 2\sin\theta & 2 \\ -(2t-1)\sin\theta-\cos\theta & (2t-1)\cos\theta-\sin\theta & 0 \end{vmatrix}$$

$$= i(-2(2t-1)\cos\theta+2\sin\theta) - j(2(2t-1)\sin\theta+2\cos\theta)$$

$$\quad + k(2(2t-1)\cos^2\theta - 2\sin\theta\cos\theta + 2(2t-1)\sin^2\theta + 2\sin\theta\cos\theta)$$

$$= i(-2(2t-1)\cos\theta+2\sin\theta)$$

$$\quad - j(2(2t-1)\sin\theta+2\cos\theta) + k(2(2t-1))\text{이고}$$

$$|X_t \times X_\theta| = \sqrt{4(2t-1)^2+4+4(2t-1)^2}\,\text{이다.}$$

따라서 곡면적은

$$S = \int_0^{2\pi}\int_0^1 \sqrt{8(2t-1)^2+4}\,dt\,d\theta$$

$$= 2\int_0^{2\pi}\int_0^1 \sqrt{1+2(2t-1)^2}\,dt\,d\theta$$

$$= 4\pi\int_0^1 \sqrt{1+2(2t-1)^2}\,dt$$

$$= 4\pi\int_{-\tan^{-1}\sqrt{2}}^{\tan^{-1}\sqrt{2}} \sec u \frac{1}{2\sqrt{2}}\sec^2 u\,du$$

$$(\because 2t-1 = \frac{1}{\sqrt{2}}\tan u\text{로 치환})$$

$$= 2\sqrt{2}\pi\int_0^{\tan^{-1}\sqrt{2}} \sec^3\theta\,d\theta$$

$$= \sqrt{2}\pi[\sec u\tan u + \ln(\sec u+\tan u)]_0^{\tan^{-1}\sqrt{2}}$$

$$= \sqrt{2}\pi(\sqrt{6}+\ln(\sqrt{3}+\sqrt{2}))$$

$$= \pi(2\sqrt{3}+\sqrt{2}\ln(\sqrt{3}+\sqrt{2}))\,\text{이다.}$$

168. ④

$D = \{(x, y) : x^2 + y^2 \leq 4, \ (x-1)^2 + y^2 \geq 1\}$이고

$$\bar{x} = \frac{\displaystyle\iint_D x \, dx \, dy}{\displaystyle\iint_D dx \, dy} \text{ 이다.}$$

(1) $\displaystyle\iint_D x \, dx \, dy = \int_0^{\frac{\pi}{2}} \int_{2\cos\theta}^{2} r^2 \cos\theta \, dr \, d\theta$

$$+ \int_{\frac{\pi}{2}}^{\frac{3\pi}{2}} \int_0^2 r^2 \cos\theta \, dr \, d\theta$$

$$+ \int_{\frac{3\pi}{2}}^{2\pi} \int_{2\cos\theta}^{2} r^2 \cos\theta \, dr \, d\theta$$

$$= -\pi$$

(2) $\displaystyle\iint_D dx \, dy = 4\pi - \pi = 3\pi$

$$\therefore \bar{x} = \frac{-\pi}{3\pi} = -\frac{1}{3}$$

169. ⑤

둘러싸인 영역의 질량중심을 $(\overline{X}, \overline{Y})$라고 할 때,

$$\overline{X} = \frac{\displaystyle\int\int_D x \, dy \, dx}{\displaystyle\int\int_D 1 \, dy \, dx}, \quad \overline{Y} = \frac{\displaystyle\int\int_D y \, dy \, dx}{\displaystyle\int\int_D 1 \, dy \, dx} \text{ 이다.}$$

(i) $\displaystyle\int_0^1 \int_{x^2}^{x} 1 \, dy \, dx = \int_0^1 x - x^2 dx = \frac{1}{2} - \frac{1}{3} = \frac{1}{6}$

(ii) $\displaystyle\int_0^1 \int_{x^2}^{x} x \, dy \, dx = \int_0^1 x^2 - x^3 dx = \frac{1}{3} - \frac{1}{4} = \frac{1}{12}$

(iii) $\displaystyle\int_0^1 \int_{x^2}^{x} y \, dy \, dx = \int_0^1 \frac{1}{2} [y^2]_{x^2}^{x} dx$

$$= \frac{1}{2} \int_0^1 x^2 - x^4 dx$$

$$= \frac{1}{2}\left(\frac{1}{3} - \frac{1}{5}\right)$$

$$= \frac{1}{2} \times \frac{2}{15}$$

$$= \frac{1}{15}$$

$$\therefore \overline{X} = \frac{\displaystyle\int\int_D x \, dy \, dx}{\displaystyle\int\int_D 1 \, dy \, dx} = \frac{\frac{1}{12}}{\frac{1}{6}} = \frac{1}{2},$$

$$\overline{Y} = \frac{\displaystyle\int\int_D y \, dy \, dx}{\displaystyle\int\int_D 1 \, dy \, dx} = \frac{\frac{1}{15}}{\frac{1}{6}} = \frac{2}{5}$$

따라서 중심좌표는 $(\overline{X}, \overline{Y}) = \left(\frac{1}{2}, \frac{2}{5}\right)$이다.

170. 8

풀이 주어진 벡터장이 보존적 벡터장이 되기 위해서는
다음을 만족해야 한다.

$$\frac{\partial}{\partial y}\left(2xz^3+\alpha y\right)=\frac{\partial}{\partial x}\left(3x+\beta yz\right)\Rightarrow \alpha=3$$

$$\frac{\partial}{\partial z}\left(3x+\beta yz\right)=\frac{\partial}{\partial y}\left(\gamma x^2z^2+y^2\right)\Rightarrow \beta y=2y$$

$$\frac{\partial}{\partial z}\left(2xz^3+\alpha y\right)=\frac{\partial}{\partial x}\left(\gamma x^2z^2+y^2\right)\Rightarrow 6xz^2=2\gamma xz^2$$

$$\therefore \alpha=3,\ \beta=2,\ \gamma=3,\ \alpha+\beta+\gamma=8$$

171. ④

풀이 ㄱ. (참) $\begin{vmatrix} i & j & k \\ \frac{\partial}{\partial x} & \frac{\partial}{\partial y} & \frac{\partial}{\partial z} \\ x & y & z \end{vmatrix}=\langle 0,\,0,\,0\rangle$

ㄴ. (참) $\operatorname{div}\mathbf{r}=r_x+r_y+r_z=1+1+1=3$

ㄷ. (참) $rr=\sqrt{x^2+y^2+z^2}\langle x,y,z\rangle$이므로

$$\operatorname{div}(rr)=\frac{\partial(rx)}{\partial x}+\frac{\partial(ry)}{\partial y}+\frac{\partial(rz)}{\partial z}$$

$$=\frac{\partial r}{\partial x}x+\frac{\partial r}{\partial y}y+\frac{\partial r}{\partial z}z+3r$$

$$=\frac{x}{\sqrt{x^2+y^2+z^2}}+\frac{y}{\sqrt{x^2+y^2+z^2}}$$

$$+\frac{z}{\sqrt{x^2+y^2+z^2}}+3r$$

$$=4r$$

ㄹ. (참)

$$\begin{vmatrix} i & j & k \\ \frac{\partial r}{\partial x} & \frac{\partial r}{\partial y} & \frac{\partial r}{\partial z} \\ \frac{\partial r}{\partial x} & \frac{\partial r}{\partial y} & \frac{\partial r}{\partial z} \end{vmatrix}$$

$$=\left(\frac{\partial^2 r}{\partial y\partial z}-\frac{\partial^2 r}{\partial z\partial y}\right)i+\left(\frac{\partial^2 r}{\partial z\partial x}-\frac{\partial^2 r}{\partial x\partial z}\right)j+\left(\frac{\partial^2 r}{\partial x\partial y}-\frac{\partial^2 r}{\partial y\partial x}\right)k$$

$$=0$$

172. ③

풀이 $\vec{F}=P(x,y,z)i+Q(x,y,z)j+R(x,y,z)k$,
$f(x,y,z),\ g(x,y,z)$라 하자.

① (거짓) $\operatorname{div}(f\vec{F})=\nabla\cdot(f\vec{F})$

$$=f_xP+fP_x+f_yQ+fQ_y+f_zR+fR_z$$

$$=f_xP+f_yQ+f_zR+fP_x+fQ_y+fR_z$$

$$=(f_x,\,f_y,\,f_z)\cdot(P,\,Q,\,R)+f(P_x+Q_y+R_z)$$

$$=\nabla f\cdot\vec{F}+f\operatorname{div}\vec{F}$$

② (거짓) $\operatorname{div}(f\nabla g)=\nabla\cdot(f\nabla g)$

$$=f_xg_x+fg_{xx}+f_yg_y+fg_{yy}+f_zg_z+fg_{zz}$$

$$=fg_{xx}+fg_{yy}+fg_{zz}+f_xg_x+f_yg_y+f_zg_z$$

$$=f\nabla^2 g+\nabla g\cdot\nabla f$$

③ (참) $\operatorname{curl}(f\vec{F})=\nabla\times(f\vec{F})$

$$=\begin{vmatrix} i & j & k \\ \frac{\partial}{\partial x} & \frac{\partial}{\partial y} & \frac{\partial}{\partial z} \\ fP & fQ & fR \end{vmatrix}$$

$$=\left\{\frac{\partial}{\partial y}(fR)-\frac{\partial}{\partial z}(fQ)\right\}i$$

$$-\left\{\frac{\partial}{\partial x}(fR)-\frac{\partial}{\partial z}(fP)\right\}j$$

$$+\left\{\frac{\partial}{\partial x}(fQ)-\frac{\partial}{\partial y}(fP)\right\}k$$

$$=(f_yR+fR_y-f_zQ-fQ_z)i$$

$$-(f_xR+fR_x-f_zP-fP_z)j$$

$$+(f_xQ+fQ_x-f_yP-fP_y)k$$

$$=(f_yR-f_zQ)i+(fR_y-fQ_z)i$$

$$+(f_zP-f_xR)j+(fP_z-fR_x)j$$

$$+(f_xQ-f_yP)k+(fQ_x-fP_y)k$$

$$=(f_yR-f_zQ)i-(f_xR-f_zP)j+(f_xQ-f_yP)k$$

$$+(fR_y-fQ_z)i-(fR_x-fP_z)j+(fQ_x-fP_y)k$$

$$=\nabla f\times\vec{F}+f(\nabla\times\vec{F})$$

④ (거짓)

$$\nabla^2 f=\nabla\cdot\nabla f=\operatorname{div}(\nabla f)=f_{xx}+f_{yy}+f_{zz}\neq f(\nabla f)$$

173. ④

$\int_C yz\cos x\,ds$

$= \int_0^\pi (3\cos t)(3\sin t)\cos t \sqrt{\left(\dfrac{dx}{dt}\right)^2 + \left(\dfrac{dy}{dt}\right)^2 + \left(\dfrac{dz}{dt}\right)^2}\,dt$

$= \int_0^\pi 9\sin t\cos^2 t \sqrt{1^2 + 9\sin^2 t + 9\cos^2 t}\,dt$

$= \int_0^\pi 9\sqrt{10}\,\sin t\cos^2 t\,dt$

$= \int_{-1}^1 9\sqrt{10}\,u^2\,du \; (\because \cos t = u,\ -\sin t\,dt = du)$

$= \left[3\sqrt{10}\,u^3\right]_{-1}^1$

$= 6\sqrt{10}$

174. ④

밀도가 $\rho(x,y) = y$일 때, 곡선 C의 $\bar{x}\,(x$중심$)$은

$\dfrac{\displaystyle\int_C xy\,dS}{\displaystyle\int_C y\,dS} = \dfrac{\displaystyle\int_0^{\frac{\pi}{2}} 2\cos t \times 2\sin t \sqrt{(-2\sin t)^2 + (2\cos t)^2}\,dt}{\displaystyle\int_0^{\frac{\pi}{2}} 2\sin t \sqrt{(-2\sin t)^2 + (2\cos t)^2}\,dt}$

$\left(\because x = 2\cos t,\ y = 2\sin t,\ 0 \le t \le \dfrac{\pi}{2}\,\text{로 치환}\right)$

$= \dfrac{\displaystyle\int_0^{\frac{\pi}{2}} 8\sin t\cos t\,dt}{\displaystyle\int_0^{\frac{\pi}{2}} 4\sin t\,dt}$

$= \dfrac{4\left[\sin^2 t\right]_0^{\frac{\pi}{2}}}{4\left[-\cos t\right]_0^{\frac{\pi}{2}}}$

$= 1$

175. ④

곡선 $\sqrt{|x|} + \sqrt{y} = 1$에서 $(1,0)$부터 $(-1,0)$까지의 호를 C, $(-1,0)$에서 $(1,0)$까지 연결한 선분을 C_0라고 할 때, $C \cup C_0$는 폐곡선이므로 그린 정리가 성립한다.

C와 C_0로 둘러싸인 영역을 D라 하면

$\displaystyle\int_C \left(x + e^{y^3}\right)dy + \int_{C_0} \left(x + e^{y^3}\right)dy = \iint_D 1\,dA$이다.

$\iint_D 1\,dA = 2\int_0^1 (1 - \sqrt{x})^2\,dx$

$= 2\int_0^1 1 - 2\sqrt{x} + x\,dx$

$= 2\left[x - 2 \cdot \dfrac{2}{3}x^{\frac{3}{2}} + \dfrac{1}{2}x^2\right]_0^1$

$= 2\left(1 - \dfrac{4}{3} + \dfrac{1}{2}\right)$

$= 2\left(\dfrac{1}{6}\right)$

$= \dfrac{1}{3}$

$C_0 : r(t) = \langle t, 0 \rangle\,(-1 \le t \le 1)$,

$F = (0, t+1)$, $r'(t) = \langle 1, 0 \rangle$이므로

$\displaystyle\int_{C_0} \left(x + e^{y^3}\right)dy = \int_{-1}^1 F \cdot r'(t)\,dt = 0$이다.

$\therefore \displaystyle\int_C \left(x + e^{y^3}\right)dy = \dfrac{1}{3}$

176. ④

$\displaystyle\int_C \vec{F} \cdot d\vec{r} = -\int_0^{\frac{\pi}{2}} (9\cos^2 t, 3\cos t) \cdot (-3\sin t, 3\cos t)\,dt$

$= \int_0^{\frac{\pi}{2}} (27\cos^2 t\sin t - 9\cos^2 t)\,dt$

$= \left[-9\cos^3 t\right]_0^{\frac{\pi}{2}} - 9 \times \dfrac{1}{2} \times \dfrac{\pi}{2}$

$= 9 - \dfrac{9}{4}\pi$

177. ④

풀이 ㄱ. 원점을 포함하는 폐곡선에 대한 선적분 값은 2π이고 원점을 포함하지 않는 폐곡선에 대한 선적분 값은 0이므로 경로에 독립인 벡터장이 아니다.

ㄴ. $P(x, y) = e^x \cos y$, $Q(x, y) = e^x \sin y$
$\Rightarrow Q_x = e^x \sin y$, $P_y = -e^x \sin y$이므로 경로에 독립인 벡터장이 아니다.

ㄷ. $P(x, y) = \dfrac{y^2}{1+x^2}$, $Q(x, y) = 2y \tan^{-1} x$
$\Rightarrow Q_x = \dfrac{2y}{1+x^2} = P_y$이므로 경로에 독립인 벡터장이다.

ㄹ. $P(x, y) = ye^x + \sin y$, $Q(x, y) = e^x + x \cos y$
$\Rightarrow Q_x = e^x + \cos y = P_y$이므로 경로에 독립인 벡터장이다.

178. ①

풀이 $\text{curl} F = 0$이므로 보존장이다.
잠재함수를 f라 하면 $f = xe^y - ye^z + k(k\text{는 상수})$이므로
$$\int_C F \cdot dr = \left[xe^y - ye^z + k \right]_{(0,0,0)}^{(2,1,1)} = e$$

179. ③

풀이
$$\text{curl} F = \begin{vmatrix} i & j & k \\ \dfrac{\partial}{\partial x} & \dfrac{\partial}{\partial y} & \dfrac{\partial}{\partial z} \\ e^x \sin y & e^x \cos y & z^2 \end{vmatrix}$$
$$= i(0) - j(0) + k(e^x \cos y - e^x \cos y)$$
$$= \overrightarrow{O}$$
이므로 F는 보존적 벡터장이다.
$$\therefore \int_C F \cdot dS = \left[e^x \sin y + \frac{1}{3} z^3 \right]_{(0,0,0)}^{\left(1, \frac{\pi}{2}, 1\right)} = e + \frac{1}{3}$$

180. ②

풀이 $F(x, y) = \langle P(x, y), Q(x, y) \rangle = \langle y^2, 2xy - e^y \rangle$일 때
$P_y = 2y$, $Q_x = 2y$이므로
F는 보존적 벡터장이고, 경로에 대해서 독립적이다.

$$\therefore \int_C F \cdot dr = \left[xy^2 - e^y \right]_{(1,0)}^{(0,1)} = -e - (-1) = 1 - e$$

[다른 풀이]
$F(x, y) = \langle y^2, 2xy - e^y \rangle$이고 $r(t) = \langle \cos t, \sin t \rangle$이므로 경로 C를 따라 벡터장이 물체에 대해 한 일은

$$\int_C F \cdot dr = \int_0^{\frac{\pi}{2}} F(r(t)) \cdot r'(t) \, dt$$
$$= \int_0^{\frac{\pi}{2}} \langle \sin^2 t, 2\cos t \sin t - e^{\sin t} \rangle \cdot \langle -\sin t, \cos t \rangle \, dt$$
$$= \int_0^{\frac{\pi}{2}} \left(-\sin^3 t + 2\cos^2 t \sin t - \cos t \, e^{\sin t} \right) dt$$
$$= -\int_0^{\frac{\pi}{2}} \sin^3 t \, dt + \int_0^{\frac{\pi}{2}} \left(2\cos^2 t \sin t - \cos t \, e^{\sin t} \right) dt$$
$$= -\frac{2}{3} + \left[-\frac{2}{3} \cos^3 t - e^{\sin t} \right]_0^{\frac{\pi}{2}}$$
$$= 1 - e$$

181. ③

풀이 $P(x, y) = 3 + 3x^2 y$, $Q(x, y) = x^3 + \sin(\pi y)$라 하면
$P_y = 3x^2 = Q_x$이므로 주어진 벡터장은 보존장이다.
$$\therefore \int_C F \cdot dr = \left[3x + x^3 y - \frac{1}{\pi} \cos(\pi y) \right]_{(0,0)}^{\left(\frac{1}{2}, \frac{1}{2}\right)}$$
$$= \left(\frac{3}{2} + \frac{1}{16} \right) - \left(-\frac{1}{\pi} \right)$$
$$= \frac{25}{16} + \frac{1}{\pi}$$

■ 33. 그린 정리

182. ③

영역 $D = \{(x,y)\,|\,4x^2 + 9y^2 \leq 25\}$ 이라 하고

타원 곡선 $\dfrac{x^2}{a^2} + \dfrac{y^2}{b^2} = 1$ 에 의해 둘러싸인 영역의 넓이는

πab 임을 이용하자.

$$\int_C x\,dy - y\,dx = 2\iint_D dA \,(\because \text{그린 정리})$$
$$= 2 \times (\text{영역 } D \text{의 넓이})$$
$$= \frac{25}{3}\pi$$

183. ③

$$\int_C (2x^2 y + \sin(x^2))\,dx + (x^3 + e^{y^2})\,dy$$
$$= \iint_D x^2\,dA \,(\because \text{그린 정리})$$
$$= \int_{-1}^{1} \int_{x^2}^{1} x^2\,dy\,dx$$
$$= \int_{-1}^{1} x^2(1 - x^2)\,dx$$
$$= 2\left[\frac{1}{3}x^3 - \frac{1}{5}x^5\right]_0^1$$
$$= \frac{4}{15}$$

184. ④

그린 정리에 의해

$$\oint_C -2y\,dx + x^2\,dy = \iint_{D:\,x^2+y^2\leq 9} 2x + 2\,dA$$
$$= 2 \times \bar{x} \times (D\text{의 면적}) + 2 \times (D\text{의 면적})$$
$$= 18\pi\,(\because \bar{x} = 0)\text{이다.}$$

185. ④

C에 의해 둘러싸인 영역을 D라 하자.

$$\int_C xy\,dx + (x+y)\,dy = \iint_D (1-x)\,dA\,(\because \text{그린 정리})$$
$$= \int_0^{2\pi} \int_1^3 (1 - r\cos\theta)r\,dr\,d\theta$$
$$(\because \text{극좌표계 변환})$$
$$= \int_0^{2\pi} \left(4 - \frac{26}{3}\cos\theta\right)d\theta$$
$$= 8\pi$$

186. ⑤

① $\tan^{-1}x$ 의 매클로린 급수에 의해

$$\tan^{-1}x = \sum_{n=0}^{\infty} \frac{(-1)^n}{2n+1}x^{2n+1} \text{이므로}$$

$$\tan^{-1}1 = \sum_{n=0}^{\infty} \frac{(-1)^n}{2n+1} = \frac{\pi}{4} \text{이다.}$$

$$\therefore 4\sum_{n=0}^{\infty} \frac{(-1)^n}{2n+1} = 4 \times \frac{\pi}{4} = \pi$$

② $\displaystyle\int_{-\infty}^{\infty} \frac{1}{1+x^2}\,dx = 2\int_0^{\infty} \frac{1}{1+x^2}\,dx = 2 \times \frac{\pi}{2} = \pi$

③ 극좌표에서의 중적분에 의해

$$\int_{-\infty}^{\infty}\int_{-\infty}^{\infty} \frac{1}{(1+x^2+y^2)^2}\,dx\,dy$$
$$= \int_0^{2\pi}\int_0^{\infty} \frac{r}{(1+r^2)^2}\,dr\,d\theta$$
$$= 2\pi \times \frac{1}{2}\int_1^{\infty} \frac{1}{t^2}\,dt\,\left(\because 1+r^2 = t\right)$$
$$= \pi \text{이다.}$$

④ 그린 정리에 의해

$$\frac{1}{2}\oint_C -y\,dx + x\,dy = \frac{1}{2}\iint_D 2\,dA$$
$$(D = \{(x,y)\,|\,x^2+y^2 \leq 1\})$$
$$= \pi \text{이다.}$$

⑤ 극곡선 $r = \dfrac{2\sqrt{3}}{3}(1 + \cos2\theta)$ 는 그림과 같다.

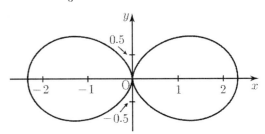

주어진 영역의 면적은 $0 \leq \theta \leq \dfrac{\pi}{2}$ 의 면적을 4배 하면 된다.

$$4 \times \frac{1}{2}\int_0^{\frac{\pi}{2}} \left(\frac{2\sqrt{3}}{3}(1+\cos2\theta)\right)^2 d\theta$$
$$= \frac{8}{3}\int_0^{\frac{\pi}{2}} (1 + 2\cos2\theta + \cos^2 2\theta)\,d\theta$$
$$= \frac{8}{3}\int_0^{\frac{\pi}{2}} \left(\frac{3}{2} + 2\cos2\theta + \frac{1}{2}\cos4\theta\right)d\theta$$
$$= \frac{8}{3}\left[\frac{3}{2}\theta + \sin2\theta + \frac{1}{8}\sin4\theta\right]_0^{\frac{\pi}{2}}$$
$$= 2\pi$$

187. ④

$x = \cos\theta$, $dx = -\sin\theta d\theta$, $y = \sin\theta$, $dy = \cos\theta d\theta$이므로

$$\int_0^\pi \{-\sin^2\theta(1+\cos(\cos\theta\sin\theta))\}d\theta$$
$$- \int_0^\pi \{\cos^2\theta(1-\cos(\cos\theta\sin\theta))\}d\theta$$
$$= \int_0^\pi \{-1+\cos(\cos\theta\sin\theta)(-\sin^2\theta+\cos^2\theta)\}d\theta$$
$$= -\pi + \int_0^0 \cos u\, du$$
$$= -\pi$$
$$(\cos\theta\sin\theta = u, \ (-\sin^2\theta+\cos^2\theta)d\theta = du)$$

[다른 풀이]

시점을 $(-1, 0)$, 종점을 $(1, 0)$으로 하는

x축상의 경로를 C_1이라 하고 $C_2 = C \bigcup C_1$으로 놓으면

C_2는 지름이 x축 상에 있는 반원이다.

$$\therefore \oint_{C_2} y(1+\cos(xy))dx - x(1-\cos(xy))dy$$
$$= \iint_D \{-(1-\cos(xy))-xy\sin(xy)\}$$
$$- \{(1+\cos(xy)-xy\sin(xy)\}dxdy$$
$$= \iint_D (-2)\,dxdy(\because \text{그린 정리})$$
$$= (-2)\times(D\text{의 넓이})$$
$$= (-2)\times\frac{\pi}{2}$$
$$= -\pi$$

이때 $C = C_2 - C_1$이고 $\int_{C_1} F \cdot dr$을 구하면 $x = t$, $y = 0$으로

매개화하면 $-1 \le t \le 1$이고 $dx = dt$, $dy = 0$이므로

$$\int_{C_1} F \cdot dr = \int_{-1}^1 0\, dt = 0 \text{이다}.$$

$$\therefore \int_C F \cdot dr = \int_{C_2} F \cdot dr - \int_{C_1} F \cdot dr = -\pi$$

---

188. ②

영역 $D = \{(x, y)\,|\,x^2+y^2 \le 1\}$이라 하자.

$$\frac{1}{2}\iint_D (x^2+y^2)\sqrt{1+x^2+y^2}\,dA$$
$$= \frac{1}{2}\int_0^{2\pi}\int_0^1 r^3\sqrt{1+r^2}\,dr d\theta(\because \text{극좌표계상의 적분})$$
$$= \pi\int_0^1 r^3\sqrt{1+r^2}\,dr$$
$$= \frac{\pi}{2}\int_1^2 (t-1)\sqrt{t}\,dt(\because 1+r^2 = t\text{로 치환})$$
$$= \frac{\pi}{2}\left[\frac{2}{5}t^{\frac{5}{2}} - \frac{2}{3}t^{\frac{3}{2}}\right]_1^2$$
$$= \frac{2}{15}(1+\sqrt{2})\pi$$

---

189. ④

곡면 S: $z = x+2$ 위에서 스칼라 함수 z의 면적분이므로

$$\iint_S z\,dS = \iint_D (x+2)|(-1, 0, 1)|\,dA$$
$$(\text{단, } D \, ; \, x^2+y^2 \le 1)$$
$$= \iint_D \sqrt{2}(x+2)\,dA$$
$$= \sqrt{2}\iint_D x\,dA + \iint_D 2\sqrt{2}\,dA$$
$$= 2\sqrt{2}\pi(\because \text{무게중심 활용})$$

---

190. ③

$$M = \iiint_E z\,dV$$
$$= \int_0^{2\pi}\int_0^{\frac{\pi}{4}}\int_0^{\cos\phi} \rho\cos\phi\,\rho^2\sin\phi\,d\rho d\phi d\theta$$
$$(\because \text{구면좌표계상의 적분})$$
$$= \int_0^{2\pi}\int_0^{\frac{\pi}{4}}\int_0^{\cos\phi} \rho^3\cos\phi\,\sin\phi\,d\rho d\phi d\theta$$
$$= \int_0^{2\pi}\int_0^{\frac{\pi}{4}} \left[\frac{1}{4}\rho^4\right]_0^{\cos\phi}\cos\phi\,\sin\phi\,d\phi d\theta$$
$$= \int_0^{2\pi}\int_0^{\frac{\pi}{4}} \frac{1}{4}\cos^5\phi\sin\phi\,d\phi d\theta$$
$$= \frac{1}{4}\times 2\pi\times\left[-\frac{1}{6}\cos^6\phi\right]_0^{\frac{\pi}{4}}$$
$$= -\frac{\pi}{12}\left(\frac{1}{8}-1\right)$$

$$= -\frac{\pi}{12}\left(-\frac{7}{8}\right)$$

$$= \frac{7}{96}\pi$$

191. ①

$$\iint_S \overrightarrow{V} \cdot \hat{n}dA = \iint_D \langle x^2, 0, 2y \rangle \cdot \langle 2, 2, 1 \rangle dxdy$$

$$= \iint_D 2x^2 + 2y\, dxdy$$

$$= \int_0^1 \int_0^{1-x} (2x^2 + 2y)\, dydx$$

$$= \int_0^1 2x^2(1-x) + (1-x)^2\, dx$$

$$= \frac{1}{2}$$

192. ⑤

$$\iint_S F \cdot \hat{n}dS = 3\iiint_E (x^2 + y^2 + z^2)dV (\because \text{발산 정리})$$

$$= 3\int_0^{2\pi} \int_0^\pi \int_0^1 \rho^4 \sin\phi\, d\rho\, d\phi\, d\theta$$

$$(\because \text{구면좌표계상의 적분})$$

$$= \frac{3}{5} \cdot 2 \cdot 2\pi$$

$$= \frac{12}{5}\pi$$

193. ④

발산정리를 이용하자.

$$\iint_S F \cdot dS = \iiint_V div F dV$$

$$= \iiint_V 1 dV (\text{단, } V \text{는 단순폐곡면 } S \text{의 내부영역})$$

$$= \iint_D \int_x^{10} 1 dz dx dy$$

$$(\text{단, } D = \{(x, y)|x^2 + y^2 \leq 1\})$$

$$= \iint_D (10-x)dxdy$$

$$= \iint_D 10 dxdy - \iint_D x dxdy$$

$$= 10\pi$$

$$(\because \text{영역} D \text{의 면적과 중심좌표를 이용})$$

194. ③

곡면 S로 둘러싸인 입체를 E라 하면 발산 정리에 의해

$$\iint_S F \cdot dS = \iiint_E (2x - 6y + 4z)dV$$

$$= \iint_{x^2+y^2 \leq 1} \left\{\int_{1+2x}^{2+2x} (2x - 6y + 4z)\, dz\right\}dA$$

$$= \iint_{x^2+y^2 \leq 1} (10x - 6y + 6)dA$$

$$= \int_0^{2\pi} \int_0^1 (10\cos\theta - 6\sin\theta + 6)dr\, d\theta$$

$$= \int_0^{2\pi} (10\cos\theta - 6\sin\theta)d\theta \int_0^1 6 dr$$

$$= 6\pi$$

TIP 입체의 무게중심을 활용해도 좋다.

195. ④

> 풀이 $z=0$, $x^2+y^2 \leq 1$인 곡면을
> S_0(단, S_0의 향은 아래 방향)라고 하면 가우스 발산 정리에 의해
>
> $$\iint_S F \cdot dS + \iint_{S_0} F \cdot dS = \iiint_T div F dV$$
>
> $$\text{(단, } T:0 \leq z \leq \sqrt{1-x^2-y^2}\text{)}$$
>
> $$= \iiint_T 2x+2y+2z\,dV$$
>
> $$= \iiint_T 2z\,dV$$
>
> $$(\because x\text{와 } y\text{의 중심은 } (0,0))$$
>
> $$= 2\int_0^{2\pi}\int_0^{\frac{\pi}{2}}\int_0^1 \rho\cos\phi\rho^2\sin\phi d\rho d\phi d\theta$$
>
> $$= 2\times 2\pi \frac{1}{2}\left[\sin^2\phi\right]_0^{\frac{\pi}{2}}\frac{1}{4}\left[\rho^4\right]_0^1$$
>
> $$= \frac{\pi}{2} \text{ 이다.}$$
>
> $$\therefore \iint_S F \cdot dS = \frac{\pi}{2} - \iint_{S_0} F \cdot dS$$
>
> $$= \frac{\pi}{2} + \iint_D (x^2+ye^x, y^2+ze^x, x^2+y^2+z^2)$$
>
> $$\cdot (0,0,1)dA$$
>
> $$\text{(단, } D: x^2+y^2 \leq 1)$$
>
> $$= \frac{\pi}{2} + \iint_D x^2+y^2+z^2 dA$$
>
> $$= \frac{\pi}{2} + \iint_D x^2+y^2 dA (\because z=0)$$
>
> $$= \frac{\pi}{2} + \int_0^{2\pi}\int_0^1 r^3 dr d\theta$$
>
> $$= \frac{\pi}{2} + 2\pi\frac{1}{4}$$
>
> $$= \pi$$

196. ①

> 풀이 yz평면 위의 영역 $y^2+z^2 \leq 3$, $x=0$을 S_1 이라 하고,
> $S_2 = S+S_1$으로 놓으면 S_2는 폐곡면이다.
> S_2 내부의 영역을 E라 하면
>
> $$\iint_{S_2} \vec{F} \cdot \vec{dS} = \iiint_E div\vec{F}dV = \iiint_E 0dV = 0\text{이다.}$$
>
> 이때 방향은 S_2 내부에서 외부로의 방향이다.
> 또, S_1의 내부 영역을 D라 하면
>
> $$\iint_{S_1} \vec{F} \cdot \vec{dS} = \iint_{S_1} (z, xz, 1) \cdot (1,0,0)dS$$
>
> $$= \iint_D zdA$$
>
> $$= (z\text{축 중심}) \times (D\text{의 넓이})$$
>
> $$= 0$$

이고, S_1의 방향은 음의 방향이다.

이때 $\iint_{S_2} \vec{F} \cdot \vec{dS} = \iint_{-S} \vec{F} \cdot \vec{dS} + \iint_{-S_1} \vec{F} \cdot \vec{dS}$이므로

$0 = \iint_{-S} \vec{F} \cdot \vec{dS} + 0$, 즉 $0 = -\iint_S \vec{F} \cdot \vec{dS} + 0$이므로

$$\iint_S \vec{F} \cdot \vec{dS} = 0\text{이다.}$$

197. ③

> 풀이 S_1을 $z=0$ 위에 있는 $x^2+y^2 \leq 1$이라고 하자.
> $S \bigcup S_1 = S_2$, S_2의 내부 영역을 T라 하면 발산 정리에 의해
>
> $$\iint_{S_2} F \cdot dS = \iiint_T div F dxdydz$$
>
> $$= \iiint_T (z^2+x^2+y^2)dxdydz$$
>
> $$= \int_0^{2\pi}\int_0^{\frac{\pi}{2}}\int_0^1 \rho^2 \times \rho^2\sin\phi d\rho d\phi d\theta$$
>
> $$(\because T : x^2+y^2+z^2 \leq 1, z \geq 0)$$
>
> $$= \frac{1}{5}\int_0^{2\pi}\int_0^{\frac{\pi}{2}}\sin\phi\, d\phi d\theta$$
>
> $$= \frac{1}{5}\int_0^{2\pi}d\theta$$
>
> $$= \frac{2}{5}\pi$$

이때, $S=S_2-S_1$이고 n을 외향 단위법선벡터라 하면

$$\iint_{S_1} F \cdot n ds$$

$$= \iint_{S_1} (y+xz^2, x^2y+xz^2, zy^2+x^2) \cdot (0,0,-1)dxdy$$

$$= -\iint_{S_1}(zy^2+x^2)dxdy$$

$$= -\iint_{S_1} x^2 dxdy (\because z=0)$$

$$= -\int_0^{2\pi}\int_0^1 r^3\cos^2\theta dr d\theta \left(\because S_1 : x^2+y^2 \leq 1\right)$$

$$= -\int_0^{2\pi}\int_0^1 r^3\cos^2\theta dr d\theta$$

$$= -\frac{1}{4}\int_0^{2\pi}\cos^2\theta d\theta$$

$$= -\frac{\pi}{4} \text{ 이다.}$$

$$\therefore \iint_S F \cdot nds = \iint_{S_2} F \cdot nds - \iint_{S_1} F \cdot nds$$

$$= \frac{2}{5}\pi + \frac{\pi}{4}$$

$$= \frac{13}{20}\pi \text{이다.}$$

198. ①

영역 $D = \{(x,y)\,|\,(x+1)^2 + y^2 \le 4\}$이라 하자.

$$\iint_S (\nabla \times F) \cdot \hat{n}\,dS = \iint_D (2y, 4x, 2x) \cdot (-2, 0, 1)\,dA$$
$$(\because Curl F = (2y, 2z, 2x))$$
$$= -4\iint_D y\,dA + 2\iint_D x\,dA$$
$$= (-4)(0)(4\pi) + (2)(-1)(4\pi)$$
$$= -8\pi$$
$$(\because \text{무게중심 이용})$$

199. ③

스톡스 정리에 의해

$$curl F = \begin{vmatrix} i & j & k \\ \dfrac{\partial}{\partial x} & \dfrac{\partial}{\partial y} & \dfrac{\partial}{\partial z} \\ -y^3 & x^3 & -z^3 \end{vmatrix} = \langle 0, 0, 3x^2 + 3y^2 \rangle \text{이다.}$$

$$\therefore \oint_C -y^3\,dx + x^3\,dy - z^3\,dz = \iint_S curl F \cdot n\,dS$$
$$= \iint_D (3x^2 + 3y^2)\,dA$$
$$= 3\int_0^{2\pi}\int_0^1 r^2 \cdot r\,dr\,d\theta$$
$$= 3 \times 2\pi \times \frac{1}{4}$$
$$= \frac{3}{2}\pi$$

200. ④

폐곡면에서의 벡터장 $F = (-\sqrt{1+x^2+y^2},\, x,\, -z^3)$의
선적분은 스톡스 정리에 의해

$$\oint_C -\sqrt{1+x^2+y^2}\,dx + x\,dy - z^3\,dz = \iint_S curl F \cdot n\,dA\text{다.}$$

$$curl F = \begin{vmatrix} i & j & k \\ \dfrac{\partial}{\partial x} & \dfrac{\partial}{\partial y} & \dfrac{\partial}{\partial z} \\ -\sqrt{1+x^2+y^2} & x & -z^3 \end{vmatrix}$$
$$= \left(0, 0, 1 + \frac{y}{\sqrt{1+x^2+y^2}}\right)$$

이고 원기둥 $x^2 + y^2 = 4$ 내의 $x + 3y + z = 2$을 S라 하면
S의 단위법선벡터 n은 $n = (1, 3, 1)$이다.
$D = \{(x, y)\,|\,x^2 + y^2 \le 4\}$라고 할 때 선적분은

$$\oint_C -\sqrt{1+x^2+y^2}\,dx + x\,dy - z^3\,dz$$
$$= \iint_S curl F \cdot n\,dA$$
$$= \iint_D \left(1 + \frac{y}{\sqrt{1+x^2+y^2}}\right)dA$$
$$= \int_0^{2\pi}\int_0^2 \left(1 + \frac{r\sin\theta}{\sqrt{1+r^2}}\right) \cdot r\,dr\,d\theta$$
$$= \int_0^{2\pi}\int_0^2 r\,dr\,d\theta + \int_0^{2\pi}\sin\theta\,d\theta\int_0^2 \frac{r^2}{\sqrt{1+r^2}}\,dr$$
$$= 4\pi + 0$$
$$= 4\pi\text{이다.}$$

■ 1. 벡터의 내적

1. ③

풀이 $(3, 3, 3) = \alpha(1, 2, 0) + \beta(0, 1, 2) + \gamma(2, 0, 1)$이므로

$$\begin{pmatrix} 1 & 2 & 0 & | & 3 \\ 0 & 1 & 2 & | & 3 \\ 2 & 0 & 1 & | & 3 \end{pmatrix} \sim \begin{pmatrix} 1 & 2 & 0 & | & 3 \\ 0 & 1 & 2 & | & 3 \\ 0 & -4 & 1 & | & -3 \end{pmatrix} \sim \begin{pmatrix} 1 & 2 & 0 & | & 3 \\ 0 & 1 & 2 & | & 3 \\ 0 & 0 & 9 & | & 9 \end{pmatrix}$$

$\therefore \gamma = 1, \, \beta = 1, \, \alpha = 1$

$\therefore \alpha + \beta + \gamma = 3$

2. ③

풀이 영벡터가 아닌 두 벡터가
서로 수직이 될 필요충분조건은 내적 0이다.
$(6, 1, 4) \cdot (2, 0, -3) = 0$이므로
두 벡터 $(6, 1, 4)$와 $(2, 0, -3)$은 수직이다.

3. ②

풀이 $\cos\theta = \dfrac{\vec{u} \cdot \vec{v}}{|\vec{u}||\vec{v}|} = \dfrac{2}{\sqrt{6}} = \sqrt{\dfrac{2}{3}}$

$\therefore \theta = \cos^{-1}\left(\sqrt{\dfrac{2}{3}}\right)$

4. ③

풀이 $u = \langle 2, -1, 2 \rangle, v = \langle -2, -2, 2 \rangle$이라 하면

$proj_v u = \dfrac{u \cdot v}{v \cdot v} v = \dfrac{2}{12} \langle -2, -2, 2 \rangle = \left\langle -\dfrac{1}{3}, -\dfrac{1}{3}, \dfrac{1}{3} \right\rangle$

5. ⑤

풀이 $\vec{a_T}$는 $\vec{a}$의 $\vec{b}$ 위로의 정사영이다. 즉

$\vec{a_T} = \dfrac{\vec{a} \cdot \vec{b}}{\vec{b} \cdot \vec{b}} \vec{b} = \dfrac{2 + 0 + 49}{1 + 0 + 49} \langle 1, 0, 7 \rangle = \dfrac{51}{50} \langle 1, 0, 7 \rangle$이다.

6. ④

풀이 $\vec{u}$와 $\vec{v}$의 사잇각을 θ라 하면

$\vec{x} \cdot \vec{u} = \{|\vec{u}|\vec{v} + |\vec{v}|\vec{u}\} \cdot \vec{u}$

$\quad = |\vec{u}|\vec{v} \cdot \vec{u} + |\vec{v}|\vec{u} \cdot \vec{u}$

$\quad = |\vec{u}| \, |\vec{u}| \, |\vec{v}| \cos\theta + |\vec{v}| \, |\vec{u}|^2$

$\quad = |\vec{u}|^2 |\vec{v}| (\cos\theta + 1)$

$\Leftrightarrow |\vec{x}| \, |\vec{u}| \cos\dfrac{\pi}{6} = |\vec{u}|^2 |\vec{v}| (\cos\theta + 1)$

$\Leftrightarrow \dfrac{\sqrt{3}}{2} |\vec{x}| = |\vec{u}| \, |\vec{v}| \, (\cos\theta + 1) \cdots \text{㉠}$이다.

$|\vec{x}|^2 = \|\vec{u}|\vec{v}\|^2 + 2|\vec{u}||\vec{v}|(\vec{u} \cdot \vec{v}) + \||\vec{v}|\vec{u}\|^2$

$\quad = |\vec{u}|^2 |\vec{v}|^2 + 2|\vec{u}|^2 |\vec{v}|^2 \cos\theta + |\vec{v}|^2 |\vec{u}|^2$

$\quad = 2|\vec{u}|^2 |\vec{v}|^2 (1 + \cos\theta)$이므로

$|\vec{x}| = \sqrt{2} |\vec{u}| \, |\vec{v}| \sqrt{1 + \cos\theta}$이다.

㉠에 대입하면

$\dfrac{\sqrt{3}}{2} \cdot \sqrt{2} |\vec{u}| \, |\vec{v}| \sqrt{1 + \cos\theta} = |\vec{u}| \, |\vec{v}| (1 + \cos\theta)$

$\Leftrightarrow \sqrt{\dfrac{3}{2}} \sqrt{1 + \cos\theta} = (1 + \cos\theta)$

$\Rightarrow \dfrac{3}{2}(1 + \cos\theta) = (1 + \cos\theta)^2 (\because \text{양변을 제곱})$

$\Leftrightarrow \dfrac{3}{2} + \dfrac{3}{2}\cos\theta = \cos^2\theta + 2\cos\theta + 1$

$\Leftrightarrow \cos^2\theta + \dfrac{1}{2}\cos\theta - \dfrac{1}{2} = 0$

$\Leftrightarrow \left(\cos\theta - \dfrac{1}{2}\right)(\cos\theta + 1) = 0$이므로 $\cos\theta = \dfrac{1}{2}$이다.

$\therefore \theta = \dfrac{\pi}{3}$

($\because \cos\theta = -1$이면

$\vec{x} = |\vec{u}|\vec{v} + |\vec{v}|\vec{u}$과 $\vec{x}$와 $\vec{u}$의 사잇각이 $\dfrac{\pi}{6}$ 일 수 없다.)

■ 2. 벡터의 외적

7. ②

$a \times b = (0, 1, 1)$에서 $|a \times b| = |a||b| \sin\theta = \sqrt{2}$ 이다.

이때, $|a| = \sqrt{3}$, $|b| = 1$이므로 $\sin\theta = \sqrt{\dfrac{2}{3}}$ 이고

$\cos\theta = \pm\dfrac{1}{\sqrt{3}}$ 이므로 $a \cdot b = |a||b|\cos\theta = \sqrt{3}\left(\pm\dfrac{1}{\sqrt{3}}\right)$이다.

$a \cdot b$ 의 값으로 가능한 것은 ± 1이므로 값의 합은 0이다.

[다른 풀이]
항등식에 의해
$|a \times b|^2 = |a|^2|b|^2 - (a \cdot b)^2$
$\Leftrightarrow 2 = 3 \times 1 - (a \cdot b)^2$
$\Leftrightarrow 1 = (a \cdot b)^2$이다.
$\therefore (a \cdot b) = \pm 1$

8. ⑤

① (거짓) 세 벡터가 모두 수직인 경우, 성립하지 않는다.
  (반례) $\vec{a} = (1, 0, 0)$, $\vec{b} = (0, 1, 0)$, $\vec{c} = (0, 0, 1)$

② (거짓) $\vec{b}$와 $\vec{c}$가 각각 $\vec{a}$에 평행한 서로 다른 두 벡터일 경우
  $\vec{a} \times \vec{b} = 0$, $\vec{a} \times \vec{c} = 0$이지만 $\vec{b} \neq \vec{c}$이다.

③ (거짓) 외적에서 결합법칙은 성립하지 않는다.

④ (거짓) (반례) $\vec{a} = (1, 0, 0)$, $\vec{b} = (0, 1, 0)$

⑤ (참) $(\vec{a} + \vec{b}) \cdot (\vec{a} - \vec{b}) = 0$
    $\Rightarrow \vec{a} \cdot \vec{a} - \vec{a} \cdot \vec{b} + \vec{b} \cdot \vec{a} - \vec{b} \cdot \vec{b} = 0$
    $\Rightarrow \|\vec{a}\|^2 - \|\vec{b}\|^2 = 0$
    $\Rightarrow \|\vec{a}\|^2 = \|\vec{b}\|^2$
    $\Rightarrow \|\vec{a}\| = \|\vec{b}\|$

9. ⑤

$\left|(\vec{a} - \vec{b}) \times (\vec{a} \times \vec{b})\right|$
$= \left|\vec{a} \times (\vec{a} \times \vec{b}) - \vec{b} \times (\vec{a} \times \vec{b})\right|$
$= \left|(\vec{a} \cdot \vec{b})\vec{a} - (\vec{a} \cdot \vec{a})\vec{b} - (\vec{b} \cdot \vec{b})\vec{a} + (\vec{b} \cdot \vec{a})\vec{b}\right|$
$= \left|\vec{a} - \vec{b} - 4\vec{a} + \vec{b}\right|$
$= \left|-3\vec{a}\right| = 3$

10. ③

$\overrightarrow{PQ} = \langle -3, 1, 2 \rangle$, $\overrightarrow{PR} = \langle 3, 2, 4 \rangle$이므로
두 벡터에 의해 생성되는 삼각형 PQR의 넓이는

$$\dfrac{1}{2}\left\| \begin{matrix} i & j & k \\ -3 & 1 & 2 \\ 3 & 2 & 4 \end{matrix} \right\| = \dfrac{1}{2}|\langle 0, 18, -9 \rangle|$$

$$= \dfrac{1}{2}\sqrt{18^2 + (-9)^2}$$

$$= \dfrac{1}{2}\sqrt{9^2\{2^2 + (-1)^2\}}$$

$$= \dfrac{9}{2}\sqrt{5} \text{ 이다.}$$

03
—
선
형
대
수

11. ③

풀이 세 벡터 $\overrightarrow{OP}$, $\overrightarrow{OQ}$, $\overrightarrow{OR}$ 을 이웃하는 세 변으로 하는 평행육면체의 부피는 세 벡터의 스칼라 삼중적의 크기와 같다.

$$\left| \begin{vmatrix} 1 & 2 & 3 \\ -3 & 5 & 1 \\ 2 & 2 & 4 \end{vmatrix} \right| = |-2| = 2$$

12. ④

풀이 $\overrightarrow{PQ} = \langle 4, 2, 2 \rangle$, $\overrightarrow{PR} = \langle 3, 3, -1 \rangle$, $\overrightarrow{PS} = \langle 5, 5, 1 \rangle$ 이므로

삼중곱은 $\begin{vmatrix} 4 & 2 & 2 \\ 3 & 3 & -1 \\ 5 & 5 & 1 \end{vmatrix} = 4 \begin{vmatrix} 3 & -1 \\ 5 & 1 \end{vmatrix} - 2 \begin{vmatrix} 3 & -1 \\ 5 & 1 \end{vmatrix} + 2 \begin{vmatrix} 3 & 3 \\ 5 & 5 \end{vmatrix}$

$$= 32 - 16 + 0$$
$$= 16$$

이고 부피는 16이다.

13. ③

풀이 세 개의 벡터가 주어진 벡터방정식이다.

따라서 스칼라 삼중적에 의한 사면체의 체적을 구해주면 된다.

$$V = \frac{1}{6} \times 2^3 \begin{vmatrix} 5 & 1 & 2 \\ -3 & 0 & -1 \\ 2 & 2 & 3 \end{vmatrix} = \frac{1}{6} \times 2^3 \times 5 = \frac{20}{3}$$

14. ④

풀이

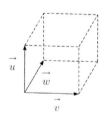

$u \cdot v = v \cdot w = w \cdot u = 0$ 이다.

벡터 u, v, w는 위 그림과 같이 서로 직교하므로

직육면체를 이룬다.

이때, $|u| = a$, $|v| = b$, $|w| = c$라 하면 $abc = 3$이고

($\because$ 평행육면체의 부피가 3)

세 벡터 $u \times 2v$, $2v \times 3w$, $3w \times u$도 서로 직교한다.

① $|u \times 2v| = |u||2v| \sin \frac{\pi}{2} = 2|u||v| = 2ab$

② $|2v \times 3w| = |2v||3w| \sin \frac{\pi}{2} = 6|v||w| = 6bc$

③ $|3w \times u| = |3w||u| \sin \frac{\pi}{2} = 3|w||u| = 3ac$

따라서 직육면체의 부피는 $36a^2b^2c^2 = 36(abc)^2 = 324$이다.

[다른 풀이]

$|u \cdot (v \times w)| = 3$이고 세 벡터 u, v, w는 서로 수직이다.

이때 벡터 $u \times 2v$, $2v \times 3w$, $3w \times u$가 이루는 평행육면체의

부피는 $V = |(u \times 2v) \cdot ((2v \times 3w) \times (3w \times u))|$ 이다.

(ⅰ) $(2v \times 3w) \times (3w \times u)$
$$= \{(2v \times 3w) \cdot u\}3w - \{(2v \times 3w) \cdot 3w\}u$$
$$= \{(2v \times 3w) \cdot u\}3w$$
$$= 18\{(v \times w) \cdot u\}w$$

(ⅱ) $(u \times 2v) \cdot ((2v \times 3w) \times (3w \times u))$
$$= (u \times 2v) \cdot [18\{(v \times w) \cdot u\}w]$$
$$= 18\{(v \times w) \cdot u\}((u \times 2v) \cdot w)$$

$\therefore V = |(u \times 2v) \cdot ((2v \times 3w) \times (3w \times u))|$
$$= 18|(v \times w) \cdot u||(u \times 2v) \cdot w|$$
$$= 36|(u \times v) \cdot w|^2$$

■ 4. 직선과 평면의 방정식

15. ①

$$\cos\theta = \frac{\langle 2, 1\rangle \cdot \langle 1, -1\rangle}{\sqrt{2^2+1^2}\sqrt{1^2+(-1)^2}} = \frac{1}{\sqrt{10}}$$

16. ①

평면과 직선이 만나지 않기 위해서는 평면과 직선이 평행이어야한다. 즉, 평면의 법선 $(1, -2, 3)$과 직선의 방향벡터 $(-4, 5, a-6)$이 서로 수직이어야 한다.
$(1, -2, 3) \cdot (-4, 5, a-6) = 0$
$\Leftrightarrow -4-10+3a-18 = 0 \Leftrightarrow 3a = 32$

17. ①

세 점을 각각 P, Q, R라 하면 두 벡터 $\overrightarrow{PQ}, \overrightarrow{PR}$에 모두 수직인 벡터가 평면의 법선벡터가 되고, 이 법선벡터가 y축과 이루는 각의 $\cos$ 값이 평면이 y축과 이루는 각의 $\sin$ 값이 된다.
$$\begin{vmatrix} i & j & k \\ -1 & 2 & -2 \\ 4 & 0 & -2 \end{vmatrix} = \langle -4, -10, -8\rangle // \langle 2, 5, 4\rangle$$이므로
평면의 방정식은 $2x+5y+4z=15$이다.
y축의 방향벡터는 $\langle 0, 1, 0\rangle$이므로
$\langle 2, 5, 4\rangle \cdot \langle 0, 1, 0\rangle = \sqrt{45} \cdot 1 \cdot \cos\phi$이다.
$$\therefore \cos\phi = \frac{\sqrt{5}}{3}$$

18. ③

평면 $2x-y+z=1$의 법선벡터는 $n_1 = \langle 2, -1, 1\rangle$이고
평면 $x-2y+2z=4$의 법선벡터는 $n_2 = \langle 1, -2, 2\rangle$이므로
두 평면의 사이각을 θ라 하면
$$\cos\theta = \frac{n_1 \cdot n_2}{\|n_1\|\|n_2\|} = \frac{6}{\sqrt{6}\sqrt{9}} = \frac{6}{3\sqrt{6}} = \frac{\sqrt{6}}{3}$$이다.
$$\therefore \theta = \cos^{-1}\frac{\sqrt{6}}{3}$$

19. ①

$\overrightarrow{PQ}=(a-1, b-2, c+2)$와 평면의 법선벡터 $\overrightarrow{d}=(1, -2, 1)$은 평행하므로 $\overrightarrow{PQ}=t(1, -2, 1)$이다.

따라서 $a=t+1$, $b=-2t+2$, $c=t-2$이다.
또한 (a, b, c)는 평면 위의 점이므로 평면에 대입하면
$(t+1)-2(-2t+2)+(t-2)=1$에서 $t=1$이다.
$$\therefore (a, b, c) = (2, 0, -1), \; a+b+c=1$$

20. ③

두 평면의 교선의 방향벡터는
두 평면의 법선벡터와 모두 수직인 벡터이므로
$$\begin{vmatrix} i & j & k \\ 3 & -2 & 1 \\ 2 & 1 & 7 \end{vmatrix} = \langle -15, -19, 7\rangle$$이다.
$$\therefore \frac{a}{b} = \frac{15}{19}$$

21. ①

두 평면 $2x+y-z=2$와 $x-y-z=3$의 법선벡터를 각각
$n_1 = (2, 1, -1)$, $n_2 = (1, -1, 1)$이라 하자.
그러면 구하고자 하는 평면의 법선벡터는
$n = n_1 \times n_2 = (-2, 1, -3)$이다.
$$\therefore -2x+y-3z=4 \Leftrightarrow 2x-y+3z+4=0$$

22. ④

평면 α의 법선벡터는
$$\overrightarrow{P_1P_2} \times \overrightarrow{P_1P_3} = \begin{vmatrix} i & j & k \\ -3 & 2 & 1 \\ 1 & 1 & -4 \end{vmatrix} = \langle -9, -11, -5\rangle // \langle 9, 11, 5\rangle$$
이므로 평면의 방정식은 $\alpha : 9x+11y+5z=24$이다.
$A(-2, 2, -6)$을 지나고 $u = \langle 1, 1, -2\rangle$에 평행한 직선의
대칭방정식은 $x+2=y-2=\dfrac{z+6}{-2}$이므로
직선과 평면 α의 교점을 $(t-2, t+2, -2t-6)$으로 놓으면
$9(t-2)+11(t+2)+5(-2t-6)=24$가 성립하므로
$t=5$일 때이다.
교점의 좌표는 $(3, 7, -16)$이므로
$\overrightarrow{BA} = \langle -5, -5, 10\rangle // \langle 1, 1, -2\rangle$,
$\overrightarrow{BP_2} = \langle -4, -4, 16\rangle // \langle 1, 1, -4\rangle$이다.
$$\therefore \cos\theta = \frac{\overrightarrow{BA} \cdot \overrightarrow{BP_2}}{|\overrightarrow{BA}||\overrightarrow{BP_2}|}$$
$$= \frac{\langle 1, 1, -2\rangle \cdot \langle 1, 1, -4\rangle}{\sqrt{1^2+1^2+(-2)^2}\sqrt{1^2+1^2+(-4)^2}}$$
$$= \frac{5}{9}\sqrt{3}$$

03
선형대수

23. ③

A$(1, 2, 3)$과 직선 l상의 점 B$(4+t, t+3, 1-t)$에 대하여
$\overrightarrow{BA} = (-3-t, -1-t, 2+t)$와 직선 l의 방향벡터
$\vec{v} = (1, 1, -1)$이 수직이 되는 경우를 생각해보면
$\overrightarrow{BA} \cdot \vec{v} = -3-t-1-t-2-t = 0 \Rightarrow t = -2$일 때이다.
따라서 직선 l과 n의 교점은 B$(2, 1, 3)$이다.

24. ③

두 평면의 교선의 방향벡터 $\vec{d}$를 구하면
$$\vec{d} = \begin{vmatrix} i & j & k \\ 1 & 1 & -2 \\ 2 & -1 & 1 \end{vmatrix} = \langle -1, -5, -3 \rangle$$이고
교선 위의 한 점 $(3, 5, 1)$을 생각하면
$(3, 5, 1)$에서 $(-2, 0, 1)$으로의 벡터는 $\langle -5, -5, 0 \rangle$이다.
구하는 평면의 법선벡터 $\vec{n}$은 교선의 방향벡터와 벡터
$\langle -5, -5, 0 \rangle$에 모두 수직이므로
$$\vec{n} = \begin{vmatrix} i & j & k \\ -1 & -5 & -3 \\ -5 & -5 & 0 \end{vmatrix} = \langle -15, 15, -20 \rangle // \langle -3, 3, -4 \rangle$$
따라서 구하는 평면의 방정식은
$-3x + 3y - 4z = 2 \Rightarrow 3x - 3y + 4z = -2$이고
$a = 3, b = -3, c = 4$이므로 $a + b + c = 4$이다.

25. ③

두 평면 $x - z = 1$과 $y + 2z = 3$의 교선의 방향벡터는
$$\vec{d} = \begin{vmatrix} \vec{i} & \vec{j} & \vec{k} \\ 1 & 0 & -1 \\ 0 & 1 & 2 \end{vmatrix} = \langle 1, -2, 1 \rangle$$이고
평면 $x + y - 2z = 1$의 법선벡터는 $\langle 1, 1, -2 \rangle$이므로
구하고자 하는 평면은
이 두 벡터에 동시 수직인 법선벡터를 갖는다.
즉 $$\vec{n} = \begin{vmatrix} \vec{i} & \vec{j} & \vec{k} \\ 1 & -2 & 1 \\ 1 & 1 & -2 \end{vmatrix} = \langle 3, 3, 3 \rangle$$이다.
또한 두 평면 $x - z = 1$과 $y + 2z = 3$의 교선상의 한 점은
$(1, 3, 0)$이므로 평면의 방정식은 $x + y + z = 4$이다.
따라서 이 평면 위에 있지 않는 점은 $(-1, 3, 1)$이다.

26. ③

평면의 법선벡터 $n = (-2, 3, 1)$이고
$proj_n b = \dfrac{(b \cdot n)}{|n|^2} n = \left(-\dfrac{4}{7}, \dfrac{6}{7}, \dfrac{2}{7} \right)$이므로
b를 평면에 정사영시킨 벡터는

$v = b - proj_n b$
$\quad = (1, 0, 6) - \left(-\dfrac{4}{7}, \dfrac{6}{7}, \dfrac{2}{7} \right)$
$\quad = \left(\dfrac{11}{7}, -\dfrac{6}{7}, \dfrac{40}{7} \right)$이다.

따라서 v의 성분들의 합은 $\dfrac{45}{7}$이다.

27. ④

점 $A(5, -1, 4)$, 점 $B(-3, 7, -2)$이라 하면
$\overrightarrow{AB} = (8, -8, 6)$(평면의 법선벡터)이고
중점 $M(1, 3, 1)$(평면상의 한 점)이다.
$$8x - 8y + 6z = -10 \Leftrightarrow -\frac{4}{5}x + \frac{4}{5}y - \frac{3}{5}z = 1$$
$$\therefore a + b + c = -\frac{3}{5}$$

28. ⑤

세 점을 각각 $P(1, 1, 1)$, $Q(1, 2, 3)$, $R(2, 4, 3)$이라 하면
두 벡터 $\overrightarrow{PQ}$, $\overrightarrow{PR}$에 수직인 벡터를 법선으로 하고
점 P를 포함하는 평면을 구하면 된다.
$$\begin{vmatrix} i & j & k \\ 0 & 1 & 2 \\ 1 & 3 & 2 \end{vmatrix} = \langle -4, 2, -1 \rangle // \langle 4, -2, 1 \rangle$$이므로
구하는 평면의 방정식은
$4(x-1) - 2(y-1) + (z-1) = 0 \Rightarrow 4x - 2y + z = 3$이다.
점 $(-3, 4, 5)$에서 이 평면까지의 거리 d는
$$d = \frac{|4 \cdot (-3) - 2 \cdot 4 + 1 \cdot 5 - 3|}{\sqrt{4^2 + (-2)^2 + 1^2}} = \frac{18}{\sqrt{21}}$$이다.

29. ①

구의 중심이 직선 $x = \frac{y}{2} = \frac{z}{3}$ 위에 존재하므로
구의 중심은 $(t, 2t, 3t)$를 만족한다.
또한 두 평면 $x + y + z = 3$과 $x - 5y + z = 3$에 접하므로
평면부터 중심까지의 거리는 반지름이다.
또한 평면과 점 사이의 거리 공식에 의해
평면 $x + y + z = 3$과 중심 $(t, 2t, 3t)$까지의 거리는
$$\frac{|t + 2t + 3t - 3|}{\sqrt{1+1+1}} = \frac{|6t - 3|}{\sqrt{3}}$$이고
평면 $x - 5y + z = 3$과 중심 $(t, 2t, 3t)$까지의 거리는
$$\frac{|t - 10t + 3t - 3|}{\sqrt{1+25+1}} = \frac{|-6t - 3|}{\sqrt{27}}$$이다.
두 거리는 구의 반지름을 뜻하므로
$$\frac{|6t - 3|}{\sqrt{3}} = \frac{|-6t - 3|}{\sqrt{27}}$$을 만족하고
$$\frac{|6t - 3|}{\sqrt{3}} = \frac{|-6t - 3|}{\sqrt{27}} \Leftrightarrow 3|6t - 3| = |6t + 3|$$을 만족한다.
따라서 $3(6t - 3) = 6t + 3 \Leftrightarrow 12t = 12 \Leftrightarrow t = 1$이고
$3(6t - 3) = -6t - 3 \Leftrightarrow 24t = 6 \Leftrightarrow t = \frac{1}{4}$이다.

(i) $t = 1$일 때 중심은 $(1, 2, 3)$이고 반지름은 $\sqrt{3}$이다.
$$\therefore \left(r - \frac{3\sqrt{3}}{4} \right)^2 = \left(\sqrt{3} - \frac{3\sqrt{3}}{4} \right)^2 = \left(\frac{\sqrt{3}}{4} \right)^2 = \frac{3}{16}$$
(ii) $t = \frac{1}{4}$일 때 중심은 $\left(\frac{1}{4}, \frac{2}{4}, \frac{3}{4} \right)$이고
반지름은 $\dfrac{\frac{3}{2}}{\sqrt{3}} = \dfrac{\sqrt{3}}{2}$이다.
$$\therefore \left(r - \frac{3\sqrt{3}}{4} \right)^2 = \left(\frac{\sqrt{3}}{2} - \frac{3\sqrt{3}}{4} \right)^2 = \left(-\frac{\sqrt{3}}{4} \right)^2 = \frac{3}{16}$$

30. ③

$l_1 : x - 1 = y + 2 = z - 3$, $l_2 : x = \frac{y+2}{2} = \frac{z-3}{3}$
라 하고 l_1을 포함하고 l_2에 평행한 평면의 방정식을 구하자.
(i) 한 점 : $(1, -2, 3)$
(ii) 법선벡터 : $\begin{vmatrix} i & j & k \\ 1 & 1 & 1 \\ 1 & 2 & 3 \end{vmatrix} = (1, -2, 1)$에서
$(x - 1) - 2(y + 2) + (z - 3) = 0$
즉 $x - 2y + z - 8 = 0$이다.
l_2의 한 점 $(0, -2, 3)$과 평면 $x - 2y + z - 8 = 0$와의 거리 d는
$$d = \frac{|0 - 2 \times (-2) + 3 - 8|}{\sqrt{1+4+1}} = \frac{1}{\sqrt{6}}$$이다.

31. ③

주어진 두 직선은 꼬인 위치에 있으므로
한 직선을 포함하고 다른 한 직선과는 평행한 평면의
방정식을 구하여 이 평면과 직선 사이의 거리를 구한다.
구하는 평면의 법선벡터는
두 직선의 방향벡터와 모두 수직이어야 하므로
$$\begin{vmatrix} i & j & k \\ 1 & 1 & 2 \\ 1 & 1 & 1 \end{vmatrix} = \langle -1, 1, 0 \rangle$$을 법선으로 하고
직선 $x + 2 = y - 5 = \frac{z-1}{2}$ 위의 점 $(-2, 5, 1)$을 지나는
평면의 방정식은
$-(x + 2) + (y - 5) + 0 \cdot (z - 1) = 0 \Rightarrow x - y + 7 = 0$이다.
이 평면과 직선 $x - 1 = y - 1 = z$ 위의 점
$(1, 1, 0)$ 사이의 거리는 $\dfrac{|1 - 1 + 7|}{\sqrt{1^2 + (-1)^2}} = \dfrac{7}{\sqrt{2}}$이다.

32. ①

구하는 평면의 법선벡터가 $(2, 1, 2)$이므로

평면의 방정식은 $2x + y + 2z + d = 0$이다.

구면 $x^2 + y^2 + z^2 = 1$ 에서의 최단거리가 8이고

구면의 반지름의 길이가 1이므로

구면의 중심 $(0, 0, 0)$에서 평면까지의 거리는 9이다.

즉 $\dfrac{|d|}{\sqrt{2^2 + 1^2 + 2^2}} = 9$이므로 $d = \pm 27$

따라서 구하는 평면의 방정식은 $2x + y + 2z \pm 27 = 0$이다.

■ **6. 행렬과 계수**

33. ①

ㄱ. 행렬의 곱셈에서 결합법칙은 성립한다.

ㄴ. (반례) $\begin{pmatrix} 1 & 1 \\ -1 & -1 \end{pmatrix}$일 때, $A^2 = O$이지만 $A \neq O$이다.

ㄷ. $AC = BC$에서 $AC - BC = O$, $(A - B)C = O$이고, 이때 $A - B$와 C가 영인자인 경우에도 $AC = BC$는 성립한다.

ㄹ. $AB = BA$일 때 성립한다.

따라서 옳은 것은 ㄱ이다.

34. ②

$A = A^T \Rightarrow \begin{pmatrix} 1 & a-b & -1 \\ 5 & 2 & 5 \\ 2a+b & 5 & 3 \end{pmatrix} = \begin{pmatrix} 1 & 5 & 2a+b \\ a-b & 2 & 5 \\ -1 & 5 & 3 \end{pmatrix}$

$2a + b = -1, a - b = 5 \Rightarrow a = \dfrac{4}{3}, b = -\dfrac{11}{3}$

$\therefore a + b = -\dfrac{7}{3}$

35. ③

$A^{-1} = A^T \Leftrightarrow AA^T = I$이므로 직교행렬이다.

따라서 모든 열벡터들의 크기는 1이고, 서로 수직이어야 한다.

③ 행렬 $\begin{pmatrix} \dfrac{1}{\sqrt{2}} & \dfrac{1}{2} & -\dfrac{1}{2} \\ 0 & \dfrac{1}{\sqrt{2}} & \dfrac{1}{2} \\ -\dfrac{1}{\sqrt{2}} & \dfrac{1}{2} & \dfrac{1}{2} \end{pmatrix}$ 의 1열 $\begin{pmatrix} \dfrac{1}{\sqrt{2}} \\ 0 \\ -\dfrac{1}{\sqrt{2}} \end{pmatrix}$과 3열 $\begin{pmatrix} -\dfrac{1}{2} \\ \dfrac{1}{\sqrt{2}} \\ \dfrac{1}{2} \end{pmatrix}$

의 내적이 0이 아니므로 직교행렬이 아니다.

36. ②

$P = \dfrac{1}{2}(B + B^T) = \begin{pmatrix} 1 & 3 & 5 \\ 3 & 5 & 7 \\ 5 & 7 & 9 \end{pmatrix}$

$$\begin{pmatrix} 1 & 3 & 5 \\ 3 & 5 & 7 \\ 5 & 7 & 9 \end{pmatrix} \sim \begin{pmatrix} 1 & 3 & 5 \\ 0 & -4 & -8 \\ 0 & -8 & -16 \end{pmatrix}$$

$\{\because 1$행$\times(-3)+2$행$\rightarrow2$행, 1행$\times(-5)+3$행$\rightarrow3$행$\}$

$$\sim \begin{pmatrix} 1 & 3 & 5 \\ 0 & -4 & -8 \\ 0 & 0 & 0 \end{pmatrix} \{\because 2$행$\times(-2)+3$행$=3$행$\}$$

$$\therefore rank(P)=2$$

37. ④

$$\begin{pmatrix} 2 & 3 & 6 & 4 \\ 3 & 2 & 4 & 1 \\ 4 & 3 & 3 & 4 \\ 6 & 3 & 1 & 2 \end{pmatrix} \sim \begin{pmatrix} 12 & 18 & 36 & 24 \\ 12 & 8 & 16 & 4 \\ 12 & 9 & 9 & 12 \\ 12 & 6 & 2 & 4 \end{pmatrix}$$

$(\because 1$행$\times6, 2$행$\times4, 3$행$\times3, 4$행$\times2)$

$$\sim \begin{pmatrix} 12 & 6 & 2 & 4 \\ 12 & 8 & 16 & 4 \\ 12 & 9 & 9 & 12 \\ 12 & 18 & 36 & 24 \end{pmatrix} (\because 1$행과 4행 교환$)$$

$$\sim \begin{pmatrix} 12 & 6 & 2 & 4 \\ 0 & 2 & 14 & 0 \\ 0 & 3 & 7 & 8 \\ 0 & 12 & 34 & 20 \end{pmatrix}$$

$\{\because 2$행$+(-1)\times1$행, 3행$+(-2)\times1$행, 4행$+(-2)\times1$행$\}$

$$\sim \begin{pmatrix} 12 & 6 & 2 & 4 \\ 0 & 6 & 42 & 0 \\ 0 & 6 & 14 & 16 \\ 0 & 12 & 34 & 20 \end{pmatrix} (\because 2$행$\times3, 3$행$\times2)$$

$$\sim \begin{pmatrix} 12 & 6 & 2 & 4 \\ 0 & 6 & 14 & 16 \\ 0 & 6 & 42 & 0 \\ 0 & 12 & 34 & 20 \end{pmatrix} (\because 2$행과 3행 교환$)$$

$$\sim \begin{pmatrix} 12 & 6 & 2 & 4 \\ 0 & 6 & 14 & 16 \\ 0 & 0 & 28 & -16 \\ 0 & 0 & 6 & -12 \end{pmatrix}$$

$\{\because 3$행$+(-1)\times2$행, 4행$+(-2)\times2$행$\}$

$$\therefore rank(A)=4$$

38. ②

가. (참) 행렬과 그 전치행렬의 행렬식은 같다.

나. (참) $|AB|=|A||B|$이므로
$|AB|=0$이면 $|A|=0$ 또는 $|B|=0$이다.

다. (거짓) $\det(A^2)=(\det(A))^2$이므로
$\det(A)=-1$일 때도 성립한다.

라. (거짓) A가 $n\times n$행렬일 때, $\det(-A)=(-1)^n\det(A)$다.
따라서 n이 홀수이면 $\det(-A)=-\det(A)$이다.

39. ④

$$\begin{vmatrix} 2 & 5 & -3 & -2 \\ -2 & -3 & 2 & -5 \\ 1 & 3 & -2 & 2 \\ -1 & -6 & 5 & 3 \end{vmatrix} = \begin{vmatrix} 0 & -1 & 1 & -6 \\ 0 & 3 & -2 & -1 \\ 1 & 3 & -2 & 2 \\ 0 & -3 & 3 & 5 \end{vmatrix}$$

$\{\because 3$행$\times(-2)+1$행$\rightarrow1$행,
3행$\times2+2$행$\rightarrow2$행,
3행$\times1+4$행$\rightarrow4$행$\}$

$$= \begin{vmatrix} -1 & 1 & -6 \\ 3 & -2 & -1 \\ -3 & 3 & 5 \end{vmatrix}$$

$$= \begin{vmatrix} -1 & 0 & -6 \\ 3 & 1 & -1 \\ -3 & 0 & 5 \end{vmatrix} \{\because 1$열$\times1+2$열$\rightarrow2$열$\}$$

$$= \begin{vmatrix} -1 & -6 \\ -3 & 5 \end{vmatrix}$$

$$= -23$$

40. ①

$$\begin{vmatrix} 1 & -2 & 3 & -4 & 5 \\ -1 & 2 & -3 & 4 & 0 \\ 1 & -2 & 3 & 0 & 0 \\ -1 & 2 & 0 & 0 & 0 \\ 1 & 0 & 0 & 0 & 2 \end{vmatrix} = \begin{vmatrix} 0 & 0 & 0 & 0 & 5 \\ 0 & 0 & 0 & 4 & 0 \\ 0 & 0 & 3 & 0 & 0 \\ 1 & 2 & 0 & 0 & 2 \\ 1 & 0 & 0 & 0 & 2 \end{vmatrix}$$

$$= 5 \begin{vmatrix} 0 & 0 & 0 & 4 \\ 0 & 0 & 3 & 0 \\ 1 & 2 & 0 & 0 \\ 1 & 0 & 0 & 0 \end{vmatrix}$$

$$= 5 \times (대각성분의 곱)$$
$$= 5 \times (4\times3\times2\times1)$$
$$= 120$$

03
선형대수

41. ②

$\begin{vmatrix} 0 & 1 \\ 1 & 0 \end{vmatrix} = -1$

$\begin{vmatrix} 0 & 1 & 1 \\ 1 & 0 & 1 \\ 1 & 1 & 0 \end{vmatrix} = 2$

$\begin{vmatrix} 0 & 1 & 1 & 1 \\ 1 & 0 & 1 & 1 \\ 1 & 1 & 0 & 1 \\ 1 & 1 & 1 & 0 \end{vmatrix} = -3$

$\begin{vmatrix} 0 & 1 & 1 & 1 & 1 \\ 1 & 0 & 1 & 1 & 1 \\ 1 & 1 & 0 & 1 & 1 \\ 1 & 1 & 1 & 0 & 1 \\ 1 & 1 & 1 & 1 & 0 \end{vmatrix} = 4$

$\vdots$

따라서 12×12행렬의 행렬식은 -11이다.

42. ④

① $-u \cdot (w \times v) = u \cdot (v \times w) = 3$

② $(v \times w) \cdot u = u \cdot (v \times w) = 3$

③ $w \cdot (u \times v) = u \cdot (v \times w) = 3$

④ $v \cdot (u \times w) = u \cdot (w \times v) = -u \cdot (v \times w) = -3$

43. ②

행렬 B는 A의 1행과 2행을 바꾸고,
3열에 -1을 곱한 행렬이므로 $\det B = \det A = 2$이다.

$\therefore \det\left[(AB^{-1})^T\right] = \det(AB^{-1}) = 2 \times \dfrac{1}{2} = 1$

44. ④

① 1열과 2열을 바꾸었으므로 부호가 바뀐다.

② 2열과 3열을 바꾸었으므로 부호가 바뀐다.

③ 행렬을 전치시키고
　1열과 2열을 바꾸었으므로 부호가 바뀐다.
　(행렬의 전치는 행렬식 값을 변화시키지 않는다.)

④ 행렬을 전치시킨 다음 1행과 2행을 바꾸고,
　다시 1열과 2열을 바꾸었으므로 부호가 두 번 바뀐다.
　따라서 원래의 행렬식 값과 같다.

45. ①

$|A| = \begin{vmatrix} 1 & -1 & 2 \\ 3 & 1 & 4 \\ 0 & -2 & 5 \end{vmatrix} = \begin{vmatrix} 1 & -1 & 2 \\ 0 & 4 & -2 \\ 0 & -2 & 5 \end{vmatrix} = 16$이다.

① $\begin{vmatrix} 1 & -1 & 2 \\ 9 & 3 & 12 \\ 0 & -2 & 5 \end{vmatrix} = 3 \begin{vmatrix} 1 & -1 & 2 \\ 3 & 1 & 4 \\ 0 & -2 & 5 \end{vmatrix} = 48$

② $\begin{vmatrix} 1 & -1 & -4 \\ 3 & 1 & -8 \\ 0 & -2 & -10 \end{vmatrix} = -2 \begin{vmatrix} 1 & -1 & 2 \\ 3 & 1 & 4 \\ 0 & -2 & 5 \end{vmatrix} = -32$

③ $\begin{vmatrix} -1 & 1 & 2 \\ 1 & 3 & 4 \\ -2 & 0 & 5 \end{vmatrix} = -\begin{vmatrix} 1 & -1 & 2 \\ 3 & 1 & 4 \\ 0 & -2 & 5 \end{vmatrix} = -16$

따라서 행렬식의 합은 $48 - 32 - 16 = 0$이다.

46. ③

$\det(A+B) = \begin{vmatrix} 2 & a & -3 \\ 0 & b-1 & 3 \\ 0 & 1 & 0 \end{vmatrix} = -6$

$\det(AB) = \begin{vmatrix} -1 & ab & a-1 \\ 2 & -b & -1 \\ -1 & b & 2 \end{vmatrix}$

$= 2b + 2b(a-1) + ab - \{b(a-1) + b + 4ab\}$

$= -2ab$

$\therefore -2ab = -6, \ ab = 3$

47. ③

$A\begin{pmatrix} 1 & 2 & 9 & 6 \\ 2 & 1 & 6 & 8 \\ 0 & 0 & 1 & 0 \\ 0 & 0 & 1 & 1 \end{pmatrix} = \begin{pmatrix} 0 & 0 & 0 & 1 \\ 0 & 0 & 1 & 0 \\ 0 & 1 & 0 & 0 \\ 1 & 0 & 0 & 0 \end{pmatrix}$이므로

양변에 행렬식을 취하면

$|A| \begin{vmatrix} 1 & 2 & 9 & 6 \\ 2 & 1 & 6 & 8 \\ 0 & 0 & 1 & 0 \\ 0 & 0 & 1 & 1 \end{vmatrix} = \begin{vmatrix} 0 & 0 & 0 & 1 \\ 0 & 0 & 1 & 0 \\ 0 & 1 & 0 & 0 \\ 1 & 0 & 0 & 0 \end{vmatrix} \Leftrightarrow -3\det A = 1$이다.

$\therefore \det A = -\dfrac{1}{3}$

48. ③

det$(A - xI) = \begin{vmatrix} 1-x & 1 & 1 \\ 1 & 1-x & 1 \\ 1 & 1 & 1-x \end{vmatrix}$

$= \begin{vmatrix} 1-x & 1 & 3-x \\ 1 & 1-x & 3-x \\ 1 & 1 & 3-x \end{vmatrix}$

$= (3-x)\begin{vmatrix} 1-x & 1 & 1 \\ 1 & 1-x & 1 \\ 1 & 1 & 1 \end{vmatrix}$

$= (3-x)\begin{vmatrix} -x & 0 & 1 \\ 0 & -x & 1 \\ 0 & 0 & 1 \end{vmatrix}$

$= (3-x)x^2$

$= 0$

따라서 모든 실근은 3, 0, 0이다.

$\therefore a^2 + b^2 + c^2 = 9$

03

선

형

대

수

■ **8. 역행렬**

49. ③

(가) (거짓) $A = \begin{pmatrix} 1 & 0 \\ 0 & 0 \end{pmatrix}$, $B = \begin{pmatrix} 0 & 0 \\ 0 & 2 \end{pmatrix}$일 때 $AB = O$이지만

$A \neq O$, $B \neq O$이다.

(나) (참) $|AB| \neq 0$, $|A||B| \neq 0$이면 $|A| \neq 0$, $|B| \neq 0$이다.

(다) (참) 역행렬의 정의에 의해 A와 B는 서로 역행렬 관계이다.

50. ③

$|A| = \begin{vmatrix} k & -k & 3 \\ 0 & k+1 & 1 \\ k & -8 & k-1 \end{vmatrix}$

$= \begin{vmatrix} k & -k & 3 \\ 0 & k+1 & 1 \\ 0 & k-8 & k-4 \end{vmatrix}$ ($\because$ 1행×(-1)+3행→3행)

$= k\begin{vmatrix} k+1 & 1 \\ k-8 & k-4 \end{vmatrix}$ ($\because$ 1열에 대한 여인수 전개)

$= k(k^2 - 4k + 4)$

$= k(k-2)^2$

$= 0$

$\Rightarrow k = 0, 2$

$\therefore$ 서로 다른 k값들의 합은 2

51. ④

$|A| = \begin{vmatrix} 1 & 2 \\ 3 & 4 \end{vmatrix} \cdot \begin{vmatrix} 5 & 6 \\ 7 & 8 \end{vmatrix} = (-2)(-2) = 4$

$C_{11} = (-1)^{1+1}\begin{vmatrix} 4 & 5 & 6 \\ 0 & 5 & 6 \\ 0 & 7 & 8 \end{vmatrix} = (4)(-2) = -8$

$C_{12} = (-1)^{1+2}\begin{vmatrix} 3 & 5 & 6 \\ 0 & 5 & 6 \\ 0 & 7 & 8 \end{vmatrix} = (-1)(3)(-2) = 6$

$C_{13} = (-1)^{1+3}\begin{vmatrix} 3 & 4 & 6 \\ 0 & 0 & 6 \\ 0 & 0 & 8 \end{vmatrix} = 0$

$C_{14} = (-1)^{1+4}\begin{vmatrix} 3 & 4 & 5 \\ 0 & 0 & 5 \\ 0 & 0 & 7 \end{vmatrix} = 0$

따라서 역행렬 A^{-1}에서 1열의 원소들의 합은

$\frac{1}{|A|}(C_{11} + C_{12} + C_{13} + C_{14}) = -\frac{1}{2}$

52. ②

풀이 $\det(A^{-1}B^t(-3C)) = \det(A^{-1})\det(B^t)\det(-3C)$

$= \dfrac{1}{\det A}\det B\,(-3)^{2019}\det C$

$= \dfrac{1}{2}\cdot 2\cdot(-3)^{2019}\cdot 3$

$= -3^{2020}$

53. ②

풀이 $6B-A=AB \Rightarrow 6A^{-1}B-I=B$

$\Rightarrow (6A^{-1}-I)B=I$

$\Rightarrow \begin{pmatrix} -1 & 2 \\ 3 & -2 \end{pmatrix}B=\begin{pmatrix} 1 & 0 \\ 0 & 1 \end{pmatrix}$

$\Rightarrow B=\begin{pmatrix} \dfrac{1}{2} & \dfrac{1}{2} \\ \dfrac{3}{4} & \dfrac{1}{4} \end{pmatrix}$

$\therefore tr(B)=\dfrac{3}{4}$

[다른 풀이]

$B=\begin{pmatrix} a & b \\ c & d \end{pmatrix}$라 하자.

$6B-A=AB$

$\Leftrightarrow 6\begin{pmatrix} a & b \\ c & d \end{pmatrix}-\begin{pmatrix} 1 & 2 \\ 3 & 0 \end{pmatrix}=\begin{pmatrix} 1 & 2 \\ 3 & 0 \end{pmatrix}\begin{pmatrix} a & b \\ c & d \end{pmatrix}$

$\Leftrightarrow \begin{pmatrix} 6a-1 & 6b-2 \\ 6c-3 & 6d \end{pmatrix}=\begin{pmatrix} a+2c & b+2d \\ 3a & 3b \end{pmatrix}$

$6a-1=a+2c,\ 6b-2=b+2d,\ 6c-3=3a,\ 6d=3b$이므로

이를 풀면 $a=\dfrac{1}{2},\ b=\dfrac{1}{2},\ c=\dfrac{3}{4},\ d=\dfrac{1}{4}$이다.

$\therefore tr(B)=\dfrac{3}{4}$

54. ②

풀이 $A\begin{pmatrix} 1 \\ 2 \\ 3 \end{pmatrix}=\begin{pmatrix} 1 \\ 0 \\ 0 \end{pmatrix},\ A\begin{pmatrix} 4 \\ 2 \\ 1 \end{pmatrix}=\begin{pmatrix} 0 \\ 1 \\ 0 \end{pmatrix},\ A\begin{pmatrix} 0 \\ 1 \\ 1 \end{pmatrix}=\begin{pmatrix} 0 \\ 0 \\ 1 \end{pmatrix}$

$\Leftrightarrow A\begin{pmatrix} 1 & 4 & 0 \\ 2 & 2 & 1 \\ 3 & 1 & 1 \end{pmatrix}=\begin{pmatrix} 1 & 0 & 0 \\ 0 & 1 & 0 \\ 0 & 0 & 1 \end{pmatrix}$ 이 성립한다.

$\therefore |A|=\dfrac{1}{\begin{vmatrix} 1 & 4 & 0 \\ 2 & 2 & 1 \\ 3 & 1 & 1 \end{vmatrix}}=\dfrac{1}{\begin{vmatrix} 1 & 4 & 0 \\ -1 & 1 & 0 \\ 3 & 1 & 1 \end{vmatrix}}=\dfrac{1}{5}$

55. ②

풀이 (ㄱ) (참) $|A^n|=|A|^n=0$이므로 $|A|=0$이다.

즉 비가역행렬이다.

(ㄴ) (거짓) (반례) $A=\begin{pmatrix} 1 & 1 \\ 0 & 3 \end{pmatrix}$일 때

$A^2-4A+3E=O$이지만 $A\neq E,\ A\neq 3E$이다.

(ㄷ) $\det(A)=ab-6\neq 0$이면 가역이므로

$ab<0$은 조건에 부합한다.

56. ④

풀이 (가) (참) $A^T=-A$이므로 행렬 A는 반대칭행렬(또는 교대행렬)이다. $\therefore tr(A)=0$

(나) (참) $A^{-1}=A$이면 $|A^{-1}|=|A|$이고

$\dfrac{1}{|A|}=|A|$이므로 $|A|^2=1$이다.

$\therefore |A|=\pm 1$

(다) (참) $(A^TA)^T=A^T(A^T)^T=A^TA$이므로

A^TA는 대칭행렬이다.

(라) (참) $tr(AA^T)=tr(A^TA)=\displaystyle\sum_{i=1}^{m}\sum_{j=1}^{n}a_{ij}^{2}$이므로

$AA^T=O$ 또는 $A^TA=O$이면

모든 $i,\ j$에 대하여 $a_{ij}=0$이다.

$\therefore A=O$

57. ③

풀이 ① $A=(a_{ij})_{n\times n},\ B=(b_{ij})_{n\times n}$라 하면

$\text{tr}(AB)=\displaystyle\sum_{i=1}^{n}\left(\sum_{s=1}^{n}a_{is}b_{si}\right)=\sum_{i=1}^{n}\left(\sum_{s=1}^{n}b_{si}a_{is}\right)=\text{tr}(BA)$이다.

② $AB=BA \Rightarrow BA=B^TA^T \Rightarrow B^TA^T=(AB)^T$

$\therefore AB=(AB)^T$

③ (반례) $\begin{pmatrix} 1 & 0 \\ 0 & 0 \end{pmatrix}\begin{pmatrix} 0 & 0 \\ 1 & 1 \end{pmatrix}=\begin{pmatrix} 0 & 0 \\ 0 & 0 \end{pmatrix}$ 이지만 $\begin{pmatrix} 0 & 0 \\ 1 & 1 \end{pmatrix}\begin{pmatrix} 1 & 0 \\ 0 & 0 \end{pmatrix}=\begin{pmatrix} 0 & 0 \\ 1 & 0 \end{pmatrix}$

④ $\det(B^{-1}AB)=\det(B^{-1})\det(A)\det(B)$

$=\dfrac{1}{\det(B)}\det(A)\det(B)$

$=\det A$

58. ①

$\det\begin{pmatrix} 1 & 1 & k \\ 1 & k & 1 \\ k & 1 & 1 \end{pmatrix} = 0$ 이면 주어진 연립방정식은

무수히 많은 해를 갖거나 해를 갖지 않는다.
$k^3 - 3k + 2 = 0$ 이므로 $k = 1$, -2 이다.
따라서 $k = -2$ 이면 무수히 많은 해를 갖는다.
$k = 1$ 이면 해가 없고, $k \neq 1$, -2 이면 유일해를 갖는다.

59. ②

일차연립방정식의 해가 존재하지 않기 위해서는
$rank(A) \neq rank(A|B)$ 이어야 한다.

$\begin{pmatrix} 1 & 2 & 3 : 1 \\ 2 & -1 & 1 : 0 \\ 3 & 2 & k : 1 \end{pmatrix} \Rightarrow \begin{pmatrix} 1 & 2 & 3 & : 1 \\ 0 & -5 & -5 & : -2 \\ 0 & -4 & k-9 & : -2 \end{pmatrix} \Rightarrow \begin{pmatrix} 1 & 2 & 3 & : 1 \\ 0 & -5 & -5 & : -2 \\ 0 & 0 & k-5 & : -\frac{2}{5} \end{pmatrix}$

$rank(A) < rank(A|B)$
$\therefore k = 5$

60. ③

$\begin{cases} kx + 2y + z = 0 \\ 2x + ky + z = 0 \\ x + y + 4z = 0 \end{cases} \Leftrightarrow AX = B \Leftrightarrow \begin{pmatrix} k & 2 & 1 \\ 2 & k & 1 \\ 1 & 1 & 4 \end{pmatrix}\begin{pmatrix} x \\ y \\ z \end{pmatrix} = \begin{pmatrix} 0 \\ 0 \\ 0 \end{pmatrix}$ 에서

$x = y = z = 0$ 이외의 해를 가질 조건은 $|A| = 0$ 이다.

$|A| = \begin{vmatrix} k & 2 & 1 \\ 2 & k & 1 \\ 1 & 1 & 4 \end{vmatrix}$

$= \begin{vmatrix} k & 2 & 1 \\ 2 & k & 1 \\ 1 & 1 & 4 \end{vmatrix}$

$= \begin{vmatrix} k & 2 & 1 \\ 2-k & k-2 & 0 \\ 1 & 1 & 4 \end{vmatrix}$

$= (2-k)\begin{vmatrix} k & 2 & 1 \\ 1 & -1 & 0 \\ 1 & 1 & 4 \end{vmatrix}$

$= (2-k)\begin{vmatrix} k+2 & 2 & 1 \\ 0 & -1 & 0 \\ 2 & 1 & 4 \end{vmatrix}$

$= (k-2)\begin{vmatrix} k+2 & 1 \\ 2 & 4 \end{vmatrix}$

$= (k-2)(4k+6)$

$= 0$

따라서 $k = 2$, $k = -\frac{3}{2}$ 이다. 이때, k들의 합은 $\frac{1}{2}$ 이다.

61. ③

① (참) $\displaystyle\sum_{k=1}^{n} a_{1k}(-1)^{1+k} M_{1k}$ 은 행렬 A의 1행을 고정한
라플라스 전개로 구한 A의 행렬식이다.

② (거짓) A가 삼각행렬이면
$\det A$는 주대각선 성분들의 곱이다.

③ (거짓) $\det B = c \det A$

④ (참) A가 항등행렬 I_n과 행 동치이면 A가 가역행렬이므로
$Ax = 0 \Leftrightarrow x = A^{-1}0 \Leftrightarrow x = 0$ 이다.
따라서 $Ax = 0$의 해는 자명한 해뿐이다.

62. ②

(가)에서 유일한 실수 λ에 대하여
$rank(A) = rank(A|b) < 3$ 이어야 하고
비제차방정식이므로 $rank(A) = 1$, 2 이다.
(나)에서 $rank(A) < rank(A|c)$ 이어야 하므로
(가),(나)에서 $rank(A) = 1$ 이다.

63. ④

① $rank(A) = 1$ 이므로 행렬 A의 해공간 차원은 2이다.
따라서 해공간은 평면을 이루므로 직선을 포함할 수 있다.

② $rank(A) = 2$ 이므로 행렬 A의 해공간 차원은 1이다.
따라서 해공간은 직선을 이룬다.

③ $rank(A) = 2$ 이므로 행렬 A의 해공간 차원은 1이다.
따라서 해공간은 직선을 이룬다.

④ $rank(A) = 3$ 이므로 행렬 A의 해공간 차원은 0이다.
따라서 해공간은 직선을 포함하지 않는다.

64. ②

연립방정식 $AX = B$의 해를 구하기 위해
기본행연산을 통해 다음과 같은 기약행 사다리꼴을 구했다.
$(A|B) \sim \begin{bmatrix} 1 & 2 & 0 & 5 & -3 \\ 0 & 0 & 1 & -1 & 2 \\ 0 & 0 & 0 & 0 & 0 \end{bmatrix}$

$rank(A) = rank(A|B) < 4$(미지수의 개수)가 성립하므로
해는 무수히 많다.
따라서 벡터 B는 A의 열벡터의 일차결합에 의해서 생성되고,

생성되는 방법이 무수히 많다는 것이므로

$$X = \begin{pmatrix} x \\ y \\ z \\ w \end{pmatrix} = \begin{pmatrix} -3-2y-2w \\ y \\ 2+w \\ w \end{pmatrix}_{(y,\,w\,\in\,R)}$$ 의 해를 갖는다.

다시 말하면 $xa_1 + ya_2 + za_3 + wa_4 = a_5$를 만족하는
(x,y,z,w)가 무수히 많다는 것이다.

a_1, a_4를 제시했기 때문에 $y=0, w=-2$가 되면 $x=7, z=0$

이 된다. 따라서 $7a_1 - 2a_4 = a_5 = \begin{pmatrix} 1 \\ 4 \\ 5 \end{pmatrix}$를 만들 수 있다.

[다른 풀이]

기약행 사다리꼴이 $U = \begin{bmatrix} 1\ 2\ 0 & 5 & -3 \\ 0\ 0\ 1 & -1 & 2 \\ 0\ 0\ 0 & 0 & 0 \end{bmatrix}$ 일 때,

$a_1 = \begin{bmatrix} 1 \\ 2 \\ 3 \end{bmatrix}$이면 $a_2 = \begin{bmatrix} 2 \\ 4 \\ 6 \end{bmatrix}$이다.

이때 $a_3 = \begin{bmatrix} a \\ b \\ c \end{bmatrix}, a_5 = \begin{bmatrix} x \\ y \\ z \end{bmatrix}$라 하면

행렬 $A = \begin{bmatrix} 1\ 2\ a\ 3\ x \\ 2\ 4\ b\ 5\ y \\ 3\ 6\ c\ 8\ z \end{bmatrix}$에서 기본 행연산을 통하여

$A \sim \begin{bmatrix} 1\ 2 & a & 3 & x \\ 0\ 0 & b-2a & -1 & y-2x \\ 0\ 0 & c-3a & -1 & z-3x \end{bmatrix}$이고

이때 $\begin{cases} b-2a=1 \\ c-3a=1 \end{cases}, \begin{cases} y-2x=2 \\ z-3x=2 \end{cases}$이다.

$A \sim \begin{bmatrix} 1\ 2\ a\ 3\ x \\ 0\ 0\ 1\ -1\ 2 \\ 0\ 0\ 1\ -1\ 2 \end{bmatrix} \sim \begin{bmatrix} 1\ 2\ a\ 3\ x \\ 0\ 0\ 1\ -1\ 2 \\ 0\ 0\ 0\ 0\ 0 \end{bmatrix} \sim \begin{bmatrix} 1\ 2\ 0\ 3+a\ x-2a \\ 0\ 0\ 1\ -1\ 2 \\ 0\ 0\ 0\ 0\ 0 \end{bmatrix}$

$= \begin{bmatrix} 1\ 2\ 0 & 5 & -3 \\ 0\ 0\ 1 & -1 & 2 \\ 0\ 0\ 0 & 0 & 0 \end{bmatrix}$이므로 $a=2, x=1$이다.

$a=2, b=5, c=7, x=1, y=4, z=5$이므로 $a_5 = \begin{bmatrix} 1 \\ 4 \\ 5 \end{bmatrix}$이다.

65. ④

[풀이] 행렬연산의 선형성에 의해

$xA\begin{pmatrix} 1 \\ 1 \\ 1 \end{pmatrix} + yA\begin{pmatrix} -1 \\ 1 \\ -1 \end{pmatrix} = x\begin{pmatrix} 1 \\ 2 \\ 3 \end{pmatrix} + y\begin{pmatrix} 4 \\ 5 \\ 6 \end{pmatrix}$이다.

$x=2, y=3$일 때

$A\begin{pmatrix} 2 \\ 2 \\ 2 \end{pmatrix} + A\begin{pmatrix} -3 \\ 3 \\ -3 \end{pmatrix} = \begin{pmatrix} 2 \\ 4 \\ 6 \end{pmatrix} + \begin{pmatrix} 12 \\ 15 \\ 18 \end{pmatrix}, A\begin{pmatrix} -1 \\ 5 \\ -1 \end{pmatrix} = \begin{pmatrix} 14 \\ 19 \\ 24 \end{pmatrix}$이다.

따라서 벡터 $A\begin{pmatrix} -1 \\ 5 \\ -1 \end{pmatrix}$의 모든 성분의 합은 57이다.

■ 10. 최소제곱직선

66. ①

[풀이] 일차함수를 $y=ax+b$라고 한다면

$6=b, 9=a+b, 10=2a+b$이고 $\begin{pmatrix} 0 & 1 \\ 1 & 1 \\ 2 & 1 \end{pmatrix}\begin{pmatrix} a \\ b \end{pmatrix} = \begin{pmatrix} 6 \\ 9 \\ 10 \end{pmatrix}$이다.

최소제곱해는

$\hat{x} = (A^T A)^{-1} A^T B$

$= \left[\begin{pmatrix} 0 & 1 & 2 \\ 1 & 1 & 1 \end{pmatrix}\begin{pmatrix} 0 & 1 \\ 1 & 1 \\ 2 & 1 \end{pmatrix}\right]^{-1}\begin{pmatrix} 0 & 1 & 2 \\ 1 & 1 & 1 \end{pmatrix}\begin{pmatrix} 6 \\ 9 \\ 10 \end{pmatrix}$

$= \begin{pmatrix} 5 & 3 \\ 3 & 3 \end{pmatrix}^{-1}\begin{pmatrix} 29 \\ 25 \end{pmatrix}$

$= \frac{1}{6}\begin{pmatrix} 3 & -3 \\ -3 & 5 \end{pmatrix}\begin{pmatrix} 29 \\ 25 \end{pmatrix}$

$= \frac{1}{6}\begin{pmatrix} 12 \\ 38 \end{pmatrix}$

$= \begin{pmatrix} 2 \\ \frac{19}{3} \end{pmatrix}$이다.

따라서 최소제곱직선은 $y=2x+\frac{19}{3}$이다.

$\therefore a=2, b=\frac{19}{3}$

$\therefore 10a-3b=1$

67. ④

[풀이] 세 점에 가장 가까운 최소제곱해를 일차함수 $y=ax+b$라 하면
$6=b, 9=a+b, 10=2a+b$를 만족해야 하며

이를 $Ax=B$ 꼴로 표현하면 $\begin{pmatrix} 0 & 1 \\ 1 & 1 \\ 2 & 1 \end{pmatrix}\begin{pmatrix} a \\ b \end{pmatrix} = \begin{pmatrix} 6 \\ 9 \\ 10 \end{pmatrix}$이므로

$\overline{x} = \begin{pmatrix} a \\ b \end{pmatrix}$

$= (A^T A)^{-1} A^T B$

$= \left[\begin{pmatrix} 0 & 1 & 2 \\ 1 & 1 & 1 \end{pmatrix}\begin{pmatrix} 0 & 1 \\ 1 & 1 \\ 2 & 1 \end{pmatrix}\right]^{-1}\begin{pmatrix} 0 & 1 & 2 \\ 1 & 1 & 1 \end{pmatrix}\begin{pmatrix} 6 \\ 9 \\ 10 \end{pmatrix}$

$= \begin{pmatrix} 2 \\ \frac{19}{3} \end{pmatrix}$이다.

따라서 최소제곱직선은 $y=2x+\frac{19}{3}$이다.

$\therefore a=2, b=\frac{19}{3}, b-a=\frac{13}{3}$

68. ①

점 $(0,1)$, $(-1,0)$, $(1,-1)$, $(1,1)$이므로
$a+b=1$, $a-b=1$, $2a+0\times b=1$, $2a+2b=1$
을 만족하는 최소제곱해는
$A^T A x = A^T b \Leftrightarrow x = (A^T A)^{-1} A^T b$를 이용하여
아래와 같이 계산하면 된다.

$$\begin{pmatrix} 1 & 1 \\ 1 & -1 \\ 2 & 0 \\ 2 & 2 \end{pmatrix}\begin{pmatrix} a \\ b \end{pmatrix} = \begin{pmatrix} 1 \\ 1 \\ 1 \\ 1 \end{pmatrix}$$ 이므로 $A^T A x = A^T b$은 다음과 같다.

$$\begin{pmatrix} 1 & 1 & 2 & 2 \\ 1 & -1 & 0 & 2 \end{pmatrix}\begin{pmatrix} 1 & 1 \\ 1 & -1 \\ 2 & 0 \\ 2 & 2 \end{pmatrix}\begin{pmatrix} a \\ b \end{pmatrix} = \begin{pmatrix} 1 & 1 & 2 & 2 \\ 1 & -1 & 0 & 2 \end{pmatrix}\begin{pmatrix} 1 \\ 1 \\ 1 \\ 1 \end{pmatrix}$$

$$\Leftrightarrow \begin{pmatrix} 10 & 4 \\ 4 & 6 \end{pmatrix}\begin{pmatrix} a \\ b \end{pmatrix} = \begin{pmatrix} 6 \\ 2 \end{pmatrix}$$

$$\Leftrightarrow \begin{pmatrix} a \\ b \end{pmatrix} = \begin{pmatrix} 10 & 4 \\ 4 & 6 \end{pmatrix}^{-1}\begin{pmatrix} 6 \\ 2 \end{pmatrix}$$

$$\Leftrightarrow \begin{pmatrix} a \\ b \end{pmatrix} = \frac{1}{44}\begin{pmatrix} 6 & -4 \\ -4 & 10 \end{pmatrix}\begin{pmatrix} 6 \\ 2 \end{pmatrix}$$

$$\Leftrightarrow \begin{pmatrix} a \\ b \end{pmatrix} = \frac{1}{11}\begin{pmatrix} 7 \\ -1 \end{pmatrix}$$

원의 방정식을 정리하면 다음과 같다.

$$\frac{7}{11}(x^2+y^2) - \frac{1}{11}(x+y) = 1$$

$$\Leftrightarrow 7(x^2+y^2) - (x+y) = 11$$

$$\Leftrightarrow 7\left(x^2 - \frac{1}{7}x\right) + 7\left(y^2 - \frac{1}{7}y\right) = 11$$

$$\Leftrightarrow 7\left(x^2 - \frac{1}{7}x + \frac{1}{14^2}\right) + 7\left(y^2 - \frac{1}{7}y + \frac{1}{14^2}\right) = 11 + \frac{1}{14}$$

$$\Leftrightarrow 7\left(x - \frac{1}{14}\right)^2 + 7\left(y - \frac{1}{14}\right)^2 = \frac{155}{14}$$

$$\Leftrightarrow \left(x - \frac{1}{14}\right)^2 + \left(y - \frac{1}{14}\right)^2 = \frac{155}{98}$$

따라서 원의 넓이는 $\frac{155}{98}\pi$이다.

■ 11. 일차독립 & 일차종속

69. ②

R^3의 세 벡터가 일차종속이므로 행렬식의 값은 0이다.

$$\begin{vmatrix} 3-k & -1 & 0 \\ -1 & 2-k & -1 \\ 0 & -1 & 3-k \end{vmatrix} = 0$$

k의 값은 행렬 $\begin{pmatrix} 3 & -1 & 0 \\ -1 & 2 & -1 \\ 0 & -1 & 3 \end{pmatrix}$의 고유치를 구하는 식과 같다.

따라서 k값의 합은 $tr(A) = 8$이다.

70. ②

$n \times n$ 행렬 A가 역행렬을 가진다.
$\Leftrightarrow |A| \neq 0$
$\Leftrightarrow rank(A) = n$
$\Leftrightarrow Ax = b$는 유일한 해를 가진다. $(b \in R^n)$
$\Leftrightarrow A$의 행(열)벡터들은 일차독립이다.

71. ②

① $\begin{vmatrix} 1 & 0 & 0 \\ 2 & 2 & 0 \\ 3 & 3 & 3 \end{vmatrix} = 6 \neq 0$이므로
$\{(1,0,0), (2,2,0), (3,3,3)\}$은 일차독립이다.
따라서 $\mathbb{R}^3$의 기저이다.

② $\begin{vmatrix} 3 & 1 & -4 \\ 2 & 5 & 6 \\ 1 & 4 & 8 \end{vmatrix} = 26 \neq 0$이므로
$\{(3,1,-4), (2,5,6), (1,4,8)\}$은 일차독립이다.
따라서 $\mathbb{R}^3$의 기저이다.

③ $\begin{vmatrix} 2 & -3 & 1 \\ 4 & 1 & 1 \\ 0 & -7 & 1 \end{vmatrix} = 0$이므로
$\{(2,-3,1), (4,1,1), (0,-7,1)\}$은 일차종속이다.
따라서 $\mathbb{R}^3$의 기저가 아니다.

④ $\begin{vmatrix} 1 & 6 & 4 \\ 2 & 4 & -1 \\ -1 & 2 & 5 \end{vmatrix} = 0$이므로
$\{(1,6,4), (2,4,-1), (-1,2,5)\}$은 일차종속이다.
따라서 $\mathbb{R}^3$의 기저가 아니다.

72. ③

풀이 론스키안 행렬식＝0이면 벡터들은 일차종속이고
론스키안 행렬식≠0이면 벡터들은 일차독립이다.

① (일차종속) $\begin{vmatrix} 1 & x^2+1 & 2x^2-1 \\ 0 & 2x & 4x \\ 0 & 2 & 4 \end{vmatrix} = 0$이므로

세 벡터들의 관계는 일차종속이다.

② (일차종속)

$$\begin{vmatrix} x+1 & (x+1)(x-1) & (x+1)^2 \\ 1 & 2x & 2(x+1) \\ 0 & 2 & 2 \end{vmatrix}$$

$$= (x+1)\begin{vmatrix} 1 & x-1 & x+1 \\ 1 & 2x & 2x+2 \\ 0 & 2 & 2 \end{vmatrix}$$

$$= (x+1)\begin{vmatrix} 1 & x-1 & x+1 \\ 0 & x+1 & x+1 \\ 0 & 2 & 2 \end{vmatrix}$$

$= 0$이므로
세 벡터들의 관계는 일차종속이다.

③ (일차독립)

$$\begin{vmatrix} x^2-1 & (x+1)^2 & (x-1)^2 \\ 2x & 2(x+1) & 2(x-1) \\ 2 & 2 & 2 \end{vmatrix}$$

$$= 4\begin{vmatrix} x^2-1 & (x+1)^2 & (x-1)^2 \\ x & x+1 & x-1 \\ 1 & 1 & 1 \end{vmatrix}$$

$\neq 0$이므로
세 벡터들의 관계는 일차독립이다.

④ (일차종속)

$$\begin{vmatrix} x(x+1) & x^2-1 & (x+1)^2 \\ 2x+1 & 2x & 2(x+1) \\ 2 & 2 & 2 \end{vmatrix}$$

$$= 2(x+1)\begin{vmatrix} x & x-1 & x+1 \\ 2x+1 & 2x & 2x+2 \\ 1 & 1 & 1 \end{vmatrix}$$

$$= 2(x+1)\begin{vmatrix} 1 & x-1 & 2 \\ 1 & 2x & 2 \\ 0 & 1 & 0 \end{vmatrix}$$

$$= -2(x+1)\begin{vmatrix} 1 & 2 \\ 1 & 2 \end{vmatrix}$$

$= 0$이므로
세 벡터들의 관계는 일차종속이다.

[다른 풀이]
① (일차종속) $\{1, x^2+1, 2x^2-1\}$의 표준기저들의 집합은
$\{(0,0,1),(1,0,1),(2,0,-1)\}$이다.

이때 $\begin{vmatrix} 0 & 0 & 1 \\ 1 & 0 & 1 \\ 2 & 0 & -1 \end{vmatrix} = 0$이므로 일차종속이다.

② (일차종속) $\{x+1, x^2-1, (x+1)^2\}$의
표준기저들의 집합은 $\{(0,1,1),(1,0,-1),(1,2,1)\}$
이다. 이때 $\begin{vmatrix} 0 & 1 & 1 \\ 1 & 0 & -1 \\ 1 & 2 & 1 \end{vmatrix} = 0$이므로 일차종속이다.

③ (일차독립) $\{x^2-1, (x+1)^2, (x-1)^2\}$ 의
표준기저들의 집합은 $\{(1,0,-1),(1,2,1),(1,-2,1)\}$이다.

이때 $\begin{vmatrix} 1 & 0 & -1 \\ 1 & 2 & 1 \\ 1 & -2 & 1 \end{vmatrix} \neq 0$이므로 일차독립이다.

④ (일차종속) $\{x(x+1), x^2-1, (x+1)^2\}$의 표준기저들의
집합은 $\{(1,1,0),(1,0,-1),(1,2,1)\}$이다.

이때 $\begin{vmatrix} 1 & 1 & 0 \\ 1 & 0 & -1 \\ 1 & 2 & 1 \end{vmatrix} = 0$이므로 일차종속이다.

73. ④

풀이 $\begin{pmatrix} 1 & 0 & 0 & 0 & 2 \\ -2 & 1 & -3 & -2 & -4 \\ 0 & 5 & -14 & -9 & 0 \\ 2 & 10 & -28 & -18 & 4 \end{pmatrix}$에 가우스–조르단 소거법을 사용하면

$\begin{pmatrix} 1 & 0 & 0 & 0 & 2 \\ 0 & 1 & -3 & -2 & 0 \\ 0 & 0 & 1 & 1 & 0 \\ 0 & 0 & 0 & 0 & 0 \end{pmatrix}$이므로

W의 행공간의 차원은 3이고
기저는 $(1,0,0,0,2),\ (0,1,-3,-2,0),\ (0,0,1,1,0)$이다.

74. ②

풀이 $(1,0,0),\ (0,1,0),\ (a,b,c)$가
내적에 대하여 직교단위기저이다.
(i) 따라서 $(1,0,0)$과 (a,b,c)이 수직이다.
   즉 $(1,0,0) \cdot (a,b,c) = a-c = 0 \Leftrightarrow a=c$이다.
(ii) 따라서 $(0,1,0)$과 (a,b,c)이 수직이다.
   즉 $(0,1,0) \cdot (a,b,c) = b = 0$이다.
(i),(ii)에 의해 $(a,b,c) = (a,0,a)$를 만족한다.
또한 크기가 1이어야 하므로
$(a,b,c) \cdot (a,b,c) = (a,0,a) \cdot (a,0,a)$
$\qquad\qquad = a^2 - a^2 - a^2 + 4a^2$
$\qquad\qquad = 3a^2$
$\qquad\qquad = 1$
$\Leftrightarrow a^2 = \dfrac{1}{3}$이다.

$\therefore a^2 + b^2 + c^2 = a^2 + 0^2 + a^2 = 2a^2 = \dfrac{2}{3}$

75. ③

가. $f(x)=ax^4+bx^3+cx^2+dx+e$라고 할 때
$f(-x)=f(x)$를 만족하기 위해서
$b=0,\ d=0$이어야 하므로 $f(x)=ax^4+cx^2+e$이다.
따라서 $\{f(x)\in P_4(R)\mid f(-x)=f(x)\}$을 만족하는
공간의 차원은 3차원이다.

나. $f(x)=ax^4+bx^3+cx^2+dx+e$라고 할 때,
$f(-x)=-f(x)$를 만족하기 위해서
$a=0,\ c=0,\ e=0$이어야 하므로 $f(x)=bx^3+dx$이다.
따라서 $\{f(x)\in P_4(R)\mid f(-x)=-f(x)\}$을 만족하는
공간의 차원은 2차원이다.

다. $A=\begin{pmatrix} a & b & c \\ d & e & f \\ g & h & i \end{pmatrix}$라고 할 때

$A=A^T$와 $tr(A)=0$을 만족하므로
$A=\begin{pmatrix} a & b & c \\ b & e & f \\ c & f & -a-e \end{pmatrix}$이고
$\{A\in M_{3\times 3}(R)\mid A=A^T,\ tr(A)=0\}$을
만족하는 공간은 5차원이다.

라. $A=\begin{pmatrix} a & b & c \\ d & e & f \\ g & h & i \end{pmatrix}$라고 할 때,

$A=-A^T$를 만족하므로
$A=\begin{pmatrix} 0 & b & c \\ -b & 0 & f \\ -c & -f & 0 \end{pmatrix}$이고
$\{A\in M_{3\times 3}(R)\mid A=-A^T\}$을
만족하는 공간은 3차원이다.

가, 나, 다, 라에 의해 같은 차원을 갖는 것은 가와 라이다.

76. ②

$B=(x:y:z)$라 하면
$AB=\begin{pmatrix} 1 & 0 & 1 \\ 0 & 1 & 1 \\ 1 & 0 & 1 \end{pmatrix} \Rightarrow \det(AB)=\det(A)\det(B)=\begin{vmatrix} 1 & 0 & 1 \\ 0 & 1 & 1 \\ 1 & 0 & 1 \end{vmatrix}=0$
$\therefore \det(A)=0(\because \det(B)\neq 0)$

12. 행공간 & 열공간 & 해공간

77. ②

$A=\begin{bmatrix} 1 & 8 & 4 & 1 & 2 \\ 1 & 4 & 2 & 1 & 0 \\ 0 & 2 & 1 & 0 & 1 \end{bmatrix} \sim \begin{bmatrix} 1 & 8 & 4 & 1 & 2 \\ 0 & -4 & -2 & 0 & -2 \\ 0 & 2 & 1 & 0 & 1 \end{bmatrix} \sim \begin{bmatrix} 1 & 8 & 4 & 1 & 2 \\ 0 & -4 & -2 & 0 & -2 \\ 0 & 0 & 0 & 0 & 0 \end{bmatrix}$

$\therefore rankA=2=r$
$n=nullityA=(\text{열의 개수})-rankA=5-2=3$
$c=(A\text{의 열공간의 차원})=rankA=2$
$\therefore r+2n+3c=2+6+6=14$

78. ③

객관식 보기를 활용하자.
$S\subset R^4$이고 2차원이므로 $S^\perp\subset R^4$는 2차원이다.
따라서 보기 ①과 ②는 $S^\perp$의 기저가 될 수 없다.
③과 ④의 벡터들과 주어진 S의 벡터들을 직접 내적해서
결과가 0을 만족하는 $S^\perp$의 기저를 찾자.

[다른 풀이]
연립방정식을 이용해서 $S^\perp$의 기저를 구한다.
$\left\{\begin{pmatrix} 1 \\ 0 \\ 2 \\ 1 \end{pmatrix},\ \begin{pmatrix} 0 \\ 1 \\ 3 \\ -1 \end{pmatrix}\right\}$에 수직인 R^4 공간의 원소를 $\begin{pmatrix} a \\ b \\ c \\ d \end{pmatrix}$라 하면
$\begin{cases} a+2c+d=0 \\ b+3c-d=0 \end{cases}$ 을 만족한다.

즉 $S^\perp=\left\{\begin{pmatrix} a \\ b \\ c \\ d \end{pmatrix}\ \middle|\ a+2c+d=0,\ b+3c-d=0\right\}$이다.

이때 $S^\perp$의 한 기저는 ③ $\left\{\begin{pmatrix} -3 \\ -2 \\ 1 \\ 1 \end{pmatrix},\ \begin{pmatrix} 1 \\ 4 \\ -1 \\ 1 \end{pmatrix}\right\}$이다.

79. ③

행렬 $A=\begin{pmatrix} 1 & 3 & 0 & 3 \\ 2 & 7 & -1 & 5 \\ -1 & 0 & 2 & -1 \end{pmatrix}$의 영공간 X는 다음과 같다.

$X=\left\{\begin{pmatrix} x_1 \\ x_2 \\ x_3 \\ x_4 \end{pmatrix}\ \middle|\ \begin{pmatrix} 1 & 3 & 0 & 3 \\ 2 & 7 & -1 & 5 \\ -1 & 0 & 2 & -1 \end{pmatrix}\begin{pmatrix} x_1 \\ x_2 \\ x_3 \\ x_4 \end{pmatrix}=\begin{pmatrix} 0 \\ 0 \\ 0 \end{pmatrix}\right\}$

$=\left\{\begin{pmatrix} x_1 \\ x_2 \\ x_3 \\ x_4 \end{pmatrix}\ \middle|\ \begin{pmatrix} 1 & 3 & 0 & 3 \\ 0 & 1 & -1 & -1 \\ 0 & 0 & 1 & 1 \end{pmatrix}\begin{pmatrix} x_1 \\ x_2 \\ x_3 \\ x_4 \end{pmatrix}=\begin{pmatrix} 0 \\ 0 \\ 0 \end{pmatrix}\right\}$

$$=\left\{\begin{pmatrix}x_1\\x_2\\x_3\\x_4\end{pmatrix}\middle| x_1+3x_2+3x_4=0,\ x_2=0,\ x_3+x_4=0\right\}$$

$$=\left\{\begin{pmatrix}x_1\\x_2\\x_3\\x_4\end{pmatrix}\middle| x_1=-3t,\ x_2=0,\ x_3=-t,\ x_4=t\right\}$$

(단, t는 실수)

이때 영공간 X의 기저는 $v=(-3,0,-1,1)\ /\!/\ (3,0,1,-1)$다.

$$\therefore\ \frac{b}{a}+\frac{d}{c}=\frac{0}{3}+\frac{-1}{1}=-1$$

80. ②

$$\begin{vmatrix}1&3&2&2\\1&9&5&8\\0&4&2&4\\2&4&3&2\end{vmatrix}\sim\begin{vmatrix}1&3&2&2\\0&6&3&6\\0&4&2&4\\0&-2&-1&-2\end{vmatrix}\sim\begin{vmatrix}1&3&2&2\\0&2&1&2\\0&0&0&0\\0&0&0&0\end{vmatrix}$$

$\therefore\dim(W)=2$

81. ①

$$W=\left\{\begin{bmatrix}x_1\\x_2\\x_3\\x_4\end{bmatrix}\in R^4\ \middle|\ \begin{pmatrix}1&1&0&0\\0&1&1&1\\0&0&1&-2\end{pmatrix}\begin{pmatrix}x_1\\x_2\\x_3\\x_4\end{pmatrix}=\begin{pmatrix}0\\0\\0\end{pmatrix}\right\}$$

따라서 W는 행렬 $A=\begin{pmatrix}1&1&0&0\\0&1&1&1\\0&0&1&-2\end{pmatrix}$의 해공간이다.

$rank(A)=3$이므로 차원정리에 의해

$nullity(A)=4-rank(A)=1$이다.

$\therefore\dim(W)=1$

82. ②

$$\begin{bmatrix}x_1\\x_2\\x_3\\x_4\end{bmatrix}=\begin{bmatrix}2x_2\\x_2\\x_3\\-x_3\end{bmatrix}=x_2\begin{bmatrix}2\\1\\0\\0\end{bmatrix}+x_3\begin{bmatrix}0\\0\\1\\-1\end{bmatrix}=x_2a+x_3b$$

(i) 두 벡터 a, b는 부분공간의 생성원이다.

(ii) $rank(a,b)=2$, 즉 일차독립이다.

따라서 부분공간의 차원은 2이다.

83. ②

직교여공간의 차원은 해공간의 차원과 같다.

해공간의 차원은 차원 정리에 의해

$nullity(A)=(열의 수)-rank(A)$이다.

$$A=\begin{pmatrix}1&-1&0\\1&3&2\\1&1&1\end{pmatrix}$$

$$rankA\Rightarrow\begin{pmatrix}1&-1&0\\1&3&2\\1&1&1\end{pmatrix}\sim\begin{pmatrix}1&-1&0\\0&4&2\\0&2&1\end{pmatrix}$$

($\because$1행×(-1)+2행, 1행×(-1)+3행)

$$\sim\begin{pmatrix}1&-1&0\\0&4&2\\0&0&0\end{pmatrix}\left(\because 2행\times\left(-\frac{1}{2}\right)+3행\right)$$

$\therefore rankA=2$

따라서 직교여공간 $(W^{\perp})$의 차원은 $3-2=1$이 된다.

84. ②

구하는 벡터공간의 차원은 $nullity(A)$와 같다.

$$A=\begin{pmatrix}1&1&1&2\\-1&0&-2&2\\1&0&1&1\end{pmatrix}\sim\begin{pmatrix}1&1&1&2\\0&1&-1&4\\0&0&-1&3\end{pmatrix}$$

$\therefore rank(A)=3,\ nullity(A)=4-3=1$

85. ①

가. (거짓) 영벡터를 포함하지 않으므로 벡터공간이 아니다.

나. (참) $\begin{vmatrix}4&2&3\\1&-2&1\\0&2&-2\end{vmatrix}=18\neq0$이므로 일차독립이다.

다. (거짓) $A=\begin{pmatrix}1&1\\0&0\end{pmatrix}$, $b=\begin{pmatrix}1\\1\end{pmatrix}$이면

$Ax=b$의 해는 존재하지 않지만

$Ax=0$의 해는 무한히 존재한다.

라. (거짓) $\begin{pmatrix}2&-1&-1&4\\1&0&-1&0\\1&-1&0&2\\0&1&-1&-1\end{pmatrix}\sim\begin{pmatrix}1&0&-1&0\\0&1&-1&-4\\0&0&0&1\\0&0&0&0\end{pmatrix}$이므로

주어진 행렬의 열공간의 차원은 3이다.

마. (거짓) 영공간은 영벡터 하나만으로 이루어진 벡터공간으로, 기저는 공집합이다.

■ 13. 그람-슈미트 직교화 과정

86. ④

$v_1 = w_1 = (-1, 1, 0)$라 하자.

$$v_2 = w_2 - \frac{w_2 \cdot v_1}{\|v_1^2\|}v_1$$

$$= (-1, 0, 1) - \frac{1}{2}(-1, 1, 0)$$

$$= \left(-\frac{1}{2}, -\frac{1}{2}, 1\right)$$

$\|v_1\| = \sqrt{2}$, $\|v_2\| = \frac{\sqrt{6}}{2}$ 이므로 정규직교기저는

$\left\{\left(-\frac{1}{\sqrt{2}}, \frac{1}{\sqrt{2}}, 0\right), \left(-\frac{1}{\sqrt{6}}, -\frac{1}{\sqrt{6}}, \frac{2}{\sqrt{6}}\right)\right\}$ 이다.

87. ④

그람-슈미트 직교화를 하면 다음과 같다.

$$w_1 = v_1 = (1, 1, 1)$$

$$w_2 = v_2 - proj_{w_1}v_2 = v_2 - \frac{w_1 \cdot v_2}{w_1 \cdot w_1}w_1 = (-1, 1, 0)$$

$$w_3 = v_3 - proj_{w_1}v_3 - proj_{w_2}v_3$$

$$= v_3 - \frac{w_1 \cdot v_3}{w_1 \cdot w_1}w_1 - \frac{w_2 \cdot v_3}{w_2 \cdot w_2}w_2$$

$$= \left(\frac{1}{6}, \frac{1}{6}, -\frac{1}{3}\right)$$

$$\therefore a + c = -1 + \frac{1}{6} = -\frac{5}{6}$$

88. ④

행렬 C의 정규직교기저 열벡터를 갖는 행렬 Q에 대해
$C = QR$ (단, R은 상삼각행렬)로 분해된다.
이때 $Q^{-1}C = R$이므로
R의 대각성분들의 곱은 R의 행렬식 $|R|$과 같다.
따라서 $|C| = |Q||R| = |R| (\because |Q| = 1)$이고,
$C = AB$에서 $|C| = |A||B|$이므로
R의 행렬식은 $|R| = |C| = |A||B| = 35 \times (-12) = -420$이다.
따라서 $|R|$의 절댓값은 $|-420| = 420$이다.

■ 14. 선형변환

89. ④

좌표벡터를 (a, b, c)라 하자.

$$1 + x + x^2 = a + b(x-1) + c(x-1)(x-2)$$

$$= (a - b + 2c) + (b - 3c)x + cx^2$$

$$\therefore c = 1, b = 4, a = 3$$

90. ③

$$(2, 4, -2) = -2v_1 + 6v_2 - 2v_3$$

$$\therefore T(2, 4, -2) = T(-2v_1 + 6v_2 - 2v_3)$$

$$= -2T(v_1) + 6T(v_2) - 2T(v_3)$$

$$= -2(1, 0) + 6(2, 1) - 2(4, 3)$$

$$= (2, 0)$$

91. ③

$$\begin{pmatrix} 1 & 2 & 1 & 1 \\ 2 & 3 & 3 & 1 \\ 3 & 4 & 1 & 1 \end{pmatrix} \sim \begin{pmatrix} 1 & 2 & 1 & 1 \\ 0 & -1 & 1 & -1 \\ 0 & -2 & -2 & -2 \end{pmatrix}$$

$$\sim \begin{pmatrix} 1 & 2 & 1 & 1 \\ 0 & 1 & -1 & 1 \\ 0 & 1 & 1 & 1 \end{pmatrix}$$

$$\sim \begin{pmatrix} 1 & 2 & 1 & 1 \\ 0 & 1 & -1 & 1 \\ 0 & 0 & 2 & 0 \end{pmatrix}$$

$$\sim \begin{pmatrix} 1 & 2 & 0 & 1 \\ 0 & 1 & 0 & 1 \\ 0 & 0 & 1 & 0 \end{pmatrix}$$

$$\sim \begin{pmatrix} 1 & 0 & 0 & -1 \\ 0 & 1 & 0 & 1 \\ 0 & 0 & 1 & 0 \end{pmatrix}$$

$(1, 1, 1) = -(1, 2, 3) + (2, 3, 4) + 0 \cdot (1, 3, 1)$이므로
선형변환의 선형성에 의해

$$T(1, 1, 1) = T(-(1, 2, 3) + (2, 3, 4))$$

$$= -T(1, 2, 3) + T(2, 3, 4)$$

$$= -(1, 0, -1) + (1, 2, 1)$$

$$= (0, 2, 2)$$이다.

$$\therefore a + b + c = 4$$

92. ④

[풀이] 선형변환 T의 표현행렬 $A = \begin{pmatrix} 2 & 1 \\ 3 & -2 \end{pmatrix}$이고

삼각형 PQR의 넓이는 6이므로
삼각형 ABC의 넓이는 $S = ||A|| \cdot 6 = 42$이다.

93. ④

[풀이]
$$T\begin{bmatrix} 1 \\ 1 \end{bmatrix} = \begin{bmatrix} 1 \\ -2 \end{bmatrix} = -2\begin{bmatrix} 1 \\ 1 \end{bmatrix} - 3\begin{bmatrix} -1 \\ 0 \end{bmatrix}$$
$$T\begin{bmatrix} -1 \\ 0 \end{bmatrix} = \begin{bmatrix} -2 \\ -1 \end{bmatrix} = -\begin{bmatrix} 1 \\ 1 \end{bmatrix} + \begin{bmatrix} -1 \\ 0 \end{bmatrix}$$
$$\therefore [T]_B = \begin{bmatrix} -2 & -1 \\ -3 & 1 \end{bmatrix}$$

94. ④

[풀이]
$$T(1,1) = (1,2) = \frac{3}{2}(1,1) + \left(-\frac{1}{2}\right)(1,-1)$$
$$T(1,-1) = (3,0) = \frac{3}{2}(1,1) + \frac{3}{2}(1,-1)$$

표현행렬은 $[T]_B = \begin{pmatrix} \dfrac{3}{2} & \dfrac{3}{2} \\ -\dfrac{1}{2} & \dfrac{3}{2} \end{pmatrix}$이고 모든 성분의 합은 4이다.

95. ④

[풀이] (1) V의 기저 β에 대한 T의 행렬 $[T]_\beta$를 구하자.

$T : V \to V$이 $T(X) = \begin{bmatrix} 1 & 2 \\ 3 & 4 \end{bmatrix} X$로 주어진 선형변환이다.

(ⅰ) $T\left(\begin{bmatrix} 1 & 0 \\ 0 & 0 \end{bmatrix}\right) = \begin{bmatrix} 1 & 2 \\ 3 & 4 \end{bmatrix}\begin{bmatrix} 1 & 0 \\ 0 & 0 \end{bmatrix}$

$\qquad = \begin{bmatrix} 1 & 0 \\ 3 & 0 \end{bmatrix}$

$\qquad = 1\begin{bmatrix} 1 & 0 \\ 0 & 0 \end{bmatrix} + 0\begin{bmatrix} 0 & 1 \\ 0 & 0 \end{bmatrix} + 3\begin{bmatrix} 0 & 0 \\ 1 & 0 \end{bmatrix} + 0\begin{bmatrix} 0 & 0 \\ 0 & 1 \end{bmatrix}$

(ⅱ) $T\left(\begin{bmatrix} 0 & 1 \\ 0 & 0 \end{bmatrix}\right) = \begin{bmatrix} 1 & 2 \\ 3 & 4 \end{bmatrix}\begin{bmatrix} 0 & 1 \\ 0 & 0 \end{bmatrix}$

$\qquad = \begin{bmatrix} 0 & 1 \\ 0 & 3 \end{bmatrix}$

$\qquad = 0\begin{bmatrix} 1 & 0 \\ 0 & 0 \end{bmatrix} + 1\begin{bmatrix} 0 & 1 \\ 0 & 0 \end{bmatrix} + 0\begin{bmatrix} 0 & 0 \\ 1 & 0 \end{bmatrix} + 3\begin{bmatrix} 0 & 0 \\ 0 & 1 \end{bmatrix}$

(ⅲ) $T\left(\begin{bmatrix} 0 & 0 \\ 1 & 0 \end{bmatrix}\right) = \begin{bmatrix} 1 & 2 \\ 3 & 4 \end{bmatrix}\begin{bmatrix} 0 & 0 \\ 1 & 0 \end{bmatrix}$

$\qquad = \begin{bmatrix} 2 & 0 \\ 4 & 0 \end{bmatrix}$

$\qquad = 2\begin{bmatrix} 1 & 0 \\ 0 & 0 \end{bmatrix} + 0\begin{bmatrix} 0 & 1 \\ 0 & 0 \end{bmatrix} + 4\begin{bmatrix} 0 & 0 \\ 1 & 0 \end{bmatrix} + 0\begin{bmatrix} 0 & 0 \\ 0 & 1 \end{bmatrix}$

(ⅳ) $T\left(\begin{bmatrix} 0 & 0 \\ 0 & 1 \end{bmatrix}\right) = \begin{bmatrix} 1 & 2 \\ 3 & 4 \end{bmatrix}\begin{bmatrix} 0 & 0 \\ 0 & 1 \end{bmatrix}$

$\qquad = \begin{bmatrix} 0 & 2 \\ 0 & 4 \end{bmatrix}$

$\qquad = 0\begin{bmatrix} 1 & 0 \\ 0 & 0 \end{bmatrix} + 2\begin{bmatrix} 0 & 1 \\ 0 & 0 \end{bmatrix} + 0\begin{bmatrix} 0 & 0 \\ 1 & 0 \end{bmatrix} + 4\begin{bmatrix} 0 & 0 \\ 0 & 1 \end{bmatrix}$

$$\therefore [T]_\beta = \begin{pmatrix} 1 & 0 & 2 & 0 \\ 0 & 1 & 0 & 2 \\ 3 & 0 & 4 & 0 \\ 0 & 3 & 0 & 4 \end{pmatrix}$$

(2) $[T]_\beta$의 행렬식을 계산하자.

$$|[T]_\beta| = \begin{vmatrix} 1 & 0 & 2 & 0 \\ 0 & 1 & 0 & 2 \\ 3 & 0 & 4 & 0 \\ 0 & 3 & 0 & 4 \end{vmatrix}$$

$$= \begin{vmatrix} 1 & 0 & 2 & 0 \\ 0 & 1 & 0 & 2 \\ 0 & 0 & -2 & 0 \\ 0 & 3 & 0 & 4 \end{vmatrix} \{ \because 1행 \times (-3) + 3행 \to 3행\}$$

$$= 1 \times \begin{vmatrix} 1 & 0 & 2 \\ 0 & -2 & 0 \\ 3 & 0 & 4 \end{vmatrix} (\because 1열에 대해 라플라스 전개)$$

$$= (-2) \times \begin{vmatrix} 1 & 2 \\ 3 & 4 \end{vmatrix} (\because 2열에 대해 라플라스 전개)$$

$$= -2(1 \times 4 - 2 \times 3)$$
$$= 4$$

96. ①

[풀이]
$$T(1) = A_1(1,0,0) + B_1(0,1,0) + C_1(0,1,1)$$
$$T(x) = A_2(1,0,0) + B_2(0,1,0) + C_2(0,1,1)$$
$$T(1-x^2) = A_3(1,0,0) + B_3(0,1,0) + C_3(0,1,1)$$

따라서 $[T]_\alpha^\beta = \begin{pmatrix} A_1 & A_2 & A_3 \\ B_1 & B_2 & B_3 \\ C_1 & C_2 & C_3 \end{pmatrix} = \begin{pmatrix} -1 & 0 & 0 \\ 1 & -3 & 0 \\ 0 & -2 & 1 \end{pmatrix}$이다.

$2 - x + 3x^2 = a \cdot 1 + b \cdot x + c \cdot (1-x^2)$이므로

$a = 5, b = -1, c = -3$이다. $\begin{pmatrix} -1 & 0 & 0 \\ 1 & -3 & 0 \\ 0 & -2 & 1 \end{pmatrix}\begin{pmatrix} 5 \\ -1 \\ -3 \end{pmatrix} = \begin{pmatrix} -5 \\ 8 \\ -1 \end{pmatrix}$

$\therefore -5(1,0,0) + 8(0,1,0) - (0,1,1) = (-5,7,-1)$

[다른 풀이]
$$\therefore T(2-x+3x^2) = T(5 \cdot 1 + (-1) \cdot x + (-3) \cdot (1-x^2))$$
$$= 5T(1) - T(x) - 3T(1-x^2)$$
$$= 5\{(-1)(1,0,0) + 1(0,1,0)\}$$
$$\quad -\{(-3) \cdot (0,1,0) + (-2) \cdot (0,1,1)\} - 3 \cdot 1(0,1,1)$$
$$= 5(-1,1,0) - (0,-5,-2) - 3(0,1,1)$$
$$= (-5,7,-1)$$

97. ②

$P_2(R)$의 기저 $\{1, x, x^2\}$에 대하여
$T(1) = 1$, $T(x) = 1 + x$, $T(x^2) = 1 + 2x + x^2$이므로

선형사상 T에 대한 표현행렬은 $\begin{pmatrix} 1 & 1 & 1 \\ 0 & 1 & 2 \\ 0 & 0 & 1 \end{pmatrix}$이다.

따라서 표현행렬의 행렬식은 1이다.

■ 16. 핵과 치역

98. ③

선형변환 T의 행렬표현은 $A = \begin{pmatrix} 1 & 3 & 2 \\ 0 & 1 & 1 \\ -1 & 4 & 5 \end{pmatrix}$이므로

$$A = \begin{pmatrix} 1 & 3 & 2 \\ 0 & 1 & 1 \\ -1 & 4 & 5 \end{pmatrix}$$

$$\sim \begin{pmatrix} 1 & 3 & 2 \\ 0 & 1 & 1 \\ 0 & 7 & 7 \end{pmatrix} \{\because 1\text{행} \times (-1) + 3\text{행} \rightarrow 3\text{행}\}$$

$$\sim \begin{pmatrix} 1 & 0 & -1 \\ 0 & 1 & 1 \\ 0 & 0 & 0 \end{pmatrix} \{\because 2\text{행} \times (-3) + 1\text{행} \rightarrow 1\text{행},$$

$$2\text{행} \times (-7) + 3\text{행} \rightarrow 3\text{행}\}$$

$$\therefore s = \dim(Im\,T) = rank\,A = 2,$$
$$t = \dim(\ker T) = nullity\,A = 3 - rank\,A = 1$$
$$\therefore s - t = 1$$

99. ①

$\dim(\ker L) + \dim(Im\,L) = 5$이고
$\dim(Im\,L)$의 최댓값이 3이므로 $\dim(\ker L) \geq 2$이어야 한다.

100. ①

$T(1) = 5 + x^2$, $T(x) = 6 - x$, $T(x^2) = 2 - 8x - 2x^2$이다.
따라서 $\mathbb{R}_3[x]$의 표준기저 $\{1, x, x^2\}$에 대한

선형사상 T의 표현행렬은 $A = \begin{bmatrix} 5 & 6 & 2 \\ 0 & -1 & -8 \\ 1 & 0 & -2 \end{bmatrix}$이다.

$rank \begin{bmatrix} 5 & 6 & 2 \\ 0 & -1 & -8 \\ 1 & 0 & -2 \end{bmatrix} = 3$이므로

차원 정리에 의해 $nullity(A) = 0$이다.

101. ④

$T = \begin{pmatrix} 3 & 1 & 0 \\ -2 & -4 & 3 \\ 5 & 4 & -2 \end{pmatrix}$이고

$\dim(Im\,T) = rank(T) = 3$이므로
차원 정리에 의해 $\dim(\ker T) = nullity(T) = 3 - 3 = 0$이다.
T는 일대일 대응이므로 정칙선형사상이다.
그러나 선형사상 T가 일대일 대응일 때,
핵 $\ker(T)$과 상공간 $Im(T)$의 교집합은 $\{(0,0,0)\}$이므로
벡터공간이 된다.

102. ①

$$A = \begin{pmatrix} 1 & 2 & 1 & 5 \\ 2 & 4 & -3 & 0 \\ 1 & 2 & -1 & 1 \end{pmatrix} \sim \begin{pmatrix} 1 & 2 & 1 & 5 \\ 0 & 0 & -5 & -10 \\ 0 & 0 & -2 & -4 \end{pmatrix}$$

$$\sim \begin{pmatrix} 1 & 2 & 1 & 5 \\ 0 & 0 & 1 & 2 \\ 0 & 0 & 1 & 2 \end{pmatrix}$$

$$\sim \begin{pmatrix} 1 & 2 & 1 & 5 \\ 0 & 0 & 1 & 2 \\ 0 & 0 & 0 & 0 \end{pmatrix}$$

$\therefore rank A = 2$

상공간 W는 행렬 A의 열공간이므로
열공간의 수직인 공간은 A^T의 해공간이다.
$\dim(W^\perp) = nullity(A^T) = 3 - rank A^T = 1$차원이다.

$$A^T v = \begin{pmatrix} 1 & 2 & 1 \\ 2 & 4 & 2 \\ 1 & -3 & -1 \\ 5 & 0 & 1 \end{pmatrix} \begin{pmatrix} x \\ y \\ z \end{pmatrix} = \begin{pmatrix} 0 \\ 0 \\ 0 \\ 0 \end{pmatrix}$$의 해를 보기에서 찾으면

$$\begin{pmatrix} 1 & 2 & 1 \\ 2 & 4 & 2 \\ 1 & -3 & -1 \\ 5 & 0 & 1 \end{pmatrix} \begin{pmatrix} 1 \\ 2 \\ -5 \end{pmatrix} = \begin{pmatrix} 0 \\ 0 \\ 0 \\ 0 \end{pmatrix}$$이다.

따라서 $W^\perp$의 원소는 $(1, 2, -5)$이다.

103. ②

$\ker(L) = 0$은 $f(x)$의 적분값이 0을 만족해야 한다.
보기 중 0을 만족하는 $f(x)$는 ②번 뿐이다.$(\because f(x)$는 기함수$)$

104. ③

하삼각행렬의 고윳값은 대각원소이므로
보기 중에서 고윳값이 아닌 것은 3이다.

105. ③

A의 고유치를 λ, 고유벡터를 v라고 하면 $Av = \lambda v$가 성립한다.

(i) $\lambda = 2$일 때 $\begin{pmatrix} a & b \\ c & d \end{pmatrix}\begin{pmatrix} 1 \\ 0 \end{pmatrix} = 2\begin{pmatrix} 1 \\ 0 \end{pmatrix} \Leftrightarrow a = 2, \ c = 0$이다.

(ii) $\lambda = 5$일 때 $\begin{pmatrix} a & b \\ c & d \end{pmatrix}\begin{pmatrix} 1 \\ 1 \end{pmatrix} = 5\begin{pmatrix} 1 \\ 1 \end{pmatrix} \Leftrightarrow a + b = 5, \ c + d = 5$이다.

(i),(ii)에 의해 $a = 2$, $b = 3$, $c = 0$, $d = 5$이다.

106. ③

$\lambda_1 + \lambda_2 = tr(A) = 3$

107. ③

$tr(A) = 1 + a = -1$이므로 $a = -2$

108. ①

$a = tr(M) = 6$, $b = |M| = 4$

109. ③

두 고유치를 각각 a, b라고 하자.
$2018 = x$라고 할 때 $a + b = 2x + 1$,
$ab = (x+1)x - 2 = x^2 + x - 2 = (x+2)(x-1)$이다.
따라서 $a = x + 2$, $b = x - 1$, $a - b = 3$이 성립한다.

[다른 풀이]
$|\lambda_1 - \lambda_2|^2$
$= |\lambda_1 + \lambda_2|^2 - 4\lambda_1\lambda_2$
$= |tr(A)|^2 - 4\det(A)$
$= |2018 + 2019|^2 - 4(2019 \cdot 2018 - 2)$
$= 2018^2 + 2 \cdot 2018 \cdot 2019 + 2019^2 - 4 \cdot 2018 \cdot 2019 + 8$
$= (2018 - 2019)^2 + 8$
$= 9$
$\therefore |\lambda_1 - \lambda_2| = 3$

110. ⑤

행렬 A의 고윳값 $\lambda = 3, -1$ 이고

고유벡터는 $v = \begin{pmatrix} 3 \\ 1 \end{pmatrix}$, $\begin{pmatrix} 1 \\ -1 \end{pmatrix}$ 이므로

고유벡터를 열로 갖는 행렬 $P = \begin{pmatrix} 3 & 1 \\ 1 & -1 \end{pmatrix}$ 에 대해

$$P^{-1}AP = \begin{pmatrix} 3 & 0 \\ 0 & -1 \end{pmatrix} \Rightarrow A = \begin{pmatrix} 3 & 1 \\ 1 & -1 \end{pmatrix} \begin{pmatrix} 3 & 0 \\ 0 & -1 \end{pmatrix} \begin{pmatrix} \frac{1}{4} & \frac{1}{4} \\ \frac{1}{4} & -\frac{3}{4} \end{pmatrix}$$ 이다.

$$A^{2019} = \begin{pmatrix} 3 & 1 \\ 1 & -1 \end{pmatrix} \begin{pmatrix} 3^{2019} & 0 \\ 0 & -1 \end{pmatrix} \begin{pmatrix} \frac{1}{4} & \frac{1}{4} \\ \frac{1}{4} & -\frac{3}{4} \end{pmatrix}$$

$$A^{2019} \begin{pmatrix} 1 \\ 1 \end{pmatrix} = \begin{pmatrix} 3 & 1 \\ 1 & -1 \end{pmatrix} \begin{pmatrix} 3^{2019} & 0 \\ 0 & -1 \end{pmatrix} \begin{pmatrix} \frac{1}{4} & \frac{1}{4} \\ \frac{1}{4} & -\frac{3}{4} \end{pmatrix} \begin{pmatrix} 1 \\ 1 \end{pmatrix}$$

$$= \begin{pmatrix} 3 & 1 \\ 1 & -1 \end{pmatrix} \begin{pmatrix} 3^{2019} & 0 \\ 0 & -1 \end{pmatrix} \begin{pmatrix} \frac{1}{2} \\ -\frac{1}{2} \end{pmatrix}$$

$$= \begin{pmatrix} 3 & 1 \\ 1 & -1 \end{pmatrix} \begin{pmatrix} \frac{1}{2} \cdot 3^{2019} \\ \frac{1}{2} \end{pmatrix}$$

$$= \begin{pmatrix} \frac{3}{2} \cdot 3^{2019} + \frac{1}{2} \\ \frac{1}{2} \cdot 3^{2019} - \frac{1}{2} \end{pmatrix}$$

$\therefore a + b = 2 \cdot 3^{2019}$

111. 14

$$\begin{vmatrix} 2-\lambda & -2 & 2 \\ 0 & 1-\lambda & 1 \\ -4 & 8 & 3-\lambda \end{vmatrix} = 0$$

$(1-\lambda)(\lambda^2 - 5\lambda + 14) - (8 - 8\lambda) = 0$

$\Rightarrow (1-\lambda)(\lambda - 2)(\lambda - 3) = 0$

$\therefore \lambda = 1, 2, 3$

고유벡터를 구하자.

(i) $\lambda = 1$일 때 $v_1 = \left\{ \begin{pmatrix} x \\ y \\ z \end{pmatrix} \middle| \begin{cases} x - 2y + 2z = 0 \\ z = 0 \end{cases} \right\} = \begin{pmatrix} 2 \\ 1 \\ 0 \end{pmatrix}$.

(ii) $\lambda = 2$일 때 $v_2 = \left\{ \begin{pmatrix} x \\ y \\ z \end{pmatrix} \middle| \begin{cases} -2y + 2z = 0 \\ -4x + 8y + z = 0 \end{cases} \right\} = \begin{pmatrix} 9 \\ 4 \\ 4 \end{pmatrix}$.

(iii) $\lambda = 3$일 때 $v_3 = \left\{ \begin{pmatrix} x \\ y \\ z \end{pmatrix} \middle| \begin{cases} -x - 2y + 2z = 0 \\ -2y + z = 0 \end{cases} \right\} = \begin{pmatrix} 2 \\ 1 \\ 2 \end{pmatrix}$.

$\lambda_1 < \lambda_2 < \lambda_3$ 인 고윳값에 대한 고유벡터이므로

$$\lambda_1 = 1, \; v_1 = \begin{pmatrix} 2 \\ 1 \\ 0 \end{pmatrix} = \begin{pmatrix} a_1 \\ 1 \\ a_3 \end{pmatrix},$$

$$\lambda_2 = 2, \; v_2 = \begin{pmatrix} 9 \\ 4 \\ 4 \end{pmatrix} = \begin{pmatrix} b_1 \\ b_2 \\ 4 \end{pmatrix},$$

$$\lambda_3 = 3, \; v_3 = \begin{pmatrix} 2 \\ 1 \\ 2 \end{pmatrix} = \begin{pmatrix} 2 \\ c_2 \\ c_3 \end{pmatrix}$$ 이다.

$\therefore a_1 = 2, \; a_3 = 0, \; b_1 = 9, \; b_2 = 4, \; C_2 = 1, \; C_3 = 2$

$\therefore \lambda_1 + \lambda_2 + \lambda_3 + a_1 + b_2 + c_3 = 1 + 2 + 3 + 2 + 4 + 2 = 14$

112. ②

$$T\begin{pmatrix} 1 & 0 \\ 0 & 0 \end{pmatrix} = \begin{pmatrix} 1 & 0 \\ 0 & 0 \end{pmatrix}\begin{pmatrix} 1 & -2 \\ 0 & 4 \end{pmatrix}$$

$$= \begin{pmatrix} 1 & -2 \\ 0 & 0 \end{pmatrix}$$

$$= 1\begin{pmatrix} 1 & 0 \\ 0 & 0 \end{pmatrix} - 2\begin{pmatrix} 0 & 1 \\ 0 & 0 \end{pmatrix} + 0\begin{pmatrix} 0 & 0 \\ 1 & 0 \end{pmatrix} + 0\begin{pmatrix} 0 & 0 \\ 0 & 1 \end{pmatrix}$$

$$T\begin{pmatrix} 0 & 1 \\ 0 & 0 \end{pmatrix} = \begin{pmatrix} 0 & 1 \\ 0 & 0 \end{pmatrix}\begin{pmatrix} 1 & -2 \\ 0 & 4 \end{pmatrix}$$

$$= \begin{pmatrix} 0 & 4 \\ 0 & 0 \end{pmatrix}$$

$$= 0\begin{pmatrix} 1 & 0 \\ 0 & 0 \end{pmatrix} + 4\begin{pmatrix} 0 & 1 \\ 0 & 0 \end{pmatrix} + 0\begin{pmatrix} 0 & 0 \\ 1 & 0 \end{pmatrix} + 0\begin{pmatrix} 0 & 0 \\ 0 & 1 \end{pmatrix}$$

$$T\begin{pmatrix} 0 & 0 \\ 1 & 0 \end{pmatrix} = \begin{pmatrix} 0 & 0 \\ 1 & 0 \end{pmatrix}\begin{pmatrix} 1 & -2 \\ 0 & 4 \end{pmatrix}$$

$$= \begin{pmatrix} 0 & 0 \\ 1 & -2 \end{pmatrix}$$

$$= 0\begin{pmatrix} 1 & 0 \\ 0 & 0 \end{pmatrix} + 0\begin{pmatrix} 0 & 1 \\ 0 & 0 \end{pmatrix} + 1\begin{pmatrix} 0 & 0 \\ 1 & 0 \end{pmatrix} - 2\begin{pmatrix} 0 & 0 \\ 0 & 1 \end{pmatrix}$$

$$T\begin{pmatrix} 0 & 0 \\ 0 & 1 \end{pmatrix} = \begin{pmatrix} 0 & 0 \\ 0 & 1 \end{pmatrix}\begin{pmatrix} 1 & -2 \\ 0 & 4 \end{pmatrix}$$

$$= \begin{pmatrix} 0 & 0 \\ 0 & 4 \end{pmatrix}$$

$$= 0\begin{pmatrix} 1 & 0 \\ 0 & 0 \end{pmatrix} + 0\begin{pmatrix} 0 & 1 \\ 0 & 0 \end{pmatrix} + 0\begin{pmatrix} 0 & 0 \\ 1 & 0 \end{pmatrix} + 4\begin{pmatrix} 0 & 0 \\ 0 & 1 \end{pmatrix}$$

선형사상 T의 표현행렬은 $\begin{pmatrix} 1 & 0 & 0 & 0 \\ -2 & 4 & 0 & 0 \\ 0 & 0 & 1 & 0 \\ 0 & 0 & -2 & 4 \end{pmatrix}$ 이고

고윳값의 합은 10이다.

113. ③

$L(1, 0, 0) = (1, 0, 0) \times (i + j) = (0, 0, 1)$

$L(0, 1, 0) = (0, 1, 0) \times (i + j) = (0, 0, -1)$

$L(0, 0, 1) = (0, 0, 1) \times (i + j) = (-1, 1, 0)$

따라서 변환의 표준행렬은 $\begin{pmatrix} 0 & 0 & -1 \\ 0 & 0 & 1 \\ 1 & -1 & 0 \end{pmatrix}$ 이다.

고윳값을 구하면

$\begin{vmatrix} -\lambda & 0 & -1 \\ 0 & -\lambda & 1 \\ 1 & -1 & -\lambda \end{vmatrix} = -\lambda(\lambda^2+2)=0$에서 $\lambda=0,\ \pm\sqrt{2}\,i$이다.

$\lambda=0$에 대응하는 고유벡터를 구하면

$\begin{pmatrix} 0 & 0 & -1 \\ 0 & 0 & 1 \\ 1 & -1 & 0 \end{pmatrix}\begin{pmatrix} x \\ y \\ z \end{pmatrix}=\begin{pmatrix} 0 \\ 0 \\ 0 \end{pmatrix} \Rightarrow t\begin{pmatrix} 1 \\ 1 \\ 0 \end{pmatrix}$이다.

■ 18. 고윳값 & 고유벡터의 성질 (2)

114. ②

풀이 A의 고유방정식은 다음과 같다.

$\begin{vmatrix} -\lambda & 1 & 1 & 1 \\ 1 & -\lambda & 1 & 1 \\ 1 & 1 & -\lambda & 1 \\ 1 & 1 & 1 & -\lambda \end{vmatrix}=0$

$\Leftrightarrow \begin{vmatrix} -\lambda & 1 & 1 & 3-\lambda \\ 1 & -\lambda & 1 & 3-\lambda \\ 1 & 1 & -\lambda & 3-\lambda \\ 1 & 1 & 1 & 3-\lambda \end{vmatrix}=0$

($\because$ 1열×1+4열→4열,

2열×1+4열→4열,

3열×1+4열→4열)

$\Leftrightarrow (3-\lambda)\begin{vmatrix} -\lambda & 1 & 1 & 1 \\ 1 & -\lambda & 1 & 1 \\ 1 & 1 & -\lambda & 1 \\ 1 & 1 & 1 & 1 \end{vmatrix}=0$

$\Leftrightarrow (3-\lambda)\begin{vmatrix} -\lambda & 1 & 1 & 1 \\ 1 & -\lambda & 1 & 1 \\ 0 & 0 & -1-\lambda & 0 \\ 1 & 1 & 1 & 1 \end{vmatrix}=0$

($\because$ 4행×(−1)+3행→3행)

$\Leftrightarrow (3-\lambda)(-1-\lambda)\begin{vmatrix} -\lambda & 1 & 1 \\ 1 & -\lambda & 1 \\ 1 & 1 & 1 \end{vmatrix}=0$

$\Leftrightarrow (3-\lambda)(-1-\lambda)\begin{vmatrix} -\lambda & 1 & 1 \\ 0 & -1-\lambda & 0 \\ 1 & 1 & 1 \end{vmatrix}=0$

($\because$ 3행×(−1)+2행→2행)

$\Leftrightarrow (3-\lambda)(-1-\lambda)^2\begin{vmatrix} -\lambda & 1 \\ 1 & 1 \end{vmatrix}=0$

$\Leftrightarrow (3-\lambda)(-1-\lambda)^3=0$

A의 고유치는 3, −1, −1, −1이므로

A^6의 고유치는 3^6, 1, 1, 1이다.

$\therefore tr(A^6)=3^6+1+1+1=732$

115. ③

풀이 $\begin{vmatrix} \lambda+8 & -6 \\ 9 & \lambda-7 \end{vmatrix}=0$

$\Rightarrow (\lambda+8)(\lambda-7)+54=0$

$\Rightarrow \lambda^2+\lambda-2=0$

$\Rightarrow (\lambda+2)(\lambda-1)=0$

따라서 주어진 행렬의 고유치는 −2, 1이다.

10 거듭제곱한 행렬의 고유치는 $(-2)^{10}$, 1^{10}이고,

대각성분의 합은 고유치의 합과 같으므로

$1024+1=1025$이다.

116. ④

행렬 A의 고유치를 a, b, c라고 하자.

(A의 대각합)$= tr(A) = a+b+c = 2$,

(A^2의 대각합)$= tr(A^2) = a^2+b^2+c^2 = 10$,

(A^3의 대각합)$= tr(A^3) = a^3+b^3+c^3 = 20$

$(a+b+c)(a^2+b^2+c^2-ab-bc-ca) = a^3+b^3+c^3-3abc$

$\Leftrightarrow 2(10+3) = 20 - 3abc$

$\Leftrightarrow |A| = abc = -2$

$(\because a^2+b^2+c^2 = (a+b+c)^2 - 2ab - 2bc - 2ca$

$\qquad \Leftrightarrow 10 = 2^2 - 2(ab+bc+ca)$

$\qquad \Leftrightarrow ab+bc+ca = -3)$

117. ①

$A^3 = \begin{pmatrix} 8 & 0 \\ 7 & 1 \end{pmatrix}$의 고유치가 8, 1이므로

A의 고유치는 2, 1이고 A^5의 고유치는 32, 1이다.

따라서 $tr(A^5) = A^5$의 고유치의 합$= 32+1 = 33$이다.

118. ③

$\begin{pmatrix} 1 & 1 & \cdots & 1 \\ 2 & 2 & \cdots & 2 \\ \vdots & \vdots & \ddots & \vdots \\ n & n & \cdots & n \end{pmatrix} \sim \begin{pmatrix} 1 & 1 & \cdots & 1 \\ 0 & 0 & \cdots & 0 \\ \vdots & \vdots & \ddots & \vdots \\ 0 & 0 & \cdots & 0 \end{pmatrix}$이므로 $rank$는 1이다.

$\begin{vmatrix} 1-\lambda & 1 & \cdots & 1 \\ 0 & \lambda & \cdots & 0 \\ \vdots & \vdots & \ddots & 0 \\ 0 & 0 & \cdots & \lambda \end{vmatrix} = \lambda^{n-1}(1-\lambda) = 0$에서 고윳값은 0, 1이다.

119. ③

주어진 행렬의 특성방정식은

$\lambda^2 - (a+2)\lambda + 2a-1 = 0$이므로 케일리–해밀턴 정리에 의해

$A^2 - (a+2)A + (2a-1)I = O$가 성립한다.

$a = 3$이므로 $A = \begin{pmatrix} 2 & 1 \\ 1 & 3 \end{pmatrix}$이고 $A^3 = 5\begin{pmatrix} 3 & 4 \\ 4 & 7 \end{pmatrix}$이다.

따라서 A^3의 모든 원소의 합은 $5(3+4+4+7) = 90$이다.

120. ①

벡터 $v_1 = \begin{pmatrix} 1 \\ 1 \end{pmatrix}$이 행렬 $(A-3I)$의 해공간의 기저벡터이고

벡터 $v_2 = \begin{pmatrix} 1 \\ -1 \end{pmatrix}$이 행렬 $(A-I)$의 해공간의 기저벡터이면

행렬 A의 고윳값은 3, 1이며 고유벡터는 각각 $\begin{pmatrix} 1 \\ 1 \end{pmatrix}$, $\begin{pmatrix} 1 \\ -1 \end{pmatrix}$이다.

이때 $\begin{pmatrix} 0 \\ 2 \end{pmatrix} = \begin{pmatrix} 1 \\ 1 \end{pmatrix} - \begin{pmatrix} 1 \\ -1 \end{pmatrix}$이므로

$A\begin{pmatrix} 1 \\ 1 \end{pmatrix} = 3\begin{pmatrix} 1 \\ 1 \end{pmatrix} \Rightarrow A^4\begin{pmatrix} 1 \\ 1 \end{pmatrix} = 3^4\begin{pmatrix} 1 \\ 1 \end{pmatrix}$,

$A\begin{pmatrix} 1 \\ -1 \end{pmatrix} = 1\begin{pmatrix} 1 \\ -1 \end{pmatrix} \Rightarrow A^4\begin{pmatrix} 1 \\ -1 \end{pmatrix} = 1^4\begin{pmatrix} 1 \\ -1 \end{pmatrix}$에서

$A^4\begin{pmatrix} 0 \\ 2 \end{pmatrix} = A^4\left\{\begin{pmatrix} 1 \\ 1 \end{pmatrix} - \begin{pmatrix} 1 \\ -1 \end{pmatrix}\right\}$

$\qquad = A^4\begin{pmatrix} 1 \\ 1 \end{pmatrix} - A^4\begin{pmatrix} 1 \\ -1 \end{pmatrix}$

$\qquad = 3^4\begin{pmatrix} 1 \\ 1 \end{pmatrix} - \begin{pmatrix} 1 \\ -1 \end{pmatrix}$이다.

그러므로 $A^4\begin{pmatrix} 0 \\ 2 \end{pmatrix}$의 각 성분의 합은 2×3^4이다.

121. ②

$A = \begin{pmatrix} a & b \\ b & c \end{pmatrix}$라 하면 $A^2 = \begin{pmatrix} a^2+b^2 & ab+bc \\ ab+bc & b^2+c^2 \end{pmatrix}$이다.

$\det(A) = ac - b^2 = -3$이므로 $b^2 = ac+3$이다.

$tr(A^2) = a^2 + 2b^2 + c^2 = a^2 + 2(ac+3) + c^2 = 10$에서

$(a+c)^2 = 4$이다.

이때, $tr(A) = a+c$이므로 $(tr(A))^2 = 4$이다.

122. ③

$|4\vec{v_1} - 3\vec{v_2}|^2 = (4\vec{v_1} - 3\vec{v_2}) \cdot (4\vec{v_1} - 3\vec{v_2})$

$\qquad = 16\vec{v_1} \cdot \vec{v_1} - 24\vec{v_1} \cdot \vec{v_2} + 9\vec{v_2} \cdot \vec{v_2}$

$\qquad = 25$

($\because \vec{v_1}$, $\vec{v_2}$는 단위벡터이고

대칭행렬의 서로 다른 고유치에 대응하는 고유벡터이므로 직교한다.)

123. ①

A와 D는 닮은 행렬이므로 대각합과 행렬식이 같다.
따라서 $tr(D) = tr(A) = 0 + 0 + 1 = 1$,
$\det(D) = \det(A) = -4$이다.
$\therefore tr(D) + \det(D) = 1 - 4 = -3$이다.

124. ④

대각화행렬은 원래의 행렬과 닮은 행렬이고
주대각원소는 원래 행렬 A의 고유치로 이루어진다.
따라서 대각행렬 A의 모든 대각원소의 곱은
행렬 A의 고유치의 곱과 같다.
$\therefore \det(A) = 3 \begin{vmatrix} 2 & 0 \\ 1 & 3 \end{vmatrix} = 18$

125. ②

ㄱ. (참) $\begin{vmatrix} 4 & 2 & 3 \\ 1 & -2 & 1 \\ 0 & 2 & -2 \end{vmatrix} = 18 \neq 0$이므로 일차독립이다.

ㄴ. (거짓) (반례) $A = \begin{bmatrix} 1 & 1 \\ 1 & 1 \end{bmatrix}$이면 $\det(A) = 0$이지만
대각화가능하다.

ㄷ. (거짓) 고윳값에 대응하는 고유벡터가 2개이면
고유공간의 차원은 2가 되고
고유벡터들은 그 고유공간의 기저가 된다.
즉 일차독립이다.

ㄹ. (참) $\begin{bmatrix} 1 & 5 & 13 \\ 2 & 1 & -1 \\ 3 & 9 & 21 \end{bmatrix} \sim \begin{bmatrix} 1 & 5 & 13 \\ 0 & -9 & -27 \\ 0 & -6 & -18 \end{bmatrix} \sim \begin{bmatrix} 1 & 5 & 13 \\ 0 & -9 & -27 \\ 0 & 0 & 0 \end{bmatrix}$
$\therefore rank = 2$

126. ③

① (참) A가 대칭행렬이므로
A^T의 열공간과 A의 행공간은 같다.
영공간은 행공간의 직교여공간이므로
A^T의 열공간은 A의 영공간과 수직이다.
$A = A^T$이므로 A의 열공간과 영공간은 서로 직교한다.

② (참) A의 고유치 1의 대수적 중복도는 2이고,
기하적 중복도는 1이다. 따라서 대각화가능하지 않다.

③ (거짓) (반례) $A = \begin{pmatrix} 1 & 1 \\ 0 & 0 \end{pmatrix}, b = \begin{pmatrix} 1 \\ 1 \end{pmatrix}$이면
$Ax = b$의 해는 존재하지 않지만
$Ax = 0$의 해는 무한히 존재한다.

④ (참) $A^{-1} = \frac{1}{|A|} adj(A)$의 관계가 성립한다.
(단, $adj(A)$는 행렬 A의 수반행렬)
$adj(A)$를 구할 때, 연산은 $+$, $\times$, $-$으로 이루어지고
정수는 연산 $+$, $\times$, $-$에 닫혀있으므로
$adj(A)$의 모든 성분은 정수이다.
$A^{-1} = \frac{1}{|A|} adj(A)$의 모든 성분이 정수이기 위해서는
$|A| = 1$또는 $|A| = -1$이어야 한다.

⑤ (참) A의 닮은 행렬을 D라고 할 때,
$D = P^{-1}AP$
$\Leftrightarrow PDP^{-1} = A$
$\Leftrightarrow PIP^{-1} = A(\because D = I)$
$\Leftrightarrow I = A$

127. ①

$|A - \lambda I| = \begin{vmatrix} 1-\lambda & 4 \\ 2 & 3-\lambda \end{vmatrix} = \lambda^2 - 4\lambda - 5 = (\lambda+1)(\lambda-5) = 0$
이때 $\lambda = -1$, $\lambda = 5$이다.
$\lambda = -1$에 대응하는 고유벡터는 $\begin{pmatrix} 2 \\ -1 \end{pmatrix}$,
$\lambda = 5$에 대응하는 고유벡터는 $\begin{pmatrix} 1 \\ 1 \end{pmatrix}$이다.
$A^n = PD^nP^{-1}$
$= \begin{pmatrix} 2 & 1 \\ -1 & 1 \end{pmatrix} \begin{pmatrix} -1 & 0 \\ 0 & 5 \end{pmatrix}^n \frac{1}{3} \begin{pmatrix} 1 & -1 \\ 1 & 2 \end{pmatrix}$
$= \frac{1}{3} \begin{pmatrix} 2 & 1 \\ -1 & 1 \end{pmatrix} \begin{pmatrix} (-1)^n & 0 \\ 0 & 5^n \end{pmatrix} \begin{pmatrix} 1 & -1 \\ 1 & 2 \end{pmatrix}$
$= \frac{1}{3} \begin{pmatrix} 2(-1)^n & 5^n \\ (-1)^{n+1} & 5^n \end{pmatrix} \begin{pmatrix} 1 & -1 \\ 1 & 2 \end{pmatrix}$
$= \frac{1}{3} \begin{pmatrix} 2(-1)^n + 5^n & 2(-1)^{n+1} + 2 \cdot 5^n \\ (-1)^{n+1} + 5^n & (-1)^{n+2} + 2 \cdot 5^n \end{pmatrix}$
따라서 A^n의 모든 성분의 합은
$\frac{1}{3}(1 + 2 + 1 + 2)5^n = 2 \times 5^n = a_n$이다.

$$\therefore \sum_{n=1}^{\infty} \frac{1}{a_n} = \frac{1}{2} \sum_{n=1}^{\infty} \frac{1}{5^n}$$
$$= \frac{1}{2} \left(\frac{1}{5} + \frac{1}{5^2} + \frac{1}{5^3} + \cdots \right)$$
$$= \frac{1}{2} \cdot \frac{\frac{1}{5}}{1 - \frac{1}{5}}$$
$$= \frac{1}{2} \times \frac{1}{4}$$
$$= \frac{1}{8}$$

128. ③

대각화행렬 D의 주대각 원소는 행렬 A의 고윳값과 같다.

행렬 $A = \begin{pmatrix} 1 & 0 & 0 \\ 0 & 1 & 1 \\ 0 & -1 & 1 \end{pmatrix}$의 고윳값을 구하자.

$$|A - \lambda I| = 0 \Rightarrow (1 - \lambda)(\lambda^2 - 2\lambda + 2) = 0$$
$$\Rightarrow \lambda^3 - 3\lambda^2 + 4\lambda - 2 = 0$$

3차 방정식의 근과 계수의 관계에 의해

세 근 λ_1, λ_2, λ_3 에 대하여 $\begin{cases} \lambda_1 + \lambda_2 + \lambda_3 = 3 \\ \lambda_1 \lambda_2 + \lambda_2 \lambda_3 + \lambda_1 \lambda_3 = 4 \\ \lambda_1 \lambda_2 \lambda_3 = 2 \end{cases}$이다.

$$\therefore \frac{1}{\lambda_1} + \frac{1}{\lambda_2} + \frac{1}{\lambda_3} = \frac{\lambda_2 \lambda_3 + \lambda_1 \lambda_3 + \lambda_1 \lambda_2}{\lambda_1 \lambda_2 \lambda_3} = \frac{4}{2} = 2$$

129. ①

B와 닮은 행렬 A의 고윳값은 1, 2, 3이므로
$A - 4I$의 고윳값은 $-3, -2, -1$이다.
이때 $\det(A - 4I)$은 행렬 $(A - 4I)$ 의 고윳값들의 곱과 같다.
따라서 $\det(A - 4I) = -3 \times (-2) \times (-1) = -6$

130. 11

주어진 등식은 3×3 대칭행렬을 스펙트럼 분해한 형태이다. 따라서 a, b, c는 고윳값이고 열벡터들은 각각의 고윳값에 대응하는 직교 단위 고유벡터들이다.

$$\therefore a(u_1{}^2 + u_2{}^2 + u_3{}^3) + b(v_1{}^2 + v_2{}^2 + v_3{}^2)$$
$$+ c(w_1{}^2 + w_2{}^2 + w_3{}^2)$$
$$= a \cdot 1^2 + b \cdot 1^2 + c \cdot 1^2$$
$$= 1 + 4 + 6$$
$$= 11$$

131. ④

A의 고윳값은 $\lambda = 0$, $\lambda = -1$ 이고, 이에 대응하는 고유벡터는
$v_1 = \begin{pmatrix} 2 \\ -1 \end{pmatrix}$, $v_2 = \begin{pmatrix} 1 \\ -1 \end{pmatrix}$이다.

행렬 A를 대각화하면 $A = \begin{pmatrix} 2 & 1 \\ -1 & -1 \end{pmatrix} \begin{pmatrix} 0 & 0 \\ 0 & -1 \end{pmatrix} \begin{pmatrix} 1 & 1 \\ -1 & -2 \end{pmatrix}$이다.

$$e^A = \begin{pmatrix} 2 & 1 \\ -1 & -1 \end{pmatrix} \begin{pmatrix} e^0 & 0 \\ 0 & e^{-1} \end{pmatrix} \begin{pmatrix} 1 & 1 \\ -1 & -2 \end{pmatrix} = \begin{pmatrix} 2 - e^{-1} & 2 - 2e^{-1} \\ -1 + e^{-1} & -1 + 2e^{-1} \end{pmatrix}$$

132. ④

풀이 $(f_1, f_2) = \int_0^1 x \cdot x^2 \, dx = \dfrac{1}{4}$

$\|f_1\|^2 = (f_1, f_1) = \int_0^1 x^2 \, dx = \dfrac{1}{3}$, $\|f_1\| = \sqrt{\dfrac{1}{3}}$

$\|f_2\|^2 = (f_2, f_2) = \int_0^1 x^4 \, dx = \dfrac{1}{5}$, $\|f_2\| = \sqrt{\dfrac{1}{5}}$

$\therefore \cos\theta = \dfrac{(f_1, f_2)}{\|f_1\| \, \|f_2\|} = \dfrac{\sqrt{15}}{4}$

133. ③

풀이 $(f_1, f_2) = \int_0^1 1 \cdot x^2 \, dx = \dfrac{1}{3}$

$\|f_1\|^2 = (f_1, f_1) = \int_0^1 1 \, dx = 1$,

$\|f_2\|^2 = (f_2, f_2) = \int_0^1 x^4 \, dx = \dfrac{1}{5}$

$\therefore \cos\theta = \dfrac{(f_1, f_2)}{\|f_1\| \, \|f_2\|} = \dfrac{\sqrt{5}}{3}$

134. ①

풀이 $\langle f, g \rangle = \int_{-2}^2 (1-x)(1+x) \, dx$

$\qquad = 2\int_0^2 (1-x^2) \, dx$

$\qquad = 2\left[x - \dfrac{1}{3}x^3 \right]_0^2$

$\qquad = -\dfrac{4}{3}$

$|f| = \sqrt{\int_{-2}^2 (1-x)^2 \, dx} = \sqrt{\dfrac{28}{3}}$

$|g| = \sqrt{\int_{-2}^2 (1+x)^2 \, dx} = \sqrt{\dfrac{28}{3}}$

$\therefore \cos\theta = \dfrac{\langle f, g \rangle}{|f||g|} = \dfrac{-\dfrac{4}{3}}{\sqrt{\dfrac{28}{3}} \sqrt{\dfrac{28}{3}}} = -\dfrac{1}{7}$

135. ③

풀이 $x^T A x = 90$이고 $A = \begin{pmatrix} 5 & 2 \\ 2 & 5 \end{pmatrix}$의 고유값 $\lambda = 3, 7$이다.

$\lambda = 3$일 때, 고유벡터 $X = \alpha \begin{pmatrix} 1 \\ -1 \end{pmatrix}$ $(\alpha \neq 0)$

$\lambda = 7$일 때, 고유벡터 $X = \beta \begin{pmatrix} 1 \\ 1 \end{pmatrix}$ $(\beta \neq 0)$

따라서 $P = \begin{pmatrix} \dfrac{1}{\sqrt{2}} & \dfrac{1}{\sqrt{2}} \\ -\dfrac{1}{\sqrt{2}} & \dfrac{1}{\sqrt{2}} \end{pmatrix}$는 A를 직교대각화한다.

$\det(P) = 1$이므로 P는 회전변환을 나타내는 행렬이다.

회전각은 $\cos\theta = \dfrac{1}{\sqrt{2}}$, $\sin\theta = -\dfrac{1}{\sqrt{2}}$이므로

$\theta = -\dfrac{\pi}{4}$

[다른 풀이]

$ax^2 + 2bxy + cy^2 = k$ $(b \neq 0)$의 회전각 공식은

$\cot 2\theta = \dfrac{a-c}{2b}$ 이다.

136. ①

풀이 점 A를 원점을 중심으로
시계 반대 방향으로 $45°$ 만큼 회전하면

$\begin{pmatrix} \cos\dfrac{\pi}{4} & -\sin\dfrac{\pi}{4} \\ \sin\dfrac{\pi}{4} & \cos\dfrac{\pi}{4} \end{pmatrix} \begin{pmatrix} 5 \\ 6 \end{pmatrix} = \dfrac{1}{\sqrt{2}} \begin{pmatrix} 1 & -1 \\ 1 & 1 \end{pmatrix} \begin{pmatrix} 5 \\ 6 \end{pmatrix}$

$\qquad\qquad = \dfrac{1}{\sqrt{2}} \begin{pmatrix} -1 \\ 11 \end{pmatrix}$이고

$y = -x$에 대하여 대칭이동하면

$\begin{pmatrix} \cos\dfrac{3}{2}\pi & \sin\dfrac{3}{2}\pi \\ \sin\dfrac{3}{2}\pi & -\cos\dfrac{3}{2}\pi \end{pmatrix} \dfrac{1}{\sqrt{2}} \begin{pmatrix} -1 \\ 11 \end{pmatrix}$

$= \dfrac{1}{\sqrt{2}} \begin{pmatrix} 0 & -1 \\ -1 & 0 \end{pmatrix} \begin{pmatrix} -1 \\ 11 \end{pmatrix}$

$= \dfrac{1}{\sqrt{2}} \begin{pmatrix} -11 \\ 1 \end{pmatrix}$이다.

$\therefore b + c = \dfrac{-10}{\sqrt{2}} = -5\sqrt{2}$

137. ②

점 $(-5, 12)$를 $y = tx$(단, $\tan\theta = t$)에 대하여 대칭이동한 점은

$$\binom{x'}{y'} = \binom{a(t)}{b(t)} = \begin{pmatrix} \cos 2\theta & \sin 2\theta \\ \sin 2\theta & -\cos 2\theta \end{pmatrix}\binom{-5}{12}$$

$\Leftrightarrow a(t) = -5\cos 2\theta + 12\sin 2\theta$, $b(t) = -5\sin 2\theta - 12\cos 2\theta$

$-1 \le t \le 1$에서 곡선의 길이를 l이라 하면

$$l = \int_{-\frac{\pi}{4}}^{\frac{\pi}{4}} \sqrt{(10\sin 2\theta + 24\cos 2\theta)^2 + (-10\cos 2\theta + 24\sin 2\theta)^2}\, d\theta$$

$$= \int_{-\frac{\pi}{4}}^{\frac{\pi}{4}} \sqrt{100 + 576}\, d\theta$$

$$= \int_{-\frac{\pi}{4}}^{\frac{\pi}{4}} 26\, d\theta$$

$$= 13\pi \text{이다.}$$

138. ③

평면 $x - y + z = 0$에 의해 임의의 벡터를 대칭이동시키는 행렬을 A, 평면의 법선벡터를 $\vec{n} = \begin{pmatrix} 1 \\ -1 \\ 1 \end{pmatrix}$이라 하면

$$A = I - 2\frac{nn^T}{n^T n}$$

$$= \begin{pmatrix} 1 & 0 & 0 \\ 0 & 1 & 0 \\ 0 & 0 & 1 \end{pmatrix} - 2\frac{1}{3}\begin{pmatrix} 1 & -1 & 1 \\ -1 & 1 & -1 \\ 1 & -1 & 1 \end{pmatrix}$$

$$= \frac{1}{3}\left\{ \begin{pmatrix} 3 & 0 & 0 \\ 0 & 3 & 0 \\ 0 & 0 & 3 \end{pmatrix} - \begin{pmatrix} 2 & -2 & 2 \\ -2 & 2 & -2 \\ 2 & -2 & 2 \end{pmatrix} \right\}$$

$$= \frac{1}{3}\begin{pmatrix} 1 & 2 & -2 \\ 2 & 1 & 2 \\ -2 & 2 & 1 \end{pmatrix}$$

가. (참) $\frac{1}{3}\begin{pmatrix} 1 & 2 & -2 \\ 2 & 1 & 2 \\ -2 & 2 & 1 \end{pmatrix}\begin{pmatrix} 1 \\ -1 \\ 1 \end{pmatrix} = \frac{1}{3}\begin{pmatrix} -3 \\ 3 \\ -3 \end{pmatrix} = \begin{pmatrix} -1 \\ 1 \\ -1 \end{pmatrix}$

이므로 고유치 -1에 대한 고유벡터이다.

나. (참) $\frac{1}{3}\begin{pmatrix} 1 & 2 & -2 \\ 2 & 1 & 2 \\ -2 & 2 & 1 \end{pmatrix}\begin{pmatrix} 1 \\ 1 \\ 0 \end{pmatrix} = \frac{1}{3}\begin{pmatrix} 3 \\ 3 \\ 0 \end{pmatrix} = \begin{pmatrix} 1 \\ 1 \\ 0 \end{pmatrix}$이므로

고유치 1에 대한 고유벡터이다.

다. (거짓) $|A| = \left| \frac{1}{3}\begin{pmatrix} 1 & 2 & -2 \\ 2 & 1 & 2 \\ -2 & 2 & 1 \end{pmatrix} \right|$

$$= \frac{1}{3^3}\begin{vmatrix} 1 & 2 & -2 \\ 2 & 1 & 2 \\ -2 & 2 & 1 \end{vmatrix}$$

$$= \frac{1}{27}\begin{vmatrix} 1 & 2 & -2 \\ 2 & 1 & 2 \\ -3 & 0 & 3 \end{vmatrix}$$

$$= \frac{1}{27}\begin{vmatrix} 1 & 2 & -1 \\ 2 & 1 & 4 \\ -3 & 0 & 0 \end{vmatrix}$$

$$= \frac{1}{27}(-3)\begin{vmatrix} 2 & -1 \\ 1 & 4 \end{vmatrix}$$

$$= -1 \text{이다.}$$

라. (거짓) $tr(A) = tr\left\{ \frac{1}{3}\begin{pmatrix} 1 & 2 & -2 \\ 2 & 1 & 2 \\ -2 & 2 & 1 \end{pmatrix} \right\} = \frac{1}{3}(1+1+1) = 1$

마. (참) 행렬 A는 대칭행렬이므로 대각화가능하다.

139. ④

정사영변환 행렬 A의 고유벡터는
(i) 평면 위의 벡터, ,(ii) 평면과 수직인 벡터이다.
$(2, 1, 1)$, $(1, 1, 0)$은 평면상의 벡터이고,
$(1, -1, -1)$은 평면과 수직인 벡터이다.
따라서 고유벡터가 아닌 것은 $(2, 0, 1)$이다.

140. ②

$$\text{proj}_W v = \text{proj}_{u_1} v + \text{proj}_{u_2} v = \frac{2}{6}\begin{pmatrix} 1 \\ 2 \\ -1 \end{pmatrix} + \frac{16}{30}\begin{pmatrix} 5 \\ -2 \\ 1 \end{pmatrix} = \begin{pmatrix} 3 \\ -\frac{2}{5} \\ \frac{1}{5} \end{pmatrix}$$

$$\Rightarrow v - \text{proj}_W v = \begin{pmatrix} 0 \\ \frac{12}{5} \\ \frac{24}{5} \end{pmatrix} \Rightarrow \| v - \text{proj}_W v \| = \frac{12\sqrt{5}}{5}$$

141. 2

$A = \begin{bmatrix} 1 & 6 & 3 & 1 \\ 1 & 4 & 2 & 1 \\ 0 & 2 & 1 & 0 \end{bmatrix} \sim \begin{bmatrix} 1 & 6 & 3 & 1 \\ 0 & -2 & -1 & 0 \\ 0 & 2 & 1 & 0 \end{bmatrix} \sim \begin{bmatrix} 1 & 6 & 3 & 1 \\ 0 & -2 & -1 & 0 \\ 0 & 0 & 0 & 0 \end{bmatrix}$ 이고,

$\begin{bmatrix} 1 & 6 & 3 & 1 \\ 0 & -2 & -1 & 0 \\ 0 & 0 & 0 & 0 \end{bmatrix}\begin{bmatrix} x \\ y \\ z \\ w \end{bmatrix} = \begin{bmatrix} 0 \\ 0 \\ 0 \end{bmatrix}$ 을 만족하려면

$x + 6y + 3z + w = 0$, $2y + z = 0$을 만족해야 한다.
이때 A의 영공간의 기저를 구하면
$\{v_1 = (1, 0, 0, -1), v_2 = (0, 1, -2, 0)\}$이다.
또한 위의 기저는 직교기저이므로 직교기저를 이용하여
A의 영공간 V 위로 벡터 x의 정사영을 구하면 다음과 같다.
$$\text{Proj}_V x = \text{Proj}_{v_1} x + \text{Proj}_{v_2} x$$
$$= \frac{x \cdot v_1}{v_1 \cdot v_1} v_1 + \frac{x \cdot v_2}{v_2 \cdot v_2} v_2$$
$$= (1, 0, 0, -1) + (0, -2, 4, 0)$$
$$= (1, -2, 4, -1)$$
$$\therefore p_1 + p_2 + p_3 + p_4 = 2$$

142. 41

W의 한 기저 v와 w를 그람-슈미트 직교화 과정으로
직교기저 v, v_1으로 나타내면 다음과 같다.

$v = (1, 1, 1, 1, 1)$,
$v_1 = w - porj_v w$
$$= (-2, -1, 0, 2, 3) - \frac{2}{5}(1, 1, 1, 1, 1)$$
$$= \frac{1}{5}(-12, -7, -2, 8, 13) // (-12, -7, -2, 8, 13)$$
$$= v_2$$

직교기저 v, v_2로 생성된 공간 W로의 정사영은 다음과 같다.
$$P_W(u) = P_v(u) + P_{v_1}(u)$$
$$= \frac{9}{5}(1, 1, 1, 1, 1) + \frac{-1}{10}(-12, -7, -2, 8, 13)$$
$$= \left(3, \frac{5}{2}, 2, 1, \frac{1}{2}\right)$$
$$\therefore (u_1, u_2, u_3, u_4, u_5) = \left(3, \frac{5}{2}, 2, 1, \frac{1}{2}\right)$$
$$\therefore 2(u_1^2 + u_2^2 + u_3^2 + u_4^2 + u_5^2) = 41$$

143. ⑤

$2x_1 - x_3 + x_4 = 0 \Leftrightarrow (2\ 0\ -1\ 1)\begin{pmatrix} x_1 \\ x_2 \\ x_3 \\ x_4 \end{pmatrix} = 0$이므로

$(A$의 해공간$)^T = (A$의 행공간$) = (2, 0, -1, 1)$이다.
따라서 점 $(1, 1, 1, 1)$의 W로의 직교사영은 다음과 같다.
$(1, 1, 1, 1) - proj_{(2, 0, -1, 1)}(1, 1, 1, 1)$
$$= (1, 1, 1, 1) - \frac{2}{4+1+1}(2, 0, -1, 1)$$
$$= \frac{1}{3}\{(3, 3, 3, 3) - (2, 0, -1, 1)\}$$
$$= \frac{1}{3}(1, 3, 4, 2)$$

144. ④

$A = I - \frac{1}{n^T n}nn^T = \begin{bmatrix} 1 & 0 & 0 \\ 0 & 1 & 0 \\ 0 & 0 & 1 \end{bmatrix} - \frac{1}{2}\begin{bmatrix} 1 & -1 & 0 \\ -1 & 1 & 0 \\ 0 & 0 & 0 \end{bmatrix} = \begin{bmatrix} \frac{1}{2} & \frac{1}{2} & 0 \\ \frac{1}{2} & \frac{1}{2} & 0 \\ 0 & 0 & 1 \end{bmatrix}$

따라서 특성방정식 $(1-\lambda)\left\{\left(\frac{1}{2}-\lambda\right)^2 - \frac{1}{4}\right\} = 0$에서
$\lambda = 0, 1$(중근)이다.
$\lambda = 0$일 때 $\frac{1}{2}(x+y) = 0, z = 0$이므로

고유벡터는 $[1\ -1\ 0]^T$, $\lambda = 1$일 때 $\frac{1}{2}(-x+y) = 0$이므로
고유벡터는 $[1\ 1\ 0]^T$, $[0, 0, 1]^T$이다.

145. ③

$f(x) = x^2$ 위로의 $g(x) = x$의 정사영 P는 다음과 같다.

$$P = \text{Proj}_{f(x)} g(x) = \frac{\langle x, x^2 \rangle}{\langle x^2, x^2 \rangle} \cdot x^2 = \frac{\displaystyle\int_0^1 x^3 dx}{\displaystyle\int_0^1 x^4 dx} \cdot x^2 = \frac{5}{4} x^2$$

■ 23. 이차형식

146. ②

고윳값과 고유벡터가 주어졌으므로
행렬 A를 스펙트럼 분해된 형태로 나타낼 수 있다.
두 고유벡터를 정규화하면

$$\vec{u_1} = \begin{pmatrix} \dfrac{1}{\sqrt{10}} \\ \dfrac{3}{\sqrt{10}} \end{pmatrix}, \ \vec{u_2} = \begin{pmatrix} -\dfrac{3}{\sqrt{10}} \\ \dfrac{1}{\sqrt{10}} \end{pmatrix} \text{이므로}$$

$$A = 5\vec{u_1}\vec{u_1}^T - 2\vec{u_2}\vec{u_2}^T$$

$$= 5\begin{pmatrix} \dfrac{1}{\sqrt{10}} \\ \dfrac{3}{\sqrt{10}} \end{pmatrix}\begin{pmatrix} \dfrac{1}{\sqrt{10}} & \dfrac{3}{\sqrt{10}} \end{pmatrix} - 2\begin{pmatrix} -\dfrac{3}{\sqrt{10}} \\ \dfrac{1}{\sqrt{10}} \end{pmatrix}\begin{pmatrix} -\dfrac{3}{\sqrt{10}} & \dfrac{1}{\sqrt{10}} \end{pmatrix}$$

$$= \frac{1}{10}\begin{pmatrix} -13 & 21 \\ 21 & 43 \end{pmatrix} \text{이다.}$$

$\vec{v} = \begin{pmatrix} a \\ b \end{pmatrix}$로 놓으면

$$s = \{\vec{v}\}^T [A]\{\vec{v}\}$$

$$= (a \ \ b)\frac{1}{10}\begin{pmatrix} -13 & 21 \\ 21 & 43 \end{pmatrix}\begin{pmatrix} a \\ b \end{pmatrix}$$

$$= -1.3a^2 + 4.2ab + 4.3b^2$$

이므로 $\vec{v}$에 따라 양수일 수도 음수일 수도 있다.
따라서 옳은 것은 가, 마이다.

147. ③

$$x^2 + 4xz + 2y^2 + z^2 = (x\, y\, z)\begin{pmatrix} 1 & 0 & 2 \\ 0 & 2 & 0 \\ 2 & 0 & 1 \end{pmatrix}\begin{pmatrix} x \\ y \\ z \end{pmatrix}$$

$$= v^T A v \text{를 직교대각화하면}$$

$$a_1 X^2 + a_2 Y^2 + a_3 Z^2 = (X\, Y\, Z)\begin{pmatrix} a_1 & 0 & 0 \\ 0 & a_2 & 0 \\ 0 & 0 & a_3 \end{pmatrix}\begin{pmatrix} X \\ Y \\ Z \end{pmatrix} = w^T D w \text{이다.}$$

이때 $w^T D w = w^T P^{-1} A P w$이다.
(단, P는 A의 고유벡터를 열로 갖는 직교행렬)
행렬 A의 고윳값은

$$\begin{vmatrix} 1-\lambda & 0 & 2 \\ 0 & 2-\lambda & 0 \\ 2 & 0 & 1-\lambda \end{vmatrix} = (2-\lambda)(\lambda-3)(\lambda+1) = 0 \text{에서}$$

$\lambda = -1, 2, 3$ 이다.

이때 고유벡터 v는 $v_1 = \begin{pmatrix} 1 \\ 0 \\ -1 \end{pmatrix}$, $v_2 = \begin{pmatrix} 0 \\ 1 \\ 0 \end{pmatrix}$, $v_3 = \begin{pmatrix} 1 \\ 0 \\ 1 \end{pmatrix}$이므로

$$P = \begin{pmatrix} \dfrac{1}{\sqrt{2}} & 0 & \dfrac{1}{\sqrt{2}} \\ 0 & 1 & 0 \\ -\dfrac{1}{\sqrt{2}} & 0 & \dfrac{1}{\sqrt{2}} \end{pmatrix} \text{이다.}$$

$v^T A v \Rightarrow w^T P^{-1} A P w$에서 $v = Pw$

즉 $\begin{pmatrix} x \\ y \\ z \end{pmatrix} = \begin{pmatrix} \frac{1}{\sqrt{2}} & 0 & \frac{1}{\sqrt{2}} \\ 0 & 1 & 0 \\ -\frac{1}{\sqrt{2}} & 0 & \frac{1}{\sqrt{2}} \end{pmatrix} \begin{pmatrix} X \\ Y \\ X \end{pmatrix}$

$\Rightarrow \begin{pmatrix} X \\ Y \\ Z \end{pmatrix} = \begin{pmatrix} \frac{1}{\sqrt{2}} & 0 & -\frac{1}{\sqrt{2}} \\ 0 & 1 & 0 \\ \frac{1}{\sqrt{2}} & 0 & \frac{1}{\sqrt{2}} \end{pmatrix} \begin{pmatrix} x \\ y \\ z \end{pmatrix}$이다.

$\therefore Z = \frac{1}{\sqrt{2}} x + \frac{1}{\sqrt{2}} z$, $\alpha + \beta + \gamma = \sqrt{2}$

148. ①

풀이 $A = \begin{pmatrix} 5 & -2 & 0 \\ -2 & 8 & 0 \\ 0 & 0 & 1 \end{pmatrix}$, $v = \begin{pmatrix} x \\ y \\ z \end{pmatrix}$라 하면

$f(x, y, z) = v^T A v$에서 다음과 같다.

가. $P \begin{pmatrix} x \\ y \\ z \end{pmatrix} = \begin{pmatrix} X \\ Y \\ Z \end{pmatrix}$일 때 $f(x, y, z) = aX^2 + bY^2 + cZ^2$의

a, b, c는 행렬 A의 고유치이다.
따라서 $a + b + c$는 고유치의 합. 즉, $trA = 14$이다.

나. $x^2 + y^2 + z^2 = 1$일 때, $f(x, y, z)$의 최댓값, 최솟값은
고유치의 최댓값, 최솟값과 같다.
따라서 고유치를 구하면 $1, 4, 9$에서
최댓값, 최솟값의 합은 10이다.

149. ③

풀이 이차형식 $f(x, y, z) = (x\ y\ z) \begin{pmatrix} 1 & -2 & 0 \\ -2 & 0 & 2 \\ 0 & 2 & -1 \end{pmatrix} \begin{pmatrix} x \\ y \\ z \end{pmatrix}$이고

$x^2 + y^2 + z^2 = 1$이므로 $f(x, y, z)$의 최대, 최소는

행렬 $\begin{pmatrix} 1 & -2 & 0 \\ -2 & 0 & 2 \\ 0 & 2 & -1 \end{pmatrix}$의 고유치의 최대, 최소와 같다.

$\begin{vmatrix} 1-\lambda & -2 & 0 \\ -2 & -\lambda & 2 \\ 0 & 2 & -1-\lambda \end{vmatrix} = -\lambda(\lambda+3)(\lambda-3) = 0$이므로

고유치는 $\lambda = 0, 3, -3$이다.
이차형식 $f(x, y, z)$의 최댓값은 3이고, 최솟값은 -3이다.

150. ④

풀이 $ax^2 + xy + by^2 \ge 0 (a, b, x, y$는 임의의 실수)이므로

$(x\ y) \begin{pmatrix} a & 1 \\ 0 & b \end{pmatrix} \begin{pmatrix} x \\ y \end{pmatrix} = (x\ y) \begin{pmatrix} a & \frac{1}{2} \\ \frac{1}{2} & b \end{pmatrix} \begin{pmatrix} x \\ y \end{pmatrix}$

$= \alpha u^2 + \beta v^2 \ge 0$

을 만족한다. 여기서 α, β는 행렬 $A = \begin{pmatrix} a & \frac{1}{2} \\ \frac{1}{2} & b \end{pmatrix}$의 고윳값이다.

(i) $ax^2 + xy + by^2 > 0$이면 A는 양정치 행렬이고,

$a > 0$, $ab - \frac{1}{4} > 0$이므로 $ab > \frac{1}{4}$이다.

$\therefore a^2 + b^2 \ge 2ab > \frac{1}{2}$

(ii) $ax^2 + xy + by^2 = 0$이면 $\alpha u^2 + \beta v^2 = 0$이고,
$\alpha = \beta = 0$이다.

이때 $A = \begin{pmatrix} a & \frac{1}{2} \\ \frac{1}{2} & b \end{pmatrix}$의 고윳값이 모두 0이므로

$a + b = 0$, $ab - \frac{1}{4} = 0$이 되는데

$b = -a$, $-a^2 = \frac{1}{4}$가 되므로 모순이 발생한다.

(iii) $ax^2 + xy + by^2 \ge 0$인 경우는 $\alpha u^2 + \beta v^2 \ge 0$이고
A가 양정치 행렬인 경우와
α, β중 하나의 값이 0이 되는 경우를 생각할 수 있다.
$\alpha > 0$이면 $\beta = 0$이 되어도 $\alpha u^2 + \beta v^2 \ge 0$이 성립한다.
따라서 두 고윳값의 합 $a + b > 0$,
고윳값의 곱 $ab - \frac{1}{4} = 0 \Rightarrow ab = \frac{1}{4}$이 되어도 된다.

(iv) 위의 (i) 내용에 의해서 $a^2 + b^2 \ge 2ab > \frac{1}{2}$이 성립하나

(iii)의 조건을 추가하면 $a^2 + b^2 \ge 2ab \ge \frac{1}{2}$이 성립한다.

$a^2 + b^2 \ge \frac{1}{2}$이므로 최솟값은 $\frac{1}{2}$이다.

■ 1. 변수분리 & 동차형 미분방정식

1. ④

$\dfrac{dx}{dy} = \dfrac{y}{x} \Rightarrow x\,dx = y\,dy \Rightarrow \dfrac{1}{2}x^2 = \dfrac{1}{2}y^2 + C$

$y(0) = -3$이므로 $C = -\dfrac{9}{2}$

따라서 구하는 해는 $x^2 - y^2 = -9$이고 이때 $y(0) = -3$
이므로 x축 대칭인 쌍곡선의 아래쪽 곡선만 해당된다.

$\therefore y(4) = -5$

2. ②

$\dfrac{dy}{dx} = -\dfrac{x}{y} \Rightarrow y\,dy = -x\,dx$에서 양변을 적분하면

$\dfrac{1}{2}y^2 = -\dfrac{1}{2}x^2 + C \Rightarrow y^2 = -x^2 + C$이고

초깃값이 $x = 0$에서 $y = -1$이므로

$C = 1$이고 $y = -\sqrt{-x^2 + 1}$ 이다.

$\therefore y\left(\dfrac{1}{2}\right) = -\dfrac{\sqrt{3}}{2}$

3. ③

$\dfrac{dy}{dx} = y(1-y)$은 변수분리형 미분방정식이다.

$dx - \dfrac{1}{y(1-y)}dy = 0 \Leftrightarrow \displaystyle\int dx - \int \dfrac{1}{y(1-y)}dy = C$

$\Leftrightarrow \displaystyle\int dx - \int \left(\dfrac{1}{y} + \dfrac{1}{1-y}\right)dy = C$

$\Leftrightarrow x - (\ln|y| - \ln|1-y|) = C$

$\Leftrightarrow x - \ln\left|\dfrac{y}{1-y}\right| = C$

초기조건에서 $y(0) = \dfrac{1}{2}$이므로 $C = 0$이다.

$\therefore \ln\left|\dfrac{y}{1-y}\right| = x \Leftrightarrow \dfrac{y}{1-y} = e^x$

$\Leftrightarrow \dfrac{1-y}{y} = e^{-x}$

$\Leftrightarrow \dfrac{1}{y} - 1 = e^{-x}$

$\Leftrightarrow \dfrac{1}{y} = e^{-x} + 1$

$y = \dfrac{1}{e^{-x}+1}$이므로 $y(1) = \dfrac{1}{e^{-1}+1} = \dfrac{e}{1+e}$이다.

4. ②

$(y + x^2 y)\dfrac{dy}{dx} - 2x = 0 \Leftrightarrow y(1+x^2)\dfrac{dy}{dx} = 2x$

$\Leftrightarrow y\,dy = \dfrac{2x}{1+x^2}\,dx$

$\Leftrightarrow \dfrac{1}{2}y^2 = \ln(1+x^2) + C$

$\Leftrightarrow y^2 = 2\ln(1+x^2) + C$

이 곡선이 원점을 지나므로 $C = 0$이다.
또 점 $(a, 2)$를 지나므로
$2^2 = 2\ln(1+a^2) \Leftrightarrow 2 = \ln(1+a^2) \Leftrightarrow 1+a^2 = e^2$이다.

$\therefore a = \sqrt{e^2 - 1}\ (\because a > 0)$

5. ③

$(e^{2y} - y)\dfrac{dy}{dx} = \sin x \Leftrightarrow -\sin x\,dx + (e^{2y} - y)dy = 0$은

변수분리형 미분방정식이다.

$\displaystyle\int -\sin x\,dx + \int (e^{2y} - y)dy = 0 \Leftrightarrow \cos x + \dfrac{1}{2}e^{2y} - \dfrac{1}{2}y^2 = C$

이때 $y(0) = 0$을 만족하므로 $C = \dfrac{3}{2}$이다.

$\cos x + \dfrac{1}{2}e^{2y} - \dfrac{1}{2}y^2 = \dfrac{3}{2}$이므로 점 $(2\pi, 0)$을 지난다.

6. ④

$-y\,dx + x^2\,dy = 0 \Rightarrow x^2\,dy = y\,dx \Rightarrow \dfrac{1}{y}\,dy = \dfrac{1}{x^2}\,dx$

변수분리형 미분방정식이므로 $\displaystyle\int \dfrac{1}{y}\,dy = \int \dfrac{1}{x^2}\,dx$이다.

$\ln y = -\dfrac{1}{x} + c$

$y = e^{-\frac{1}{x}+c} = Ae^{-\frac{1}{x}}$이고 $y(1) = 7$이므로

$7 = Ae^{-1} \Rightarrow A = 7e$

$y = 7e\,e^{-\frac{1}{x}} = 7e^{-\frac{1}{x}+1}$이다.

$\therefore y(2) = 7e^{\frac{1}{2}} = 7\sqrt{e}$

7. ②

$y' - y = y^2 \iff \dfrac{dy}{dx} = y^2 + y$

$\qquad\qquad \iff \dfrac{1}{y^2 + y}\,dy = dx$

$\qquad\qquad \iff \left(\dfrac{1}{y} - \dfrac{1}{y+1}\right)dy = dx$

변수분리형 미분방정식이므로 일반해는 다음과 같다.

$\ln y - \ln(y+1) = x + c \iff \ln\left(\dfrac{y}{y+1}\right) = x + c$

$\qquad\qquad\qquad \iff \dfrac{y}{y+1} = ce^x$

$\qquad\qquad\qquad \iff y(1 - ce^x) = ce^x$

$\qquad\qquad\qquad \iff y = \dfrac{ce^x}{1 - ce^x}$

초기조건 $y(0) = 3$을 대입하면 $c = \dfrac{3}{4}$이다.

$\therefore y(x) = \dfrac{\dfrac{3}{4}e^x}{1 - \dfrac{3}{4}e^x} = \dfrac{3e^x}{4 - 3e^x}$, $y(1) = \dfrac{3e}{4 - 3e}$

8. ④

$\sqrt{1 - x^2}\,y' = y^2 + 1 \iff \sqrt{1 - x^2}\,\dfrac{dy}{dx} = y^2 + 1$

$\qquad\qquad\qquad \iff \dfrac{1}{y^2 + 1}\,dy = \dfrac{1}{\sqrt{1 - x^2}}\,dx$

양변을 적분하면

$\tan^{-1}y = \sin^{-1}x + C \Rightarrow y = \tan(\sin^{-1}x + C)$(단, C는 상수)

$y(0) = 0$이므로 $C = 0$이다.

$\therefore y = \tan(\sin^{-1}x)$

$\therefore y\left(\dfrac{1}{\sqrt{2}}\right) = 1$

9. ②

주어진 미분방정식을 정리하면 $(x^2 - y^2)dx + 2xy\,dy = 0$이고
동차형 미분방정식이다.

$u = \dfrac{y}{x}$라 놓으면 $y = ux$, $dy = x\,du + u\,dx$이다.

이것을 주어진 미분방정식에 대입하여 정리하면

$\dfrac{1}{x}\,dx + \dfrac{2u}{1 + u^2}\,du = 0$이고 변수분리형 미분방정식이다.

$\displaystyle\int \dfrac{1}{x}\,dx + \int \dfrac{2u}{1 + u^2}\,du = C$

$\ln x + \ln(1 + u^2) = C$

$\ln x\left(1 + \dfrac{y^2}{x^2}\right) = C$

초기조건 $y(1) = 0$을 대입하면 $C = 0$이다.

$x^2 - x + y^2 = 0$, $y = \sqrt{x - x^2}$

$y\left(\dfrac{1}{2}\right) = \sqrt{\dfrac{1}{2} - \dfrac{1}{4}} = \dfrac{1}{2}$

10. ①

$2xy - \sec^2 x = P$, $x^2 + 3y^2 = Q$라 하면
$Q_x = P_y$이므로 완전미분방정식이다.
따라서 해를 구하면 $x^2 y - \tan x + y^3 = C$이다.
초기조건에 의해 $y(0) = -1$이므로 $C = -1$이다.
$\therefore x^2 y - \tan x + y^3 = -1$

11. ④

$\dfrac{\partial}{\partial x}(2x\cos 2t - 2t) = 2\cos 2t = \dfrac{\partial}{\partial t}(\sin 2t)$이므로
$(\sin 2t)dx + (2x\cos 2t - 2t)dt = 0$은 완전미분방정식이다.
따라서 일반해는 $x\sin 2t - t^2 = c$이다.

12. ②

완전미분방정식 꼴이므로 일반해를 구하면 다음과 같다.
$f(x,y) = \dfrac{1}{2}x^2 + xy - x + \dfrac{1}{2}y^2 + y = C$
$\Rightarrow x^2 + 2xy - 2x + y^2 + 2y = C$

13. ①

$\dfrac{dy}{dx} + \left(\dfrac{x+2}{x+1}\right)y = 2x\left(\dfrac{e^{-x}}{x+1}\right)$
따라서 적분인자는 $\mu(x) = e^{\int \left(\frac{x+2}{x+1}\right)dx} = (x+1)e^x$이다.

14. ④

$(4x^3 \cot y)dx = (\csc^2 y)dy$
$\Leftrightarrow (4x^3 \cot y)dx - (\csc^2 y)dy = 0$
$\mu(x) = \dfrac{\dfrac{\partial}{\partial x}(-\csc^2 y) - \dfrac{\partial}{\partial y}(4x^3 \cot y)}{-\csc^2 y} = -4x^3$
따라서 적분인자는 $\lambda = e^{-\int -4x^3 dx} = e^{x^4} = \exp(x^4)$이다.

15. ③

주어진 적분인자를 곱하여
완전미분방정식이 되는지 확인해보면 된다.

① $-\dfrac{1}{x}(3x^2 y)dx - \dfrac{1}{x}(2x^3 - 4y^2)dy = 0$에서
$M = -3xy$, $N = -2x^2 + \dfrac{4y^2}{x}$라 하면
$M_y \neq N_y$이므로 적분인자가 아니다.

② $\dfrac{2}{x}(x^2 e^x - y)dx + \left(\dfrac{2}{x}\right)x\,dy = 0$에서
$M = 2xe^x - \dfrac{2y}{x}$, $N = 2$라 하면
$M_y \neq N_y$이므로 적분인자가 아니다.

③ $\dfrac{dy}{dx} = \dfrac{1}{x+y^2} \rightarrow dx - (x+y^2)dy = 0$이므로
$e^{-y}dx - e^{-y}(x+y^2)dy = 0$에서
$M = e^{-y}$, $N = e^{-y}(x+y^2)$이라 하면
$M_y = N_x$이므로 적분인자이다.

④ $e^x(e^{x+y} - y)dx + e^x(xe^{x+y} + 1)dy = 0$에서
$M = e^{2x+y} - ye^x$, $N = xe^{2x+y} + e^x$이다.
따라서 $M_y \neq N_x$이므로 적분인자가 아니다.

16. ③

초기조건 $y(0) = 1$인 1계 선형미분방정식
$y' + (\tan x)y = \sin x$이다.

$$y = e^{-\int \tan x\, dx}\left[\int e^{\int \tan x\, dx} \cdot \sin x\, dx + C\right]$$
$$= \cos x\left(\int \sec x \cdot \sin x\, dx + C\right)$$
$$= \cos x\{-\ln(\cos x) + C\}$$
$$= \cos x \ln(\sec x) + C\cos x$$

초기조건에 의해 $C = 1$이다.

$$\therefore y = \cos x\{1 + \ln(\sec x)\}$$
$$\therefore \lim_{x \to \frac{\pi}{2}^-} \cos x\{1 + \ln(\sec x)\} = 0$$

17. ②

$y' + ty = 0$은 1계 선형미분방정식이므로
$$y = ce^{-\int t\, dt} = ce^{-\frac{1}{2}t^2}$$이다.

이때 $y(0) = 1$이므로 $c = 1$이다.

또한 $y = e^{-\frac{1}{2}t^2}$이므로 $y(1) = e^{-\frac{1}{2}}$이며 $y(2) = e^{-2}$이다.

$$\therefore \frac{\sqrt{y(2)}}{(y(1))^2} = \frac{e^{-1}}{e^{-1}} = 1$$

18. ②

$y' - ky = -7k$ 1계 선형미분방정식이다.
$$y = e^{-\int -k\, dt}\left[\int -7ke^{\int -k\, dt} + C\right]$$
$$= e^{kt}\left[7\int -ke^{-kt}\, dt + C\right]$$
$$= e^{kt}[7e^{-kt} + C]$$
$$= 7 + Ce^{kt}$$
$y(0) = 30$이므로 $7 + C = 30$
$\therefore C = 23$
$y(3) = 20$이므로 $7 + 23e^{3k} = 20$이고
$k = \frac{1}{3}\ln\frac{13}{23}$이다.

19. ①

$xy' - x^2\sin x = y \Leftrightarrow y' - \frac{1}{x}y = x\sin x$는
1계 선형미분방정식이다.

$$y = e^{\ln x}\left[\int x\sin x e^{-\ln x}\, dx + c\right]$$
$$= x\left[\int \sin x\, dx + c\right]$$
$$= x[-\cos x + c]$$
초기조건 $y(\pi) = 0$을 대입하면 $c = -1$이다.
따라서 $y(x) = -x(\cos x + 1)$이고 $y(2\pi) = -4\pi$이다.

20. ④

$x\dfrac{dy}{dx} + y = e^x \Rightarrow \dfrac{d}{dx}(xy) = e^x$이고

양변을 x로 적분하면 $xy = e^x + C$이므로 $y = \dfrac{e^x + C}{x}$,

$y(1) = 2$을 대입하면 $2 = e + C \Rightarrow C = 2 - e$.

따라서 $y = \dfrac{e^x - e + 2}{x}$, $y(2) = \dfrac{1}{2}(e^2 - e + 2)$이다.

21. ③

양변에 $\dfrac{1}{x}$을 곱하면 $\dfrac{dy}{dx} - \dfrac{3}{x}y = x^5 e^x$이고
1계 선형미분방정식이다.

$$y = e^{-\int \left(-\frac{3}{x}\right)dx}\left[\int e^{\int \left(-\frac{3}{x}\right)dx} x^5 e^x\, dx + C\right]$$
$$= e^{3\ln x}\left[\int e^{-3\ln x} x^5 e^x\, dx + C\right]$$
$$= x^3\left[\int \frac{1}{x^3} x^5 e^x\, dx + C\right]$$
$$= x^3\left[\int x^2 e^x\, dx + C\right]$$
$$= x^3\left[x^2 e^x - 2\int x e^x\, dx + C\right]$$
$$= x^3\left[x^2 e^x - 2\left\{xe^x - \int e^x\, dx\right\} + C\right]$$
$$= x^5 e^x - 2x^4 e^x + 2x^3 e^x + Cx^3$$
초기조건에 의해 $y(1) = e$이므로 $C = 0$이다.
$$\therefore y(2) = e^2(2^5 - 2 \cdot 2^4 + 2 \cdot 2^3) = 16e^2$$

22. ③

$x' = x\sin t + 2te^{-\cos t} \Leftrightarrow x' - \sin t\, x = 2te^{-\cos t}$
1계 선형미분방정식이므로 일반해는 다음과 같다.
$$x(t) = e^{-\cos t}\left\{\int 2t e^{-\cos t} e^{\cos t}\, dt + c\right\}$$
$$= e^{-\cos t}\left\{\int 2t\, dt + c\right\}$$
$$= e^{-\cos t}\{t^2 + c\}$$
초기조건 $x(0) = 0$을 대입하면 $c = 0$이고 $x(t) = t^2 e^{-\cos t}$이다.
$$\therefore x(\pi) = \pi^2 e$$

23. ⑤

$x' + (t-1)x = (t-1)^3$이므로

x에 대한 1계 선형미분방정식이다.

해는 $x(t) = e^{-\int (t-1)dt}\left(\int (t-1)^3 e^{\int (t-1)dt}\, dt + C\right)$이다.

$$\int (t-1)^3 e^{\int (t-1)dt}\, dt$$

$$= \int (t-1)e^{\frac{1}{2}t^2 - t} \cdot (t-1)^2\, dt$$

$$= (t-1)^2 \cdot e^{\frac{1}{2}t^2 - t} - \int 2(t-1)e^{\frac{1}{2}t^2 - t}\, dt$$

$$= (t-1)^2 \cdot e^{\frac{1}{2}t^2 - t} - 2e^{\frac{1}{2}t^2 - t}$$

$$\therefore x(t) = e^{-\left(\frac{1}{2}t^2 - t\right)}\left((t-1)^2 \cdot e^{\frac{1}{2}t^2 - t} - 2e^{\frac{1}{2}t^2 - t}\right) + Ce^{-\left(\frac{1}{2}t^2 - t\right)}$$

$$= (t-1)^2 - 2 + Ce^{-\left(\frac{1}{2}t^2 - t\right)}$$

초기조건 $x(0) = 3$에서 $C = 4$이므로

$x(t) = (t-1)^2 - 2 + 4e^{-\left(\frac{1}{2}t^2 - t\right)}$이다.

$\therefore x(2) = 3$

24. ③

베르누이 미분방정식이므로

$y^{-1} = u$라 하면 $u' - 2u = -1$이다.

$$u = e^{-\int -2dx}\left[\int e^{\int -2dx}(-1)dx + c\right]$$

$$= e^{2x}\left[\int e^{-2x}(-1)dx + c\right]$$

$$= e^{2x}\left[\frac{1}{2}e^{-2x} + c\right]$$

$$= \frac{1}{2} + ce^{2x}$$

$y^{-1} = \frac{1}{2} + ce^{2x}$, $y(0) = 1$이므로 $c = \frac{1}{2}$이다.

$\therefore y = \dfrac{2}{1+e^{2x}}$, $y(1) = \dfrac{2}{1+e^2}$

■ **4. 베르누이 미분방정식**

25. ②

$y' - \dfrac{2}{x}y = \dfrac{3}{x^2}y^4$는 베르누이 미분방정식이다.

$u = y^{-3}$이라 하자.

$\Rightarrow \dfrac{du}{dx} = -3y^{-4}\dfrac{dy}{dx}$

이것을 주어진 미분방정식에 대입하여 정리하면

$\dfrac{du}{dx} + \dfrac{6}{x}u = -\dfrac{9}{x^2}$이고 1계 선형미분방정식이다.

$\Rightarrow u = -\dfrac{9}{5x} + \dfrac{C}{x^6}$

$\Rightarrow y^{-3} = -\dfrac{9}{5x} + \dfrac{C}{x^6}$

$y(1) = \dfrac{1}{2}$이므로 $C = \dfrac{49}{5}$이다.

$\therefore y^{-3} = -\dfrac{9}{5x} + \dfrac{49}{5x^6}$

26. ②

$u = y^{1-(-2)} = y^3$으로 치환하자.

$u' + \dfrac{3}{x}u = \dfrac{3}{x}$

$$u = e^{-\int \frac{3}{x}dx}\left[\int \frac{3}{x}e^{\int \frac{3}{x}dx}dx + c\right]$$

$$= \frac{1}{x^3}\left[\int \frac{3}{x}x^3 dx + c\right]$$

$$= \frac{1}{x^3}\left[x^3 + c\right]$$

$$= 1 + \frac{c}{x^3}$$

$u = 1 + \dfrac{c}{x^3}$이므로 $y^3 = 1 + \dfrac{c}{x^3}$이다.

이때 $y(1) = 0$이므로 $c = -1$이다.

$\therefore y^3 = 1 - \dfrac{1}{x^3}$, $y(2) = \dfrac{\sqrt[3]{7}}{2}$이다.

27. ②

박테리아의 수의 증가 속도가
시간 t에서 박테리아 수에 비례하므로
$P'(t) = kP(t)$가 성립한다.
따라서 $P'(t) - kP(t) = 0 \Leftrightarrow P(t) = ce^{kt}$이고
1시간이 지나면 처음 박테리아 수의 두 배가 되므로
$P(1) = 2c$을 만족한다.
따라서 $k = \ln 2$이고 $P(t) = ce^{(\ln 2)t}$이다.
그러므로 처음 박테리아 수보다 10배 증가하는 시간은
$P(t) = ce^{(\ln 2)t} = 10c$
$\Leftrightarrow (\ln 2)t = \ln 10$
$\Leftrightarrow t = \dfrac{\ln 10}{\ln 2} = \log_2 10$이다.

28. ②

t년 후의 방사능물질의 양을 $y(t)$라 하면
$\dfrac{dy}{dt} = ky \Leftrightarrow y' - ky = 0$이므로
1계 선형미분방정식 공식에 의해 $y = e^{kt + c_1} = Ce^{kt}$이다.
$y(0) = 100$이므로 $C = 100$이고
$y(30) = 50$이므로 $50 = 100e^{30k}$이다.
$\therefore k = -\dfrac{1}{30}\ln 2$
$\therefore 30 = 100e^{-\frac{t}{30}\ln 2}$
$\therefore t = 30 \times \dfrac{\ln 10 - \ln 3}{\ln 2}$

29. ②

외부 온도가 $0\,^\circ$C이므로 방정식은 $\dfrac{dT}{dt} = kT$이다.
$\therefore T = ce^{kt}$
최초 온도가 $150\,^\circ$C이므로 $c = 150$이고
1분 후의 온도가 $60\,^\circ$C이므로 $60 = 150e^k$이다.
$\therefore e^k = \dfrac{2}{5}$
따라서 2분 후의 온도는
$T|_{t=2} = 150 \times \left(\dfrac{2}{5}\right)^2 = 24(\,^\circ$C$)$다.

30. ③

$\dfrac{dT}{dt} + 0.01T = 0.23$이므로 1계 선형미분방정식이다.
$$T = e^{-\int 0.01\,dt}\left[\int e^{\int 0.01\,dt} \cdot 0.23\,dt + C\right]$$
$$= e^{-\frac{t}{100}}\left[\int 0.23e^{\frac{t}{100}}\,dt + C\right]$$
$$= e^{-\frac{t}{100}} \cdot 23e^{\frac{t}{100}} + Ce^{-\frac{t}{100}} = 23 + Ce^{-\frac{t}{100}}$$
$t = 0$일 때 $T = 3$이므로 $C = -20$이다.
$t = 100$일 때 균의 온도는
$23 - \dfrac{20}{e} \fallingdotseq 23 - 7.36 = 15.64(e \fallingdotseq 2.718)$이므로
보기 중 가장 가까운 값은 $16\,^\circ$C이다.

6. 2계 제차 상수계수 미분방정식

31. ②

주어진 함수의 1계 선형미분방정식과
2계 선형미분방정식을 각각 구하자.
$$y' = e^x \cos 2x + e^x(-\sin 2x) \cdot 2 = e^x(\cos 2x - 2\sin 2x)$$
$$y'' = e^x(\cos 2x - 2\sin 2x) + e^x(-2\sin 2x - 4\cos 2x)$$
$$= e^x(-3\cos 2x - 4\sin 2x)$$
$$y'' + ay' + by = 0 \text{에서}$$
$$e^x(-3\cos 2x - 4\sin 2x) + ae^x(\cos 2x - 2\sin 2x) + be^x \cos 2x = 0$$
이므로 $(a+b-3)e^x \cos 2x - 2(a+2)e^x \sin 2x = 0$ 이다.
이 식이 x의 값에 관계없이 성립해야 하므로
$a+b-3=0$, $a+2=0$에서 $a=-2$, $b=5$이다.
$$\therefore a - b = -7$$

32. ①

$x'' - 5x' - 14x = 0$의 특성방정식
$D^2 - 5D - 14 = 0$ 의 근이 $D = 7, -2$이므로
일반해 $x(t) = C_1 e^{7t} + C_2 e^{-2t}$,
$x' = 7C_1 e^{7t} - 2C_2 e^{-2t}$ 에 대해
초깃값 $x(0) = 5$, $x'(0) = -1$을 만족하는 C_1, C_2는
$$\begin{cases} C_1 + C_2 = 5 \\ 7C_1 - 2C_2 = -1 \end{cases} \text{의 연립방정식에서 } C_1 = 1, C_2 = 4 \text{이다.}$$
$$\therefore x(t) = e^{7t} + 4e^{-2t}$$
$x' = 7e^{7t} - 8e^{-2t} = 0$ 양면에 e^{2t}를 곱하면 $7e^{9t} - 8 = 0$이고
$t = \frac{1}{9} \ln \frac{8}{7}$ 에서 극소이자 최솟값이 된다.

> **TIP** $x' = 7e^{7t} - 8e^{-2t}$, $x'' = 49e^{7t} + 16e^{-2t}$ 에 대해
> $t = \frac{1}{9} \ln \frac{8}{7}$ 일 때 $x'\left(\frac{1}{9} \ln \frac{8}{7}\right) = 0$, $x''\left(\frac{1}{9} \ln \frac{8}{7}\right) > 0$
> 이므로 $t = \frac{1}{9} \ln \frac{8}{7}$ 에서 최솟값을 갖는다.

33. ①

특성방정식 $m^2 + 8m + 16 = 0$의 해는 중근 $m = -4$이므로
일반해는 $y = c_1 e^{-4x} + c_2 x e^{-4x}$ 이다.
초깃값 $y(0) = c_1 = 1$, $y'(0) = -4c_1 + c_2 = 2$이므로
$c_2 = 6$이다.
따라서 해는 $y = e^{-4x} + 6xe^{-4x}$ 이다.

34. ②

$m^2 - m - 2 = 0$의 해는 $m = 2, -1$.
일반해는 $y = c_1 e^{2x} + c_2 e^{-x}$, $y' = 2c_1 e^{2x} - c_2 e^{-x}$ 이다.
초깃값은 $y(0) = c_1 + c_2 = \alpha$, $y'(0) = 2c_1 - c_2 = 1$이다.
$\lim_{x \to \infty} y(x) = 0$에서 $c_1 = 0$이어야 한다.
$$\therefore c_2 = -1, \ \alpha = -1$$

35. ①

2계 동차방정식이므로 특성방정식
$\lambda^2 - 4\lambda + 4 = (\lambda - 2)^2 = 0$이 중근 $\lambda = 2$를 가진다.
따라서 해는 $y = (c_1 + c_2 x)e^{2x}$ 이다.
초기조건 $y(0) = 1$에 의해서 $c_1 = 1$,
$y'(0) = 1$에서 $c_2 = -1$이므로 $y = (1-x)e^{2x}$ 이다.
$$\therefore y(2) = -e^4$$

[다른 풀이]
$\mathcal{L}\{y(t)\} = Y$라 하면 라플라스 변환에 의해
$(s^2 Y - s - 1) - 4(sY - 1) + 4Y = 0$이다.
$(s^2 - 4s + 4)Y = s - 3$
$$Y = \frac{s-3}{(s-2)^2}$$
$$y(t) = \mathcal{L}^{-1}\left\{\frac{s-1}{s^2}\right\}e^{2t} = (1-t)e^{2t}$$
$$\therefore y(2) = -e^4$$

36. ③

특성방정식이 $r^5 - 3r^4 + 3r^3 - r^2 = 0$이므로
$r = 0, 0, 1, 1, 1$이다.
항들이 일차독립이므로 항등식의 미정계수법에 의해
해의 형태는 $y = c_1 + c_2 x + (c_3 + c_4 x + c_5 x^2)e^x$ 이다.

37. ④

풀이 제차형 $y'' + y = 0$ 의 일반해는 $y_C = c_1 \cos x + c_2 \sin x$ 이므로
비제차형 $y'' + y = 6x^2 + 2 - 12e^{3x}$ 의 해 y_P는
$y_P = Ax^2 + Bx + C + De^{3x}$ 꼴이다.

(i) 역연산자법을 이용하자.

$$y_p = \frac{1}{1+D^2}\{6x^2+2\} + \frac{1}{1+D^2}\{-12e^{3x}\}$$

$$= (1-D^2)\{6x^2+2\} + \frac{-12e^{3x}}{1+3^2}$$

$$= (6x^2 + 2 - 12) - \frac{6}{5}e^{3x}$$

$$= 6x^2 - 10 - \frac{6}{5}e^{3x}$$

(ii) 미정계수법을 이용하자.

$$y_p'' + y_p = (2A + 9De^{3x}) + (Ax^2 + Bx + C + De^{3x})$$
$$= 6x^2 + 2 - 12e^{3x}$$

$A = 6$, $B = 0$, $2A + C = 2$, $10D = -12$

$$\therefore A = 6, \ B = 0, \ C = -10, \ D = -\frac{6}{5},$$

$$A + B + C + D = -\frac{26}{5}$$

38. ⑤

풀이 제차형 $x'' + 5x' + 6x = 0$의 특성방정식
$D^2 + 5D + 6 = 0$에서 근은 $D = -2, -3$이므로
제차형의 일반해 $x = C_1 e^{-2t} + C_2 e^{-3t}$ 이다.
비제차형 $x'' + 5x' + 6x = e^{-2t}$의 해

$$x_P = \frac{1}{(D+2)(D+3)}e^{-2t}$$ 를 역연산자로 구하면

$x_P = te^{-2t}$이다.

따라서 일반해는 $x = x_C + x_P = C_1 e^{-2t} + C_2 e^{-3t} + te^{-2t}$다.
$x' = -2C_1 e^{-2t} - 3C_2 e^{-3t} + e^{-2t} - 2te^{-2t}$에서
초깃값 $x(0) = 1$, $x'(0) = 0$을 만족하는 C_1, C_2 를 구하려면

$$\begin{cases} C_1 + C_2 = 1 \\ -2C_1 - 3C_2 + 1 = 0 \end{cases}$$ 의 연립방정식을 풀면 된다.

$C_1 = 2$, $C_2 = -1$

$$\therefore x(t) = 2e^{-2t} - e^{-3t} + te^{-2t}, \ x(1) = 3e^{-2} - e^{-3}$$

39. ③

풀이 $y'' - 4y' + 4y = ae^x$ 에서
특성방정식은 $t^2 - 4t + 4 = 0$이므로 $t = 2$, 2이다.

따라서 일반해 $y_c = Ae^{2x} + Bxe^{2x}$ 이고,

특수해 $y_p = \frac{1}{(D-2)^2}\{ae^x\} = ae^x$ 이다.

$y = y_c + y_p = Ae^{2x} + Bxe^{2x} + ae^x$
$y(0) = A + a = 1$
$y'(x) = 2Ae^{2x} + Be^{2x} + 2Bxe^{2x} + ae^x$,
$y'(1) = 2Ae^2 + 3Be^2 + ae = 4e$,
$y''(x) = 4Ae^{2x} + 4Be^{2x} + 4Bxe^{2x} + ae^x$,
$y''(0) = 4A + 4B + a = 0$이므로

$$\begin{cases} A + a = 1 \\ 2Ae^2 + 3Be^2 + ae = 4e \\ 4A + 4B + a = 0 \end{cases}$$ 를 연립하면

$A = -3$, $B = 2$, $a = 4$이다.

40. ④

풀이 (i) $f''(t) - 4f(t) = 0$에서 보조방정식은 $m^2 - 4 = 0$이므로
$f_c(t) = c_1 e^{2t} + c_2 e^{-2t}$이다.

(ii) 역연산자를 이용하면 특수해는

$$f_p(t) = \frac{1}{D^2 - 4}\{e^t\} = -\frac{1}{3}e^t$$ 이다.

(i), (ii)에 의해 $f(t) = f_c(t) + f_p(t) = c_1 e^{2t} + c_2 e^{-2t} - \frac{1}{3}e^t$

이고 $f(0) = 1$, $f'(0) = 3$이므로 $c_1 = \frac{3}{2}$, $c_2 = -\frac{1}{6}$이다.

$$f(t) = \frac{3}{2}e^{2t} - \frac{1}{6}e^{-2t} - \frac{1}{3}e^t$$ 이다.

$$\therefore \lim_{t \to \infty} \frac{f(t)}{e^{2t}} = \frac{\frac{3}{2}e^{2t} - \frac{1}{6}e^{-2t} - \frac{1}{3}e^t}{e^{2t}} = \frac{3}{2}$$

41. ④

풀이 역연산자법을 이용한다.

$$y'' - 2y' + y = e^x \Leftrightarrow y = \frac{1}{(D-1)^2}\{e^x\}$$ 이므로

$$y = c_1 e^x + c_2 x e^x + \frac{x^2}{2}e^x$$ 이다.

초기조건 $y(0) = 0$, $y'(0) = 0$을 대입하면 $c_1 = c_2 = 0$이므로

$$y = \frac{x^2}{2}e^x$$ 이다.

$$\therefore y(4) = 8e^4$$

[다른 풀이]
라플라스 변환을 이용한다.
$\mathcal{L}\{y(t)\} = Y$라고 하자.

$$(s^2 - 2s + 1)Y = \frac{1}{s-1}$$

$$Y = \frac{1}{(s-1)^3}$$

$$y(t) = \mathcal{L}^{-1}\left\{\frac{1}{(s-1)^3}\right\} = e^t \mathcal{L}^{-1}\left\{\frac{1}{s^3}\right\} = \frac{1}{2}t^2 e^t$$

$$\therefore y(4) = 8e^4$$

42.   14

비제차형의 일반해는 $y = y_c + y_p$ 이다.

제차형의 해 y_c를 구하자.

특성방정식이 $t^2 - 4t + 5 = 0$이므로 $t = 2 \pm i$ 이고

$y_c = e^{2x}(C_1 \cos x + C_2 \sin x)$이다.(단, C_1, C_2는 임의의 상수)

비제차형의 해 y_p는 역연산자법을 이용하여 구하자.

$$y_p = \frac{1}{D^2 - 4D + 5}e^{2x} = e^{2x} \text{이므로}$$

일반해는 $y = y_c + y_p = e^{2x}(C_1 \cos x + C_2 \sin x) + e^{2x}$이다.

$y(0) = 5$, $y'(\pi) = -10e^{2\pi}$ 을 만족해야 하므로

$C_1 = 4$, $C_2 = 4$이다.

경곗값 문제의 해는 $y = e^{2x}(4\cos x + 4\sin x) + e^{2x}$ 이고

이때 $y'(0) = 14$이다.

43.   ②

특성방정식 $t^3 + 3t^2 + 3t + 1 = (t+1)^3 = 0$이

삼중근 $t = -1$을 가지므로 재차 상미분방정식의 해를 구하면

$y_h = (c_1 + c_2 x + c_3 x^2)e^{-x}$ 이다.

역연산자법에 의해 $y_p = 30 \times \frac{x^3}{3!} \times e^{-x} = 5x^3 e^{-x}$ 이다.

따라서 일반해는

$y = e^{-x}(c_1 + c_2 x + c_3 x^2 + 5x^3) \Rightarrow y(0) = 3$에서 $c_1 = 3$,

$y' = -y + e^{-x}(c_2 + 2c_3 x + 15x^2)$

$\Rightarrow y'(0) = -3$에서 $c_2 = 0$,

$y'' = -y' - e^{-x}(c_2 + 2c_3 x + 15x^2) + e^{-x}(2c_3 + 30x)$

$\Rightarrow y''(0) = -47$에서 $c_3 = -25$이다.

$\therefore y = (3 - 25x^2 + 5x^3)e^{-x}$ 이고 $y(1) = -17e^{-1}$

44.   ②

$m^2 - 1 = 0 \Rightarrow m = 1, -1 \Rightarrow y_c = c_1 e^x + c_2 e^{-x}$

$y_p = Ax + B + C\sin x + D\cos x$라 하면

$y_p' = A + C\cos x - D\sin x$, $y_p'' = -C\sin x - D\cos x$이다.

주어진 미분방정식에 대입하여 정리하자.

$-Ax - B - 2C\sin x - 2D\cos x = x + \sin x$

$\Rightarrow A = -1$, $B = 0$, $C = -\frac{1}{2}$, $D = 0$

$\Rightarrow y_p = -x - \frac{1}{2}\sin x$

$\Rightarrow y = c_1 e^x + c_2 e^{-x} - x - \frac{1}{2}\sin x$

$y(0) = 2$, $y'(0) = 3$이므로 $c_1 = \frac{13}{4}$, $c_2 = -\frac{5}{4}$이다.

$$\therefore y = \frac{13}{4}e^x - \frac{5}{4}e^{-x} - x - \frac{1}{2}\sin x$$

45.   ④

1계 선형미분방정식이므로 해는 다음과 같다.

$$y(x) = e^{2x}\left[\int e^{-2x}e^{2x}(3\sin 2x + 2\cos 2x)dx + C\right]$$

$$= e^{2x}\left(-\frac{3}{2}\cos 2x + \sin 2x + C\right)$$

$$y(0) = -\frac{3}{2} + C = 1$$이므로 $C = \frac{5}{2}$이다.

$$\therefore y\left(\frac{\pi}{2}\right) = e^{\pi}\left(\frac{3}{2} + \frac{5}{2}\right) = 4e^{\pi}$$

46. ②

코시-오일러 미분방정식의 특성방정식

$t(t-1)-4t+6=0 \Rightarrow t^2-5t+6=0$의 해 $t=2$, 3이므로
주어진 미분방정식의 일반해는 $y=C_1x^2+C_2x^3$이다.

$y'=2C_1x+3C_2x^2$에 대해 초깃값을 만족하는 C_1, C_2는

연립방정식 $\begin{cases} C_1+C_2=\dfrac{2}{5} \\ 2C_1+3C_2=0 \end{cases}$ 의 해 $C_1=\dfrac{6}{5}$, $C_2=-\dfrac{4}{5}$이다.

따라서 일반해는 $y(x)=\dfrac{6}{5}x^2-\dfrac{4}{5}x^3$ 이고 $y(5)=-700$이다.

47. ③

코시-오일러 2계 선형미분방정식의 특성방정식

$t(t-1)+5t+4=0$의 근이 $t=-2$(중근)이므로
일반해는 $y=(C_1+C_2\ln x)x^{-2}$이다.

초깃값 $y(1)=e^2$에 의해 $C_1=e^2$이므로

$y=(e^2+C_2\ln x)x^{-2}$, $y'=\dfrac{C_2-2e^2-2C_2\ln x}{x^3}$ 이고

초깃값 $y'(1)=0$에 의해 $C_2=2e^2$이다.

따라서 $y(x)=\dfrac{e^2(1+2\ln x)}{x^2}$ 이고 $y(e)=\dfrac{3e^2}{e^2}=3$이다.

48. ④

$x^2y''-xy'+y=0$를 표준형으로 바꾸자.

$y''-\dfrac{1}{x}y'+\dfrac{1}{x^2}y=0$,

$p(x)=-\dfrac{1}{x}$.

$-\displaystyle\int p(x)dx=-\int-\dfrac{1}{x}dx=\ln x$

$y_1=x$, $y_2=y_1\displaystyle\int\dfrac{e^{\ln x}}{y_1^2}dx=x\int\dfrac{x}{x^2}dx=x\ln x$

49. ④

제차 코시-오일러 방정식이므로 특성방정식의 해를 구하면

$t(t-1)+2t+\dfrac{5}{4}=0 \Rightarrow t=-\dfrac{1}{2}\pm i$

$\therefore y=\{c_1\cos(\ln x)+c_2\sin(\ln x)\}x^{-\frac{1}{2}}$

$y(1)=e^\pi$에서 $e^\pi=c_1\cos(0)+c_2\sin(0)=c_1$이므로 $c_1=e^\pi$

$y\left(e^{\frac{\pi}{2}}\right)=e^{\frac{3}{4}\pi}$에서

$e^{\frac{3}{4}\pi}=\left(e^\pi\cos\dfrac{\pi}{2}+c_2\sin\dfrac{\pi}{2}\right)e^{-\frac{\pi}{4}}=c_2e^{-\frac{\pi}{4}}$ 이므로 $c_2=e^\pi$다.

$\therefore y=\dfrac{e^\pi}{\sqrt{x}}\{\cos(\ln x)+\sin(\ln x)\}$

$\therefore y\left(e^{\frac{\pi}{4}}\right)=e^{\left(1-\frac{1}{8}\right)\pi}\left(\dfrac{1}{\sqrt{2}}+\dfrac{1}{\sqrt{2}}\right)=\sqrt{2}\,e^{\frac{7}{8}\pi}$

50. ④

코시-오일러 방정식이다.

특성방정식의 해를 구하면 $\lambda(\lambda-1)-3\lambda+4=0 \Rightarrow \lambda=2$
이므로 해는 $y=(c_1+c_2\ln x)x^2$이다.

초기조건 $y(1)=2$에 의해 $2=c_1$,

$y(e)=3e^2$에 의해 $3e^2=(2+c_2\ln e)e^2$이므로 $c_2=1$이다.

$\therefore y=(2+\ln x)x^2$

$\therefore y(2e)=(3+\ln 2)4e^2$

51. ①

$(x^2+4x+4)y''+(3x+6)y'+2y=0$

$\Leftrightarrow (x+2)^2y''+3(x+2)y'+2y=0$

$\Rightarrow z^2y''+3zy'+2y=0 (\because x+2=z$로 치환)

따라서 제차 코시-오일러 미분방정식이다.

특성방정식이

$t(t-1)+3t+2=0$

$\Leftrightarrow t^2+2t+2=0$

$\Leftrightarrow t=-1\pm\sqrt{1-2}$

$\Leftrightarrow t=-1\pm i$

이므로 일반해는

$y=z^{-1}\{c_1\cos(\ln z)+c_2\sin(\ln z)\}$

$\quad=(x+2)^{-1}\{c_1\cos[\ln(x+2)]+c_2\sin[\ln(x+2)]\}$이다.

52. ①

코시-오일러 방정식이다.

제차방정식의 해를 구하면 $x^2y''-2xy'+2y=0$에서
$\lambda(\lambda-1)-2\lambda+2=0$이므로 $\lambda=1$, $\lambda=2$이다.

따라서 보조해는 $y_c=c_1x+c_2x^2$이다.

매개변수 변화법을 사용하면 $W=\begin{vmatrix} x & x^2 \\ 1 & 2x \end{vmatrix}=x^2$이다.

$$y_p = -x \int \frac{3\sin(\ln x^2)}{x^2} dx + x^2 \int \frac{3\sin(\ln x^2)}{x^3} dx$$

$$= -x \left\{ -\frac{3}{5x} \sin(\ln x^2) - \frac{6}{5x} \cos(\ln x^2) \right\}$$

$$+ x^2 \left\{ -\frac{3}{4x^2} \sin(\ln x^2) - \frac{3}{4x^2} \cos(\ln x^2) \right\}$$

$$= -\frac{3}{20} \sin(\ln x^2) + \frac{9}{20} \cos(\ln x^2)$$

일반해는 $y = c_1 x + c_2 x^2 - \frac{3}{20} \sin(\ln x^2) + \frac{9}{20} \cos(\ln x^2)$다.

초기조건에 의해 $c_1 = c_2 = 0$이므로 구하는 해는

$y = -\frac{3}{20} \sin(\ln x^2) + \frac{9}{20} \cos(\ln x^2)$이다.

$\therefore y(e^\pi) + y(e^{\pi/4}) = \frac{9}{20} - \frac{3}{20} = \frac{3}{10}$

TIP $\ln x = t$로 치환하면 $e^t = x$, $\frac{1}{x} dx = dt$이므로

$$3 \int \frac{\sin(\ln x^2)}{x^2} dx = 3 \int e^{-t} \sin(2t) dt,$$

$$3 \int \frac{\sin(\ln x^2)}{x^3} dx = 3 \int e^{-2t} \sin(2t) dt$$이다.

[다른 풀이]

$x = e^t$, $z(t) = y(e^t)$라 하면

$z' = xy'$, $z'' = x'y' + xy'' = xy' + xy''$이므로

주어진 방정식은 $\frac{d^2 z}{dt^2} - 3 \frac{dz}{dt} + 2z = 3\sin 2t$가 되고

일반해 $z(t) = c_1 e^t + c_2 e^{2t} - \frac{3}{20} \sin 2t + \frac{9}{20} \cos 2t$를 얻는다.

$t = \ln x$이므로

$y = f(x) = c_1 x + c_2 x^2 - \frac{3}{20} \sin(\ln x^2) + \frac{9}{20} \cos(\ln x^2)$이다.

조건 $f(1) = \frac{9}{20}$, $f'(1) = -\frac{3}{10}$으로부터 $c_1 = c_2 = 0$이므로

$f(x) = -\frac{3}{20} \sin(\ln x^2) + \frac{9}{20} \cos(\ln x^2)$이다.

$\therefore f(e^\pi) + f\left(e^{\frac{\pi}{4}}\right) = \frac{9}{20} - \frac{3}{20} = \frac{3}{10}$

53. ①

특성방정식을 구하면 $t(t-1) - 3t + 3 = 0$이다.

이를 간단히 하면 $t^2 - 4t + 3 = (t-3)(t-1) = 0$을 얻는다.

주어진 미분방정식의 근 $y_c(x) = c_1 x + c_2 x^3$을 얻을 수 있다.

매개변수 변화법을 사용하면

$$y_p = u_1(x) \int \frac{w_1 R(x)}{w} dx + u_2 \int \frac{w_2 R(x)}{v} dx$$이다.

$$w = \begin{vmatrix} x & x^3 \\ 1 & 3x^2 \end{vmatrix} = 2x^3,$$

$$w_1 R(x) = \begin{vmatrix} 0 & x^3 \\ 2x^2 e^x & 3x^2 \end{vmatrix} = -2x^5 e^x,$$

$$w_2 R(x) = \begin{vmatrix} x & 0 \\ 1 & 2x^2 e^x \end{vmatrix} = 2x^3 e^x 이므로$$

$$y_p(x) = x \int \frac{-2x^5 e^x}{2x^3} dx + x^3 \int \frac{2x^3 e^x}{2x^3} dx$$

$$= -x(x^2 e^x - 2xe^x + 2e^x) + x^3 e^x$$

$$= 2x^2 e^x - 2xe^x 이다.$$

$$\therefore y(x) = c_1 x + c_2 x^3 + 2x^2 e^x - 2xe^x$$

$y(1) = c_1 + c_2 = 3$, $y(2) = 2c_1 + 8c_2 + 4e^2 = 12 + 4e^2$이므로

$c_1 + 4c_2 = 6$을 만족한다.

c_1과 c_2를 구하면 $c_1 = 2$, $c_2 = 1$을 만족한다.

그러므로 주어진 미분방정식의 해는

$y(x) = 2x + x^3 + 2x^2 e^x - 2xe^x$이다.

$x = \ln 2$를 대입하면 $(\ln 2)^3 + 4(\ln 2)^2 - 2(\ln 2)$를 얻는다.

54. ①

[풀이]

$3xy'' + (2-x)y' - y = 0$의 해

$y = c_0 x^r + c_1 x^{r+1} + \cdots$을 식에 대입하면 다음과 같다.

$3xy'' = 3r(r-1)c_0 x^{r-1} + 2(r+1)rc_1 x^r + \cdots$

$2y' = 2rc_0 x^{r-1} + 2(r+1)c_1 x^r + \cdots$

$-xy' = rc_0 x^r - (r+1)c_1 x^{r+1} - \cdots$

$-y = c_0 x^r c_1 x^{r+1} - \cdots$

구한 4개의 식을 모두 더하면 우변의 값도 0이 되어야 한다.

x^{r-1}의 계수 $(3r(r-1)+2r)c_0 = 0$이 되어야 한다.

결정방정식은 $3r(r-1) + 2r = 0$이다.

$3r^2 - r = 0$의 근은 $r = 0, \dfrac{1}{3}$이다.

55. ④

[풀이]

$y = \displaystyle\sum_{n=0}^{\infty} a_n x^n = a_0 + a_1 x + a_2 x^2 + a_3 x^3 + \cdots$

$y' = a_1 + 2a_2 x + 3a_3 x^2 + \cdots$

$y'' = 2a_2 + 6a_3 x + 12a_4 x^2 + \cdots$

$y'' - (\sin x)y' + 3y = x^3 - 4$

$\Leftrightarrow (2a_2 + 6a_3 x + \cdots) - \left(x - \dfrac{1}{3!}x^3 + \cdots\right)(a_1 + 2a_2 x + \cdots)$

$\qquad + 3(a_0 + a_1 x + \cdots)$

$\qquad = x^3 - 4$

$\Leftrightarrow (2a_2 + 3a_0) + (6a_3 - a_1 + 3a_1)x + \cdots = -4 + x^3$

$\therefore 2a_2 + 3a_0 = -4, \ 6a_3 + 2a_1 = 0, \cdots$

$\therefore a_1 = -3a_3, \ \dfrac{a_3}{a_1} = -\dfrac{1}{3}$

56. ①

[풀이]

$y = \displaystyle\sum_{n=0}^{\infty} a_n x^n = a_0 + a_1 x + a_2 x^2 + a_3 x^3 + a_4 x^4 + \cdots$라 하자.

$y' = a_1 + 2a_2 x + 3a_3 x^2 + 4a_4 x^3 + \cdots$,

$y'' = 2a_2 + 6a_3 x + 12a_4 x^2 + \cdots$을

주어진 식 $(1-x^2)y'' - 2y' + 3y = 0$에 대입하여 보자.

$(1-x^2)(2a_2 + 6a_3 x + 12a_4 x^2 + \cdots)$

$\quad - 2(a_1 + 2a_2 x + 3a_3 x^2 + \cdots)$

$\quad + 3(a_0 + a_1 x + a_2 x^2 + a_3 x^3 + \cdots) = 0$

$\Leftrightarrow -2a_2 x^2 - 6a_3 x^3 - 12a_4 x^4 + 2a_2 + 6a_3 x + 12a_4 x^2 + \cdots$

$\qquad -2a_1 - 4a_2 x - 6a_3 x^2 - 8a_4 x^3 + \cdots$

$+ 3a_0 + 3a_1 x + 3a_2 x^2 + 3a_3 x^3 \cdots = 0$

$\Leftrightarrow (2a_2 - 2a_1 + 3a_0) + x(6a_3 - 4a_2 + 3a_1)$

$\qquad + x^2(-2a_2 + 12a_4 - 6a_3 + 3a_2) + \cdots = 0$

$2a_2 - 2a_1 + 3a_0 = 0, \ 6a_3 - 4a_2 + 3a_1 = 0,$

$12a_4 - 6a_3 + a_2 = 0, \cdots$의 관계식을 만족한다.

초기조건에 의해 $a_0 = 0, \ a_1 = 1$이므로

$a_2 = 1, \ a_3 = \dfrac{1}{6}, \ a_4 = 0$이다.

57. ①

$$F(s) = L(e^t)$$
$$= \int_0^\infty e^{-st} e^t dt$$
$$= \lim_{a \to \infty} \int_0^a e^{-(s-1)t} dt$$
$$= \lim_{a \to \infty} \left(-\frac{1}{s-1} \left[e^{-(s-1)t} \right]_0^a \right)$$
$$= -\frac{1}{s-1} \lim_{a \to \infty} \left[e^{-(s-1)a} - 1 \right]$$
$$= \frac{1}{s-1}$$
$$(\because s > 1 \text{일 때}, \lim_{a \to \infty} e^{(s-1)a} = 0)$$

58. ②

$$L(\sin^2 t) = L\left(\frac{1 - \cos 2t}{2} \right)$$
$$= \frac{1}{2} L(1) - \frac{1}{2} L(\cos 2t)$$
$$= \frac{1}{2s} - \frac{s}{2(s^2 + 4)}$$
$$= \frac{2}{s(s^2 + 4)}$$

59. ④

$$L^{-1}\left(\frac{s}{s^2 - s - 6} \right)$$
$$= L^{-1}\left\{ \frac{s}{(s-3)(s+2)} \right\}$$
$$= L^{-1}\left(\frac{3}{5} \cdot \frac{1}{s-3} + \frac{2}{5} \cdot \frac{1}{s+2} \right)$$
$$= \frac{3}{5} L^{-1}\left(\frac{1}{s-3} \right) + \frac{2}{5} L^{-1}\left(\frac{1}{s+2} \right)$$
$$= \frac{3}{5} e^{3t} + \frac{2}{5} e^{-2t}$$

60. ③

$$\mathcal{L}^{-1}\left\{ \frac{s}{s^2 + 8s + 7} \right\}$$
$$= \mathcal{L}^{-1}\left\{ \frac{s + 4 - 4}{(s+4)^2 - 9} \right\}$$

$$= \mathcal{L}^{-1}\left\{ \frac{s+4}{(s+4)^2 - 3^2} \right\} - 4\mathcal{L}^{-1}\left\{ \frac{1}{(s+4)^2 - 3^2} \right\}$$
$$= e^{-4t}\cosh(3t) - \frac{4}{3} e^{-4t}\sinh(3t)$$
$$= e^{-4t}\left\{ \frac{e^{3t} + e^{-3t}}{2} - \frac{4}{3} \frac{e^{3t} - e^{-3t}}{2} \right\}$$
$$= -\frac{1}{6} e^{-4t}\left(e^{3t} - 7e^{-3t} \right)$$
$$= -\frac{1}{6}\left(e^{-t} - 7e^{-7t} \right)$$

61. ①

풀이
$$L(te^{2t}) = -\frac{d}{ds}L\{e^{2t}\}$$
$$= -\frac{d}{ds}\left(\frac{1}{s-2}\right)$$
$$= -\frac{-1}{(s-2)^2}$$
$$= \frac{1}{(s-2)^2}$$

62. ④

풀이
$$\mathcal{L}(f(t)) = \frac{1}{s^2+4} \Rightarrow f(t) = \mathcal{L}^{-1}\left(\frac{1}{s^2+4}\right) = \frac{1}{2}\sin 2t$$
$$G(s) = \mathcal{L}\left(e^{\pi t}(f(t))^2\right)$$
$$= \mathcal{L}\left(e^{\pi t} \times \frac{1}{4}\sin^2 2t\right)$$
$$= \frac{1}{8}\mathcal{L}\left(e^{\pi t}(1-\cos 4t)\right)$$
$$= \frac{1}{8}\left[\mathcal{L}(1-\cos 4t)\right]_{s\to s-\pi}$$
$$= \frac{1}{8}\left[\frac{1}{s} - \frac{s}{s^2+16}\right]_{s\to s-\pi}$$
$$= \frac{1}{8}\left(\frac{1}{s-\pi} - \frac{s-\pi}{(s-\pi)^2+16}\right)$$
$$\therefore G(2\pi) = \frac{1}{8}\left(\frac{1}{2\pi-\pi} - \frac{2\pi-\pi}{(2\pi-\pi)^2+16}\right)$$
$$= \frac{1}{8}\left(\frac{1}{\pi} - \frac{\pi}{\pi^2+16}\right)$$

63. ④

풀이
$$f(t) = \mathcal{L}^{-1}\left\{\frac{1}{s^3+s^2+3s-5}\right\}$$
$$= \mathcal{L}^{-1}\left\{\frac{1}{(s-1)(s^2+2s+5)}\right\}$$
$$= \mathcal{L}^{-1}\left\{\frac{\frac{1}{8}}{s-1} + \frac{-\frac{1}{8}s-\frac{3}{8}}{s^2+2s+5}\right\}$$
$$= \frac{1}{8}\mathcal{L}^{-1}\left\{\frac{1}{s-1} - \frac{s+3}{s^2+2s+5}\right\}$$
$$= \frac{1}{8}\mathcal{L}^{-1}\left\{\frac{1}{s-1} - \frac{(s+1)+2}{(s+1)^2+4}\right\}$$
$$= \frac{1}{8}e^t - \frac{1}{8}e^{-t}\mathcal{L}^{-1}\left\{\frac{s+2}{s^2+4}\right\}$$

$$= \frac{1}{8}e^t - \frac{1}{8}e^{-t}(\cos 2t + \sin 2t)$$

64. ①

풀이
$$\mathcal{L}^{-1}\left\{\frac{s-1}{(s+2)^2+3^2}\right\} = e^{-2t}\mathcal{L}^{-1}\left\{\left(\frac{s-3}{s^2+3^2}\right)\right\}$$
$$= e^{-2t}\mathcal{L}^{-1}\left\{\left(\frac{s}{s^2+3^2} - \frac{3}{s^2+3^2}\right)\right\}$$
$$= e^{-2t}(\cos 3t - \sin 3t)$$
$$\therefore f\left(\frac{\pi}{2}\right) = e^{-\pi}\{0-(-1)\} = e^{-\pi}$$

65. ②

$$\mathcal{L}\left(te^{-t}\cos t\right) = -\frac{d}{ds}\mathcal{L}\left(e^{-t}\cos t\right)$$
$$= -\frac{d}{ds}\mathcal{L}\left(\cos t\right)\Big]_{s \to s+1}$$
$$= -\frac{d}{ds}\left(\frac{s+1}{(s+1)^2+1}\right)$$
$$= \frac{(s+1)^2-1}{\left[(s+1)^2+1\right]^2}$$
$$= F(s)$$
$$\therefore \lim_{s \to 1}\frac{(s+1)^2-1}{\left[(s+1)^2+1\right]^2} = \frac{3}{25}$$

66. 39

$$\mathcal{L}\{t\sin^2 t\} = \mathcal{L}\left\{t\left(\frac{1-\cos 2t}{2}\right)\right\}$$
$$= \frac{1}{2}\mathcal{L}\{t\} - \frac{1}{2}\mathcal{L}\{t\cos 2t\}$$
$$= \frac{1}{2}\frac{1}{s^2} + \frac{1}{2}\frac{d}{ds}\left(\mathcal{L}\{\cos 2t\}\right)$$
$$= \frac{1}{2s^2} + \frac{1}{2}\frac{d}{ds}\left(\frac{s}{s^2+4}\right)$$
$$= \frac{1}{2s^2} + \frac{1}{2}\frac{-s^2+4}{(s^2+4)^2}$$
$$= F(s)$$
$$\therefore F(1) = \frac{1}{2} + \frac{1}{2}\frac{3}{25} = \frac{25+3}{50} = \frac{14}{25}, \ a+b = 39$$

67. ④

$$\mathcal{L}^{-1}\{\ln(s^2+1) - 2\ln(s-1)\}$$
$$= -\frac{1}{t}\mathcal{L}^{-1}\left(\frac{2s}{s^2+1} - \frac{2}{s-1}\right)$$
$$= -\frac{1}{t}\left(2\cos t - 2e^t\right)$$
$$= -\frac{2\cos t - 2e^t}{t}$$

68. ①

(가) (거짓) $L(\sin wt) = \dfrac{w}{s^2+w^2}$ 이다.

(다) (거짓) $L(t^3) = \dfrac{3!}{s^4}$ 이다.

69. ③

$L(y) = Y$라 하자.
$$L(y'') - L(y) = L(\cosh x)$$
$$\Rightarrow (s^2 Y - 2s - 12) - Y = \frac{s}{s^2-1}$$
$$\Rightarrow Y = \frac{s}{(s^2-1)^2} + \frac{2s}{s^2-1} + \frac{12}{s^2-1}$$
$$\Rightarrow y = -x L^{-1}\left\{\int\frac{s}{(s^2-1)^2}\,ds\right\} + 2L^{-1}\left(\frac{s}{s^2-1}\right) + 12L^{-1}\left(\frac{1}{s^2-1}\right)$$
$$\Rightarrow y = \frac{x}{2}L^{-1}\left(\frac{1}{s^2-1}\right) + 2\cosh x + 12\sinh x$$
$$\Rightarrow y = 2\cosh x + 12\sinh x + \frac{1}{2}x\sinh x$$

70. ④

$$y'' - y = t \Leftrightarrow L\{y'' - y\} = L\{t\} \Leftrightarrow L\{y''\} - L\{y\} = L\{t\}$$
$$L\{y''\} = s^2 L\{y\} - sy(0) - y'(0)$$
$$L\{t\} = \frac{1}{s^2}$$ 이므로
$$L\{y''\} - L\{y\} = L\{t\}$$
$$\Leftrightarrow s^2 L\{y\} - sy(0) - y'(0) - L\{y\} = \frac{1}{s^2}$$ 이다.

$y(0) = 1, \ y'(0) = 1$이므로
$$s^2 L\{y\} - sy(0) - y'(0) - L\{y\} = \frac{1}{s^2}$$
$$\Leftrightarrow s^2 L\{y\} - s - 1 - L\{y\} = \frac{1}{s^2}$$
$$\Leftrightarrow (s^2-1)L\{y\} = \frac{1}{s^2} + s + 1$$
$$\Leftrightarrow L\{y\} = \frac{1}{s-1} + \frac{1}{s^2-1} - \frac{1}{s^2}$$ 이다.

71. ④

$$2y'' - 3y' + y = 0$$
$$\Rightarrow 2\mathcal{L}\{y''\} - 3\mathcal{L}\{y'\} + \mathcal{L}\{y\} = 0$$

$\Rightarrow 2\left[s^2 \mathcal{L}\{y\}-sy(0)-y'(0)\right]-3\left[s\mathcal{L}\{y\}-y(0)\right]+\mathcal{L}\{y\}=0$

$\Rightarrow (2s^2-3s+1)\mathcal{L}\{y\}=2s-1$

$\Rightarrow \mathcal{L}\{y\}=\dfrac{1}{s-1}$

$\therefore \displaystyle\lim_{s\to\infty}\{sL[y](s)\}=\lim_{s\to\infty}\dfrac{s}{s-1}=1$

[다른 풀이]

$2y''-3y'+y=0$의 보조방정식은 $2t^2-3t+1=0$이다.

이때 $t=\dfrac{1}{2}$, 1이므로 $y=c_1e^{\frac{1}{2}t}+c_2e^t$이다.

$y(0)=y'(0)=1$이므로 $c_1+c_2=1$, $\dfrac{1}{2}c_1+c_2=1$이다.

따라서 $c_1=0$, $c_2=1$이므로 $y=e^t$이다.

또한 $y=e^t$이므로 $L[y](s)=\dfrac{1}{s-1}$이다.

$\therefore \displaystyle\lim_{s\to\infty}\{sL[y](s)\}=\lim_{s\to\infty}\dfrac{s}{s-1}=1$

■ **14. 합성곱**

72. ①

풀이 $y'(t)=y(t)+1+2\displaystyle\int_0^t y(s)ds$일 때

$y'(0)=y(0)+1$이므로 $y(0)=1(\because y'(0)=2)$이다.

양변을 t에 대하여 미분하면

$y''(t)=y'(t)+2y(t) \Rightarrow y''(t)-y'(t)-2y(t)=0$이다.

2계 제차 선형미분방정식이므로

특성방정식 $t^2-t-2=0 \Rightarrow (t-2)(t+1)=0$에서

$y(t)=c_1e^{-t}+c_2e^{2t}$이다.

초기조건 $y(0)=1$, $y'(0)=2$를 대입하면

$c_1=0$, $c_2=1$이므로 $y(t)=e^{2t}$

$\therefore y(1)=e^2$

[다른 풀이]

$y'(t)=y(t)+1+2\displaystyle\int_0^t y(s)ds$

$\Rightarrow \mathcal{L}\{y'(t)\}=\mathcal{L}\{y(t)\}+\mathcal{L}\{1\}+\mathcal{L}\left\{2\displaystyle\int_0^t y(s)ds\right\}$

$\Rightarrow s\mathcal{L}\{y\}-y(0)=\mathcal{L}\{y\}+\dfrac{1}{s}+\dfrac{2}{s}\mathcal{L}\{y\}$

$\Rightarrow \left(s-1-\dfrac{2}{s}\right)\mathcal{L}\{y\}=1+\dfrac{1}{s}(\because y(0)=1)$

$\Rightarrow \dfrac{(s-2)(s+1)}{s}\mathcal{L}\{y\}=\dfrac{s+1}{s}$

$\Rightarrow \mathcal{L}\{y\}=\dfrac{1}{s-2}$

$\Rightarrow y(t)=\mathcal{L}^{-1}\left\{\dfrac{1}{s-2}\right\}=e^{2t}$

73. ②

풀이 양변에 라플라스 변환을 취하자.

$y(t)-\displaystyle\int_0^t y(\tau)\sin(t-\tau)d\tau=t$

$\Rightarrow \mathcal{L}\{y\}-\mathcal{L}\{y(t)*sint\}=\mathcal{L}\{t\}$

$\Leftrightarrow \mathcal{L}\{y\}-\mathcal{L}\{y\}\mathcal{L}\{sint\}=\dfrac{1}{s^2}$

$\Leftrightarrow \left(1-\dfrac{1}{s^2+1}\right)\mathcal{L}\{y\}=\dfrac{1}{s^2}$

$\Leftrightarrow \left(\dfrac{s^2}{s^2+1}\right)\mathcal{L}\{y\}=\dfrac{1}{s^2}$

$\Leftrightarrow \mathcal{L}\{y\}=\dfrac{s^2+1}{s^4}=\dfrac{1}{s^2}+\dfrac{1}{s^4}$

라플라스 역변환을 취하면

$y(t)=\mathcal{L}^{-1}\left\{\dfrac{1}{s^2}+\dfrac{1}{s^4}\right\}=t+\dfrac{1}{6}t^3$이다.

$$\therefore y(1) = 1 + \frac{1}{6} = \frac{7}{6}$$

74. ④

$$L\left\{\int_0^t e^{-\tau}\cosh(\tau)\cos(t-\tau)\,d\tau\right\}$$
$$= L\{e^{-t}\cosh t\} L\{\cos t\}$$
$$= \frac{s+1}{(s+1)^2 - 1} \cdot \frac{s}{s^2+1}$$
$$= \frac{s+1}{(s+2)(s^2+1)}$$

75. ①

$$L\{y(t)\} = L\left\{2 + \int_0^t e^{t-u}y(u)\,du\right\}$$
$$\Leftrightarrow Y(s) = \frac{2}{s} + L\{e^t * y(t)\}$$
$$\Leftrightarrow Y(s) = \frac{2}{s} + Y(s)L\{e^t\}$$
$$\Leftrightarrow Y(s)\left(1 - \frac{1}{s-1}\right) = \frac{2}{s}$$
$$\Leftrightarrow Y(s) = \frac{2}{s} \times \frac{s-1}{s-2}$$
$$\Leftrightarrow Y(s) = \frac{2(s-1)}{s(s-2)}$$

76. ②

$$\cos t * \cos t = \int_0^t \cos x \cdot \cos(t-x)\,dx$$
$$= \frac{1}{2}\int_0^t [\cos t + \cos(2x-t)]\,dx$$
$$\left(\because \cos\alpha\cos\beta = \frac{1}{2}[\cos(\alpha+\beta) + \cos(\alpha-\beta)]\right)$$
$$= \frac{1}{2}\left[\cos t\,[x]_0^t + \int_0^t \cos(2x-t)\,dx\right]$$
$$= \frac{1}{2}\left[t\cos t + \frac{1}{2}\int_{-t}^t \cos u\,du\right]$$
$$(\because 2x-t = u \text{로 치환})$$
$$= \frac{1}{2}\left[t\cos t + \int_0^t \cos u\,du\right]$$
$$= \frac{1}{2}(t\cos t + \sin t)$$

77. ④

$$y'(t) = \cos t + \int_0^t y(\tau)\cos(t-\tau)\,d\tau$$
$$\Rightarrow L(y'(t)) = L(\cos t) + L\{y(t) * \cos t\}$$
$$\Rightarrow sL(y) - y(0) = \frac{s}{s^2+1} + L(y)\frac{s}{s^2+1}$$
$$\Rightarrow sL(y) - 1 = \frac{s}{s^2+1} + L(y)\frac{s}{s^2+1} \quad (\because y(0) = 1)$$
$$\Rightarrow L(y) = \frac{1}{s} + \frac{1}{s^2} + \frac{1}{2} \cdot \frac{2}{s^3}$$
$$\Rightarrow y(t) = 1 + t + \frac{1}{2}t^2$$
$$\therefore y(2) = 5$$

78. ①

$$y(t) - \int_0^t y(\tau)\sin(t-\tau)\,d\tau = \cos t$$
$$\Rightarrow y(t) - y(t) * \sin t = \cos t$$
$$\Rightarrow L\{y(t)\} - L\{y(t) * \sin t\} = L\{\cos t\}$$
$$\Rightarrow L\{y(t)\} - L\{y(t)\}\frac{1}{s^2+1} = \frac{s}{s^2+1}$$
$$\Rightarrow \frac{s^2}{s^2+1}L\{y(t)\} = \frac{s}{s^2+1}$$
$$\Rightarrow L\{y(t)\} = \frac{1}{s}$$
$$\Rightarrow y(t) = 1$$

79. ④

$$f(t) = L^{-1}\left(\frac{4}{(s^2+4)^2}\right)$$
$$= L^{-1}\left(\frac{2}{(s^2+4)} \cdot \frac{2}{(s^2+4)}\right)$$
$$= \sin 2t * \sin 2t$$
$$= \int_0^t \sin 2x \sin 2(t-x)\,dx$$
$$f\left(\frac{\pi}{4}\right) = \int_0^{\frac{\pi}{4}} \sin 2x \sin 2\left(\frac{\pi}{4} - x\right)\,dx$$
$$= \int_0^{\frac{\pi}{4}} \sin 2x \cos 2x\,dx$$
$$= \frac{1}{2}\int_0^{\frac{\pi}{4}} \sin 4x\,dx$$
$$= \frac{1}{4}$$

80. ②

$$\mathcal{L}\{f(t)\} = \int_0^\infty e^{-st} f(t)dt$$

$$= \int_1^\infty t e^{-st} dt$$

$$= \left[-\frac{t}{s}e^{-st}\right]_1^\infty + \frac{1}{s}\int_1^\infty e^{-st}dt$$

$$= \frac{e^{-s}}{s} + \frac{e^{-s}}{s^2}$$

$$= \left(\frac{1}{s} + \frac{1}{s^2}\right)e^{-s}, \ s > 0$$

81. 72

$$f(t) = \mathcal{L}^{-1}\left[\frac{1}{s^2} - e^{-s}\left(\frac{1}{s^2} + \frac{2}{s}\right) + e^{-4s}\left(\frac{4}{s^3} + \frac{1}{s}\right)\right]$$

$$= t - u(t-1)\{(t-1)+2\} + u(t-4)\left[2(t-4)^2 + 1\right]$$

$$= \begin{cases} t & , \ t < 1 \\ -1 & , \ 1 < t < 4 \\ 2(t-2)^2 & , \ 4 < t \end{cases}$$

$$\therefore f(10) = 2(10-4)^2 = 2 \cdot 36 = 72$$

82. ①

$$L\{f(x)\} = \int_0^\infty e^{-sx} f(x)dx = \int_0^2 e^{-sx} x\,dx$$

$$= \left[-\frac{x}{s}e^{-sx}\right]_0^2 + \int_0^2 \frac{1}{s}e^{-sx}dx \ (\because \text{부분 적분})$$

$$= -\frac{2}{s}e^{-2s} + \left[-\frac{1}{s^2}e^{-sx}\right]_0^2$$

$$= -\frac{e^{-2s}}{s^2} - \frac{2e^{-2s}}{s} + \frac{1}{s^2}$$

83. ④

$$f(t) = \cos 2t\{u(t-\pi) - u(t-2\pi)\}$$

$$\therefore L\{f(t)\}$$

$$= L\{\cos 2(t+\pi-\pi)u(t-\pi)\}$$
$$\quad - L\{\cos 2(t+2\pi-2\pi)u(t-2\pi)\}$$

$$= e^{-\pi s}L\{\cos 2(t+\pi)\} - e^{-2\pi s}L\{\cos 2(t+2\pi)\}$$

$$= e^{-\pi s}L\{\cos 2t\} - e^{-2\pi s}L\{\cos 2t\}$$

$$= (e^{-\pi s} - e^{-2\pi s})\frac{s}{s^2+4}$$

84. ①

$$f(t) = L^{-1}\left\{\frac{e^{-2s}}{(s-1)^4}\right\}$$

$$= u(t-2)\left[L^{-1}\left\{\frac{1}{(s-1)^4}\right\}\right]_{t \to t-2}$$

$$= u(t-2)\left[e^t L^{-1}\left(\frac{1}{s^4}\right)\right]_{t \to t-2}$$

$$= \frac{1}{6}u(t-2)e^{t-2}(t-2)^3$$

$$\therefore f(3) = \frac{1}{6}e$$

85. ②

$$f(t) = \mathcal{L}^{-1}\left(\frac{16e^{-\frac{\pi}{2}s}}{(s^2+4)^2}\right)$$

$$= \left[4\mathcal{L}^{-1}\left(\frac{2}{s^2+4} \times \frac{2}{s^2+4}\right)\right]_{t-\frac{\pi}{2}} U\left(t-\frac{\pi}{2}\right)$$

$$= \left[4\mathcal{L}^{-1}\{\mathcal{L}\{\sin 2t * \sin 2t\}\}\right]_{t-\frac{\pi}{2}} U\left(t-\frac{\pi}{2}\right)$$

$$= \left[4\sin 2t * \sin 2t\right]_{t-\frac{\pi}{2}} U\left(t-\frac{\pi}{2}\right)$$

$$= \left[4\int_0^t \sin 2(t-x)\sin 2x\,dx\right]_{t-\frac{\pi}{2}} U\left(t-\frac{\pi}{2}\right)$$

$$= \left[2\int_0^t \cos(2t-4x) - \cos(2t)dx\right]_{t-\frac{\pi}{2}} U\left(t-\frac{\pi}{2}\right)$$

$$= \left[\left\{2\left[\frac{1}{4}\sin(4x-2t) - x\cos 2t\right]_0^t\right\}\right]_{t-\frac{\pi}{2}} U\left(t-\frac{\pi}{2}\right)$$

$$= \left[2\left\{\frac{1}{4}\sin 2t - t\cos 2t - \frac{1}{4}\sin(-2t)\right\}\right]_{t-\frac{\pi}{2}} U\left(t-\frac{\pi}{2}\right)$$

$$= \left[\sin 2t - 2t\cos 2t\right]_{t-\frac{\pi}{2}} U\left(t-\frac{\pi}{2}\right)$$

$$\therefore f(\pi) = \{\sin\pi - \pi\cos\pi\}U\left(\frac{\pi}{2}\right) = \pi,$$

$$f\left(\frac{3}{2}\pi\right) = \{\sin 2\pi - 2\pi\cos 2\pi\}U(\pi) = -2\pi$$

$$\therefore f(\pi) + f\left(\frac{3}{2}\pi\right) = -\pi$$

[다른 풀이]

$$f(t) = \mathcal{L}^{-1}\left(\frac{16e^{-\frac{\pi}{2}s}}{(s^2+4)^2}\right)$$

$$= 16\mathcal{L}^{-1}\left\{\frac{1}{(s^2+2^2)^2}\right\}_{t-\frac{\pi}{2}} U\left(t-\frac{\pi}{2}\right)$$

$$= 16\left\{\frac{\sin 2t - 2t\cos 2t}{16}\right\}_{t-\frac{\pi}{2}} U\left(t-\frac{\pi}{2}\right)$$

$$= \{\sin(2t-\pi) - (2t-\pi)\cos(2t-\pi)\}\, U\left(t-\frac{\pi}{2}\right)$$

$$f(\pi) = \{\sin\pi - \pi\cos\pi\}U\left(\frac{\pi}{2}\right) = \pi$$

$$f\left(\frac{3}{2}\pi\right) = \{\sin 2\pi - 2\pi\cos 2\pi\}U(\pi) = -2\pi$$

$$\therefore f(\pi) + f\left(\frac{3}{2}\pi\right) = -\pi$$

■ 16. 델타함수

86. ①

양변에 라플라스 변환을 취하자.

$$y'' + y = \delta(t-2\pi)$$

$$\Rightarrow \mathcal{L}\{y''+y\} = \mathcal{L}\{\delta(t-2\pi)\}$$

$$\Leftrightarrow s^2\mathcal{L}\{y\} - sy(0) - y'(0) + \mathcal{L}\{y\} = e^{-2\pi s}$$

$$\Leftrightarrow (s^2+1)\mathcal{L}\{y\} = e^{-2\pi s} + 1$$

$$\Leftrightarrow \mathcal{L}\{y\} = \frac{e^{-2\pi s}}{s^2+1} + \frac{1}{s^2+1}$$

라플라스의 역변환을 취하자.

$$y(t) = \mathcal{L}^{-1}\left\{\frac{e^{-2\pi s}}{s^2+1}\right\} + \mathcal{L}^{-1}\left\{\frac{1}{s^2+1}\right\}$$

$$= \sin t + \left[\mathcal{L}^{-1}\left\{\frac{1}{s^2+1}\right\}\right]_{t=t-2\pi} u(t-2\pi)$$

$$= \sin t + [\sin t]_{t=t-2\pi}\, u(t-2\pi)$$

$$= \sin t + \sin(t-2\pi)u(t-2\pi)$$

$$= \sin t + \sin t\, u(t-2\pi)$$

87. ①

$$L(y''+3y'+2y) = L\{\delta(t-1)\}$$

$$\Leftrightarrow s^2L(y) - sy(0) - y'(0) + 3sL(y) - 3y(0) + 2L(y) = e^{-s}$$

$$\Leftrightarrow s^2L(y) - s + 3sL(y) - 3 + 2L(y) = e^{-s}$$

$$\Leftrightarrow (s^2+3s+2)L(y) = e^{-s} + s + 3$$

$$\therefore L(y) = \frac{s+3+e^{-s}}{(s+1)(s+2)}$$

88. ⑤

$y'' + 4y' + 5y = t\delta(t-\pi)$의 양변에 라플라스 변환을 취하자.

$$\Rightarrow \mathcal{L}\{y''+4y'+5y\} = \mathcal{L}\{t\delta(t-\pi)\}$$

$$\Leftrightarrow s^2\mathcal{L}\{y\} - sy(0) - y'(0) + 4s\mathcal{L}\{y\} - 4y(0) + 5\mathcal{L}\{y\}$$

$$= -\frac{d}{ds}\mathcal{L}\{\delta(t-\pi)\}$$

$$\Leftrightarrow \mathcal{L}\{y\}(s^2+4s+5) - 3 = -\frac{d}{ds}\{e^{-\pi s}\}$$

$$\Leftrightarrow \mathcal{L}\{y\} = \frac{\pi e^{-\pi s} + 3}{s^2+4s+5}$$

$\mathcal{L}\{y\} = \dfrac{\pi e^{-\pi s}+3}{s^2+4s+5}$ 의 양변에 라플라스 역변환을 취하자.

$$\Rightarrow y = \mathcal{L}^{-1}\left\{\frac{\pi e^{-\pi s}}{s^2+4s+5}\right\} + \mathcal{L}^{-1}\left\{\frac{3}{s^2+4s+5}\right\}$$

04 ― 공 학 수 학

$$\Leftrightarrow y = \pi\left[\mathcal{L}^{-1}\left\{\frac{1}{(s+2)^2+1}\right\}\right]_{t=t-\pi}$$
$$u(t-\pi)+3\mathcal{L}^{-1}\left\{\frac{1}{(s+2)^2+1}\right\}$$
$$\Leftrightarrow y = \pi\left[e^{-2t}\mathcal{L}^{-1}\left\{\frac{1}{s^2+1}\right\}\right]_{t=t-\pi}$$
$$u(t-\pi)+3e^{-2t}\mathcal{L}^{-1}\left\{\frac{1}{s^2+1}\right\}$$
$$\Leftrightarrow y = \pi\left[e^{-2t}\sin t\right]_{t=t-\pi}u(t-\pi)+3e^{-2t}\sin t$$
$$\Leftrightarrow y = \pi e^{-2(t-\pi)}\sin(t-\pi)u(t-\pi)+3e^{-2t}\sin t$$
$$\therefore y\left(\frac{3}{2}\pi\right) = \pi e^{-\pi}\sin\left(\frac{\pi}{2}\right)+3e^{-3\pi}\sin\left(\frac{3}{2}\pi\right)$$
$$= \pi e^{-\pi}-3e^{-3\pi}$$

■ 17. 연립미분방정식

89. ③

주어진 선형연립미분방정식의 계수 행렬

$A = \begin{pmatrix} 0 & 1 \\ 2 & -1 \end{pmatrix}$의 고유치를 구하자.

$$\begin{vmatrix} -\lambda & 1 \\ 2 & -1-\lambda \end{vmatrix} = 0 \Leftrightarrow \lambda^2+\lambda-2=0$$

$$\therefore \lambda = 1, \ -2$$

$\lambda = 1$에 대한 고유벡터를 구하자.

$$\begin{pmatrix} -1 & 1 \\ 2 & -2 \end{pmatrix}\begin{pmatrix} x \\ y \end{pmatrix} = \begin{pmatrix} 0 \\ 0 \end{pmatrix} \Leftrightarrow x=y$$

$$\therefore t\begin{pmatrix} 1 \\ 1 \end{pmatrix} \quad t\in R$$

$\lambda = -2$에 대한 고유벡터를 구하자.

$$\begin{pmatrix} 2 & 1 \\ 2 & 1 \end{pmatrix}\begin{pmatrix} x \\ y \end{pmatrix} = \begin{pmatrix} 0 \\ 0 \end{pmatrix} \Leftrightarrow 2x=-y$$

$$\therefore s\begin{pmatrix} -1 \\ 2 \end{pmatrix} \quad s\in R$$

따라서 일반해는 $\begin{pmatrix} y_1 \\ y_2 \end{pmatrix} = C_1\begin{pmatrix} 1 \\ 1 \end{pmatrix}e^t + C_2\begin{pmatrix} -1 \\ 2 \end{pmatrix}e^{-2t}$ 이다.

(단, C_1, C_2는 임의의 상수)

또한 $\begin{bmatrix} y_1(0) \\ y_2(0) \end{bmatrix} = \begin{bmatrix} 1 \\ 2 \end{bmatrix}$ 을 만족하는 경우

$C_1 = \dfrac{4}{3}$, $C_2 = \dfrac{1}{3}$ 이므로

초깃값 문제의 해는 $\begin{pmatrix} y_1 \\ y_2 \end{pmatrix} = \dfrac{4}{3}\begin{pmatrix} 1 \\ 1 \end{pmatrix}e^t + \dfrac{1}{3}\begin{pmatrix} -1 \\ 2 \end{pmatrix}e^{-2t}$ 이다.

90. ③

라플라스 변환을 이용한다.

$\mathcal{L}\{x(t)\} = X$, $\mathcal{L}\{y(t)\} = Y$라고 하자.

$\begin{cases} x'(t)+y(t) = t \\ -x(t)+y'(t) = -t \end{cases}$ 이므로

$\begin{pmatrix} s & 1 \\ -1 & s \end{pmatrix}\begin{pmatrix} X \\ Y \end{pmatrix} = \begin{pmatrix} 3 \\ 3 \end{pmatrix} + \dfrac{1}{s^2}\begin{pmatrix} 1 \\ -1 \end{pmatrix}$ 이다.

$$\begin{pmatrix} X \\ Y \end{pmatrix} = \frac{1}{s^2+1}\begin{pmatrix} s & -1 \\ 1 & s \end{pmatrix}\begin{pmatrix} 3 \\ 3 \end{pmatrix} + \frac{1}{s^2(s^2+1)}\begin{pmatrix} s & -1 \\ 1 & s \end{pmatrix}\begin{pmatrix} 1 \\ -1 \end{pmatrix}$$

$$\begin{pmatrix} X \\ Y \end{pmatrix} = \frac{1}{s^2+1}\begin{pmatrix} 3s-3 \\ 3+3s \end{pmatrix} + \frac{1}{s^2(s^2+1)}\begin{pmatrix} s+1 \\ 1-s \end{pmatrix}$$

$$X+Y = \frac{6s}{s^2+1} + \frac{2}{s^2(s^2+1)} = \frac{6s}{s^2+1} + \frac{2}{s^2} - \frac{2}{s^2+1}$$

$$x(t)+y(t) = 6\cos t+2t-2\sin t$$

$$x(\pi)+y(\pi) = 2\pi-6$$

[다른 풀이]

소거법과 역연산자를 이용한다.

$x'(t) = t - y(t)$, $y'(t) = x(t) - t$

$\Leftrightarrow \begin{cases} Dx + y = t \\ -x + Dy = -t \end{cases} \Rightarrow \begin{cases} Dx + y = t \\ -Dx + D^2 y = -1 \end{cases}$

$\therefore (D^2 + 1)y = t - 1 \Leftrightarrow y'' + y = t - 1$

(i) 특성방정식을 이용하여 y_c를 구하자.

　특성방정식이 $D^2 + 1 = 0 \Leftrightarrow D = \pm i$이므로

　일반해는 $y_c = c_1 \cos t + c_2 \sin t$이다.

(ii) 미정계수법을 이용하여 y_p를 구하자.

　$y_p = At + B$라고 가정하면

　$y'' + y = At + B = t - 1$이므로

　$A = 1$, $B = -1$이고 $y_p = t - 1$이다.

　따라서 $y(t)$의 일반해는 $y = c_1 \cos t + c_2 \sin t + t - 1$이다.

(iii) 대입법을 이용하여 $x(t)$를 구하자.

　$x(t) = y'(t) + t = -c_1 \sin t + c_2 \cos t + 1 + t$이다.

　초기조건 $x(0) = 3$, $y(0) = 3$을 대입하면 $c_1 = 4$, $c_2 = 2$다

　따라서 $\begin{cases} x(t) = -4\sin t + 2\cos t + t + 1 \\ y(t) = 4\cos t + 2\sin t + t - 1 \end{cases}$ 이고

　$x(\pi) + y(\pi) = 6\cos\pi - 2\sin\pi + 2\pi = 2\pi - 6$이다.

91. ②

$x' = y$, $x'' = y' = z$, $x''' = y'' = z'$이므로

주어진 미분방정식은

$\begin{cases} x' = y \\ y' = z \\ z' = -\dfrac{11}{2}z - 6y + \dfrac{9}{2}x + 9t^2 - 24t - 22 \end{cases}$

$\Leftrightarrow x''' + \dfrac{11}{2}x'' + 6x' - \dfrac{9}{2}x = 9t^2 - 24t - 22$이고

x에 대한 3계 선형 비제차형 미분방정식이다.

(i) 제차형의 일반해 x_C는 특성방정식

$D^3 + \dfrac{11}{2}D^2 + 6D - \dfrac{9}{2} = 0 \Rightarrow (D+3)^2\left(D - \dfrac{1}{2}\right) = 0$

에서 $D = \dfrac{1}{2}$, -3(중근)을 갖는다.

$\therefore x_C = C_1 e^{\frac{1}{2}t} + (C_2 + C_3 t)e^{-3t}$

(ii) 비제차형의 특수해 x_P는

$x''' + \dfrac{11}{2}x'' + 6x' - \dfrac{9}{2}x = 9t^2 - 24t - 22$ 꼴에서

$x_P = At^2 + Bt + C$이고

$x_P' = 2At + B$, $x_P'' = 2A$, $x_P''' = 0$에 대해

$x''' + \dfrac{11}{2}x'' + 6x' - \dfrac{9}{2}x = 9t^2 - 24t - 22$

$\Leftrightarrow \dfrac{11}{2}(2A) + 6(2At + B) - \dfrac{9}{2}(At^2 + Bt + C)$

$\qquad = 9t^2 - 24t - 22$

$\Leftrightarrow A = -2$, $B = C = 0$이다.

$\therefore x(t) = C_1 e^{\frac{1}{2}t} + (C_2 + C_3 t)e^{-3t} - 2t^2$

초깃값 $x(0) = 5$, $y(0) = x'(0) = 0$, $z(0) = x''(0) = 0$에서

$x(t) = C_1 e^{\frac{1}{2}t} + (C_2 + C_3 t)e^{-3t} - 2t^2$,

$x' = \dfrac{1}{2}C_1 e^{\frac{1}{2}t} + (C_3 - 3C_2 - 3C_3 t)e^{-3t} - 4t$

$x'' = \dfrac{1}{4}C_1 e^{\frac{1}{2}t} + (-6C_3 + 9C_2 + 9C_3 t)e^{-3t} - 4$에 대해

$\begin{cases} C_1 + C_2 = 5 \\ \dfrac{1}{2}C_1 + C_3 - 3C_2 = 0 \\ \dfrac{1}{4}C_1 - 6C_3 + 9C_2 - 4 = 0 \end{cases}$ 의 연립방정식을 풀면

$C_1 = 4$, $C_2 = 1$, $C_3 = 1$이다.

$\therefore x(t) = 4e^{\frac{t}{2}} + (1+t)e^{-3t} - 2t^2$

$x' = y(t) = 2e^{\frac{t}{2}} + (-2 - 3t)e^{-3t} - 4t$

$\therefore x(1) - 2y(1) = \left(4e^{\frac{1}{2}} + 2e^{-3} - 2\right) - 2\left(2e^{\frac{1}{2}} - 5e^{-3} - 4\right) = 12e^{-3} + 6$

92. ③

$\begin{cases} x'' + y'' = e^{2t} \\ 2x' + y'' = -e^{2t} \end{cases}$ 의 양변에 라플라스 변환을 취하자.

$\begin{cases} s^2 L(x) + s^2 L(y) = \dfrac{1}{s-2} \\ 2s L(x) + s^2 L(y) = -\dfrac{1}{s-2} \end{cases}$

$(\because x(0) = y(0) = 0,\ x'(0) = y'(0) = 0)$

$\Rightarrow \begin{cases} L(x) = \dfrac{2}{s(s-2)^2} = \dfrac{1}{2} \cdot \dfrac{1}{s} - \dfrac{1}{2} \cdot \dfrac{1}{s-2} + \dfrac{1}{(s-2)^2} \\ L(y) = \dfrac{-s-2}{s^2(s-2)^2} = -\dfrac{3}{4} \cdot \dfrac{1}{s} - \dfrac{1}{2} \cdot \dfrac{1}{s^2} + \dfrac{3}{4} \cdot \dfrac{1}{s-2} - \dfrac{1}{(s-2)^2} \end{cases}$

$\Rightarrow \begin{cases} x(t) = \dfrac{1}{2} - \dfrac{1}{2}e^{2t} + te^{2t} \\ y(t) = -\dfrac{3}{4} - \dfrac{1}{2}t + \dfrac{3}{4}e^{2t} - te^{2t} \end{cases}$

$\therefore x(1) + y(1) = \dfrac{1}{4}(e^2 - 3)$

93. ②

$A = \begin{pmatrix} 1 & 1 \\ 5 & -3 \end{pmatrix} \Rightarrow |A - \lambda I| = 0 \Leftrightarrow \lambda = 2, -4$

$\lambda = 2$에 대응되는 고유벡터 $v_1 = \begin{pmatrix} 1 \\ 1 \end{pmatrix}$,

$\lambda = -4$에 대응되는 고유벡터 $v_2 = \begin{pmatrix} -1 \\ 5 \end{pmatrix}$이므로

$\begin{pmatrix} y_1(t) \\ y_2(t) \end{pmatrix} = c_1 \begin{pmatrix} 1 \\ 1 \end{pmatrix} e^{2t} + c_2 \begin{pmatrix} -1 \\ 5 \end{pmatrix} e^{-4t}$ 이다.

$y_1(0) = 1$, $y_2(0) = -5$이므로 $c_1 = 0, c_2 = -1$이다.

$\therefore \begin{pmatrix} y_1(t) \\ y_2(t) \end{pmatrix} = -\begin{pmatrix} -1 \\ 5 \end{pmatrix} e^{-4t} \Rightarrow \begin{pmatrix} y_1(1) \\ y_2(1) \end{pmatrix} = -\begin{pmatrix} -1 \\ 5 \end{pmatrix} e^{-4}$

$\therefore y_1(1) + y_2(1) = -4e^{-4}$

94. ③

$\begin{cases} y_1' = y_1 + y_2 \\ y_2' = 4y_1 + y_2 \end{cases} \Leftrightarrow \begin{pmatrix} y_1' \\ y_2' \end{pmatrix} = \begin{pmatrix} 1 & 1 \\ 4 & 1 \end{pmatrix} \begin{pmatrix} y_1 \\ y_2 \end{pmatrix}$

행렬 $\begin{pmatrix} 1 & 1 \\ 4 & 1 \end{pmatrix}$의 특성방정식은 $\lambda^2 - 2\lambda - 3 = 0$이다.

$(\lambda - 3)(\lambda + 1) = 0$

$\therefore \lambda = 3, -1$

$\lambda = 3$에 대응하는 고유벡터는

$(A - 3I)\begin{pmatrix} y_1 \\ y_2 \end{pmatrix} = \begin{pmatrix} -2 & 1 \\ 4 & -2 \end{pmatrix} \begin{pmatrix} y_1 \\ y_2 \end{pmatrix} = \begin{pmatrix} 0 \\ 0 \end{pmatrix}$,

즉 $-2y_1 + y_2 = 0$ 이므로 $\begin{pmatrix} 1 \\ 2 \end{pmatrix}$이다.

$\lambda = -1$에 대응하는 고유벡터는

$(A + I)\begin{pmatrix} y_1 \\ y_2 \end{pmatrix} = \begin{pmatrix} 2 & 1 \\ 4 & 2 \end{pmatrix} \begin{pmatrix} y_1 \\ y_2 \end{pmatrix} = \begin{pmatrix} 0 \\ 0 \end{pmatrix}$,

즉 $2y_1 + y_2 = 0$ 이므로 $\begin{pmatrix} 1 \\ -2 \end{pmatrix}$이다.

주어진 연립미분방정식의 일반해는

$\begin{pmatrix} y_1 \\ y_2 \end{pmatrix} = a\begin{pmatrix} 1 \\ 2 \end{pmatrix} e^{3t} + b\begin{pmatrix} 1 \\ -2 \end{pmatrix} e^{-t}$이다.

$y_1(0) = 2$이므로 $a + b = 2$,

$y_2(0) = 0$이므로 $2a - 2b = 0$.

$a = 1, b = 1$이므로 $\begin{pmatrix} y_1 \\ y_2 \end{pmatrix} = \begin{pmatrix} 1 \\ 2 \end{pmatrix} e^{3t} + \begin{pmatrix} 1 \\ -2 \end{pmatrix} e^{-t}$이다.

$\begin{pmatrix} y_1(1) \\ y_2(1) \end{pmatrix} = \begin{pmatrix} e^3 + e^{-1} \\ 2e^3 - 2e^{-1} \end{pmatrix}$이므로

$y_1(1) + y_2(1) = 3e^3 - e^{-1}$이다.

95. ①

연립미분방정식을 행렬 형태로 쓰면

$\begin{bmatrix} y_1'(t) \\ y_2'(t) \end{bmatrix} = \begin{bmatrix} 7 & 4 \\ -3 & -1 \end{bmatrix} \begin{bmatrix} y_1(t) \\ y_2(t) \end{bmatrix}$이다.

$A = \begin{bmatrix} 7 & 4 \\ -3 & -1 \end{bmatrix}$의 고윳값은

$\det(A - \lambda I) = (\lambda - 1)(\lambda - 5) = 0$에서 $\lambda_1 = 1$, $\lambda_2 = 5$이다.

$\lambda_1 = 1$에 대응하는 고유벡터는 $v_1 = \begin{bmatrix} 2 \\ -3 \end{bmatrix}$,

$\lambda_2 = 5$에 대응하는 고유벡터는 $v_2 = \begin{bmatrix} 2 \\ -1 \end{bmatrix}$이다.

따라서 미분방정식의 해는

$\begin{bmatrix} y_1(t) \\ y_2(t) \end{bmatrix} = c_1 \begin{bmatrix} 2 \\ -3 \end{bmatrix} e^t + c_2 \begin{bmatrix} 2 \\ -1 \end{bmatrix} e^{5t}$이다.

보기 중 위의 식을 만족하지 않은 것은 ①번뿐이다.

96. ②

$A = \begin{pmatrix} 1 & 1 \\ 5 & -3 \end{pmatrix} \Rightarrow |A - \lambda I| = 0 \Leftrightarrow \lambda = 2, -4$

$\lambda = 2$에 대응되는 고유벡터 $v_1 = \begin{pmatrix} 1 \\ 1 \end{pmatrix}$,

$\lambda = -4$에 대응되는 고유벡터 $v_2 = \begin{pmatrix} -1 \\ 5 \end{pmatrix}$이므로

$\begin{pmatrix} y_1(t) \\ y_2(t) \end{pmatrix} = c_1 \begin{pmatrix} 1 \\ 1 \end{pmatrix} e^{2t} + c_2 \begin{pmatrix} -1 \\ 5 \end{pmatrix} e^{-4t}$ 이다.

$y_1(0) = 1$, $y_2(0) = -5$이므로 $c_1 = 0, c_2 = -1$

$\therefore \begin{pmatrix} y_1(t) \\ y_2(t) \end{pmatrix} = -\begin{pmatrix} -1 \\ 5 \end{pmatrix} e^{-4t} \Rightarrow \begin{pmatrix} y_1(1) \\ y_2(1) \end{pmatrix} = -\begin{pmatrix} -1 \\ 5 \end{pmatrix} e^{-4}$

$\therefore y_1(1) + y_2(1) = -4e^{-4}$

$A = \begin{pmatrix} 0 & 0 & 1 \\ 0 & 1 & 0 \\ 1 & 0 & 0 \end{pmatrix} \Rightarrow |A - \lambda I| = 0 \Leftrightarrow \lambda = 1(중근), -1$

$\lambda = 1$에 대응되는 고유벡터는 $\left\{ \begin{pmatrix} 1 \\ 0 \\ 1 \end{pmatrix}, \begin{pmatrix} 0 \\ 1 \\ 0 \end{pmatrix} \right\}$,

$\lambda = -1$에 대응되는 고유벡터는 $\left\{ \begin{pmatrix} -1 \\ 0 \\ 1 \end{pmatrix} \right\}$이다.

$\Rightarrow \begin{pmatrix} x(t) \\ y(t) \\ z(t) \end{pmatrix} = c_1 \begin{pmatrix} 1 \\ 0 \\ 1 \end{pmatrix} e^t + c_2 \begin{pmatrix} 0 \\ 1 \\ 0 \end{pmatrix} e^t + c_3 \begin{pmatrix} -1 \\ 0 \\ 1 \end{pmatrix} e^{-t}$

초기조건에 의해 $c_1 = 3$, $c_2 = 2$, $c_3 = 2$이다

$\therefore \begin{pmatrix} x(1) \\ y(1) \\ z(1) \end{pmatrix} = 3\begin{pmatrix} 1 \\ 0 \\ 1 \end{pmatrix} e + 2\begin{pmatrix} 0 \\ 1 \\ 0 \end{pmatrix} e + 2\begin{pmatrix} -1 \\ 0 \\ 1 \end{pmatrix} e^{-1}$

$= \begin{pmatrix} -2e^{-1} + 3e \\ 2e \\ 2e^{-1} + 3e \end{pmatrix}$

97. ②

풀이 $\binom{x'}{y'} = \begin{pmatrix} 2 & 3 \\ 1 & 2 \end{pmatrix}\binom{x}{y}$ 에서 $A = \begin{pmatrix} 2 & 3 \\ 1 & 2 \end{pmatrix}$ 이다.

$\begin{vmatrix} 2-\lambda & 3 \\ 1 & 2-\lambda \end{vmatrix} = 0$ 에서 특성방정식은 $\lambda^2 - 4\lambda + 3 = 0$ 이다.

$p = a_{11} + a_{22} = 4 > 0$,

$q = |A| = 3 > 0$,

$\nabla = p^2 - 4q = 4 > 0$

부호가 서로 같은 두 실근을 가지며 $p > 0$이므로
임계점 $(0, 0)$은 불안정 절점이다.

■ **18. 비제차 연립미분방정식**

98. ④

풀이 $x'(t) = -y(t)$, $y'(t) = x(t) + 2\sin t$ 이므로
$y''(t) + y(t) = 2\cos t$ 을 만족한다.

(i) $y''(t) + y(t) = 0$의 보조방정식이 $t^2 + 1 = 0$이므로
$y_c(t) = c_1 \cos t + c_2 \sin t$이다.

(ii) $y_p(t) = At\cos t + Bt\sin t$ 라고 가정하면

$\begin{aligned} y''(t) + y(t) &= A(-2\sin t - t\cos t) + B(2\cos t - t\sin t) \\ &\quad + (At\cos t + Bt\sin t) \\ &= -2A\sin t + 2B\cos t \\ &= 2\cos t \end{aligned}$ 이므로 $A = 0$, $B = 1$이다.

$\therefore y_p(t) = t\sin t$

(i), (ii)에 의해 $y(t) = c_1\cos t + c_2\sin t + t\sin t$이고
초기조건 $y(0) = 0$을 대입하면 $c_1 = 0$이므로
$y(t) = c_2\sin t + t\sin t$이다.

또한 $y'(t) = x(t) + 2\sin t$에 의해

$\begin{aligned} x(t) &= y'(t) - 2\sin t \\ &= c_2\cos t + \sin t + t\cos t - 2\sin t \\ &= c_2\cos t - \sin t + t\cos t \end{aligned}$ 이고

초기조건 $x(0) = 2\pi$를 대입하면 $c_2 = 2\pi$이므로
$x(t) = 2\pi\cos t - \sin t + t\cos t$, $y(t) = 2\pi\sin t + t\sin t$ 이다.

$\therefore x(2\pi) = 2\pi + 2\pi = 4\pi$, $y\left(\dfrac{\pi}{2}\right) = 2\pi + \dfrac{\pi}{2} = \dfrac{5}{2}\pi$,

$x(2\pi) + y\left(\dfrac{\pi}{2}\right) = \dfrac{13\pi}{2}$

---

99. ④

풀이 $A = \begin{pmatrix} 4 & \frac{1}{3} \\ 9 & 6 \end{pmatrix}$ 이라 하자. $\Rightarrow |A - \lambda I| = (\lambda - 3)(\lambda - 7) = 0$

$\lambda = 3$에 대응되는 고유벡터는 $\binom{1}{-3}$,

$\lambda = 7$에 대응되는 고유벡터는 $\binom{1}{9}$이다.

$\Rightarrow \binom{x_c(t)}{y_c(t)} = c_1\binom{1}{-3}e^{3t} + c_2\binom{1}{9}e^{7t}$

$\binom{x_p(t)}{y_p(t)} = \binom{ae^t}{be^t}$, $\binom{x'_p(t)}{y'_p(t)} = \binom{ae^t}{be^t}$를 대입하여 정리하면

$3a + \dfrac{1}{3}b = 3$, $9a + 5b = -10 \Rightarrow a = \dfrac{55}{36}$, $b = -\dfrac{19}{4}$ 이다.

$\therefore \binom{x'_p(t)}{y'_p(t)} = \begin{pmatrix} \frac{55}{36}e^t \\ -\frac{19}{4}e^t \end{pmatrix} \Rightarrow 36x_p{}'(0) - 4y_p{}'(0) = 74$

100. ①

$$\begin{cases} x' = x - 10y + e^t \cdots \text{㉠} \\ y' = -x + 4y + \sin t \cdots \text{㉡} \end{cases}$$

$$\Rightarrow \begin{cases} x + (D-4)y = \sin t \\ (D-1)x + 10y = e^t \end{cases}$$

$$\Rightarrow \begin{cases} (D-1)x + (D-1)(D-4)y \\ = (D-1)(\sin t) \qquad \cdots \text{㉢} \\ = \cos t - \sin t \\ (D-1)x + 10y = e^t \cdots \text{㉣} \end{cases}$$

㉢$-$㉣를 하면 $(D^2 - 5D - 6)y = \cos t - \sin t - e^t$ 이다.

보조해는 $y_c = c_1 e^{-t} + c_2 e^{6t}$ 이다.

$$y_p = \frac{1}{D^2 - 5D - 6}\{\cos t - \sin t - e^t\}$$

$$= Re\frac{1}{D^2 - 5D - 6}\{e^{it}\}$$

$$\quad - Im\frac{1}{D^2 - 5D - 6}\{e^{it}\} - \frac{1}{D^2 - 5D - 6}\{e^t\}$$

$$= Re\frac{-7 + 5i}{74}(\cos t + i\sin t)$$

$$\quad - Im\frac{-7 + 5i}{74}(\cos t + i\sin t) + \frac{1}{10}e^t$$

$$= -\frac{6}{37}\cos t + \frac{1}{37}\sin t + \frac{1}{10}e^t$$

특수해는 $y(t) = c_1 e^{-t} + c_2 e^{6t} + \frac{1}{10}e^t + \frac{1}{37}\sin t - \frac{6}{37}\cos t$,

이를 ㉡에 대입하여 정리하면

$x(t) = 5c_1 e^{-t} - 2c_2 e^{6t} + \frac{3}{10}e^t + \frac{35}{37}\sin t - \frac{25}{37}\cos t$ 이다.